BIM经典译丛

BIM与施工管理

（原著第二版）

BIM经典译丛

BIM与施工管理

（原著第二版）

——行之有效的工具、方法和工作流程

[美]布拉德·哈丁　戴夫·麦库尔　著
王　静　尚　晋　刘　辰　译
董建峰　校

中国建筑工业出版社

著作权合同登记图字：01－2016－8959 号

图书在版编目（CIP）数据

BIM 与施工管理（原著第二版）（美）布拉德·哈丁，戴夫·麦库尔著；王静，尚晋，刘辰译．—北京：中国建筑工业出版社，2018.2
（BIM 经典译丛）
ISBN 978－7－112－21734－2

Ⅰ.①B…　Ⅱ.①布…②戴…③王…④尚…⑤刘…　Ⅲ.①建筑工程－施工管理－应用软件　Ⅳ.①TU71－39

中国版本图书馆 CIP 数据核字（2018）第 003173 号

BIM and Construction Management: Proven Tools, Methods, and Workflows, 2nd Edition/Brad Hardin, Dave McCool, ISBN 9781118942765

丛书策划
修　龙　毛志兵　张志宏
咸大庆　董苏华　何玮珂

责任编辑：董苏华　何玮珂
责任校对：王　瑞

BIM 经典译丛
BIM 与施工管理（原著第二版）
——行之有效的工具、方法和工作流程
［美］布拉德·哈丁　戴夫·麦库尔　著
王　静　尚　晋　刘　辰　译
董建峰　校
*
中国建筑工业出版社出版、发行（北京海淀三里河路9号）
各地新华书店、建筑书店经销
北京嘉泰利德公司制版
北京圣夫亚美印刷有限公司印刷
*
开本：787×1092毫米　1/16　印张：20　字数：432千字
2018年4月第一版　2018年4月第一次印刷
定价：**88.00**元
ISBN 978-7-112-21734-2
（31271）

献给我的父母，他们让我在墙上自由地涂画。献给我最棒的孩子们，他们的老爸爱他们。献给我美丽的妻子，她给予了我最大的支持。

——布拉德·哈丁

献给保罗·万斯——我在维斯塔瓦山上高中时的技术绘图老师，是他挖掘并培养、塑造了我职业生涯的热情。

——戴夫·麦库尔

致谢

我要感谢我的妻子 Iris，我的女儿 Lucia 和我的儿子 Wesley，在撰写本书的那么多个深夜和周末陪伴并支持着我。没有你们的支持我不可能完成这本书。我有幸能够拥有家人 Jen、Dave、父亲、母亲和朋友 Joe Moerke，Eric Glatzl 和 DJ，他们竭尽所能地帮助我。Lulu，我的“章回小说”终于封笔了！

我还要感谢本书的合著者戴夫·麦库尔，他同意与我合作，承担起撰写本书的重任。戴夫为本书贡献了许多真知灼见和宝贵内容，为多次开展 BIM 到底是什么以及如何更好地讲述 BIM 的相关讨论提供了大力支持。能与这样一位行业领导者共同合作是我莫大的荣幸。

感谢所有让本书使用他们作品、见解和图片的公司、同事、行业组织和学术机构。感谢 Black & Veatch 公司给我充足的时间使本书得以完成。我希望设计和建筑行业能够利用本书的内容来促进这个我所热爱的行业发生积极变化。

——布拉德·哈丁

首先我要感谢布拉德·哈丁给了我这么棒的机会。在本书写作过程中，他一直是我最棒的朋友和导师，我对我们的下一次合作充满期待。同时我也要感谢我的父亲（Jim McCool，PE，CEM，CxA，LEED AP），他一直是一名模范父亲和导师。爸爸，您的头衔缩写太多了，名片上快放不下了！在本书撰写的整个过程中，我的家人给予了极大的支持和鼓励。Meg，感谢你的编辑和头脑风暴会议。妈妈，感谢您提供的咨询。Emily，感谢你一直等我把书写完。

我还要感谢所有多年来指导和支持我的人。没有你们的帮助我是无法完成这本书的：Tommy Duncan，Morgan Duncan，Bill Hitchcock，Dianne Gilmer，Trey Clegg，Mike Dunn，Mike

Mitchell, Jason Lee, Sam Hardie, Sarah Carr, Derek Glanvill, Randy Highland, Chad Dorgan, Jim Mynott, Simon Peters, Shannon Lightfoot, Enrique Sarmiento, Connor Christian, John Grady, Brasfield & Gorrie 公司，以及麦卡锡建筑公司的整个大家庭。永远感激 H 博士和 Dianne 在伯明翰亚拉巴马大学（UAB）冒险录取我这名心理学专业学生攻读施工管理硕士学位。

最后我代表两位作者，对 Wiley 出版社团队致以万分感谢：感谢 Pete Ganghan 发现了这个项目的价值；感谢 Mariann Barsolo 的督促和耐心；感谢 Thomas CirTin, Becca Anderson, Liz Welch 和 Nancy Carrasco 帮助我们更有智慧地表达心中所想；感谢 Jana Conover 接受新的挑战，对本书技术内容把关并给予指导。

——戴夫·麦库尔

作者简介

布拉德·哈丁（Brad Hardin）是一家全球性工程与施工企业——布莱克·韦奇公司（Black & Veatch）的首席技术官。他是通过 LEED 认证的建筑师，40 岁以下 ENR 20 强获得者，也是新建筑学院的咨询委员会成员。为了在设计和施工领域推动 BIM、技术和 AEC 创业公司的发展，他发表了大量论文，做了大量演讲，并积极参与行业活动。他也是 Virtual Builders（虚拟建设者）（www.virtualbuilders.com）的联合创始人。Virtual Builders 是一个非营利组织，它为全球从事建筑设计、工程、施工和运营人员提供技术培训课程，并开展“虚拟建设者”和“虚拟建造专家”认证。他与妻子艾里斯，两个孩子，韦斯和露露以及一条叫希洛的狗一起居住在堪萨斯市。

戴夫·麦库尔（Dave McCool）是麦卡锡建筑公司虚拟设计与施工部的总监。他拥有工程硕士学位，通过了 DBIA 和 LEED 认证，但他认为在施工行业，他的心理学学士学位远比其他认证更为有用。他曾在多所大学和行业活动上发表演讲，并在 AIA 和 NBIMS 委员会中担任过主席。他也是 Virtual Builders（虚拟建设者）（www.virtualbuilders.com）的联合创始人。他出生于亚拉巴马州，目前在洛杉矶居住，他喜欢那里阳光明媚的天气，经常在周末冲浪和演奏音乐。

目 录

引 言

本书以全面的视角讲解了 BIM 和其他先进技术正在如何改变我们协作及发布信息的方式。施工领域总是面临新的挑战。本书将展示如何利用前沿工具、积累的经验和践行“使用正确的工具做正确的事”的理念应对这些挑战。在科技发展的背景下，施工管理市场正在发生变化，本书是促进行业深刻变革、朝向美好目标前进的催化剂。

在布拉德·哈丁撰写《BIM 与施工管理》第一版（Sybex，2009）的时候，施工行业刚刚开始大量关注建筑信息建模这一令人振奋的新工具和新流程。自此以后，整个行业的转型速度相当惊人。如今冲突检测、4D 工序模拟、基于模型的预算和漫游应用已经十分普遍。目前客户关注的是大数据、基于模型的预制构件加工、生命周期能耗模拟、项目合作方法以及在施工过程中如何应用 BIM 减少其他风险因素。而技术仍以惊人的速度向前发展。

现在的焦点已经超越 BIM 本身，人们开始提问：“既然 BIM 能够为施工管理业务带来如此巨大的变革，那么 BIM 还能做些什么？其他技术又具有怎样的潜能呢？”

在经济环境面临挑战的背景下，对于工具的广泛探询在施工界掀起了一股技术复兴之风。由于经济衰退，在新的利润率和成本约束下，很多企业被迫重新关注并探索为客户提供施工产品的最佳方式。早期的成功 BIM 案例让许多组织找到了 BIM 应用的切入点。有些企业并没有止步于 BIM，而是对技术和围绕工具所建立的基础流程进行深入探讨。通过全行业问题的查找，极大地推动了施工技术、流程和行为的创新。

xviii

改变何在？

首先，可穿戴设备、基于云协同等技术创新以及硬件约束的不断消除对未来有深远影响。此外，精益计划引领的流程创新，使许多施工行业的传统做法受到冲击，包括制订进度计划的关键路径法（CPM）、文档管理策略、合同内容以及设计和施工团队的角色划分等，从而要求行业用全新的分析视角审视现行的项目交付方法。令人兴奋的是，这让我们能够看到我们行业的未来将何去何从。我们可能正处于新的转型升级的拐点上。顾客见多识广，要求越来越高。为了满足顾客要求，我们必须在基于分析的基础上转变行业的现行模式，促进施工行业深刻变革。无论何时，客户都不愿意为我们行业的低效率买单。由于这些原因，这场变革将重点关注以结果为导向的产出，应用技术的目的不是为了拥有创新光环，而是为能按时在预算内提交客户满意的产品提供必不可少的支持。

毫无疑问，所有行业都在依赖技术挖掘以前尚未发现的潜力。施工行业也不例外。不论是企业还是个人，几乎每天有一些潜在的改进机会，这将重塑我们未来的工作方式。平均每个月有 20000 个应用程序(App)上传到苹果的 iOS 商店。诸如谷歌眼镜、平板电脑、摄影测量、移动应用和其他大量的软硬件创新正在改变我们的工作方式，详见文章：http://readwrite.com/2013/01/07/apple-app-store-growing-By#awesm=~oDoS5C7qwveOnJ。这些工具将带来怎样的影响？它们能多大程度提升工地现场的安全性？我们如何能在紧跟市场步伐的情况下快速分析这些工具的价值？提出此类问题使我们有理由相信，施工行业不仅要考虑 BIM 及其在施工管理中的应用，更要站在全局角度了解各类工具功能，建立技术创新生态系统，推动设计和施工行业的整体提升。

> *您无法将未来的点串联起来，您只能连接过去的点。所以您必须相信，在未来点会以某种方式串联起来……*
>
> *——史蒂夫·乔布斯*

由于拓宽了视野，本书新版注重以结果为导向，将展示为实现目标选择工具的流程。本书还将展示一些与 BIM 配合使用或独立运行的在施工过程中为用户提供巨大价值的前沿应用程序。其中一些程序是互联互通的，一些是彼此独立的。本书对程序信息的互用性以及尚存的信息孤岛作了重点说明，指出了行业工作流程需要改进的地方。

本书新版还介绍了施工管理公司如何快速地对新工具进行适用性分析和使用工具创造价值的最佳实践，同时提供了颠覆性工具的识别方法。

xix

信任决定一切。本书对成功实施 BIM 所需的行为和思维方式进行了深入研究。要想取得成功，团队成员必须要有积极正确的行为，并对团队其他成员的性格和工作动力有深入了解。根据克莱夫·托马斯·凯恩（Clive Thomas Cain）在《精益建造的营利合作》(Profitable

Partnering for Lean Cons truction）（Wiley-Black-well，2004）一书中所说，“战略合作能够节约大量成本，最高可达施工成本的30%”。BIM的主要优势之一是能够打开通过尽早提供可靠信息帮助作出更加明智决策的潜能。同样，了解项目合作伙伴的能力以及他们的工作方式能够建立更加良好的沟通，促成项目采用更好的工作流程。

最后，本书将介绍施工管理中的信息流概念。尽管这个概念在施工管理领域相对较新，但对施工项目的成败至关重要。如果项目的信息流顺畅，这意味着团队能够以所需的格式按时发布和接收信息。如果流程不畅，项目就像一辆供油跟不上的汽车启动一样，不断地等着抓住下一个信息，而代价是整个项目的进度放缓，因为总有人在等着其他人提供信息。日语‘Genjitsu’这一术语的含义是向团队成员传递可靠和准确的数据。BIM的最终目标是在向客户交付工程项目的过程中减少浪费。本书将展现信息流规划的价值，并阐释如何通过向项目参与方传递正确信息而不是大量无关数据实现规划目标。

谁应该读这本书？

本书是为那些希望深入了解如何在施工过程中全面利用BIM技术的人所写。以下这些人或许能够从本书中获益：

- 希望更好地了解施工经理所用的工具和流程的设计师；
- 希望深入了解如何利用BIM技术创造更好成果的施工经理；
- 希望找到提升自身价值方法的分包商和项目参与方；
- 希望变得更加见多识广、打造更加成功的项目与项目团队的业主和客户；
- 希望学习施工BIM知识和用更好的工作方式改变行业现状的学生。

本书尤其适用于那些有兴趣创建更好交付建成环境方法的人。本书没打算仅仅阐释如何在施工项目中应用BIM，也无意写成一本“指南”。本书的真正目的在于描述一种方法，引导人们在利用BIM技术的过程中寻找并实现价值。本书将向读者展示如何向传统的交付方法和思维方式挑战以及如何最好地将可用项目信息与技术相结合，从而最终实现理想目标。 xx

如何使用本书？

本书各章，如同施工项目从启动到竣工所经历的各个阶段，环环相扣，章章相连。浏览目录能让读者了解项目时间轴各个节点上的可用工具以及使用这些工具能够取得的预期成果。技术的进步日新月异。可以肯定，在本书出版时，又有新的工具进入市场，对本书提到的某些BIM应用做出了改进。按顺序阅读各章，读者可了解如何在施工项目中使用相关工具，某一工具的输入、输出信息是什么以及这些信息与其他系统的关联关系。

本书将展示如何在项目启动之初制定一致认可的指标用于衡量项目是否成功，从而从整体上对项目团队的能力进行评估。我们通过使用各种工作流程和阐释流程如何运作的屏幕截图，展示用户界面、所需信息以及开展的工作。最后，我们将在相关议题中通过案例研究展示工具应用与流程实例，从而进一步探讨议题的用例和背景。

本书各章内容如下：

第 1 章：为什么技术对于施工管理如此重要？ 第 1 章主要有两个目的；一个是对后续章节内容进行概述，另一个是探讨 BIM 技术在施工管理中的应用范围。本章将展示如何在施工协同过程中利用 BIM 进行虚拟建造以及各种工具对 BIM 流程所产生的影响。本章按照项目先后顺序，介绍了 BIM 在团队组建、项目追踪与营销、施工前期、施工和收尾等阶段的应用价值，并列出了 BIM 在进度计划、物流、预算等领域的应用要点。

本章最后探讨行业 BIM 应用发展趋势和站在技术前沿的策略，讲述如何通过提升领导力和吸引精英人才推动 BIM 应用，同时，还对行业 BIM 应用取得的成就作了介绍。

第 2 章：项目规划 项目规划的好坏对施工项目的成败至关重要。本章先介绍几种标准合同交付方法并探讨每种交付方法对实现 BIM 价值的影响。接着，介绍几个行业组织制定的 BIM 合同模板，为制定项目 BIM 合同提供参考依据。然后，重点定义 BIM 的各种应用以及开展这些应用所需的资源。最后介绍如何制定 BIM 执行计划，让项目参与者对自身的角色与职责有清晰的认识，并使项目模型文件组织得井井有条。

xxi

第 3 章：如何推销 BIM 并赢得项目 如何向客户和行业推销您的 BIM 能力？本章将向读者介绍如何展现自身能力，让客户了解以往成果和在无须持续投资新工具的前提下，为客户提供量身定制解决方案的方法。本章将与读者共同探讨对于未经验证新工具的过度承诺所带来的危害。最重要的是，本章将展示如何搭建一个以信任为基础的技术平台，在满足客户现有需求的同时，为与客户的未来持续合作奠定基础。

第 4 章：BIM 与施工前期 自从 BIM 引入施工管理市场以来，施工前期一直是工具应用的重要领域。由于 BIM 能让团队在项目早期创建和利用信息，为团队协同、交流提供了有力工具，其在施工前期的应用日益增加。第 4 章探讨了如何在施工前期活动中整合应用 BIM 技术，包括基于 BIM 的进度计划、物流、预算、可施工性分析、可视化和预制规划。

第 5 章：BIM 与施工 本章主要介绍施工期间的 BIM 应用要点，包括 BIM 在施工现场的应用策略、Navisworks 应用和移动应用带来的变革，涵盖了质量控制、安装验证、变更管理、设备追踪以及库存管理等相关流程。最后，介绍如何通过创建数字工地实现信息的实时共享。

第 6 章：BIM 与施工监管 本章讲述如何将施工前期创建和分析的信息投入到施工现场使用。虚拟环境与移动设备应用缩短了信息接收与反馈之间的时间间隔。本章探讨了如何从一个 BIM 部门发展为一家 BIM 企业。此外，本章还介绍了现场项目团队使用的各种流程，

xxii

包括文档管理、信息核实、工序安排和团队培训，并探讨了如何通过 BIM 减少项目施工监

管阶段的信息处理时间。最后，本章展示了如何通过整合最佳实践和实现知识共享，促进组织交付技术驱动的施工产品。

第 7 章：BIM 与收尾 项目收尾通常是项目团队与施工客户的最后一个接触点，这一阶段对于项目的顺利交付非常重要。许多客户越来越了解竣工 BIM 模型对于项目全生命周期的价值，并开始要求提供新的交付成果。尽管仍有项目要求提供全套的竣工纸质文件和 PDF 电子文件，一些客户已提出只接受数字交付。本章探讨了如何更好地向运维团队交付设施信息的方法和策略。

另外，本章也探讨了如何成功实现项目规划阶段作出的承诺，包括如何利用技术更好地完成项目的收尾工作、解决遗留问题清单中的问题和收集竣工信息。最后，本章简要介绍了能够简化现场收尾工作的移动应用程序，并展示了如何将运维信息上传给设施管理系统或 CMMS 系统。

第 8 章：BIM 的未来 本章深入探讨了施工管理的未来趋势。通过展望基于新型团队及其协作流程的行业趋势和新的互连工具，本章为施工管理行业描绘出一个令人兴奋的光明的新未来。本章还探讨了一些其他行业建立的、重点关注改善和提升质量的知识管理平台，并介绍了在施工管理领域借鉴其他行业成功经验的做法。

应对变化

自从本书发行第一版以来，施工行业已经发生了巨大变化，第二版只有在充分考虑整个施工过程信息管理生态系统现状的基础上，重新调整关注焦点才能与时俱进。将信息作为永恒的联系纽带，将 BIM 和移动应用作为支持更好协作和信息发布的工具，我们撰写此书的目标就是向读者展示 BIM 在施工管理过程中应用的美好画卷。

尽管书中涉及一些特定的技术和工具，我们并未面面俱到。通过展示施工管理领域技术应用的亮点以及面临的挑战，我们希望为施工行业正在开展的创新推波助澜。尽管 BIM 对于行业的影响正在不断加大，但有谁敢说没有富于创新精神的同行正在车库里研发下一个将摧毁现有工具并从根本上再次改变施工行业的应用程序？这是个令人兴奋的猜想，尤其是对于一个在过去四十年内没有跟上其他主要行业创新脚步的行业而言。 xxiii

最后，我们希望强调的是，成功的变革需要借力于更好的工具、差异化的流程以及参与变革人员的良好行为。过去五年来，施工管理领域确实发生了变化，我们希望在今后的岁月里施工行业注重以结果为导向和更好的信息流，继续朝着更好的方向迈进。

第 1 章

为什么技术对于施工管理如此重要？

施工行业目前正在经历一场技术革命，而 BIM 正是这一浪潮的引领者。如今这场革命已并非仅关乎 BIM，而是包括了诸多领域的创新应用，例如移动设备、激光扫描和大数据分析等。同样，相关的工作流程也正在发生着转变。整个施工行业已逐渐意识到，过去的流程限制了新技术的应用。

本章内容：

BIM 愿景

BIM 在施工中的价值

行业趋势走向

2

BIM 愿景

在 BIM 出现以前，施工行业内通常是各自为战，项目团队的每位成员都仅从自身利益出发考虑问题；而项目本身退居其次，让位于其他优先事项。盛行的 DBB 投标交付方法进一步加剧了这一现象，从合同和财务两方面造成了团队成员间的相互隔离。这种行业文化和割裂的交付方法经常导致诉讼不断、充斥浪费和成本超支。在雷克斯·米勒（Rex Miller）、迪安·斯特伦布姆（Dean Strombom）、马克·亚马里诺（Mark Iammarino）和比尔·布莱克（Bill Black）合著的《商业地产革命：在破碎的行业中降低成本、减少浪费和推动变革的九种转变因素》（The Commercial Real Estate Revolution: Nine Transforming Keys to Lowering Costs, Cutting Waste, and Driving Change in a Broken Industry）（Wiley，2009）一书中提到，仅在 2007 年美国就因为“低效和各类不良习惯”造成了约 5000 亿美元的损失。如果要继续从业于施工行业，我们就必须问自己，“为什么要让客户为我们的错误买单？”

BIM 的愿景是可以在实际建筑施工之前先进行虚拟建造。这使得项目参与者能够提前在数字化环境中进行项目的设计、分析、工序模拟和研究；相较于在施工现场发现问题再进行变更，将大大节省成本。如今，这一愿景已经变成了现实。已有一些 BIM 软件和移动应用程序可以用于降低施工风险。我们还可开发一些更先进的工具，我们很少遇到想要增加某一软件功能而无法通过技术实现的困境。

然而，如今在虚拟建造领域，我们发现大多数的挑战在于，很多团队并未意识到团队成员的整合可以创造出更加优异的成果。比如，允许分包商在制订项目进度计划前期介入，就能分享他们拥有的专业经验和提供的有价值信息，如材料的前置时间、所需人员数量和安装方式等，从而使施工模拟更符合实际。另外，如果施工管理团队获准参与建筑设计评审会，他们就能发现那些对于客户和设计团队至关重要的因素，并在施工准备阶段充分利用这些信息。笔者在本书的撰写中，非常认同这些最佳做法，并提出了评估技术和团队整体水平的准则：是否采用了能与技术飞速发展保持同步的整合团队，从而带来更好的施工成果。正如乔治·埃尔文（George Elvin）在《建筑的整合实践：掌握设计 - 建造、快速追踪和建筑信息建模》（Integrated Practice in Architecture: Mastering Design-Build, Fast-Track, and Building Information Modeling）（Wiley，2007）一书中所述：“整合使设计和施工团队能朝着一个共同目标努力，使从设计到施工的每一步都朝着对项目最有利的方向迈进；两者不再以交付结果为界，分隔在相互独立的阶段中。”正是这种协同合作、以项目为核心的方式，能使团队高效工作，利用 BIM 更快更好地实现目标。团队整合将焦点从个人需求上转移到模型上，关注如何利用包含大量信息的模型交付更好的项目并消除风险。

3

BIM 已发展到新的阶段。建筑行业正在经历着 BIM 应用转变的过程：从仅仅 3D 或可视化应用变为工作流程中的工具，直接用于解决现实工程问题，如安装验证，工序模拟和成本估算。行业话题正逐渐发展为一个普遍问题：如何通过优化信息的实时获取、分析和传递让项目更加成功。

由于关注点的转变，面对挑战，现有工具正不断调整、更新，新工具也在不断推出。将 BIM 应用到主要施工管理环节中，能够打破施工经理的传统观念，为理解施工工作方式提供新视角。我们现在要问的是这些新问题：

- 我们还能利用所有这些信息做什么？
- 还有谁能从这些数据中获益？
- 我们如何利用模型进行更好的决策？
- 项目现场应使用模型进行哪些虚拟论证来提高团队的工作效率？

这是建筑行业令人振奋的时代，因为随着专业应用软件的发展，很多底层支撑技术也在进步。云计算等技术可以使我们通过远程服务器处理任何来自联网设备的数据，移动和可穿戴设备的快速增长也在不断改变着设计师和建造师在施工管理中的工作模式。

同时，也有一些变化是一系列迭代、渐进化的小改进，它们不仅体现在基于用户反馈的软件功能方面，也体现在这些工具的稳定性上，提高了工作的效率和可靠性。

最后，新的思路和改进不断涌现，并以创新工具和创新流程的形式进入市场，从各个层面不断向团队协作和施工方式提出挑战。所有这些转变的中心是一个愿景：各方可以利用更实用的信息开展更好的协作，从而创造优秀建成环境。

自从引入 BIM 以来，BIM 软件已实现了很多新的功能和应用。同样，BIM 迫使施工行业向之前的建造项目的思维提出挑战。施工行业开始投资更新、更好的技术。施工市场中新兴技术的快速增长并不是巧合。在过去四十年内，就自动化和技术进步而言，施工行业并未跟上其他行业的脚步，这为当今开发支持更佳工作方式的新工具和新产品提供了大量机遇。尽管我们鼓励创新，但在新工具广泛应用之前必须对其进行必要的分析，使其通过项目检验。 4

在《BIM 与施工管理》第一版中，笔者提到 BIM 并不只是一款软件，而是流程和软件的结合。更进一步讲，目前我们看到，BIM 的成功应用需要三个关键因素：

- 流程
- 技术
- 行为

这三个因素决定应用 BIM 技术项目的成败，可以将其视为团队成功整合及应用 BIM 的三脚凳（图 1.1）。若拿掉一条腿，那么剩下的就是一个毫无用途的东西。那么，为什么这三个因素如此重要？

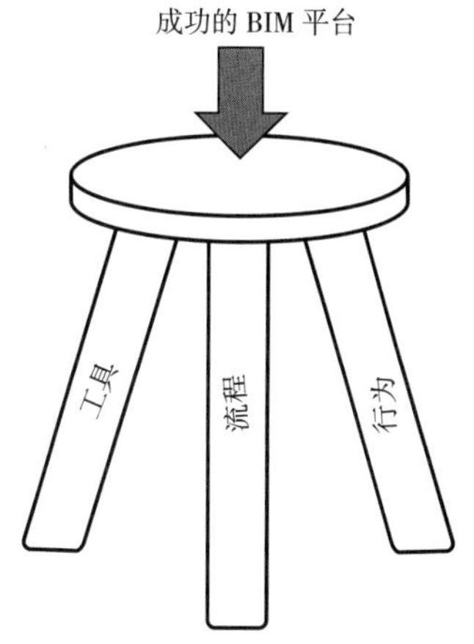

图 1.1 BIM 三脚凳

流程

面向施工管理和面向工程的公司都倾向于采用新的技术，并试图将这些新技术用在旧流程中。这种做法由于没有考虑新工具的影响，以及使用新工具时现有流程应做出哪些改变才能更有成效，因此造成了浪费。冲突检测与冲突解决流程的演变就是一个很好的例子。随着冲突检测开始获得更多人关注，很多团队会在每周举行多次会议，让整个项目团队都在这种新的 3D 环境中进行内部协调。虽然技术进步了，但类似于以前 2D 协调会审的流程仍被采用。因此，很多用户发现新流程不仅效率低下，而且实际上拖累了整个项目的运作效率。由于团队成员不得不参加冲突检测会审，对项目相关问题的反应速度受到影响。在消耗了宝贵的时间之后，他们发现因有效时间减少导致生产效率大大降低。如今，为了提高协作效率，这些会议通常限制在两三个小时以内解决两三个专业的冲突问题。另外，现在团队也在探讨通过云端工具建模，在产生冲突的第一时间告知模型创建者，从而取消冲突检测流程。

5

这些流程转变对于改进工作十分关键，因为它允许用户不断思考改进交付工程的新方法。在《改善的精神：积跬致远，卓越恒久》（The Spirit of Kaizen: Creating Lasting Excellence One Small Step at a Time）（McGraw-Hill，2012）一书中，作者罗伯特·莫勒（Robert Maurer）这样写道：“当您需要做出改变时，可以采用两种基本策略：创新和改善。创新要求对现状进行彻底、直接的反思；而改善，则只需…… 一些可行的小步骤来逐步改进。”成功的 BIM 集成商能够认识到，在应用技术时，大规模的创新和小规模的步骤调整都是必要的。创新型的变革是由技术配置的速度推动的，而为了紧跟时代就需要保持敏锐的视觉，在工具出现的第一时间就捕捉到它。改善型的变革是对当前工具和流程进行迭代式改进，其核心是形成一种不断改进的企业文化。对待改善型变革要有耐心。

要牢记的是，正如锤子或锯子一样，BIM 也仅仅是一个工具。配合适当的流程使用，BIM 系统才能为组织创造出巨大价值。而当新工具与旧流程组合在一起时，有可能会阻碍项目的成功，打击用户的积极性。因此，在新工具出现时必需考查其效用，并像对待技术本身一样认真研究应用新工具所需的流程。

技术

BIM 的成功整合需要使用有效的 BIM 工具。这听起来十分简单，但这要求我们不要止步于在产品演示会上对产品的了解，在观看产品演示后还要对产品做进一步深入研究。这意味着在软件或应用程序推销员离开后，我们有必要提出问题：“这项产品改进的是我们的组织还是工作方式？”团队用于分析和选择新技术的策略十分重要，因为这决定了团队的敏锐和反应速度。施工行业选择工具的方式通常分为三种，而每种都会带来不同的结果。

第一种选择和整合策略是“堆积法”。采用这种方法的公司或组织将增加某一工具视为对现有工具体系的扩充。这种方法的基本假定是，公司会先对新工具进行试点应用，看它如何

6

与公司其他系统相互对接，以此确定该产品能否满足公司需求。如果这个工具看上去有价值、能够使用，那么公司就会开展更广泛的试点应用，对其进一步探索，目的在于将新工具融入公司内部使用的工具体系，以便最终采纳最好的工具，淘汰落后的工具。

这种方式是三种策略中最不费力的，主要是因为它很简单，几乎无须严谨思考。但是，新工具的不断增加会产生混乱，使人难以区分哪些是基本工具，哪些工具仍在测试中。堆积策略几乎不会将新工具与公司现有工具进行比对。这往往会使各种工具的功能重叠，除非绝对必要，否则不会淘汰任何工具。堆积策略的确可以轻松实现迭代式或改善型变革；但企业必须注意不要选择过多工具，以免降低企业运行效率。

第二种策略是一种“置换”策略，或者叫直接替换策略。采用这种策略的公司会对新工具及其特性进行考查，然后通过内部评估确定哪个或哪些现有工具应被替换。这种一对一的分析可以升级和整合系统。相比于堆积策略，置换策略对采用或淘汰哪些工具通常更加明确。这种策略还能不断优化企业的“工具箱”，使企业保持竞争力。

置换策略的不足在于它更看重每个软件的功能，而忽视使用软件对流程和团队协作的要求。另外，这种选择方式难以抵御改变公司基本工作方式的颠覆性技术，因为这些工具通常由一种机制成熟的工作方式支撑。这种方法专注于企业的工具箱整合，方法本身的改进常常依赖于行业的技术发展。

第三种策略并不那么出名，但随着精益理念和结果导向思维的兴起已逐渐普及。使用这种称为“流程优先”的策略，团队首先审视现有的流程，考虑“我们希望如何工作？”。回答这个问题需要有“天马行空”的思维，并且假设团队在具备最佳工作条件时，已经具备了实施这种新工作方式所需的技术。这种选择方式比前两种策略更加烦琐、费时，需要投入大量的时间和研究。这种努力得到的成果差异很大，很多公司在制定流程过程中面对众多利益相关者提出的太多要求望而却步。这种方法的特点是团队了解预期的结果，而工具的比选不需太多精力。

若采用这种方法，检验工具价值的试金石在于它是否与企业愿景一致。有些情况下，现有的工具都不能支撑团队期望的工作方式。这时，会引发采用流程优先策略的风险，但也给采用满足团队需求的定制化解决方案提供了机遇。定制化解决方案可以内部开发，也可以委托第三方开发，或者向软件厂商提供信息让其开发并将开发成果整合到现有工具的未来版本中。这种技术选择方法为辨识有助于团队达到终极理想状态的工具提供了框架，因为它允许在快速变化的环境中保持最大的灵活性，回避了很多组织在选择工具时存在的分析能力不足问题。

7

除非企业确实很久没有改变过工具，否则一般都会采用这三种策略中的一种或某种组合。不论选择方法具有明确的目标还是允许对目标微调，希望不断调整和改进的公司都应当关注分析和选择工具的方式，以使企业持续站在技术前沿，准确把握市场发展趋势。

总体而言，施工行业的 BIM 应用正在稳步增长，并已开始关注跨平台整合。部分软件供应商开始关注于互操作性、应用程序编程接口（API）以及限制冗余的开源信息共享，正在开发有趣的 BIM 信息应用新程序。BIM 软件的持续改进很大程度上归功于用户群的信息反馈。无论反馈是来自网上论坛、消费者委员会还是行业组织或委员会，BIM 不断改进的动力源于行业用户的积极参与并对现有工具提出的建议。同样重要的是，拥有新思维的公司要有参与行业对话的意愿，主动分享他们培养创新和追求进步企业文化的经验。

行为

在成功整合 BIM 的三个关键部分中，行为是最难以改变的。正如克林·斯塔宾斯（Kling Stubbins）设计事务所的斯科特·辛普森（Scott Simpson）所说，“BIM 是 10% 的技术加 90% 的社交关系。” BIM 的核心远远不只是更新软件——它是工程管理团队协作方式的变革。那么，当我们说“行为”时意味着什么？当我们思考让 BIM 在工程项目中发挥效用的因素时，核心因素就是实施它的行为。请好好想想，您是更愿意与一个对前沿技术充满激情的团队合作，还是与一个过度怀疑、思想保守、故步自封的团队合作？

这不是一个艰难的决定。

团队需充分认识到，面向未来的前瞻性思维方式与背后的技术和流程同样重要。不能正确理解这个原则的人很快就会发现自己已与设计和施工市场脱节。正如哲学家埃里克·霍弗（Eric Hoffer）所说，“在变革的时代，学习者继承地球，满腹经纶不肯学习者只能哀叹他们能够从容应对的世界已不复存在。”

尽管我们已经探讨了个人行为的重要性，但同样重要的是要意识到组织的行为也会影响技术整合的成功。一个拥有创新文化和敏锐眼光的公司将营造出持久的活力，让变化成为一种常态，并渴望改进和探索。相反，抗拒改变、扼杀创新的环境将极大地抑制进步的活力，无法支持正确抉择工具并使用这些工具实现流程的变革。

8

行为十分重要

在全球范围内，施工管理企业正面临着越来越激烈的竞争环境。对于大型项目而言更是如此，可能获取巨额回报也可能出现巨额亏损，因此，需要投入大量精力。其中很多项目都由合资企业承担，以便集中双方团队优势，共同分担风险、担保与保险支出。重点要指出的是，合资企业一经创立就要根据多种因素选择各个团队，包括他们的经验、已完成项目情况、客户关系、技术能力、可用时间和行为。为什么要考虑行为？因为这些项目通常会有很大风险，而这些风险不仅与工程项目自身有关，而且与两个或多个拥有不同文化企业的协作有关。因此，具有正确行为的团队通常能够成为理想的合作伙伴，而抗拒改变的团队则被丢在一边。

菲尼斯·杰尼根（Finith Jernigan）在其所著的《大 BIM 小 bim》（Big BIM，little bim）（4Site Press，2008）一书中倡导一个理念：BIM 真正的成功不仅仅在于 BIM 软件（小 bim），更在于使 BIM 真正有效所需的工具、流程与行为的集合（大 BIM）。正如 BIM 工具越来越强调协同一样，我们的行为和思维方式也必须跟上。我们在利用能给施工交付方法带来革命的技术上拥有巨大机遇，这需要我们在转变态度和思维方式的同时，更多注重实践行为。

BIM 在施工中的价值

BIM 在施工中的应用价值有多种体现方式，大小不一。不论是通过自动化功能节约时间，还是省去赶赴会议的奔波，或是基于提早获得更好的信息作出决策降低成本，它们都有一个共同的落脚点：成果。

很难想象我们日常生活中有某个领域没有受到技术创新的影响，尤其是在工作场合；在施工行业中也同样如此。BIM 的出现和应用程序技术的崛起为我们开启了新的大门，可以说创造了自微软 Excel 之后最激动人心的一个新局面。在过去五十年中，与其他行业相比，建设行业值得关注的技术创新寥寥无几。虽说如此，在材料研究、安装方式和能源效率领域仍有很多创新，例如预制装配、环保材料和绿色建筑设计。然而，施工管理项目团队采用的技术大体没有变化。如今，创新已成为承包商交付工程和压倒竞争对手的需要。这样一来，我们就看到了，在技术供应商和有意向以投资提升效率的施工管理企业之间，形成了不断提供更好工具的健康供需生态，这从有越来越多的承包商采用 BIM 技术上就能看到（图 1.2）。

9

BIM 在施工管理领域的应用有其独特的发展历史。有必要了解这一特殊的发展过程，以充分理解 BIM 的应用价值和发展轨迹（图 1.3）。

承包商当前 BIM 应用水平及未来预期
来源：McGraw-Hill Construction 2013
■ 用户 BIM 应用水平较低（用于不足 15% 的项目） ■ 用户 BIM 应用水平中等（用于 15%—30% 的项目）
■ 用户 BIM 应用水平较高（用于 31%—60% 的项目） ■ 用户 BIM 应用水平很高（用于超过 60% 的项目）

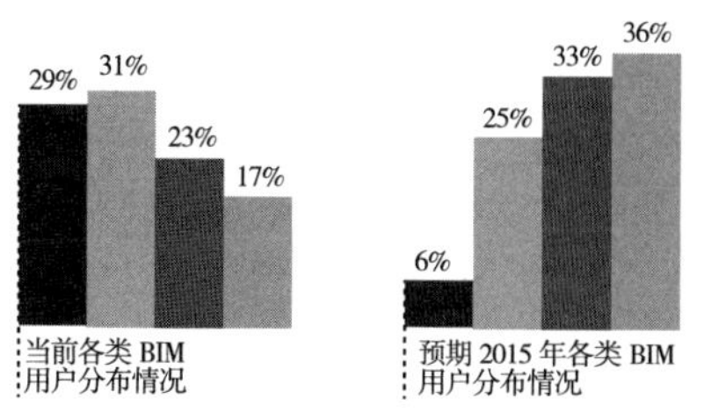

图 1.2 BIM 预期增长趋势

右图三种类型公司应用 BIM 的平均比例，从 2007 年的 28%，迅速提升至 2009 年的 49%，再到 2012 年的 71%。有史以来第一次，承包商使用 BIM 的比例超过了建筑设计事务所。

来源：The Business Value of BIM in North America:
Multi-Year Trend Analysis and User Ratings SmartMarket Report，McGraw-Hill Construction，2012.

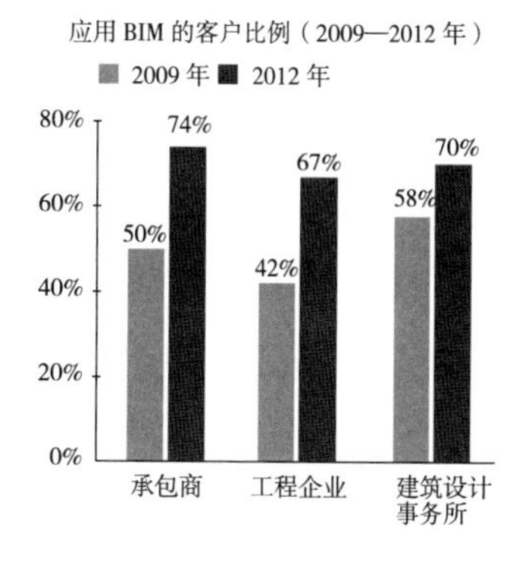

图 1.3 自 2007 年以来 BIM 应用的增长

我们所了解的 BIM 基本上出自面向对象的参数化建模技术，它是 20 世纪 80 年代由美国参数技术公司开发的（见《BIM 手册》英文版第 29 页）。施工行业最早应用的商品化 BIM 工具出现在 20 世纪 90 年代早期，具有应用 3D CAD 模型的能力。2007 年欧特克收购 Navisworks 10（前身系 JetStream），使其具备了整合多种 BIM 文件类型的能力，从而推动了 BIM 在承包商中的应用。2007—2010 年间，随着 BIM 进一步成为行业主流技术，涌现出一系列相关的软件、服务和硬件。BIM 相关插件、附加组件和应用程序的数量激增引发了两种新趋势。其一是在技术“复兴”的初期阶段，话题的焦点转向施工领域技术应用。其二是对施工公司提出挑战，要求其选择正确的 BIM 工具，通过协作创造价值。BIM 的这一历史阶段一般被视为 BIM 的起步阶段，在此阶段引发了关于工具互操作性以及各系统间数据自由交换的讨论，而这至今仍是讨论的焦点。

部分早期用户开始在公司内部整合 BIM 技术，意在从同行竞争中脱颖而出。很多公司试图给自己打上独特的 BIM 标签，让人知道他们的 BIM 应用水平与众不同。核心员工希望在不断壮大的 BIM 群体中鹤立鸡群，企业希望拥有的项目经验或定制开发的工具出类拔萃。他们通常会采取本章前文提到的“堆积”方法选择工具，竞争似乎取决于谁拥有最新工具。这使得很多早期用户开始质疑他们使用的 BIM 工具和流程是否仍然具有竞争力。最终，这促成了更加广泛的思考和更深层次的质疑。

创新人士和早期 BIM 应用人员增长的另一个因素归结于一些前瞻性客户对 BIM 的需求，例 11 如美国总务管理局（GSA）、美国陆军工程兵团（USACE）、迪士尼、谷歌、可口可乐和其他施工行业的大型客户。施工公司为了承包这些客户项目，就需要有提交符合一致性要求成果的可靠技术手段。

很多技术人员曾预言，BIM 要成为一种实用的工具和流程，至少还需要数十年的时间。尽管初期进展缓慢，与传统的技术整合周期趋势发展曲线（图 1.4）相符，但此后 BIM 带来了建筑行业的风暴，目前采用 BIM 的企业从 2007 年的 28% 激增到 2012 年的 74%（来自《BIM 智能市场报告》中“BIM 在北美的商业价值”），BIM 已从早期应用阶段进入到中后期阶段。经过最初的兴奋和乐观之后，现在，早期主流用户数超过了早期用户数。这些早期主要用户对新工具的研究非常深入，远不止仅对功能操作的研究。行业专家和分析师也帮助筛选能够带来明确价值的货真价实的工具。为了开展相关研究，很多团体和机构应运而生。

12 2007—2012 年，影响 BIM 使用的因素发生了改变。2007 年，影响 BIM 使用增长的第二大因素是业主要求将其用于项目中（图 1.5）。然而到了 2012 年，业主对 BIM 的需求跌至第四位，排在它之前的是互操作性、功能性以及清晰的 BIM 交付内容（图 1.6）。目前我们似乎正处于施工行业采用 BIM 技术周期的顶峰。随着全球范围内更多专业人士深入探索 BIM 在施工中的应用潜力，更深层次的质疑和分析不断得到验证，处于 BIM 技术采用周期的早期主流用户和后期主流用户大量涌现。

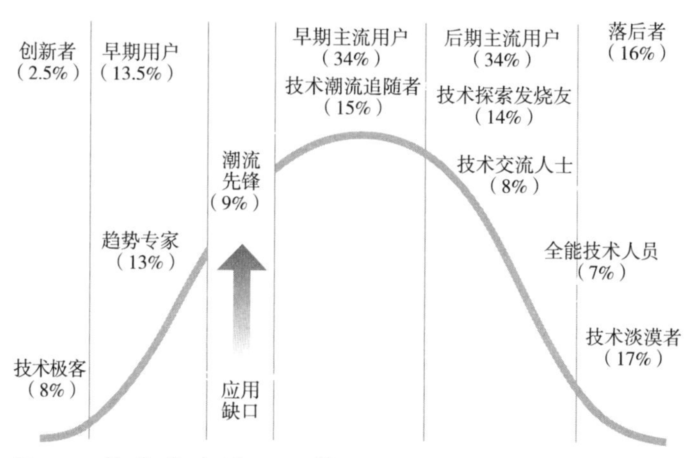

图 1.4 传统技术采用周期［来源：The Nielsen Company and Cable & Telecommunications Association for Marketing（CTAM）］

13

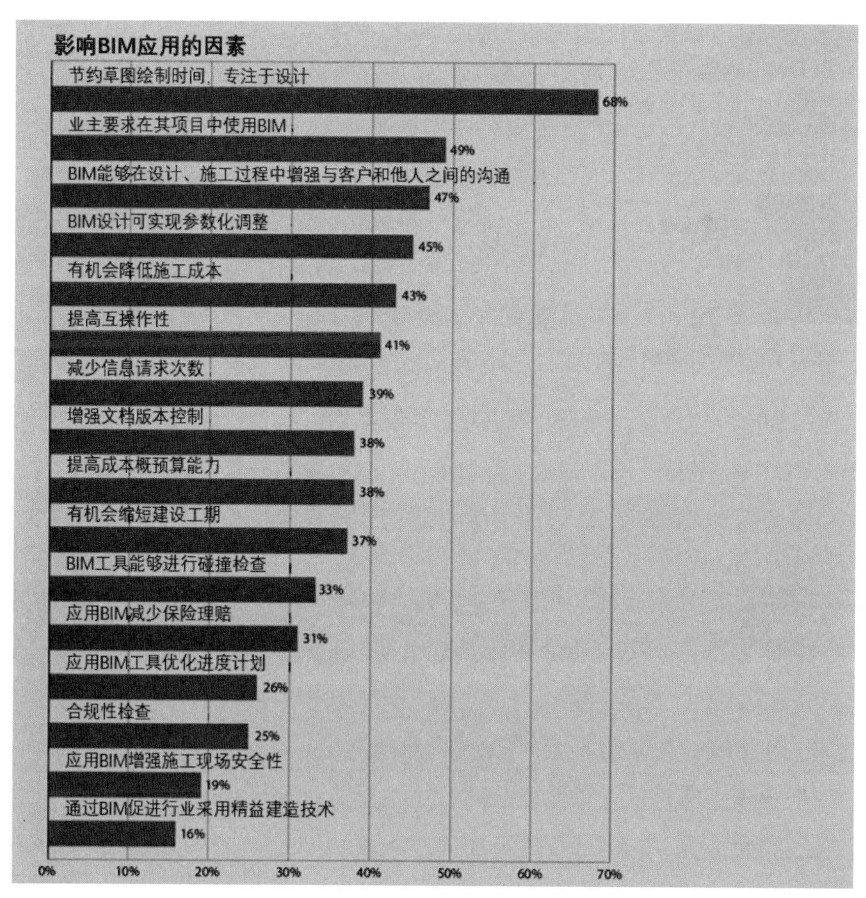

图 1.5 影响 BIM 应用的因素：2007 年（来源：McGraw-Hill Construction Research and Analytics，2007）

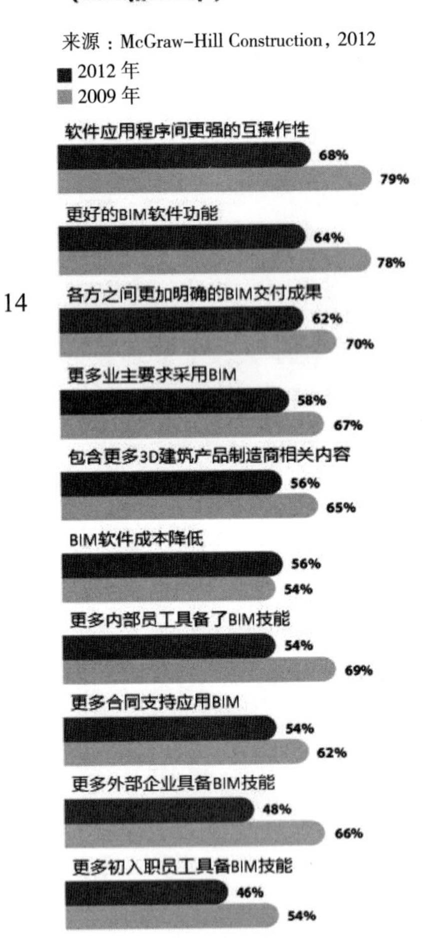

图 1.6 提高 BIM 效益最为重要的因素，2012 年

在传统技术采用周期中，在创新者、早期用户和潮流先锋采用技术后，早、后期主流用户开始采用，目前，BIM 大体上就处在技术采用周期中的这一阶段。一般而言，早、后期的主流用户要比“技术极客”（Extreme Techies）更善于分析，并对 BIM 的应用有巨大影响，与先行实践者相比在工作流和数据的质量及组织上也更有发言权。当前应用的热点仍然汇集在对各种工具的互操作性以及模型构件存储、链接的大量数据的用途的深入探讨上。目前，业内仍将 BIM 信息的价值视为一个整体，这为未来新的创新技术周期出现提供了很多机遇。在很多行业组织主持的演讲或研讨会中，不再仅仅是介绍 BIM 概念，而是更侧重于对策划、组织架构以及流程变革做出详细分析。

14

对于施工行业而言，这是令人振奋的应用 BIM 技术的时代。如今我们看到具有流程和整合功能的新工具正在陆续走向市场。例如，新版的 Vico Office 整合了时间和成本功能；Autodesk 360 Glue 不需要 LAN 或 WAN 配置即可对文件进行操作；Bentley 公司的 ProjectWise 施工作业包服务器整合了模型、进度及任务策划。

那么，如今 BIM 的价值又体现在哪里呢？

简单来说，BIM 的价值仍然体现在信息上。而相比以往，现在这一价值更为人所知，正采用以结果为导向的方式引导着对这种信息的利用。虚拟模型可能包含每一扇门、屋顶空调机组、楼板和窗户等信息，当我们考虑它的潜在用途时就会想到成本估算、进度计划、专业协调和安装等深层次应用。设计和施工行业创建与利用模型的效率将持续提高。因此，团队正在探索利用模型包含信息的新方式，从而消除输入冗余数据的浪费，获取那些没有 BIM 无法发现的趋势、模式和问题。

15

不仅仅是 3D

尽管大多人将 BIM 看作一种 3D 工具，但它同样是连接并控制模型构件的信息丰富的数据库，它也经常被称为“参数化建模”。BIM 在三维建模方面具有巨大价值，但其最终价值取决于聚合、编辑、搜索和编译信息的能力以及能否回答设计和施工问题，如“安装这个设备的最佳工序是什么？”、“设施中有多少平方英尺的架空地板？”或者“扩建制造厂我们还需要那些部件？”如果模型中包含 3D 构件，且每一构件包含大量信息，就可通过多种方式利用信息。

BIM 在施工管理中如何发挥作用？

BIM 正不断改变施工行业的建造和协作方式。施工行业应该认识到 BIM 的核心价值在于能够提取模型信息，并将其用在预算、进度、物流和安全等相关的工作流或业务流程中。这种新能力为更快地向相关系统导入数据开启了大门，从而使它们能够更快、更安全和高质量地完成工作。

尽管数据输入变得越来越高效，整个行业仍在推动各系统的持续数据互联，尽量避免一次性的文件导入导出，形成一种信息生态系统。然而，丹尼尔 · J · 布尔斯廷（Daniel J. Boorstin）在《技术共和国：对我们未来专业群体的反思》（The Republic of Technology: Reflections on Our Future Community）（Harper & Row，1978）一书中指出："技术……很有趣，但我们也会淹没在技术中。信息的迷雾（太大）会将知识驱除在外。"事实上，过量的信息会分散项目注意力，从而造成风险。信息对于项目管理至关重要；然而，如果信息变得累赘而难以管理，或由于过度分析而降低了效用，则有害无利。

最后，我们正在经历协同方式和日益增加的信息共享方式的重大转变。诸如 box.com、Dropbox、Egnyte、Newforma 等新工具及其他基于网络的文件共享平台，使信息共享过程更加便捷。此外，云技术正在引导施工交付和管理模式从僵硬死板朝着灵活机动方向发展。在施工市场中，BIM 及相关技术几乎在每个阶段都占据着举足轻重的地位，这些技术应用正在持续快速增长（图 1.7）。

16

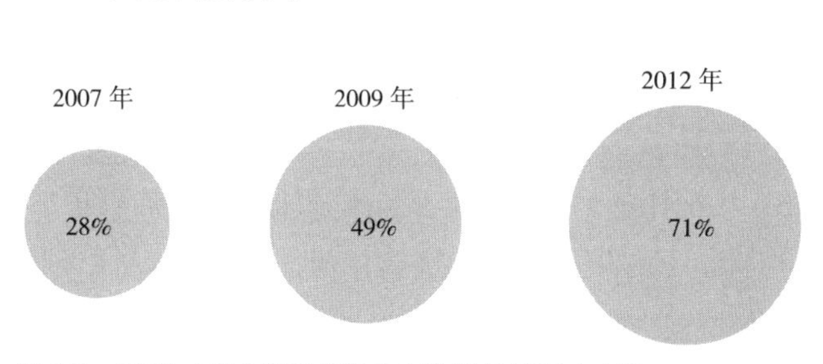

图 1.7 2007—2012 年间 BIM 应用的增长情况（来源：McGraw-Hill Construction，2012）

团队互动

当涉及沟通和策划时，技术的应用对于传递和共享信息至关重要。BIM 在施工项目中的使用有助于更好地实现团队互动。为了确保团队的成功参与，在采用 BIM 的项目中要求制定项目规划确定预期成果，并提前解决细节问题。阻碍团队互动的最大障碍是对项目了解不够和缺乏沟通。正因如此，对于每个团队成员而言，了解项目的详细情况至关重要。

为了深入了解 BIM 应用，团队领导需要创建项目规划，对将要使用的工具、可接受的文件格式以及团队成员预期接收信息的时间等事项进行说明（图 1.8）。项目规划将在第 2 章"项目规划”中进行探讨，但要注意的是，确保团队互动的诀窍在于项目全程对规划的落实。以新项目和新挑战激励团队齐心协力并不难。但是一个成功的团队领导懂得，让每个人都主动参与才是项目成功的关键。

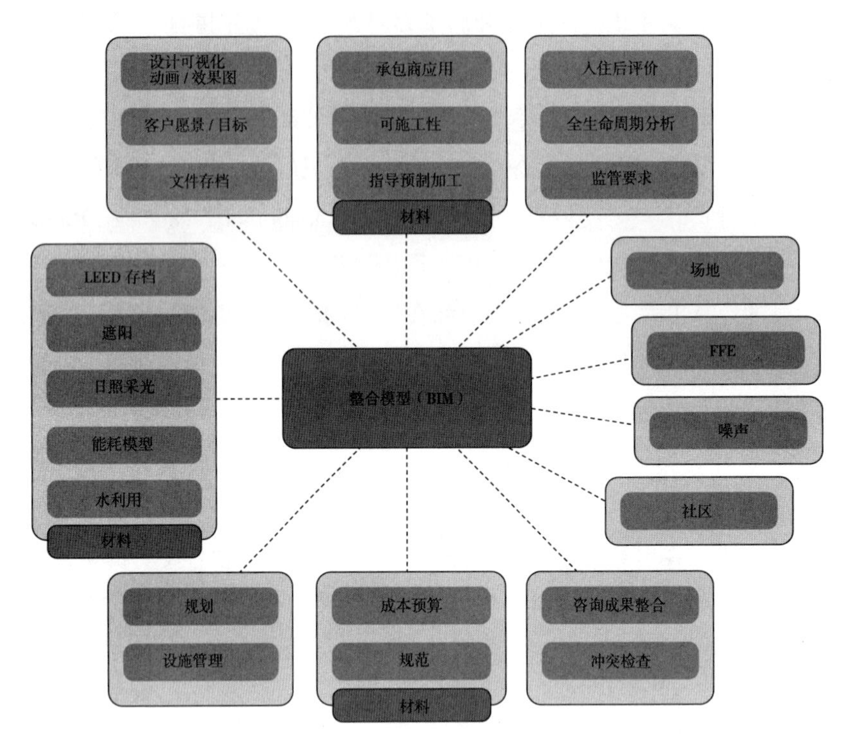

图 1.8 BIM 利益相关方众多，因此明确团队成员的职责十分关键（来源：Image courtesy of Eddy Krygiel）

项目跟踪和业务拓展

随着对 BIM 在施工中应用的知识不断增多，很多业主希望能够更加主动地了解项目团队提供的方案是否可行、项目团队具有哪方面经验以及方案中包含哪些创新应用。对业主而言，尤其感兴趣的是在设计和施工全过程中利用模型消除未知因素，尽可能降低项目风险。这可以通过多种方式实现，例如通过增强可视化（图 1.9）准确了解材料选择、通过精准预算消除成本超支、通过详细的施工模拟和进度分析减少对项目进度的负面影响以及通过便于解读的 3D 场地平面布置营造安全的施工现场。施工完工后，很多业主开始利用竣工模型为资产和设施管理提供信息。

在项目跟踪阶段，施工管理团队必须明确项目采用的工具、流程和要取得的成果以及在哪些地方采用何种技术消除风险、创造价值、提高建筑性能或更好地促进协作与沟通。这可以在项目启动前，在制定 BIM 执行计划和信息交换计划过程中通过梳理团队期望和意图完成。

团队应当展示对业主需求所做的分析和已选择的能够创造价值的工具。对施工管理应用 BIM 和相关技术而言，有必要记住并不是所有工具都适用于每个项目。举例来说，用于高中

图 1.9 项目可视化实例（来源：PHOTO COURTESY: LEIDOS ENGINEERING）

新校园建设与用于新建癌症研究中心的两套 BIM 工具是不同的。建设不同项目所需的信息与这些设施本身一样会有差异。尽管各个项目之间有些信息是一样的，团队仍需建立一套针对不同项目选择正确工具的方法。 19

随着在各种项目中应用 BIM，团队的 BIM 技能不断提升，采用的工具和流程更加明确，同时也会发现创新机遇。比如，一个精于基于模型制订进度计划的团队，会受到要求在项目中整合成本的业主青睐。利用基于模型制订进度计划的经验，团队可将成本与进度整合。BIM 流程的创新对于提升整个行业乃至单一企业的 BIM 应用水平至关重要。

应用策划是 BIM 成功的前提

对 BIM 的一大谬解是认为团队应在施工前期立即开始采用 BIM。在未制订执行计划或信息交换计划之前就立即实施 BIM，会严重制约团队的执行能力。显然，施工期间研究系统在项目全过程中何时以何种方式实现数据共享和连接为时已晚。根据我们的经验，BIM 成功与否取决于项目团队在施工前期或施工活动开始之前 BIM 应用策划的水平以及实施期间项目团队的沟通能力。

工具的分析功能和模型包含的丰富信息为 BIM 在施工中的应用创造了大量机遇。这些应用包括成本预算、工程量验证、工序模拟、设计变更、基于版本的模型分析和面向业主 / 用户群体的可视化、预制构件详图、材料影响、全生命周期能耗、包括水电燃气和运行费用在内的全生命周期成本估算等。然而，对于团队而言，为了保证项目顺利实施，预先规划 BIM 应用范围和应用效果非常关键。

BIM 应用规划与合同

应用 BIM 的最佳实践是通过合同规定预期成果、所用文件、文件分发频率和进行质量控制。美国建筑师协会（AIA）、美国设计 – 建造协会（DBIA）和美国总承包商协会（AGC）提供了一系列 BIM 合同范本，本书后面将详细介绍。

业内提供了标准的 BIM 规划工具。已有的标准规划包括：《宾夕法尼亚州 BIM 项目执行计划导则》、《DBIA BIM 实践手册与清单》、《USACE BIM 项目执行计划》以及《GSA BIM 导则》，它们都可免费获取。此外还有一些收费的可用资源。团队可将这些规划、导则作为模板，用来策划所承担的 BIM 项目。其中，《USACE BIM 项目执行计划》和《GSA BIM 导则》是由业主提出的标准项目需求，所有团队都必须遵守。用这两个文档作为模板可以确保在满足业主基本需求的同时，使用业主熟悉的语言对业主要求的交付成果进行描述。

20 有些项目团队决定不用这些公式化模板，自主开发 BIM 执行计划或信息交换计划，并将其作为协议的附件。他们之所以定制开发 BIM 执行计划是为了更好地说明项目需求、团队要求、合同格式和目标成果。这些定制开发的计划通常是将一系列最佳实践和多年的 BIM 实施经验作为基础。作者建议，BIM 新手宜先使用公式化模板，并在使用中熟悉相关参数；然后对模板进行改进；最后，在完全理解模板的基础上创建自己的全新计划。

另一个越来越受欢迎的工具是谅解备忘录（MOU），在 DB（设计 – 建造）、IPD（集成项目交付）和其他集成交付项目类型中较为常见。MOU 作为一份章程文件描述了项目团队的意图、高水准的交付成果、解决问题的措施和项目目标。通常项目团队签字后，会将 MOU 作为合同附录。在项目跟踪时若可用的项目信息极少，通常就会采用 MOU。

无论采用何种计划，组建团队时都应考虑各种有利因素和不利因素。采用 BIM 符合建筑业倡导的协作与团队整合发展趋势，具有以项目为核心、由团队成员选择支持协作工具和让团队成员共同作出最佳决策等优势。

进度计划

施工进度计划旨在明确定义项目每一项作业的工序逻辑、持续时间以及现场的整体进度流程。传统上，进度计划通常由一个或多个专职人员制订，他们通常根据以前的项目经验和行业其他相关数据，在合理推测的基础上完成项目时间表。尽管长期以来这种制订进度计划的方式被奉为圭臬，但它并不是一种有效的方式。由雷克斯·米勒、迪安·斯特伦布姆、马克·亚马里诺和比尔·布莱克合著的《商业地产革命：在破碎的行业中降低成本、减少浪费和推动变革的九种转变因素》（Wiley，2009）一书认为，传统项目进度计划中 70% 的时间安排是错误的。那么，为什么我们还在使用这种方式？

答案之一是没有其他选项。但在目前，很多承包商已经认识到了模型与进度信息整合的价值。由于这一原因，他们开始与分包商协作，通过模拟对进度计划加以验证，确保进度计划的准确性并创造效益。将进度与 BIM 整合创造出了“4D”以及“模型模拟”与“工序动画”等术语。进度模型所含信息有多种用途。由于模型元素在 Navisworks 和 Synchro 环境中是可视的，因此可把它们按施工顺序制成动画。通过将进度数据与模型元素连接，就能得出项目施工模拟视频。另外，这些模拟还能通过工序冲突检测发现错误的工序衔接。这些模拟可用可视化方式标明问题，例如对设备还未养护就已安装在架空支座上或者梁悬在空中没有柱子和其他构件与之相连等问题进行亮显标注。

21

应用 BIM 制订进度计划能以可视化方式清晰展示项目建造过程，是团队沟通的有效方式。工具越来越先进，有些已开始依据基于位置系统（LBS）或高级工作包系统（AWPS），先把施工模型按不同阶段切分，然后基于切分模型制订进度计划；有些工具还有使用平衡线进度视图进行优化的功能（图 1.10）。

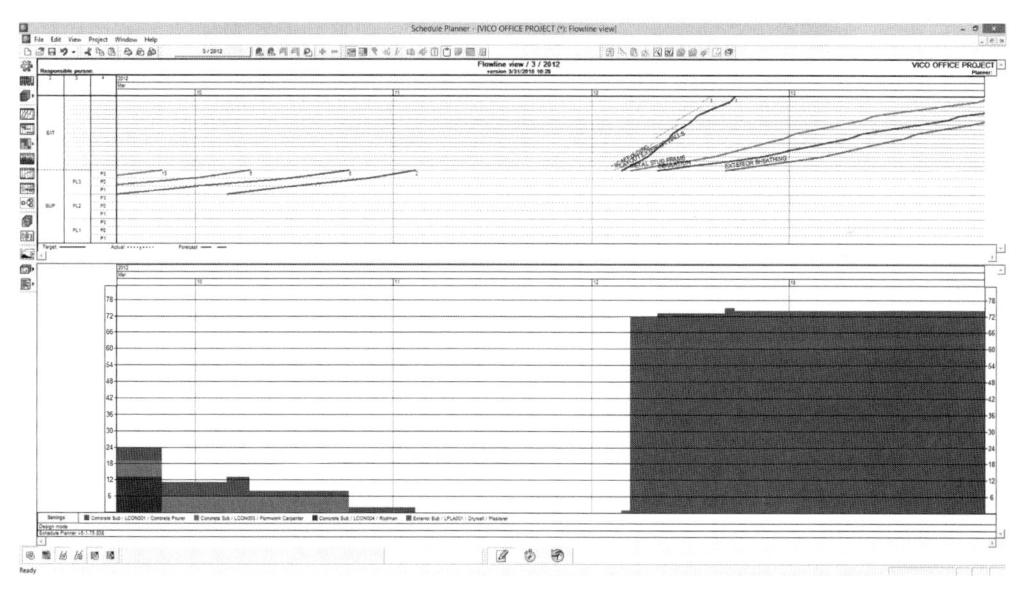

图 1.10 平衡线、甘特图和资源调用计划视图（来源：IMAGE COURTESY OF VICO SOFTWARE）

由于目前很多工具相互之间都有接口，BIM 和进度计划工具之间能够建立深层关联。Navisworks，Synchro 和 Vico 等软件工具极大地简化了模型文件和进度计划的更新和编辑流程。此外，由于进度计划包含成本和人员信息，为确保材料用量和人员投入的准确性，开工前可以通过模拟进行验证。在本书第 5 章“BIM 与施工”中，将介绍进度计划与 BIM 模型的整合流程以及市场上可选用的工具。随着工具变得更加协同化，行业也不断朝着制订精益计划方向转变，传统的制订进度计划方式将逐渐淡出人们的视野。

22

场地布置

传统上通常使用场地平面图协调现场车辆运输、安全、材料堆放、设备使用和通行效率。BIM 与地理信息系统（GIS）整合改变了我们制作场地平面图的方式，实现了场地布置的可视化。整合应用具有人机交互功能的智能设备会让施工现场更加安全高效。将谷歌眼镜、苹果手表和 Oculus Rift 虚拟现实眼镜等可穿戴设备与 BIM 整合正呈上升趋势，这在空间验证、现场信息获取、安全保障和增强现实等方面的应用具有很大潜力（图 1.11）。

图 1.11 苹果手表（来源：PHOTOGRAPH BY MARCIO JOSE SANCHEZ/AP）

在降低现场安全风险方面，技术会继续发挥重要作用。BIM 技术将继续被视为降低现场风险和更好展示场状况的重要手段。通过实时比对现场与 BIM 模型中的设备位置，可以及时发现、解决问题，让施工现场更加安全。最后，在项目生命周期中越早获取信息越有利于团队成员尽早发现和处理项目问题。

23

成本预算

在项目施工前期，由 BIM 生成成本预算的功能（也称为 5D 技术）一直以来都被视为能下金蛋的“黄金鹅”。从概念上讲，BIM 生成成本预算是利用建筑信息模型的数据库，将模型组件直接链接到单位成本或装配成本清单生成预算。例如，可以将包含 10000 平方英尺清水墙的模型与包含人员数量、工时费用、材料成本和生产率等相关信息的成本清单链接。这样就可以通过从模型中提取出的材料数量确定安装工时。本质上，施工进度计划就成了规定在什么时间段按照什么顺序使用多少材料（图 1.12）。这不同于之前的方法，过去通常将进度计划和预算作为两个独立文件使用，很少相互关联。天宝公司的 Vico 软件等产品使建筑信息模型更加集成化，表面上取消了将由其他工具生成的进度计划与模型链接的过程，而实际上是在一个工具中集成了建筑组件（3D）、进度（4D）和成本（5D）信息。

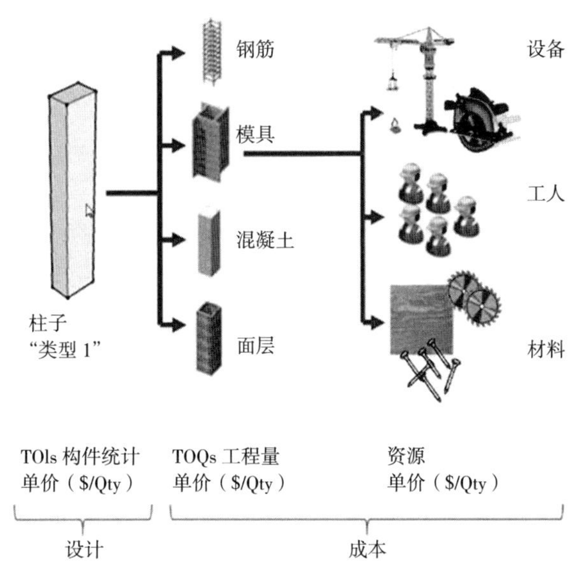

图 1.12 5D 数据流（来源：IMAGE COURTESY OF VICO SOFTWARE）

24

由于软件不断升级，BIM 预算在先进性和易用性上有了明显的提升。如今，工具的进步逐渐使 BIM 预算流程更加顺畅，可将 2D 的 PDF 和 CAD 图纸等“非模型”相关数据用于工程量计算。另外，工具的功能也不断增多，现在，可将一般条件成本与设备租赁费等方面信息整合到预算中，而以往这需在两个独立环境中操作完成。如今，行业对基于模型预算有了更加深入的认识，供应商、用户群和行业协会提供了许多预算建模最佳实践。要用好基于模型预算，尚需大量投入建立成本数据库和建立用于预算的 BIM 导出信息更新流程。目前，很多企业都看到了基于模型预算在模型更新时所带来的效率。

诸如基于云的模型协同等创新技术开始对团队的预算能力提升产生积极影响。例如 Onuma 系统（图 1.13）等工具允许多用户在云环境使用同一数据集实时协同。施工行业的协

图 1.13 平板电脑（iPad）上显示的 Onuma 系统（来源：IMAGE COURTESY OF ONUMA SYSTEMS）

同已开始跨越模型本身。它是基于网络的实时协同，允许多个团队成员同时工作，可以加快任务完成。借助技术的支撑，协同预算和协同制定进度计划将逐渐兴起。

25

可施工性

可施工性检查是一种项目管理技术，它在项目施工前期不断审查施工逻辑，发现影响施工的障碍、制约因素和潜在问题。BIM 在可施工性检查中的空间协调能力促进了 BIM 在施工行业的迅速普及。在这一引人瞩目的进展中，已将 BIM 应用从利用模型协调系统和结构布局提升为为处理系统冲突提供解决方案。以前空间协同问题一般由单个审核员在桌上看图解决。如今，通过在 3D 协同环境下审查模型，可以更好地发现冲突问题（图 1.14）。通常，冲突解决可在同一环境下进行，从而大大减少了电话、邮件和其他协调工作。目前看来，在各种施工 BIM 应用中，可施工性检查最有成效，因此，不论项目合同额、类型和规模如何，很多承包商都把 BIM 在可施工性检查中的应用作为项目协调的最佳实践。

图 1.14 模型协调审查会（来源：IMAGE COURTESY OF BLACK & VEATCH)

优化可施工性检查（冲突检测和解决）流程，可以扩展其应用范围。目前在冲突检测时，设备的前方通常会设置一个满足安装和维护空间需求的净空对象，即空箱（blobs）。这些空箱使团队成员明白，尽管空间中不存在任何实体，实际上仍然需要这个空间，否则，无法进行安装和维护（图 1.15）。例如，机电分包商可能会在某个设备前面设置 12 英寸的空箱，从而确保有足够的空间替换变风量空调末端的过滤器。总的来说，BIM 在可施工性和系统协调中的应用卓有成效，很多企业将施工前期应用 BIM 进行系统协调作为最佳实践。

26

仔细想想，发现冲突反映了设计流程存在问题。过去，BIM 团队受到技术的限制。其中最为主要的一项限制是互联网不能传输大的模型文件，从而导致模型协调滞后。模型文件大小不一，很多项目文件小至几兆字节（MB），大至好几千兆字节（GB）。如果团队不在同一地点工作，仅靠使用局域网（LAN）就不能很好地进行协调。不幸的是，这种基于局域网的工作流已成为 BIM 流程的“定格”方式。由于信息无法快速在团队成员之间共享，需要设计团

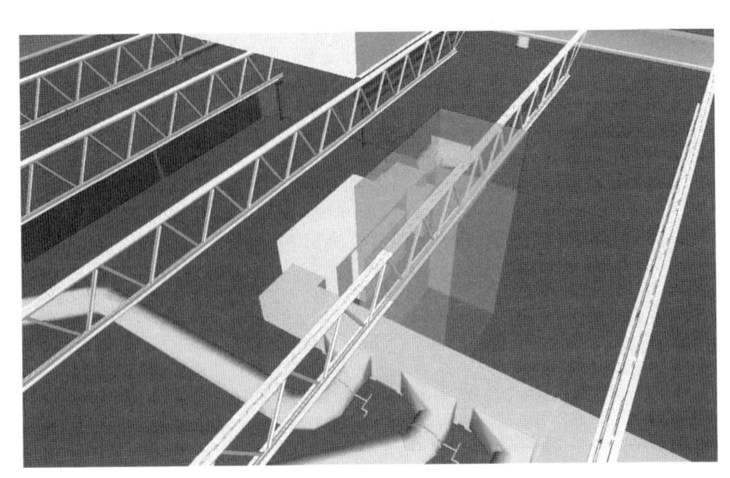

图 1.15 设备前的净空对象

队成员各自在本地设备或网络上操作中央或主模型的一个副本，当将各自最新的模型与中央或主模型协调时，会发现有一大堆问题需要解决。

27

上述流程存在一大障碍。由于各团队成员仅对自己的模型实例进行操作，当模型拼合到一起时会存在大量冲突，解决这些冲突需要耗费大量时间。很多团队找到了巧妙的解决方法。其中一种方法是同地办公。采用这种方法，需要整个项目团队面对面坐在同一个房间里。另一个方法是交错设计,先由某一专业“拥有”模型进行设计,然后按顺序将模型传给下一个专业。这些方法在某种程度上富有成效，然而对大多数项目而言，长远来看是不可持续的。例如集中办公方法通常意味着较高的差旅费用。至于交错设计，通常来说没有如此充裕的设计时间允许在某一专业设计时所有其他专业都处于等待状态。

因此，软件和应用程序供应商已经开始考虑其他解决方法。方法之一是创建一个环境实现虚拟同地办公，使项目团队成员无论何种专业身处何地都可以通过云环境实现“即插即用”。该方法具有一定应用前景，它允许对上传的模型进行实时协调，使处于不同地理位置的团队能够协同工作。在过去五年间，云协作取得了很大进展。对有些人而言，云计算意味着一种远程托管服务；而对其他人来说，则涉及利用远程服务器完成诸如数据分析或“大数据挖掘”（对大量数据进行分类、过滤和分析，从而识别出模式和趋势）等任务。就 BIM 而言，虚拟桌面环境（VDE）为构建基于云环境的模型协同平台和快速分析、设计工具打开了大门。

这种新的网络构架创造出一个互动平台，不仅项目团队能够使用，还可扩展到其他领域，例如可以利用它建立众包平台和让第三方了解施工问题。通过这个新平台，在模型创建过程中就能实时检测是否存在冲突。这可省掉传统可施工性审查及解决冲突所花的时间。诸如 Autodesk BIM 360 Glue（图 1.16）等工具具有实时冲突警报功能，能让用户了解正在建模的系统是否与其他系统发生冲突。

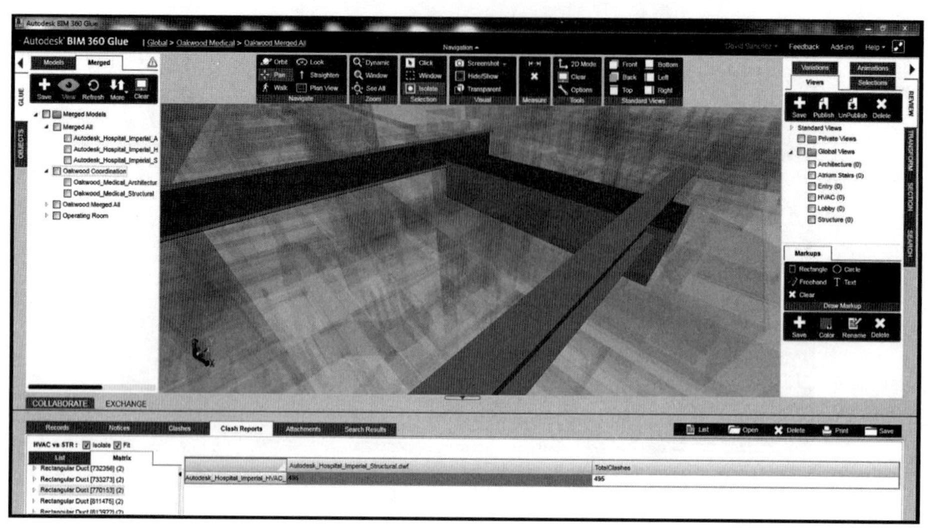

图 1.16 欧特克（Autodesk）BIM 360 Glue（来源：IMAGE COURTESY OF AUTODESK）

BIM 数据分析

分析 BIM 包含的在设计和施工流程中收集的大量数据会带来广泛的可能性。目前已经开发了很多能够聚合这些数据并使其在设计和施工期间发挥更大作用的系统。其中一些工具重点研究设备管理、施工安全、库存跟踪、问题管理以及其他一些旨在将施工现场工作简单化、28 自动化的解决方案。

分析涉及的话题过于宽泛，这里，我们主要关注那些在施工期间使用的能够提升施工管理水平和给出有意义指标的工具。分析是施工行业一个相对较新的领域。Sefaira（碳足迹计算器软件）、STAAD（用于结构分析）、Trane TRACE（计算流体动力学工具）以及其他很多数据密集型应用程序基本上都是用在设计领域。模型数据能与企业现有的结构分析、能源利用、碳足迹、采光等分析软件衔接，对提升设计水平起到很大作用。

在施工行业，我们刚刚看到在协调和建造过程中应用分析工具，并发现一些分析数据具有激动人心的应用价值。大数据在检验团队是否达到预期目标方面的应用尤其引人关注。

工程项目越来越复杂。对施工经理在安全、生成报表和信息管理方面的能力要求不断增长。伴随 BIM 等新技术带来的可用信息量不断增长，信息管理的难度也在加大，对 29 信息管理提出了新的挑战。同时，对这些信息进行管理会存在一定的风险。对于安全报告、材料库存、分包商绩效、进度计划更新、会计账单和质量控制等信息的管理传统上一直属于施工管理公司的业务范围。随着施工行业很大程度上认可了 BIM 价值，现在又面临新的问题，例如：谁来负责模型信息的管理？模型应用能否创造新的价值？未来，BIM 数据分析前景广阔，但要真正将数据分析用于辅助行业和团队做出更好决策，尚有大量工作要做。

装配式建筑设计

建造装配式建筑在施工行业中并不是什么新鲜事。早在 1624 年就已开始应用板式木结构建筑为捕鱼船队提供住宿，1904 年出现了我们所了解的阿拉丁装配式房屋。场外预制工艺作为一种更加快速高效的建造手段，一直吸引着建造商的注意（来源：http://oshcore.com/thesisbook/Chapter%201.pdf）。预制构件（简称 prefab）具有如下多种优势：

受控环境的优势：工作在受控环境中完成。所用的工具、作业场地和工序都是预先决定的，梯子、起重机很少使用，构件以装配线形式生产，所以现场更为安全。

避免由于恶劣天气和其他不可预见条件造成延误：预制生产环境通常位于室内或有顶棚覆盖，因此天气或场地条件不会影响施工流程，在室外恶劣气候条件下施工作业仍然能够开展。

现场装配提高效率：尽管对初始加工“组件”的速度有所争议，但毫无疑问，现场装配墙体、楼板、顶棚和屋顶等“组件”的速度要远远快于现场建造。

在采用 BIM 前，预制组件的“切分”和加工协调由 CAD 完成，实现 3D 可视化施工有很大难度。应用 BIM 建造装配式建筑总体上遵循以下流程：

1. 整体建筑设计由设计团队完成，然后发送给制造商进行审核。

2. 建筑组件随后被“切分”为可建造和可运输部件。

3. 工程部门订购材料、采购设备并验收。

4. 将建筑“部件”分配到生产线，用部件组装组件。通常来说组件的制作时间由项目施工计划确定。 30

5. 组件制造完毕，打包、编号，运往现场。

6. 在现场安装组件（图 1.17）。

图 1.17 纽约的装配式建筑——“堆叠楼”（来源：IMAGE COURTESY OF GLUCK+）

将 BIM 引入上述流程，可促使设计团队积极参与到预制模块的设计和审查中。通过显示组件切分的最佳位置，设计团队可与制造商一起根据组件的安装位置和顺序优化模块单元。

预测会出现“打印组件”按钮，点取后，设计和施工团队将切分的模型文件直接发送给制造商，建筑组件在加工厂实时打印。大规模 3D 打印是一种颠覆性技术，它的引入将改变建筑的建造方式。拉夫堡大学和 WinSun 等私人企业已经在这一领域取得了广受瞩目的成就。

现场“打印”混凝土楼板、墙体和屋顶将改变建筑的建造方式，提升建造速度（不受每天八小时的限制）、质量（计算机数控 CNC）和精度。此时工人的工作内容不再是体力劳动，而是现场监管和材料装载。

31

施工协调

施工经理在现场每天都要从事工序、安全、物流、材料仓储、交付、质量控制、设备、报告以及其他大量协调工作。这种日常协调需要使用多种工具，由于工具间不能数据互用，承包商需将相同的数据输入到不同工具中。目前，很多承包商要求软件供应商提供可以数据互用的工具，避免重复录入数据。托马斯·凯恩（Thomas Cain）在其著作《精益建造的营利合作》（Wiley-Blackwell，2004）中曾预测在任何一个建筑项目中都存在“高达 30% 的人力和材料浪费”。

如果施工过程中返工和浪费占到总体费用的 30%，业主会感到非常郁闷。“当然，业主女士，我们可以为您建造这个建筑。然而，我们还没完全明白如何让我们的系统协同工作，所以您需要为这些无效工作买单。”

这显然让人难以接受。

试想福特、雪佛兰或特斯拉汽车公司在同样的假设下销售汽车：“当然，我们可以为您造一辆车。制造所需的人力和材料加上我们的利润等于 X。但由于我们还未完全明白我们企业内部信息应该如何交换，因此您需要向我们支付额外 30% 的费用。”您还会买他们的车吗？您很可能会说：“我还是用公共交通吧。”

不幸的是，这与我们用于协调施工作业的大多数工具的现状非常相似。好的一面是，在分析和协调领域依然存在着开发支持实时协作、为决策提供支撑并能自动回复有关信息的集成工具的巨大机遇。

目前，越来越多的工具已迁移到云端，为挖掘现有数据用于其他目的创造了条件。在后续章节中，我们将有针对性地介绍一些企业，这些企业深刻理解协调需求，正在开发能让施工经理高效使用高品质信息从而交付更好施工产品的工具。总之，为了消除浪费，市场似乎正在合并一些工具并使它们互联。

移动设备应用

32

移动设备在施工中的应用，改变了现代工程项目获取、添加和传播信息的方式。如今，支持移动技术的平台能让项目各参与方与系统实时互动。过去，施工管理存在的一个主要问题是无法及时获取来自现场的信息反馈。如今这些障碍已不存在，团队可通过使用基于诸如 iOS（苹果）、安卓、谷歌或微软 Windows 等移动操作系统开发的应用程序（app）开展协作（图 1.18）。这些应用程序（app）经过优化具有更快的操作速度，可以及时反馈相关信息，显著提升工作效率。

图 1.18 施工现场使用平板电脑（来源：IMAGE COURTESY OF LEIDOS ENGINEERING）

此外，对这些移动设备的用法也进行了不同的设定。例如，有些团队的移动设备采用电子文件或超链接文件集获取信息，将施工图纸、说明书、提交成果、信息请求（RFI）和其他 PDF 格式信息相互链接在一起。使用电子文件的最大好处是能够实时发布施工信息。这种方式几乎不需要版本管理，因为团队只想看到“最新、最重要”的信息集。因为平板设备能够绑在安全带或安全背心上，与在施工现场查看图纸和说明书相比，用平板电脑查看文件更加安全。另外，这是一种更加可持续的做法，它减少了打印量，降低了相关的复印成本。

应用移动设备需要增加投入，包括硬件成本、应用程序成本（尽管通常来说远远低于大型软件采购成本）、无线网络和员工培训。很多做了这项投资的施工公司表示，使用移动设备提高了他们的工作效率，减少了信息交换错误，加快了响应时间。 33

进度控制

施工期间，很多 BIM 和移动工具都能够辅助检查进度情况。通常，施工期间承包商需要开展如下工作：

- 验证进度计划逻辑的准确性；
- 确定详细的工序计划，降低安装风险；
- 管理材料和设备交付时间节点；
- 管理员工规模和生产效率，与预期竣工时间节点保持一致；

- 利用精益计划法提高重要节点间的生产率；
- 核实分包商工作完成情况及付款百分比；
- 找出延误或阻碍生产率的根本原因；
- 根据现场反馈实时调整进度；
- 建立基于工作进度的奖励 / 惩罚制度；
- 向业主汇报施工进度和交付时间节点。

这些仅仅是进度计划对施工过程产生影响的一些方面。虽然很多承包商认为控制项目进度的黄金标准是关键路径法（CPM），大量数据表明这类制订进度计划方法在施工中基本上是低效的。最近，McGraw-Hill 公司完成了《智能市场报告》的“精益建造”，研究结果显示：

- 86% 的客户希望通过精益手段缩短进度；
- 62% 的承包商承认现行的做法是低效的；
- 84% 的施工经理发现采用精益手段可完成更高质量的项目；
- 64% 的施工经理提高了营利能力。

由于有这样的数据，再加上经济低迷的影响，很多承包商都加大投资研究其他制定项目进度计划的方法。诸如基于位置的进度计划或称为“流线”进度计划、Q 进度计划或称为量化进度计划等制订进度计划的方法正在引领施工行业走向复兴。

制订施工进度计划的最大创新之一是项目各参与方采用 Pull Plan 或 Adept 软件（图 1.19），使用精益方法共同制订进度计划。有趣的是，回想 100 多年以前，亨利 · 甘特（Henry Gantt）就已经开发了项目进度计划甘特图，如果亨利当时拥有更好的工具，例如平板电脑和能够实时沟通的应用程序，您觉得他会不会创造出不同的东西呢?

这很难说。但是我们确信施工管理的整体协同化趋势不会因应用 BIM 而终结。事实上，协同工具正不断拓展到其他工作流中，包括预算和规范检查。更确切地说，协同进度计划的

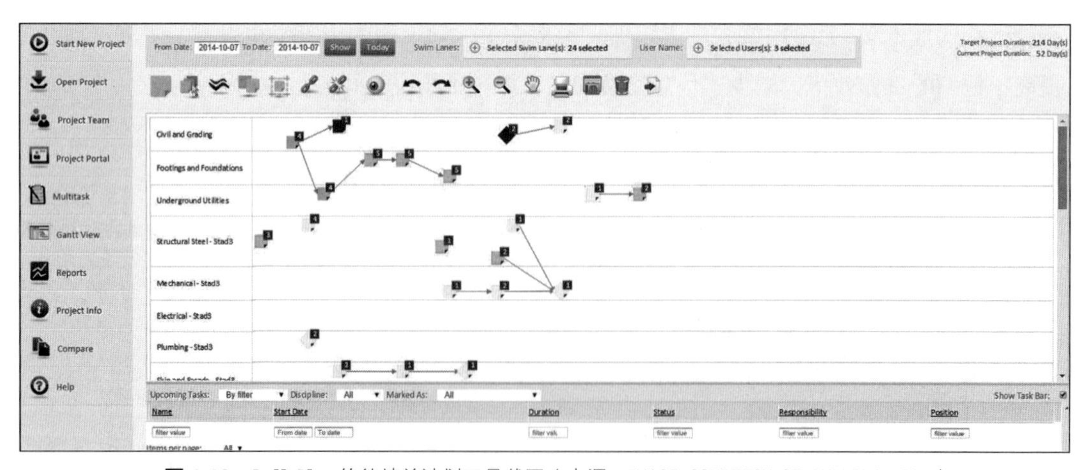

图 1.19 Pull Plan 软件精益计划工具截图（来源：IMAGE COURTESY OF PULLPLAN.COM）

潜力远超静态的多页甘特图。承包商们已经开始认识到把在施工现场收集到的大量信息用于财务管理、工作规划和安全评估的价值。另外，他们正利用能够支持团队更好协作的移动端和基于 BIM 的应用程序，以更有效的方式执行进度计划。

成本控制

项目成本和现金流是项目的命脉。设计模型包含的数据是制定预算、减少猜测的宝贵信息源。然而，我们如何将控制成本的能力带到现场？传统方式需要运用多个电子表格、详细的预算分解，通常还有依据安装工程完成百分比的付款方法。

正如前文所述，协同和实时输入的行业趋势已延伸到成本控制上，随着施工现场输入的数据量开始超越来自办公室的信息输入量，信息输入地点正在发生变化。试想一下，了解分包商每天完工比例对控制账款和现金流是否有用？当然是的！有些团队为了验证付款百分比的正确性，将成本数据连接到 Navisworks 等工具中。另一种方法是利用 Vico 和激光扫描，通过可视化方法比对施工现场已完成工作和模型中已完成工作的差异（图 1.20）。

35

图 1.20 激光扫描和 BIM 叠加

变更管理

在施工过程中，变更不可避免。正如古希腊哲学家赫拉克利特（Heraclitus）所说，“不变的是变化。”在施工行业，每个项目都独一无二。即便是设计相同的项目，也会存在场地、监管和工作细节上的差别。由于这种独特性，施工领域不可能像制造业那样精确。但这并不意味着行业没有一成不变的建造方法。相反，BIM 和移动技术的应用证明了施工行业的基础体系可以通过创新得到提升。

2004 年，埃隆·马斯克（Elon Musk）主动入股了一家名为特斯拉的电动汽车公司。当时很多人并不相信特斯拉可以设计并制造出可与大型汽车公司相媲美的纯电动汽车，更不用说建设支持汽车生产的基础设施了。然而，在过去的十年，我们看到特斯拉不仅一跃成为和福特、雪佛兰和通用平起平坐的汽车公司，并且其他汽车制造商都在期望能与特斯拉合作并向特拉斯学习。截至 2014 年，特斯拉市值达到 324 亿美元，在很多方面改变了新型汽车的设计和制造方式。

36

某种程度上，制造业和建筑业有相似之处。项目开始，两者都要计划材料、人力和设备，但一到现场工作，两者的路数就大不相同。影响因素包括天气、许可、环境、安全监督以及其他可变因素，例如设计团队提供信息的时效性：

制造业：制造业中，只有在图纸和说明全部完成后才开始生产，每个部件都按照确切数目精确制造出来，并通常是在工厂进行组装。生产在受控环境中进行，并且由于产品是批量生产，可以设法提升效率。

建筑业：建筑业的流程有所不同，一般并不会在设计全部完成后开始施工（边设计边施工），而且现场施工时总需要设计做一些相关说明。工作产品通常并非重复，而是专用的。有时，施工详图若不能及时出图，会对施工进度、材料采购和可施工性检查带来不利影响。

当然，并不是每个项目都会采用这种边设计边施工的交付类型。有些项目在设计圆满完成之后才开始施工。然而，无论采用以上哪种方式，发生变更是不可避免的。

BIM 的信息管理方式是一个亮点。移动终端和云工具的最新进展使我们能够在不同的模型版本间进行比较，从而更好地了解方案改动情况。此外，通过模型冲突检测、工序模拟和设备通行能力分析可以提前发现变更的潜在影响，从而制定更加有效的变更管理决策。

施工行业和制造业间的差距正在缩小

施工行业正从制造业中获得启示，尤其在精益、任务管理和工作流等方面。尽管存在差异，制造业使用的一些工具，诸如在线实时反馈 app、预制装配、3D 打印和精益沟通方式，已用在施工行业，并取得了提高生产效率的成效。在后续章节中，我们将讨论团队建立管理设计和施工变更流程系统的重要性、明确使用工具的重要性以及为何响应系统同样重要。

37

材料管理

材料管理开始于施工流程早期。通常设计师指定某些材料和装配方式，施工团队计算项目用量，进行询价或招标。然后是材料订购，下材料订单；或者如果材料供应商有存货可用，承包商根据进度计划确定交付时间。项目情况各不相同，有些现场有奢侈的材料“堆放”空间，有些没有。如果现场没有堆放空间，所需材料要在当天或者当周运送至施工现场。用精益术语来说，这种准时制生产（JIT）的方法需要增加额外的协调工作，但 JIT 方法如果应用得当，能够提高准确度并减少浪费。考虑到成本和材料供应对确保项目工作流连续的重要性，施工管理团队应了解使用材料的种类、数量及其所处位置。

软件供应商已推出追踪材料进出项目现场的软件，如 Prolog Mobile 和 Zebra 软件。库存管理应用程序通过采用能与中央数据库通信的标准条形码、二维码标签或 RFID 标签收集材料进场、使用信息。条形码、二维码标签或 RFID 标签都有优缺点，通常是由项目团队自主判断采用哪种技术。材料管理的一项新技术是将材料使用信息输入 BIM 模型，通过对已安装和未安装构件赋予不同颜色，验证现场安装情况。

设备追踪

与材料管理类似，设备追踪旨在于任意时间节点了解项目现场设备使用情况、操作员执照要求、安全记录和设备开机准备工作。设备追踪与库存管理的不同之处在于设备在项目的整个生命周期中都在现场，而材料则根据进度计划进场；另外，同材料追踪相比，设备操作需要特殊的参数。施工经理可以使用移动设备收集特定设备信息。

很多设备追踪应用程序，例如 Networkfleet 和 ToolWatch，允许施工经理通过扫描大型设备的某个部件就能获取设备品牌、型号、负载能力、操作手册、维护记录、注册操作员、发动机故障诊断和耗油量等信息。此外，为安全起见还可对人员进行追踪管理。其中一个例子是“安全帽条形码”——建筑工人在进出项目现场时要扫描他们的头盔。在发生紧急情况时，施工经理下令快速撤离团队人员，通过精确统计人员数量可以判定撤离是否完成。尽管功能还不是很多，但读者可以清楚地看到通过使用这样的工具能够有效改进施工现场的安全管理。

38

BIM 在设备管理过程中也扮演着重要角色，它允许对设备建模并模拟设备运行。比如，某个项目现场可能需要两台起重机在不同高度吊装构件，通过 BIM，可以将吊装计划与工序模拟整合，从而提高多楼层或多阶段项目的施工效率。

收尾

收尾是项目最终的审查和交付阶段，包括设施与文档交付；同时，每份合同文件的尾款也在这时支付。项目收尾往往要对施工出现的问题进行总结。出现问题可能由于多种原因——项目疲劳、时间限制或预算限制。项目完工时，很少有人能将信息圆满地递交到业主方。事实上，很多时候，信息都是在项目完工后的几周或几个月内才交付给业主。

BIM 在项目收尾流程中扮演着重要角色。由于包含了各种系统的整合信息，使用 BIM 交付竣工信息正在变成现实。以下是通常在收尾或移交过程中交付的信息内容：

- 操作和维护手册
- 竣工信息
- 详图

- 材料清单
- 保修信息
- 其他全生命周期保养的相关信息

传统上，这些信息以纸质形式和 / 或以保存在外部磁盘中的电子文件形式交付。近年来，越来越多的业主要求交付数字化信息。这在施工行业掀起一场关于“施工结束和运维开始的‘界限’在哪里？”和“交付竣工 BIM 模型会涉及哪些法律责任？”的专门讨论。总体上，这场讨论的结论是，业主开始将施工团队视为整个施工过程中的信息管家，包括竣工信息和其他安装记录。

业主要求提交信息的格式也在不断改变。很多业主面临运维预算收紧的情况，他们希望交付的竣工数据能够直接用于运维。为了满足业主需求，许多承包商正将交付高质量竣工数据作为他们的优势，以此拉开与竞争对手的差距。在第 7 章“BIM 与收尾”中，我们将进一步介绍 BIM 在这方面的应用。

39

问题清单

问题清单是一份尚未完成事项的检查列表，承包商只有完成所列工作后，业主才能接收项目，从而支付尾款。竣工之前所有未完成的工作都要完成。有些工作可能非常烦琐。问题清单可能包括无法启动空调机组（调试）、墙角需要补漆等诸多事项。如何高效管理问题清单的相关信息是项目团队面临的一个挑战。BIM 360 Field 和 Prolog Mobile 等应用程序能让用户使用移动设备在平面图上对有问题的区域做出标记并说明存在的问题，问题解决后，再在标记的区域标出“完成”。由于平面图上的标记密密麻麻，不太直观，给使用带来不便。如此一来，BIM 模型变得越来越有用，使用模型在三维空间中标记问题清单更加准确、直观，且能节省大量时间（图 1.21）。

工程管理团队会花费大量时间在项目现场解决问题清单中的问题。问题清单的高效解决有利于承包商更快获得尾款，更早移交建筑。

图 1.21 模型中的问题清单标记

设施管理

业主越来越明智。据统计，2009 年仅有 18% 的业主要求在其六成以上的项目中采用 BIM，而 2014 年激增到 44%（图 1.22）。业主应用 BIM 的主要动力来自它能够减少错误与返工。此外，目前很多业主要求施工经理同时以纸质文件和数字文件两种格式交付竣工信息。部分业主要求他们收到的信息能够无缝地整合到计算机化维护管理系统（CMMS）和 / 或设施管理（FM）系统中。CMMS 和 FM 系统涉及设施的运营维护和资产管理，对确保设施持续使用至关重要。通常情况下，全生命周期设施运营成本占设施总成本的 85%（图 1.22），因此，项目竣工后，CMMS 和 FM 能够马上投入使用非常重要。行业的这一趋势化解了业主接收大量纸质或静态数据后，再由人工将数据输入到运维系统所面对的风险。 40

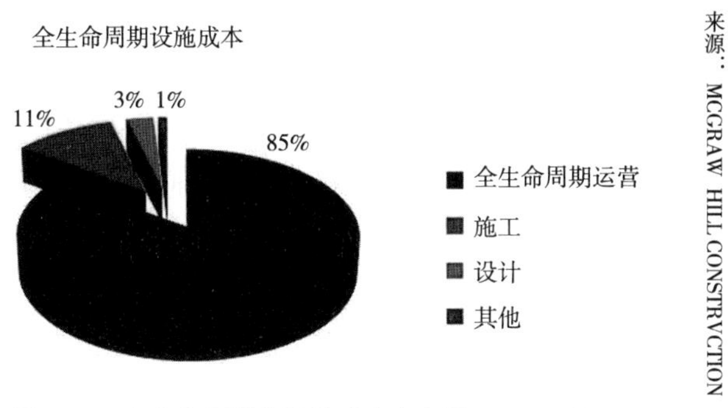

图 1.22 全生命周期的设施成本（来源：National Institute of Building Sciences, Smart Market Report 2008）

从业主的角度看，目前的移交流程不能让运维系统马上投入使用，从而给运营带来巨大风险。比如，如果业主在项目结束收到移交数据，由于设施马上就要投入运营，运营团队必须尽快将这些信息输入系统。这些信息当中会有更换过滤器、润滑设备、替换损坏部件和保修条件等维护信息。如果把这些信息输入到 CMMS 或 FM 系统需要设施经理花费 3—6 个月，这期间会漏掉了什么？有什么疏于维护？哪些设备会失去保修条件？这些才是物业资产持有者在新建项目中面临的实际问题。

为了解决信息移交存在的问题，施工经理正在探索如何将在项目结束时移交的信息直接导入业主系统。第 7 章介绍了向客户移交信息的创新方法。

知识平台建设

团队使用平台收集最佳方案供员工共享的能力变得越来越重要。这种知识管理平台，通常都是基于网络的，允许用户输入和搜索相关主题信息。知识管理平台包括最佳方案、创新、案例研究和教程。很多情况下，这种知识库能够提升公司的价值和员工的业务水平，并增加公司对员工的吸引力。 41

关于BIM，很多公司都上传教程视频，分享用户BIM应用经验，消除了传统上使用的纸质文件。视频内容的制作要考虑观众的注意力持续时间和吸收能力。根据美国国家生物技术信息中心和美国医学图书馆提供的数据，2013年人们平均注意力持续时间只有8秒（表1.1）。

2013年平均注意力持续时间统计 表1.1

注意力持续时间	数值
2013年平均注意力持续时间值	8秒
2000年平均注意力持续时间值	12秒
金鱼的平均注意力持续时间值	9秒
忘记好友和亲戚主要细节的青少年比例	25%
不时忘记自己生日的人群比例	7%
办公室职员平均每小时查看邮箱的次数	30
一个互联网视频的平均观看时长	2.7分钟

来源：National Center for Biotechnology Information，US Library of Medicine

如果观众认为信息有价值，他们就会将注意力持续时间延长，但一般不会超过10分钟。由于在一天的时间中能够专注投入精力的时间减少，我们看到很多企业会选择用5分钟，甚至更短时间的视频描述目标、工作流或软件功能。

最后，知识管理平台可用于解决很多行业面对的挑战，包括：

- 获取资深员工多年积累的宝贵经验；
- 提升新员工快速学习、收集信息和快速上手新工作的能力；
- 整体股东价值的提升；
- 企业员工参与能力的提高，包括发布、分享和优化信息；
- 减少公司在制定因新技术而改变的标准或流程中的投入；
- 更快地创建内容，因为面对直播屏幕讲话要比打字更省事。

42

企业获取知识的能力越来越重要，建立知识管理平台是提高企业核心竞争力的一种手段。

行业趋势走向

整体上，施工管理行业希望有一套以结果为导向的工具集，他们能相互连通、协同工作，并可在移动端应用。尽管行业广泛认可BIM是一种能够提高施工管理水平的实用工具，但若要追求BIM的整合应用和解决目前存在的问题，更需要改进的是技术之外的流程和行为。

对企业管理层的挑战

当BIM刚开始在施工中应用时，施工经理会问一个问题："BIM会走下去么？"当然，在本书上一版出版后就有了一个清晰响亮的答案：是的！然而，应用 BIM 给有些企业的管理层带来挑战。这些挑战源自他们对 BIM 的价值、客户需求、投入成本和回报率的理解不够。这是由多种原因造成的，有时候是由于缺少参加 BIM 功能的相关培训。通常探索新工具应用需要花费大量时间，但很多高管根本没时间了解可能会对他们造成影响的新工具和新流程。

McGraw-Hill 公司在"BIM 在全球施工行业主要市场中的商业价值"（P8）报告中指出，随着 BIM 在美国的应用率高达 70% 并在其他国家快速发展，毫不夸张地说，与五年前相比，现在大多数公司所有者都已经对 BIM 有所了解。如今，BIM 正逐渐成为行业标准，形成了一些不同类型项目应用的最佳实践。正如不同的企业擅长建造不同的工程，对于不同的员工和项目类型，BIM 的应用方式也不尽相同。举例来说，道桥基础设施项目相对房建项目而言，BIM 的冲突检测和多专业协调功能应用较少。相反地，这些项目更倾向将 BIM 应用于工程量计算、工序模拟、开挖和回填土方数计算、场地布置和使用激光扫描检验安装精度。另一个例子是，同是房建项目，建造学校和建造医院也有许多不同。不同类型项目的 BIM 需求和 BIM 应用的复杂程度存在显著差异。

由于 BIM 技术能够满足施工管理公司的特有需求并带来利益，整个团队有责任分析 BIM 价值，采用 BIM 工具，并制定能够发现进一步提高效率的新工具或改进工具的策略。

43

BIM 经理的角色演变

"BIM 经理"在施工管理中所扮演的角色已经发生了演变。原因之一在于团队的 BIM 水平正在不断提高。大量经过培训熟练掌握 BIM 工具的毕业生加入团队，与有项目经验的团队成员合作，将带来一场施工行业 BIM 应用的变革。尽管很多公司一开始设置 BIM 经理岗位，由其负责 BIM 应用，如今我们看到这种情况正在发生变化，一些企业将 BIM 应用整合为项目团队职责的一部分，不再设置专门负责人员。如果有些项目规模足以支撑设置一个专门的 BIM 经理，通常会最大限度地发挥这一职位的作用。有些公司由于商业模型变化多样，可能会集中资源，让 BIM 人员同时参与到多种类型的项目之中。虽然施工过程中的技术策略和信息管理因项目而异，但项目规模、预算和可用人员一直是影响制定 BIM 整合应策略的主要因素。

在公司层面，很多施工管理企业已将 BIM 负责人员调整为公司领导层中的技术负责人，让他们不断了解行业趋势和客户需求，发现业务改进需求，挖掘提高利润和创新机会。并没有硬性的规则规定这些专业人士从何而来，通常他们都有着各自不同的专业背景。一些专业人士来自信息技术（IT）、项目管理、软件开发和 BIM 领域。不管来自哪个领域，施工企业都让他们站在公司层面制定策略、管理交付技术，以便不断提升施工交付水平。

结果如何？

BIM 的投资回报一直是一项难以捉摸的指标。然而，现有数据有力表明，BIM 技术和流程的引入正在改变施工行业面貌，BIM 应用可以显著降低风险、减少现场变更次数和提高生产率（图 1.23）。

在 BIM 技术带来的益处中，有些是无形的，很难量化。这些益处的产生得益于更加协同环境的更多沟通、相互连通应用程序形成的更佳信息闭环、虚拟互联的工作场所以及 BIM 的强大功能。

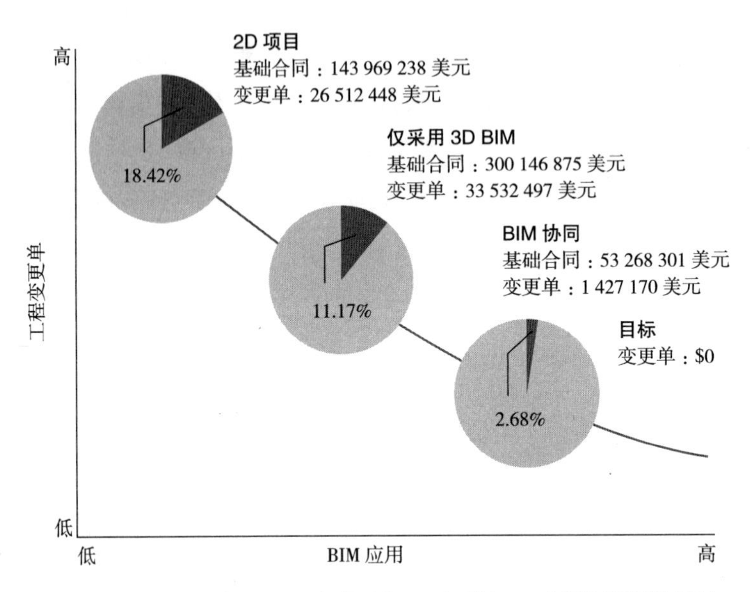

J.C. Cannistraro 对总投资额达 5.59 亿美元的 408 个项目 BIM 应用情况进行了研究。研究表明，总体上，由于应用 BIM 技术能够促进团队协作，从而可以节约成本

图 1.23 BIM 因促进团队协作带来成本节省（来源：J.C. CANNISTRARO；MCGRAW-HILL SMARTMARKET REPORT）

本章小结

本书的目的在于探讨 BIM 及其对施工交付方式的影响。BIM 不仅仅是一门促进行业变革的技术，同样重要的是 BIM 已经引领行业踏上新的征程。施工行业在推动技术进步和加强协作方面需要自我重塑。维持现状已经无法再成就一名成功的承包商。世界各地的施工公司正在不断认识到 BIM 应用带来的益处，并将它作为共享和协调信息的有效工具。

那么，是不是莺歌燕舞、前程无忧？

我们并不这么认为。事实上，我们认为这仅仅是施工行业技术复兴的开端。最终，质疑、分析和由此带来的创新将不断推动行业实现 BIM 愿景。

第 2 章

项目规划

施工行业目前正在经历一场技术革命，而 BIM 正是这一浪潮的引领者。如今这场革命已并非仅关乎 BIM，而是包括了诸多领域的创新应用，例如移动设备、激光扫描和大数据分析等。同样，相关的工作流程也正在发生着转变。整个施工行业已逐渐意识到，过去的流程限制了新技术的应用。

本章内容：

交付方法

BIM 附录（合同）

BIM 的基本应用

BIM 执行计划

46

交付方法

交付方法是指业主方以合同的方式同设计方和施工方进行合作的方式。这是业主在决定工程建设之前，需要最先做出的决定之一。正如B·J·杰克逊（Barbara J. Jackson）在《设计施工要点》（Cengage Learning，2010）一书中所述，在15世纪之前，这是一个相对简单的过程：业主只需雇用一个总包建造师，由其对整个项目的设计和施工进行监督。随着时间推移，总包建造师这一单一角色被拆分为设计师（建筑师）和建造师（承包商）两个角色。普遍认为这种拆分开始于15世纪中叶，由L·B·阿尔伯蒂（Leon Battista Alberti）提出。阿尔伯蒂曾依据立面图和设计模型，指导了佛罗伦萨哥特教堂、圣玛利亚大教堂（Santa Maria Novella，图2.1）正面前壁的翻新工程。如杰克逊所述，这是“历史上首次设计师通过使用立面图和示意图指导建造者施工”。这种对传统总包建造师方法的离经叛道，正是阿尔伯蒂被后人誉为现代建筑师鼻祖的原因。

图2.1 圣玛利亚大教堂（来源：PHOTO BY DAVE MCCOOL）

47

杰克逊在书中指出，在整个工业革命期间，“为解决独特的生产和设施需求，专业化设计和施工技术应运而生”。这种专业化要求推动了聚焦自身专业的设计和施工团队的产生，进而促进了自19世纪中期到20世纪早期的专业社团的发展，比较为人熟知的包括1857年成立的美国建筑师协会，以及 1918 年成立的美国总承包商协会。这些社团，根据不同的名称，推进了行业内的专业分工。进一步，1935 年通过的《米勒法案》和 1972 年通过的《布鲁克斯法案》从法律上强化了这种分工。两个法案均从法律上将设计方和施工方作为两个责任主体。如今，建筑业专业化分工相当零散，业主签订合同的过程也非常复杂。

业主若想选择一个合适的交付方法，必须弄清以下项目问题：

建筑类型是什么？

哪些设计团队有此类型建筑的设计经验？

项目风险有多大？

项目完成日期是什么时候？

预算是多少？

设计过程中是否已经确定施工方，并考虑施工方意见？

我们能否依法与设计方和施工方签订一份合同？

我们能否依法与设计方和施工方共担风险？

以上问题的答案会引导业主选择出合适的交付方法。

由于每个项目都会有所不同，没有一种通用的解决方案。为了有效实施 BIM，承包商必须了解每种交付方法的优势和劣势。本章中，我们将讨论四种交付方法：

- DBB 方法（设计－招标－建造方法）
- CMAR 方法（风险型施工管理方法）
- DB 方法（设计－建造方法）
- IPD 方法（集成项目交付方法）

提示：虽然没有包含所有方法，但重点讨论了当今最为常见的几种交付方法。

DBB 方法

DBB 方法（设计－招标－建造方法）是目前在用的交付方法中最传统的一种。采用这种方法，业主方将签订两份合同，一份同建筑设计事务所签订，另一份同承包商签订。DBB 方法是一种线性流程，因为建筑设计事务所和承包商提供的服务在时间上没有任何重叠（图 2.2）。 48

在设计阶段开始，业主选择一位建筑师制订建筑规划，并进行概念设计。建筑规划包含建筑的功能标准（如总面积、类型、空间利用、性能要求、层数、建筑轮廓等），通常用文字描述。概念设计则可能是手绘稿，也可能是三维模型。一旦业主认可了建筑规划和概念设计，则需要专业工程师（包括结构、机械、电气和暖通专业）进一步完善设计方案。最终的设计成果是一套用于审批和招标的完整的施工图纸和施工说明。

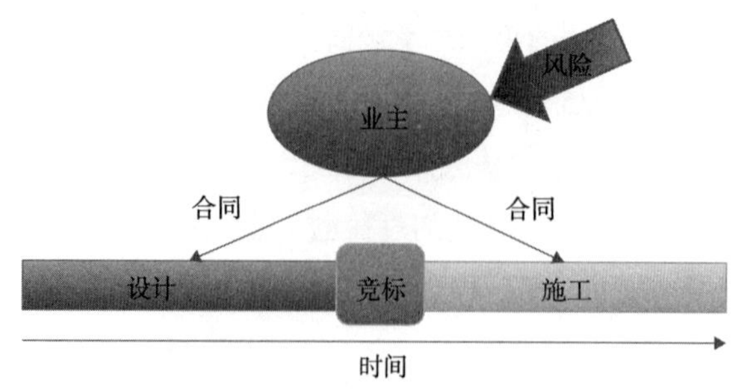

图 2.2 设计 – 招标 – 建造流程

在招标阶段，投标的总承包商需按如下步骤操作：

1. 审核最终的施工图纸和说明。
2. 收集分包商承担工作的预算。
3. 汇编各项工程预算形成完整竞标书。
4. 提交竞标书，向业主投标。

之后，业主将项目发包给竞价最低的总承包商，并授权总承包商开始项目建设。

在理想情况下，过程就是这么简单，但在现实中会存在许多挑战。很可能即便最低的竞价也超出了业主预期。如前所述，建筑师和专业工程师在创建施工图纸和说明时几乎没有征求承包商的意见，这可能导致计算建造设计方案所需费用出现错误。比如，建筑师已经推荐给业主一种非常美观的建筑外墙面层材料。在设计阶段业主雇用第三方算出采用这种材料的价格是大约每平方英尺 100 美元。这个报价略微超出业主的预期，但出于对材料外观的喜爱，他同意在招标图纸中特别说明采用这种材料。承包商为了投标在计算材料价格时发现，这种材料的唯一产地在意大利，距离最近的有资质的安装工人在墨西哥，而需要用于安装的设备正被纽约的项目使用。此外，这种材料并不能够及时制造出包覆整栋建筑的用量，因此需要购买临时覆层材料使建筑保持干燥。同时，最大的问题在于，有一个墙面有一个巨大的陡坡，不具备设备操作的条件，必须采取特殊措施才能保证设备能用。这样一来，原本每平方英尺 100 美元的预算提升到每平方英尺 150 美元。由于项目增加了成本，业主方可能不会把项目发包给任何人。但是，业主现在知道这些增加的费用是在哪里产生的，他会让建筑师修改设计，并在未来开始新一轮投标。尽管有些夸张，但不幸的是这种情况在采用 DBB 方法的项目中经常出现，由于采用“设计 – 招标 – 修改设计 – 招标 – 建造”流程，开工时间经常一拖再拖。

49

采用 DBB 方法面临的另一个挑战是，承包商开始项目施工后发现设计存在缺陷或错误。错误可能是 101 房间没有标注涂料颜色，也可能是轴线 A 与轴线 1 交点处柱下无基础。无论错误的大小，承包商都需要提交信息需求书（RFI）获得问题的解释。依据问题的复杂性，承包商会花费或长或短的时间汇总所有的信息在 RFI 中准确描述所遇见的问题。

承包商起草了 RFI 后，将其提交给业主和建筑师。如果 RFI 内容只是简单的选择涂料颜色，建筑师可以很快做出响应，并将答案反馈至承包商。但是，如果 RFI 内容非常复杂，建筑师很可能需要专业工程师的介入才能做出反馈。同时建筑师、专业工程师和业主将对问题进行讨论，确定出能在合理时间内解决问题的方案，因为 RFI 回复每延迟一天，都会引起施工进度延期。

当讨论出解决方案之后，RFI 会被反馈给承包商，承包商将以此计算变更需要的所有成本，包括增加的时间、材料和人工费用。这些附加成本将以变更单方式提交给业主，这些费用是因改变原始设计产生的。采用 DBB 方法，业主独自承担设计缺陷带来的风险，通过与承包商协商支付由于变更而产生的额外成本。

考虑到 DBB 方法潜在的问题，您可能会问为什么业主会选择采用这种方式。原因之一在于，人都是习惯性动物。DBB 作为一种传统交付方法，已经应用了超过 50 年，即使它不是最有效的方法，但是采用这种方法，每个人都能理解他们所起的作用，这在某种程度上让专业人士有一种轻松的感觉。另外一个 DBB 还在使用的原因是基于一个错误的假定，即低价竞标采购是最合算的方法，没有考虑重新设计和工程变更带来的风险。这种方法对业主建造与已完成项目一模一样的工程是有效的。此时，规划和设计完全成熟并已通过了多个连锁店式的项目检验。此时，业主可以满怀信心地接受最低价竞标，因为仅有的变数（看起来）只是天气和场地。最后，业主选择 DBB 方法，是因为他们对设计拥有绝对控制权。 50

优势

- AEC（建筑、工程和施工）行业对此种方法非常熟悉；
- 这是一个直截了当的竞争，如果您的标价最低，就能获得项目；
- 这种方法没有法律障碍，被所有州接受，适用于任何项目，无论是公共还是联邦项目，只要有多人竞标就可以；
- 业主和建筑师保持传统关系，对设计有完全控制权。

挑战

- 在设计阶段，设计方与承包方交流很少，或者几乎没有交流；
- 缺乏沟通和在设计过程中没有进行成本追踪往往导致成本超出预期；
- RFI 和变更过程可能会造成建筑师 / 专业工程师和承包商之间的摩擦，因为要向为问题买单的业主说清设计缺陷和错误发生在哪里和为什么必须解决这些问题；
- 由于缺乏协作，会增加法律诉讼；
- 这是一种慢的交付方法，因为只有全套施工图纸完成之后才能进行招标和施工。

BIM 在 DBB 方法中的应用

由于设计阶段没有施工方的参与，DBB 方法限制了 BIM 整体潜能的发挥。这并不是说只有施工方能够充分应用 BIM，而是跟 BIM 应用的方式有关。采用 DBB 方法，建筑师和专业工程师要么是业主要求，要么是出于自身利益才会在设计过程中采用 BIM。他们发现，与使用 2D 软件相比，使用 3D 建模软件能更加快速地创建招标所需文档。

提示：与传统的绘图方式相比，BIM 带来的价值体现在其参数化能力上。这意味着无论您改变任何视图（平面图、立面图或者 3D 模型），模型元素都会同步改变。因此，如果您在平面图中移动了一扇门，所有的视图都做同样改动（如立面图、剖面图和 3D 模型）。这节省了在 2D 视图中进行关联修改的时间，因为 BIM 自动生成这些改动。这为建筑师和专业工程师节省了大量的时间和成本。

由建筑师和专业工程师创建的 2D 招标文件仅仅展示了“设计意图”，并未给出施工所需的详细细节。为了协调建筑内水暖电等系统，分包商需要绘制施工详图，并提交设计方审查批准。传统上，由于施工详图是分包商依据“设计意图”信息的再创造，这个过程会产生一批深化设计图纸。那么，为什么分包商做完深化设计之后，建筑师和专业工程师还要花费额外精力和金钱检查每一个细节？答案是，他们不会检查。而这正是出现问题的原因。图 2.3 分别展示了采用 DBB 和集成交付方法，在项目生命周期中变更所花费的成本曲线。

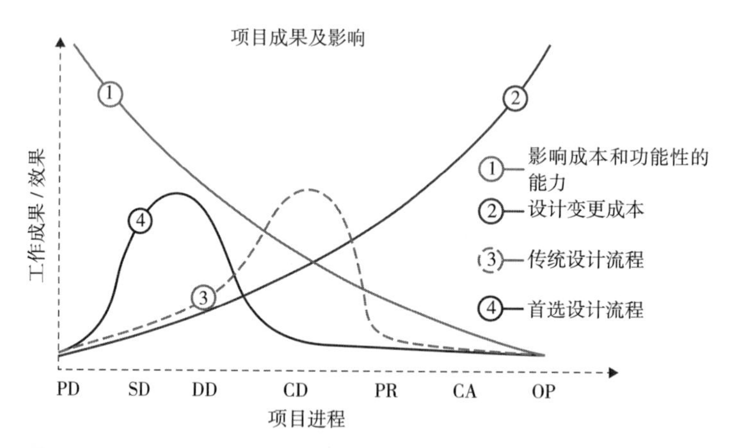

图 2.3 Macleamy 曲线（来源：ORIGINAL CONCEPT BY PATRICK MACLEAMY, FAIA, CEO HOK HOK GROUP, INC. 2014 ALL RIGHTS RESERVED）

上面这张图非常有名，它告诉我们，解决问题的最佳时间是在设计阶段，而非施工阶段。如果没有生成可施工模型，而且 / 或者设计人员没有参与到后续施工过程中，那么您很有可能错失主动解决问题、帮助业主节省资金的机会。

尽管 BIM 不会改变 DBB 方法中的刻板流程，但它会在以下方面为这种交付方法带来价值：

- 为承包商和分包商提供一个协调机械、电气和管道系统（MEP）的基础平台；

- 模型可供分包商用于预制系统部件；
- 承包商可基于模型制定预算；
- 与以前使用 2D 图纸相比，可用三维模型更加直观地向设计、施工团队成员介绍项目情况。

如果有三维 AE（建筑和专业工程）模型，总承包商和分包商就能使用模型进行系统总体协调。协调工作成功与否，取决于 AE 模型的质量高低和参与协调团队成员施工经验的多少。52 除非业主写入合同，建筑师和专业工程师并没有义务分享他们的模型。如前所述，AE 模型一般仅展示设计意图，而合同要求的文件依然用 2D 图形文件交付。

提示：依靠 AE 模型进行三维协调可能会给施工团队带来风险，除非非常仔细地阅读施工文件中的每一个细节。与此有关的内容将在第 4 章“BIM 与施工前期”中进一步介绍。

无论是否有 AE 模型，MEP 分包商都有义务协调建筑系统排布，并绘制施工详图交由工程团队审查。和 AE 团队相似，分包商可以发现参数化 3D 模型的使用价值。通过在 3D 模型里协调各个系统，分包商可以尽早发现和解决问题、创建可施工模型和预制系统部件，从而节约材料和人工成本。正因如此，业主方也开始要求分包商在 DBB 项目中创建 3D 模型。

AE 模型可为承包商创造价值的另一个应用是快速估算材料成本。这个过程将在第 4 章深入探讨。但对这种应用需要小心谨慎（见下面的提示）。

提示：在这种交付方法中，最好的做法是，依据合同认可的施工图纸对预算加以验证。

最后，模型是很好的可视化工具。很多业主非常高兴在建筑建成前就能看见虚拟建筑并进行评审。BIM 就是现代的轻木或泡沫板模型，相较 2D 图纸而言，能让业主和其他参与方非常清晰地观察建筑。模型可让承包商和分包商团队更好地进行可施工性评审。当模型进一步和进度计划关联时，它还可以帮助承包商对施工流程中的物流和安全性进行分析。

风险型施工管理方法

风险型施工管理方法（CMAR）和 DBB 方式相似。业主依然独自承担设计风险，而且同样需要同建筑设计事务所和施工承包商签订两份独立合同。但是和 DBB 方法不同，承包商在设计阶段就介入项目，从事“辅助设计”工作，因此它打破了单线式服务流程。53 业主同承包商的协议通常分为两个部分，称为协议 A 和协议 B：

- 协议 A 专门针对设计阶段工作；
- 协议 B 针对施工工作。

业主最好的做法是，同完成协议 A 的承包商签订协议 B。业主如果对执行协议 A 的承包商不满意，有权对协议 B 进行公开招标（图 2.4）。

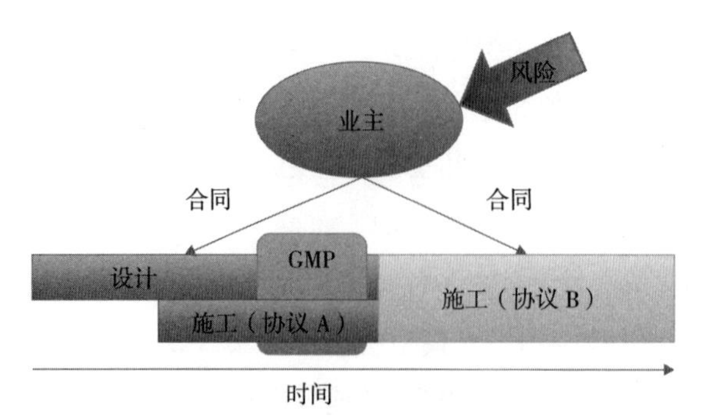

图 2.4 风险型施工管理方法

此方法需要承包商做出承诺，保证项目支出不超过保证最高价格（GMP）。保证最高价格（GMP）在承包商执行协议 A，即提供设计服务时确定。此方法中的“风险”二字是指承包商以不超过 GMP 的价格交付项目存在风险。如果承包商超过了这个价格，他们不但没有收益，还要赔偿超出部分。如果设计和施工顺利完成，项目以低于 GMP 价格交付，承包商可以获得既定收益。这种交付方法的优点在于，在设计阶段承包商就与设计团队开展协作。

业主和设计团队需要做出的一个关键决策是，何时让承包商参与到设计中来。众所周知，建筑设计按设计深度划分为三个阶段，即方案设计（SD）、初步设计（DD）和施工图设计（CD）。通常，为了检查设计进度，对每一设计阶段设置两个里程碑节点，即 50% 完成和 100% 完成。理想情况下，业主带领承包商参与设计的时间点大致介于 100%SD 完成和 50%DD 完成之间，以确保留有充足时间，让他们在施工图完成之前提供有价值的输入。如果承包商介入过早，可能设计文件还没完善到能让承包商确定 GMP 的程度。这会导致费用增加，因为承包商在这种情况下会预留一部分费用用于应对设计未知。这对于业主而言并不理想。所以，业主需要找到平衡点，既能让承包商尽早提供输入，又不因承包商站在建筑师身后拿着价格书指指点点而影响建筑师的创造性。

54

同样需要业主决定的是只让总承包商介入设计还是同时让总承包商和分包商共同介入设计。如果选择后一种方式，由于执行协议 A 要为每一介入的分包商支付高昂的费用，需要指定分包商应当如何在设计过程提供有价值的输入。比如，建筑师的外观设计非常复杂，用了多种材料和玻璃幕墙，业主可能希望承包商带领从事外墙装修的分包商参与系统协调，提前考虑安装细节，保证可施工性。

与 DBB 方法相比，CMAR 最明显的优势在于，承包商可以为在施工之前解决潜在问题提供帮助，并伴随设计进展提供预算。这种交付方法的另一优势在于能够更快交付项目。和 DBB 方式不同，采用 CMAR，施工不必等到所有设计文件都完成后才开始。可将建筑设计分解为不同的工作包，如场地工程、结构、内核与外壳、室内装饰等。这意味着结构施工图设计（CD）100% 完成时，室内装饰可能只完成了 50% 的初步设计（DD）。这样，在建筑师依然进行室内设计时，主体结构就可以获得许可开始施工了。此方法特别适合含有多个施工段的复杂项目，它能通过加快整体项目施工进度降低材料成本。这也降低了总包商的管理成本，可使业主早日将设施投入使用并产生收益。

优势

- 承包商较早介入到项目中；
- 承包商所作决策不必完全取决于价格，也可以考虑一些其他的定性定量因素（详见第 3 章，如何营销 BIM 并赢得项目）；
- 承包商能在设计阶段完成预算，为价值分析提供帮助；
- 可以使建筑在整个设计工作完成之前就开始动工建设，加快项目进度；
- 业主同建筑师依然保持传统关系，他们之间有一份单独的合同。

挑战

- 承包商参与项目过晚，没能起到明显作用，承包商对业主和设计团队感到失望；
- 采用这种交付方法，承包商为了赢得合同，需要花费大量时间，投入许多成本（将在第 3 章中讨论）；
- 业主依然需要分别同建筑设计事务所和承包商签订合同，并独自承担所有设计风险。这意味着设计团队和施工团队之间依然存在摩擦； 55
- 因为业主拥有设计，承包商仍须提交变更单解决执行协议 A 期间没有发现的施工问题。

BIM 在风险型施工管理方法中的应用

CMAR 方法非常适合本章后面定义的各种 BIM 应用，但是需要业主尽早明确团队应用 BIM 的目标。业主必须创建或要求提供一份 BIM 如何应用的规划，否则 CMAR 方法会面临 DBB 方法面临的同样陷阱。让我们看一下出现这种情况的主要原因。

第一个问题是由于 AE 团队不能或不愿创建模型或者分享模型内容。在前文已经讨论过，CMAR 方法的主要优势在于承包商提前介入，但承包商提前介入并不意味着从合同上强制 AE 团队建模或者分享模型。注意，AE 往往仅被要求按合同出图，而非按合同建模。此方法并没有通过转变建筑师和专业工程师的思路，或者付给他们必要的费用，使他们愿意建模并协调超出“设计意图”的内容。这些事项必须在业主同建筑设计事务所签订的合同里说明，并将由此产生的相关需求列入业主和承包商签订的协议 A 和协议 B 中。

第二个可能限制 BIM 潜能的问题是承包商介入设计流程的时机。例如，如果业主要求承包商在执行协议 A 时应用 BIM 检查设计的可施工性，但却没有要求建筑师和专业工程师建模，则承包商必须考虑模型创建问题。这意味着他们要么自己建模，要么请第三方建模，这都需要额外时间，并有可能延迟可施工性检查。

第三，如果业主没有让关键分包商介入协议 A，则不可能创建出具有可施工性的模型。由承包商自身或由第三方建立的模型，依然仅依据建筑师和专业工程师的设计意图，而缺乏分包商的专业意见，因此限制了使用 BIM 进行协同的优势。

最后，如果业主让承包商介入的时间点较晚，比如在 CD 完成 50% 时介入，可能时间已经不足，无法在建筑师和专业工程师 100% 完成 CD 之前，完成集成模型、可施工性分析以及调整设计等工作。正如《商业地产革命：在破碎的行业中降低成本、减少浪费和推动变革的九种转变因素》（Wiley，2009）一书作者所指出的那样，“如果承包商在初步设计（DD）结束才介入，哪怕他们能够成功模拟整个项目，由于那时大多数内容都已经确定了，要想更改很难。”采用 CMAR 交付方法，承包商开始提供 BIM 服务的时间点应是 DD 完成 50%。

56

业主可能认为，承包商在设计阶段应用 BIM，可以减少设计缺陷和错误。但是如果没有明确如何应用 BIM 并将其写入合同中，他们会非常失望地看到产出与投入并不相符。采用这种方法可以很好地应用 BIM，但若管理不当，也有可能挫伤业主应用 BIM 的信心。

DB 方法

DB 交付方法（设计 – 建造交付方法）是促进设计、施工协同的最好方法，因为设计方和施工方提供服务的时间完全重合，因此，要求双方组成一个团队，以设计施工方的名义开展工作。业主只需与设计施工方签订一份合同，并且不再独自承担风险。风险转移到了设计施工方（图 2.5）。

采用这种方法，业主应提出项目需求，并给出他们希望的经费预算。业主的项目需求应包括建筑功能、外形和性能要求，同时也需给出完工期限。设计施工方的目标是将性能要求和控制预算作为两个对立因素统筹考虑，最终完成“符合预算的设计”。设计施工方的责任包括：管理设计流程、获得必要施工许可以及按时在预算内完成项目。项目可以是承包商主导，设计方主导（建筑师或专业工程师），一体化公司主导或者合资企业主导。根据 2014 年 McGraw–Hill 公司《智能市场报告》对项目交付体系的分析，承包商主导的 DB 方法是目前美

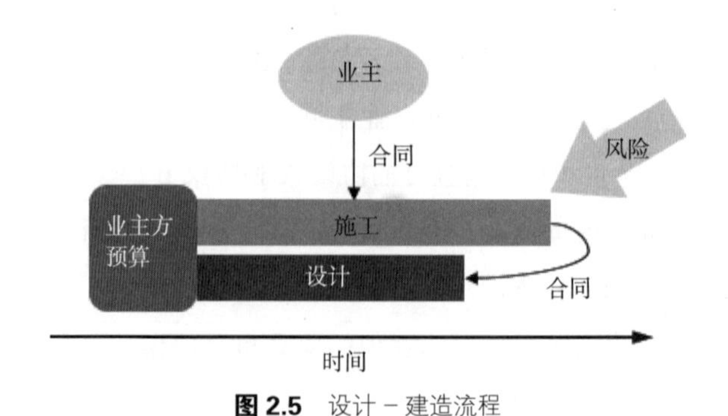

图 2.5 设计 – 建造流程

国最为流行的交付方法，采用此方法的项目有望在2017年前显著增加，将超过采用DBB方法和CMAR方法项目的增加数量（图2.6）。

57

DB方法打破了传统角色及其责任的划分，要求基于信任建立整体合一的协作团队。这种方法为创新、快速交付、提高质量和在预算内完工提供了平台，但要想项目成功，团队与业主的合作关系和团队成员之间的合作关系要有一个全面转变。这种转变包括：

无忧的业主：业主的风险降至最低。他们不再担心为设计缺陷或错误负责，或者担心由于意外追加预算。这些风险现在被转移到了设计施工方身上，但有时这种转变对于业主是非常难的。虽然卸掉了风险包袱，但对业主而言，对设计方施工方能否尽心尽力工作、设计出满足甚至超出想象的建筑和在预算内高质量交付建筑仍然心存疑虑。特别是那些熟悉项目流程的业主，更是如此。

58

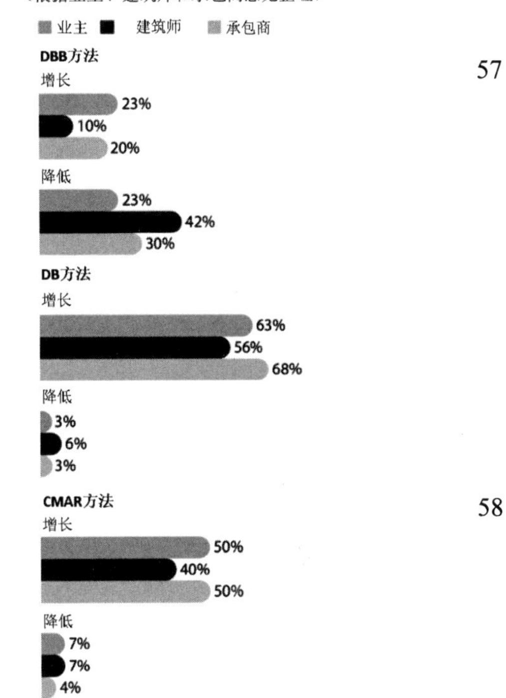

图2.6 行业使用现有交付系统的变化预期（至2017年年底之前）（来源：McGrow Hill Construction，2014）

业主不再是调停人：业主的另一个改变，是他们不再是AE团队和承包商的中间调停人，无须再协调两个团队、签署两份合同。这给团队协作带来很大益处，但需要转变心态。既然业主不再与建筑师直接联系，就必须相信承包商不会因为控制预算去压制建筑师的创造力。

更快速的交付，更高效的决策：每一个改变都影响到了团队中的每一个人：更快速的交付意味着更高效的决策。这种交付方法特别适用于设计流程推进非常快的项目。与CMAR方法相似，设计成果能以增量方式交付，因为设计人员与施工人员提供服务的时间完全重合，交付的速度可以更快。表2.1通过对比，从五个方面说明了DB方法在成本和进度上优于DBB方法和CMAR方法。

交付方法比较 表2.1

指标	DB方法与DBB方法对比	DB方法与CMAR方法对比
单位成本	降低6.1%	降低4.5%
施工速度	增快12%	增快7%
交付速度	增快33.5%	增快23.5%
支出增幅	减少5.2%	减少12.6%
工期增幅	减少11.4%	减少2.2%

建筑业协会（CII）和宾夕法尼亚大学对351个不同类型和领域的项目进行调查，项目规模从5000平方英尺到250万平方英尺不等。

采用这种方法，业主方不再承担项目延期的风险，因此承包商会主动推动设计交付，确保项目如期施工。这意味着业主也有额外的压力，他们需要更准确地描述未来住户或租户的需求，并使这些需求在设计完成前得到满足。如果业主不能及时向承包商提供信息，在设计完成开始施工后，发现住户不喜欢这个空间，此时，就要引入变更单解决问题。这与DB方法的理念背道而驰，因为这个方法的最大优势是在没有变更单或增加额外成本的前提下完成项目。

信任与协作：DB方法提供了一种建筑师与承包商协作的新方式，再不会出现推诿扯皮、争辩谁应该为设计失误负责的情况。这会引起人际关系的变化。传统上双方之间之所以缺乏信任，恰恰是由其他交付方法的合同内容决定的。图2.7表现了如果建筑师和承包商在DB交付方式中依然保持传统的对立关系，会发生什么事情。

59

图2.7 船底漏水

当团队在同一条船上时，信任和理解至关重要。一旦意识到在一条船上，他们会更加积极地协作，更具有创新精神，从而建造出高质量的建筑。

支持设计创新：承包商承担了大量的风险和职责，因为通常是由他们带领整个DB团队。他们通常具有"落地"经验，知道如何使建筑师的设计成为现实，并能够告诉建筑师以往使用材料的经验教训。但是由于担负风险和了解最佳实践，有时也会导致承包商主导设计，而非全力支持设计。

提示：承包商一定不要代替设计师，否则您很可能会听到这样的对话："业主，您所需要的是一个方形建筑，并有很多窗户。您不需要幕墙，那太贵了，而且会非常吸热。哦，那些水磨石之类的东西，对，您需要那些方地砖和抛光混凝土！"

承包商知道什么样的产品最为耐久、最为经济，他们要为工程质量担保。当然，如果想要建造已有成熟设计、施工模式的标准建筑，业主更可能选择DBB方法，而非DB方法。承包商需要在控制预算的前提下，用他们从实践中总结的经验教训为建筑师的创作提供支持。尽管这很难做到，但一个好的承包商会找到平衡点。毕竟，承包商的头等大事是建造尽可能 60 好的建筑让业主高兴。

不难理解，DB 方法需要大量的团队建设工作。一旦团队成员相互信任、理解彼此角色的作用，将会取得令人称奇的优异成果。

优势

- 这个方法鼓励协同工作；
- 承包商的决策并不一定完全取决于价格——也可以考虑一些其他的定性定量因素（将在第 3 章中讨论）；
- 这种方法有可能成为从设计到施工最快速的交付方法；
- 业主只需管理一份合同；
- 承包商可以通过在整个设计过程实时追踪预算控制成本；
- 这个方法鼓励创新；
- 有可能无变更单。

挑战

- 这个方法不是传统方法，团队间的相互信任和协作是保证这种方法成功的关键；
- 采用这个方法，承包商和建筑师通常要花费很多时间才能在竞争中赢得合同，成本较大（将在第 3 章中讨论）；
- 虽然军方和联邦政府项目经常采用这种方法，但它还不是各州广泛认可的可用于政府出资项目的交付方法。

BIM 在 DB 方法中的应用

DB 方法提供了充分利用 BIM 工具的实践机会，但其中最具有价值的是，在设计阶段建立了可施工模型。在其他的交付方法中，BIM 受到限制，因为在整个或者大部分设计阶段，模型仅能用于展示设计意图。这限制了在成本曲线前段解决可施工性问题的能力。采用 DB 方法，可施工模型可以随着设计进展不断演进，这可以实现两个目的：

- 这是一种更加简洁的流程，不需设计师和分包商重复建模；
- 由于模型将用于施工，允许团队成员在施工之前主动解决问题，避免施工开始后被动解决问题。

设计使用的最流行的 3D 软件还不能满足分包商加工系统构件的需求。这意味着建筑师和专业工程师会使用同一个平台创建设计模型（图 2.8），而分包商为了构件加工会创建一个完全独立的模型（图 2.9）。创建模型的目的基本相同，区别在于分包商的模型更加细致，能够 61

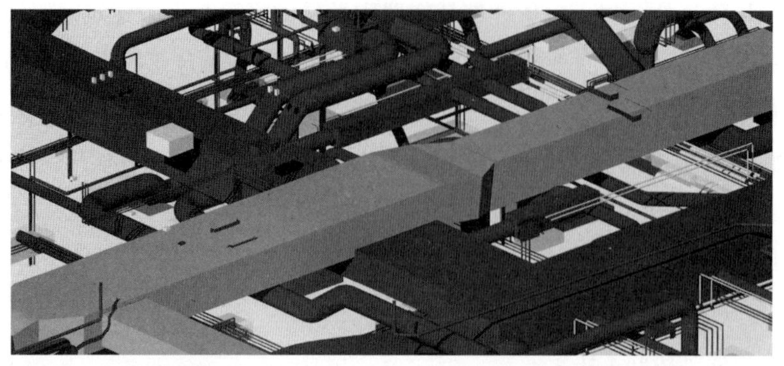

图 2.8　100%CD 完成时专业工程师创建的设计意图模型（Autodesk Revit）（来源：SCRIPPS HEALTH）

图 2.9　分包商创建的用于构件加工的深化设计（CAD）模型（来源：SCRIPPS HEALTH）

保持多专业协调，并可以直接用于构件加工。有人会问，由一个模型演化不是比重复建模更好么？这是 DB 方法可以实现的。

DB 提供了以下两个推动单一模型演化的方法：

一体化工程与施工公司：第一种方法是建立一体化工程与施工公司。公司使用单一建模平台，让工程师在进行设计、生成施工图纸提交审查的同时，能够将相同的模型进一步深化为构件加工模型用于施工。

工程公司与分包商建立合资公司：另一种方法是由工程公司和分包商建立合资公司。在这种方法中，工程师提出设计要求，分包商负责建模；工程师不建模，但对设计负责。分包商的模型首先用于生成 2D 图纸，由工程师盖章后提交审查。之后由分包商再将相同的模型进一步深化为构件加工模型。

62

IPD 方法（集成项目交付方法）

IPD 方法（集成项目交付方法）和 DB 方法类似。但这种方法与其他方法的最大的区别在于风险的分摊（图 2.10）。在 DBB 方法和 CMAR 方法中，业主独自承担风险。在 DB 方法中，设计施工方承担风险。而在 IPD 方法中，风险由业主、建筑设计事务所和承包商共同分担，收益也将共同分享。合同是一个多方协议。

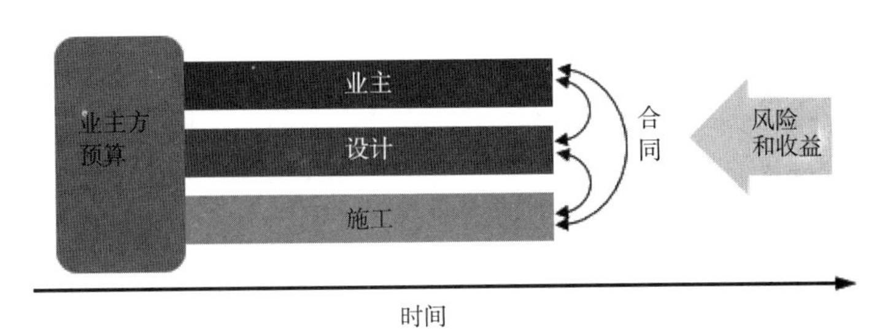

图 2.10 IPD 方法（集成项目交付方法）

IPD 方法推倡导一个理念：瞄准项目目标，团队成员依据项目实际完成情况风险共担、收益共享，收益可依据完成情况增加或减少。举例来说，包括业主在内的整个团队，开发了整个项目的预算目标。如果项目交付低于预算，将奖励团队额外报酬；如果项目交付高于预算，报酬将被削减。通过明确每个团队成员应负的责任，IPD 方法在很大程度上促进了交流，推进了项目团队成员的深入协作。这是由于它能为团队中的每一位成员提供额外的报酬。

从概念上讲，这些激励有助于团队克服使用 DB 方法面临的人际关系挑战。现在所有人都在一条船上，每一个人都有责任查找这条船是否有漏洞，如果存在漏洞，就一起合作将它修复，每个人都不是为了自己而工作。IPD 方法奖励创新而不是仅仅鼓励创新。现在整个团队正通过选择最合适的材料和设计创新为项目创造最大价值。

优势

- 这种方法激励协同；
- 承包商的决策并不一定完全取决于价格——也可以考虑一些其他的定性定量因素（将在第 3 章中讨论）；
- 这种方法有可能成为从设计到施工最快速的交付方法；
- 承包商可以通过在整个设计过程实时追踪预算控制成本；
- 这种方法激励创新；
- 有可能无变更单。

63

挑战

- 这种方法不是传统方法，团队间的相互信任和协作是保证这种方法成功的关键；
- 采用这种方法，承包商和建筑师通常要花费很多时间才能在竞争中赢得合同，成本较大（将在第 3 章中讨论）；
- 目前，这种方法未被任何公共机构采纳。

提示：与DB类似，IPD方法同样提供了充分利用BIM工具的实践机会。同时，激励制度能够造就创新能力很强的团队——一个对R&D（研究与开发）保持开放心态，并勇于跳出惯性思维的团队。

BIM附录（合同）

McGraw-Hill公司发布的《2007—2012年趋势分析》指出，BIM在北美地区的应用比例已经从2007年的28%增长至2012年的71%。这种“BIM繁荣”是一种全球趋势。随着BIM应用越来越普及，AEC行业提出了许多问题。D·拉森（Dwight Larson）和K·戈尔登（Kate Golden）在他们的文章《进入华丽的新世界：对建筑信息建模合同的介绍》（William Mitchell, *Law Review* [34:1]，网址 http://open.wmitchell.edu/cgi/viewcontent.cgi?article=1234&context= wmir）中，对行业提出的问题进行了归纳：

> 它会改变传统的业主、设计方、承包商、供应商之间的责任分配吗？和其他方分享数据模型有什么风险？管理建模过程的一方是否承担额外的法律责任？各种BIM软件平台的互操作性会带来什么风险？应该如何界定知识产权？负责建立并维护模型共享网站的一方会有什么风险？BIM将如何改变项目竣工后的一系列交付工作，以及这些改变意味着什么？而且，或许最重要的是，如何让业主为BIM应用带来的益处买单？

为了回答这些问题，很多专业协会开始为现有合同创建附录，帮助项目参与方规避风险，规范化实施BIM，并根据项目BIM需求明确团队成员责任。附录规定了主合同以外的附加责任。从事创建附录的三家主要机构分别是美国建筑师协会、美国总承包商协会和美国设计建造协会。

这些附录为业主、建筑师和承包商创建某一特定项目的BIM附录提供了模板（表2.2）。但是，这要求协议各方必须对模型的详细程度（LOD）、模型应用、模型共享和模型所有权有一个全面的了解。尽管这对一个有经验的BIM团队来讲没有什么，但对于一个新接触BIM的团队，要在项目一开始就搞清这些问题是非常困难的。

64

附录比较表

表2.2

合同	AIA E202	ConsensusDocs 301	DBIA E-BIMWD	AIA E203
制定年份	2008年	2008年	2010年	2013年
默认主导方	建筑师	业主	设计施工方	建筑师
一般规定	无	有	有	有
标准定义	有	有	有	有
信息经理及其职责	有	有	有	有
LOD矩阵	有	无	无	有
知识产权	无	有	有	有
模型依赖的风险	无	有	无	有
信息交换协议	无	有	无	有（G201）
BIM计划协议	无	有	无	有（G202）

在签订 BIM 合同前，最好咨询一个熟知类似协议的同事，或者通过一位 BIM 项目顾问，帮助协议各方以最优的方式为团队成员分派角色与职责。通过熟知协议的同事或 BIM 顾问的参与，可使流程大大简化，并可避免可能出现的陷阱。如果这样的同事或顾问都找不到，向您的法律顾问咨询协议内容，主要关注 BIM 实施期间项目团队成员的角色定义和职责划分。正如本书所述，BIM 在促进项目团队成员协同工作方面最为有效。如果在项目规划时就确定出在何时如何使用、分享和分析 BIM，BIM 的应用效果将会更加显著。

提示：每个协会都有自己的 BIM 附录，因此，我们需要比较这些附录，找出它们之间的差异。

美国建筑师协会（AIA）：E202 文件

65

E202 文件是美国建筑师协会在 2008 年创建的，是最早发表的 BIM 附录模板之一。这份以建筑师为中心的文件非常简单，分为四个部分：总体规定、协议、详细程度和模型元素。

提示：由“详细程度”和“模型元素”可以组成著名的“LOD 矩阵”，如图 2.12 所示。

毫无疑问，这份文件是现行 BIM 执行计划的首个版本，这在本章后面会进一步讨论。文件非常简洁，能让 AEC 行业抓住在项目中使用 BIM 需要解决的关键问题。但是，此文件对知识产权的描述有不足之处。

美国总承包商协会（AGC）：项目参与方共识文件 301

大约在美国建筑师协会编写 E202 文件的同一时间，很多其他团体，包括业主、建筑设计事务所、总承包商、分包商、制造商和律师，正在编写项目参与方共识文件 301。这份文件的产生，得到了使用 BIM 技术的项目参与方的广泛认可。这与美国建筑师协会的 E202 文件完全不同。E202 文件仅仅强调了建筑师的作用，通篇都是讲述“建筑师应该……”

项目参与方共识文件 301 的格式与 E202 文件类似，但在合同的表述和权益保护方面更为稳健。另外，由于这是一份共识协议，它鼓励团队通过责任分明的数据共享和协同工作，将发生指责、甚至诉讼的可能性降至最小。此外，此文件指定业主为默认领导，授权中立的第三方管理团队。文件分为六个部分：总体原则、定义、信息管理、BIM 执行计划、风险分摊和知识产权。这个文件包括了比 E202 更多的权益保护内容，但没有 LOD 矩阵。

您可以在 AGC 官网找到项目参与方共识文件 301（www.agc.org/cs/contracts）。

美国设计建造协会（DBIA）：E-BIMWD 文件

E-BIMWD 是专门为 DB 项目编写的，应同其他 DB 合同一起使用。由于 E-BIMWD 文件是在 E202 和项目参与方共识文件 301 基础上开发的，因此他们的格式相似。但是，这份文件和项目参与方共识文件 301 相比，看上去似乎有一些空缺，这是有意为之的。在一次与文件第一稿作者 R·T·帕金森（Robynne Thaxton Parkinson）的电话交谈中，她说道："对于承包商而言，DB 模式的哲学就是少即是多。"这说明在 BIM 附录和合同中并不需要多余的语言。E-BIMWD 采用"引导性对话"方式，帮助团队在使用 BIM 过程中作出决定，而非在使用前规定如何使用。

E-BIMWD 文件说明了附录应如何与其他 DB 合同一起使用，讨论了分享知识产权涉及的主要问题，并且简要地描述了在 BIM 应用过程中，信息管理者管理文件的责任。

此文件可申请下载。想要下载文件，请访问 http://www.dbia.org/resource-center/Pages/Contracts.aspx.

美国建筑师协会（AIA）：E203 文件

美国建筑师协会的 E203 文件发布于 2013 年，是 E202 文件的升级版本，对 E202 文件在格式和内容上作了全面更新。

E203 在格式上分开了适合所有项目的通用条款（总则、定义、角色和职责）和面向特定项目具体事项、每一项目都有所不同的条款（项目人员、模型原点、信息交换）。这是通过增加两个和 E203 展示文件一起使用的文件实现的。这两个文件分别称作 G201-2013 项目数字数据协议表和 G202-2013 项目建筑信息建模协议表。分开的目的是让团队通过使用 E203 展示文件在项目开始就了解 BIM 应用的总体目标。一旦团队成员开始工作，则需要依据 G201 和 G202 建立信息交换方法和编制 BIM 协议，这与创建 BIM 执行计划类似（本章后面会讨论到）。

66

一般规定中增加了一节，要求团队成员在 G201 和 / 或 G202 中增加额外工作后，通知相关参与人员。这是一项重要条款，因为发布 E203 展示文件时，BIM 应用范围尚未完全确定。同时，新增一节定义数值数据的传输和所有权，这在 E202 文件中仅是一提而过。最后增加了依赖模型可能产生的风险以及是否可以依赖他人分享的模型内容。

E203、G201 和 G202 三份文件可以在美国建筑师协会网站（http://www.aia.org/aiaucmp/groups/aia/documents/pdf/aiab099084.pdf）上找到。

合同总结

看表 2.2，您或许会认为美国建筑师协会的 E203 是最好的附录，因为该有的内容它全有。但实际上，您可以使用表中的任何一项附录。由于交付方法、团队经验和 BIM 应用范围不同，每个附录都有用武之地。附录的目的是通过在项目开始前明确任务、责任和权力划分，避免出错时相互指责。除非在创建、使用、传递 BIM 模型前，合同作了明确规定，否则没有团队成员为他们交付的成果负责。

67

协作，而非诉讼

协会、合同制定者甚至整个行业都希望实现以下目标：

- 避免诉讼
- 负责任的技术应用
- 创造更加协作的环境

BIM 技术要求改变施工流程，而这些改变必须写进合同中。在某些时候，我们的行业把施工专业人员的密切协作变成了对簿公堂。如果我们要开始改变，先看一看我们过去是怎么做的。Sverdrup & Parcel 公司前任结构部长、一位有着超过 40 年工作经验的结构工程师 S・哈丁（Sy Hardin）曾说过："施工行业的问题在于关注点逐渐远离团队成员对技术的追求，转移到诉讼和预防诉讼上。在某些方面，有效沟通能力要比设计能力更重要。技术应该促进沟通，而非使沟通复杂化。"尽管 BIM 提供了一系列有效工具，但其必须建立在信息共享的基础上。

BIM 的基本应用

BIM 工具依赖于技术进步，也就是说，每一天行业内都可能会有新的软件、移动应用、插件或者云计算解决方案出现。这让业主和 AEC 公司很难在 BIM 附录中指定在项目中采用哪种工具以及如何使用、让谁使用工具。为了选择合适的工具与使用人员，消除困惑和低效，最好先了解什么是模型详细程度以及下面将要介绍的 BIM 五种基本应用对应的模型详细程度层级。

就好像为一个项目选择起重机，您必须先了解建筑的高度、场地限制和建筑类型。可能起重机会越来越好，但是选择起重机需要考虑的因素不会改变。选好起重机之后，一定要让拥有执照的操作员——而不是新手操作。BIM 工具及其应用也同样如此。

模型详细程度（LOD）

68

无论是否专业人士，绝大多数人都知道虚拟模型的概念。但当行业把虚拟建模作为一种需求，在理解上就会出现歧义。就好像一个业主在提要求时说他需要一栋"建筑"，这还需要进一步做许多解释。因此，很多组织提出了用模型详细程度（LOD）定义虚拟模型层级。

美国建筑师协会在 E203 文件中给出了 LOD 定义："LOD 是指模型元素处在某一层级，在包含最少尺寸、空间数据以及其他定量、定性数据的情况下，能够支持该层级对应的特定应用。"简而言之，它定义了 3D 元素的精度以及每个元素所包含的信息量。目前有三种主要的 LOD 矩阵在美国使用：美国建筑师协会 LOD 矩阵、BIM 论坛 LOD 矩阵和美国陆军工程兵团（USACE）LOD 矩阵。每一种矩阵都有轻微的不同，但他们都基于相同的概念。表 2.3 根据 BIM 论坛 LOD 矩阵展示了 LOD 与模型元素精度之间的关系。

详细程度（LOD） 表2.3

层级		描述
LOD 100		2D视图详细标注两个梁之间有一个斜撑
LOD 200		3D建模展示角钢斜撑的大致尺寸、形状、位置
LOD 300		3D建模展示4英寸 ×4英寸角钢斜撑，给出具体的尺寸、形状、位置
LOD 350		3D建模展示4英寸 ×4英寸 ×1/4英寸斜撑，给出实际的尺寸、形状、位置
LOD 400		在350基础上，增加安装、制造细节

69

不难看出，提出LOD概念是为了描述模型的演变。采用哪种LOD矩阵并没有太大关系，而重要的是要使用它。在我们讨论以下五种基本应用时，LOD的重要性就显现出来了。

基于模型协调

基于模型协调是BIM的基本应用之一，也是BIM流程的起点。传统上，一个项目有两个重要的协调流程:文件协调和安装协调。如果没有良好的文件和安装协调，项目质量通常不高，从而导致在施工和运营过程出现大量问题。使用BIM，可以有效改进这两个协调流程，但这需要对LOD有所了解。

在审查和竞标中使用的合同文件可以有四种表现方式：手绘图纸，使用2D软件出图，结合使用2D文件和3D模型视图，内嵌数据的精确3D模型。为了更好地理解这一点，我们先看看斜撑的设计过程：

- 结构工程师可以画出符合LOD 100要求的梁和斜撑的平面图（与表2.3中的例子相似）与立面图（图2.11）。
- 结构工程师可以采用混合方式，对梁按LOD 200或LOD 300建模，但按LOD 100在平面图中标注斜撑位置，按LOD 100绘制斜撑立面图（图2.11）。
- 结构工程师可对梁和斜撑建模，将斜撑置于准确位置，但只给出大概角度（LOD 200）。

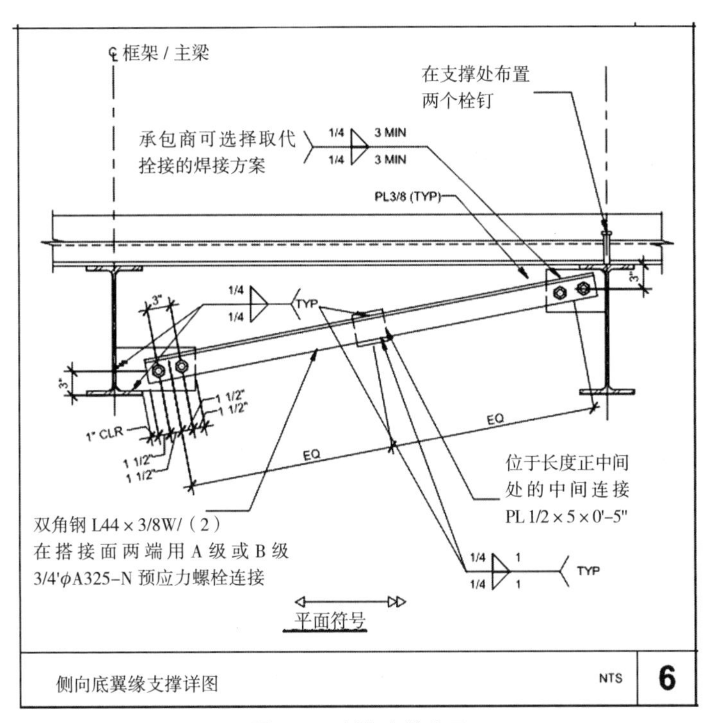

图 2.11 侧向支撑详图

为了完整表达设计意图，立面图采用 LOD 100（图 2.11）。

- 结构工程师可对梁和斜撑建立 LOD 300 甚至更高层级的模型，运用 BIM 自动生成 2D 视图功能生成与图 2.11 等效的立面图。

如果仅从平面图看，以上任何一个场景在设计意图的表述上都没有偏差。但前三个场景忽略了安装协调。

安装协调通过如下步骤完成：

1. 由各专业模型生成总装模型。
2. 对模型元素和系统进行冲突检测。
3. 解决发现的系统间的冲突（解决方法将在第 5 章“BIM 与施工”中讨论）

70

不言而喻，如果某一构件没有建模，则无法检测它与其他构件是否存在冲突。

不定义 LOD 的风险

为了更好地理解 LOD 在文件协调、安装协调中的作用，让我们看看以下场景。

施工团队在竞得项目之后，收到了来自结构工程师的模型，但团队并不知道模型的详细程度处在什么层级。“喔，有模型总比没模型好。”项目经理说。他告诉实习生应用结构工程师的模型与分包商的系统进行协调。实习生先由结构模型和机械模型生成组装模型，然后进行冲突检查，检查结果很好，没有发现冲突。机械深化设计师对于这个结果非常高

71

兴，因为他一直努力让机械管道与梁平行而非在梁底下，以使顶棚高度达到 12 英尺。在确认了冲突检查结果之后，机械深化设计师完成了深化设计图纸，并提交机械工程师审批。深化设计图纸获得批准后，现场安装开始。在安装钢梁过程中，机械分包商进入施工指挥车询问："那些斜撑是干什么的？""斜撑！"实习生惊叫。实习生跑到现场发现两梁之间已经布置了斜撑，机械管道无法再在两梁之间布置。他回到指挥车里检查模型，"这里并没有显示任何东西呀。"他说。他决定打开他桌子底下那份已获批的结构施工图册，此时，图册表面堆积了一层来自施工现场的红色灰尘。他查阅平面图后发现，多处地方都标注了斜撑，并使用图 2.11 作为索引。他开始觉得胃疼。原来结构工程师是用混合方式创建施工文件，主要结构构件按照 LOD 100 建模，斜撑不在模型中出现，只在平面图中标注。机械管道没有选择，只能降到梁下。因此，实习生起草了一份 RFI。尽管业主很不高兴，顶棚高度也要从 12 英尺降到 9 英尺。

在实施 BIM 而不规定 LOD 或不分派合适人选应用 BIM 工具时，原本不必要的现场变更就会变得特别常见。在上面"不规定 LOD 引发风险"的故事中，谁在犯错？业主方提出了在设计和施工中"建立虚拟模型"的要求，但是没有规定 LOD。项目经理相信结构设计师的模型，让一个没有经验的实习生进行协调。机械分包商没有查看结构图纸就布置管道。机械工程师核准了深化设计图纸。很多人都有错，但最后所有人都有损失。BIM 在系统协调方面的应用越多，在设计和施工阶段明确定义 LOD 就变得越为重要（图 2.12 是一个 LOD 矩阵范例）。

LOD 矩阵		
LOD 100	一般性表示	AR 建筑师 SE 结构工程师 ME 机械工程师 EE 电气工程师 PE 给水排水工程师 FP 消防 GC 总包商 TC 专业分包商
LOD 200	LOD 100+ 大概尺寸 / 形状 / 位置	
LOD 300	LOD 200+ 具体尺寸 / 形状 / 位置	
LOD 350	LOD 300+ 实际的尺寸 / 形状 / 位置	
LOD 400	LOD 350+ 具体的安装和制造细节信息	
LOD 500	通过验收的安装	

模型元素（采用 CSI Uniformat™ 编码）			详细程度（LOD）和模型元件作者（MEA）									
			方案设计		初步设计		施工图设计		深化设计		竣工文件	
			LOD	MEA	LOD	MEA	LOD	MEA	LOD	MEA	LOD	MEA
A 下部结构	A10	基础	200	SE	300	SE	350	SE	400	TC	500	TC
	A20	挡土墙	200	SE	300	SE	350	SE	400	TC	500	TC
	A40	筏基	200	SE	300	SE	350	SE	400	TC	500	TC
B 壳	B10	上部结构	200	SE	300	TC	350	TC	400	TC	500	TC
C 内核	C10	内部结构	200	AR	200	AR	350	AR	400	TC	500	TC
	C20	内部装修	200	AR	100	AR	200	AR	300	AR	500	AR
D 服务			200		300		350		400		500	
	D20	水暖管件	100	PE	300	TC	350	TC	400	TC	500	TC
	D30	HVAC（暖通空调）	100	ME	300	TC	350	TC	400	TC	500	TC
	D40	消防设施	100	FP	300	FP	350	FP	400	FP	500	FP
	D50	电线设施	100	EE	300	TC	350	TC	400	TC	500	TC
	D60	通信设施	100	EE	200	TC	350	TC	400	TC	500	TC

图 2.12 LOD 矩阵

基于模型的进度计划

72

另一个常用的 BIM 应用是将（设计或施工）模型与进度计划绑定，模拟工序及展示项目在任意时间节点的进展情况。这已经成为向业主推荐的常见应用，用于检查施工物流的有效性、安全性和在整个施工过程验证分包商账单与其完成工作的符合性。此项应用之所以如此流行，是因为它能够让项目参与方清晰地了解项目进度。传统的甘特图不太好懂，但当您看到模拟建造的场景，抽象的逻辑就具体化了。

LOD 在这项应用中的作用，取决于进度计划的制订方法（关键路径法、平衡线法等）。AIA 在 E203 文件中指出，模型精度越高，基于模型的进度计划越准确。这种说法是对的：模型越精细，进度模拟就越细致。如果您愿意的话，您甚至可以模拟螺栓安装。但是，也不能太细，否则，绑定模型元素和进度计划花费的时间太多。

基于模型的进度计划可以应用于项目的各个阶段，无论是在概念设计阶段讨论物流，还是在施工阶段展示工顺和验证已完成工作产生的成本。基于模型模拟并不需要很高超的技巧，但需要一个能够理解施工顺序和进度逻辑的人。因此，团队里面有一个具备这两项能力的人是非常重要的。

基于模型的预算

在过去的五年间，基于模型的预算被重新定义。最早，它是指在基于模型的进度计划的应用过程中，模型元素内嵌成本信息，在模拟时可以展示时间与成本的关系。由于分包商完成的工作可以在模型中量化，业主能够准确知道承包商在每一时间节点支付的费用。尽管这种方法依然在用，目前，更多的公司在使用基于模型的预算计算工程量，即从模型中提取材料用量和相关成本，用于预算。

应用基于模型的预算要与应用基于模型的协调一样小心。需要首先规定 LOD，然后再依据模型做预算。您可以考虑我们之前举的有关斜撑的例子。如果结构设计师交付了一个混合 LOD 模型，并且模型是唯一的信息源，您若使用此模型计算用钢量，那么，您的预算将漏掉项目需要的全部斜撑。还有，与基于模型的协调相似，团队中有一名拥有丰富预算经验且熟悉 BIM 的成员非常重要。

基于模型的设施管理

基于模型的设施管理重点关注如何利用模型信息降低业主的建筑全生命周期运维成本（图 2.13）。通常认为，设计、施工成本仅占建筑全生命周期成本的 20%，而运维成本占建筑全生命周期成本的 80%。

73

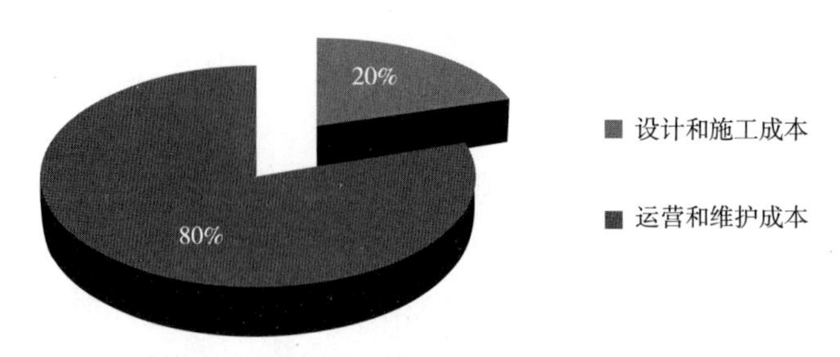

图 2.13 建筑的全生命周期成本

这说明，建筑的高效运维特别重要。假设，在斜撑的例子中，信息可以添加到焊接构件上，如表 2.3 中 LOD 400 的例子所示，说明它是贴角焊缝，需要一名有资质焊工，遵从最新版美国焊接学会 D1.1 标准，采用 E70XX 焊条焊接。另外，也可以添加超链接，链接售卖焊接设备的网站以及 YouTube 上工人焊接贴角焊缝的视频。

模型能够包含所有需要的信息。下面将焊接场景延伸到灯具上。一栋建筑可能有成百上千种灯具，在建筑全生命周期中需要经常更换。如果模型中的灯具包含序列号、制造商、质保、灯泡要求、订购灯泡说明等信息和一段如何换灯泡的视频，可能并不可笑，因为这是与实际运维相关的。模型中包含这些信息能够帮助减少维护成本，并克服使用纸质文件容易放错位置、毁坏或者溅上咖啡的弊端（这些概念将在第 6 章和第 7 章中进一步介绍）。

74

提示：在 BIM 论坛的《详细程度规范》在附加说明部分写道："LOD 和各设计阶段之间并没有严格的对应关系。在设计过程中，各个建筑系统的开发速度不同。比如，结构系统的设计往往要极大地提前于内装设计。"这意味着在钢结构模型可能是 LOD 400 的时候，建筑模型可能是 LOD 300。该附加说明继续写道："其实并没有一个 LOD ××× 模型。"换句话说，建筑模型的门可能是 LOD 200，顶棚是 LOD 300，墙体是 LOD 350。

您能想象出建筑师、工程师和分包商不管数据是否有用都将它们输入模型构件有多么烦琐么？ LOD 可能会被这样误解，而如果真的这样做了，这就变得很荒谬。因此，了解 LOD 矩阵的目的是非常有必要的。它允许业主在项目开始前使用 BIM 附录，定义和组织在建筑全生命周期 BIM 应用中各类构件需要的 LOD 等级。一旦建立了 LOD 矩阵，AEC 公司就必须遵守，以便设施经理能在运维中使用这些信息。能将模型所含信息，包括链接的数据，以恰当的数据格式传给运维软件十分重要。

提示：基于模型的设施管理并非按一下按钮那么简单，也与大多数应用不同，它需要强大的专业知识背景。最好的做法是，团队尽早明确设施管理使用模型的目标，在需要时，请第三方专家协助在合同或执行计划（在本章后面讨论）中确定设施管理应用模型的流程。在合同中写"所有专业应交付 LOD 400 模型"或者"模型将用于设施管理"，就如同写了应交付"虚拟模型"一样，等于没提具体要求。

基于模型的分析

基于模型的设施管理能够帮助业主节省成本；而基于模型的分析则与承租方的成本和地球的环境保护密切相关。这种分析可以帮助业主降低运营成本，但是可持续设计并不总是受到运维人员欢迎。

比如，已经证明，设置窗户能够充分利用自然光，对租户的生产和健康都有好处。为了获得更多的自然光，您需要更多的窗户。而有了更多的窗户，窗户的清洁成本就会增多。但是，通过分析可以发现，节省下来的运营成本远远超过多维护几扇窗户的成本。BIM 在这种分析中扮演了重要角色。

在方案设计中，建筑师可以创建简单的 LOD 200 模型，通过分析热增量、自然通风和室内采光系数，确定场地位置和建筑朝向。一旦方案设计通过审核，模型可以进一步增加材料信息、机械系统和电气系统，使模型元素详细程度介于 LOD 300—LOD 350。此时，模型信息可用于分析荷载和确定在保证住户舒适的情况下建筑运维需要的能源数量。

分析可帮助建筑设计、电气设计和机械设计通过调整到达最优。更大的窗户意味着更多的自然光，更少的人工光源（因此减少电力负荷）；但更大的窗户也意味着更多来自阳关的热增量，很有可能需要更多的空调（因此增加机械负荷）。为了进行更加详细的分析，经常需要使用专业能耗分析软件。

为了做好分析工作，在方案设计开始之前，AE 团队成员需要进行充分沟通。非常需要一个熟练使用各种分析工具的专家出面协调整个分析流程。分析的必要性不言而喻，但通常在项目早期缺乏足够的有经验的分析人员。如果要对项目进行分析，需要 AE 团队或者业主提前规划。

75

BIM 执行计划

现在 BIM 的应用范围已经很具体了，您可以开始为 BIM 在项目中的成功实施而创立执行计划了。此时，您应该知道要使用哪种交付方法以及这种方法对 BIM 价值体现的影响，BIM 附录对减少 BIM 应用潜在风险所起的重要作用以及成功实施 BIM 五种基本应用对人员和软件的要求。如果您已经了解了所有内容，那么接下来要如何实施 BIM？这就是 BIM 执行计划的切入点。

BIM 执行计划是一份单独文件，不在管控合同（DBB、CMAR、DB 和 IPD）和 BIM 附录之内。它依据业主或者团队在合同或附录中确立的目标，说明如何执行 BIM。它规定了团队和软件的沟通方式、团队的预期以及如何组织信息。

BIM 执行计划的历史

大约在 2007 年左右，有许多机构开发 BIM 执行计划模板。最著名的两个模板分别是《宾夕法尼亚州 BIM 项目执行计划指南》和《Autodesk 通信规范》。这些模板在 BIM 开始繁荣之初创建，填补了行业没有专门文件指导团队协作、建立项目目标、规划 BIM 应用以及制订实施计划的空白。合同和 / 或 BIM 附录规定了项目应用 BIM 的方方面面，但没有在文件中准确告诉团队怎么做才能成功实现这些目标。因此，大多数公司各行其是，各种做法千奇百怪。这时，施工行业开始意识到，要想 BIM 获得成功，制订 BIM 执行计划十分必要。

这些模板最重要的一部分内容就是“目标和应用 / 任务”表。我曾在引言中提到，目标和应用需要在合同或者附录中确定，当业主和团队成员要将某项应用写进合同之前必须思考，“我们希望从这项应用中获得什么？为了获得这些，我们需要做什么？”每个团队成员都会有不同的答案，因为他们的兴趣点不一样，在设计和施工过程中用到的信息也不相同。

76

从图 2.14 中您可以看到不同的目标。建筑师想知道与美学和合规相关的信息，承包商想知道价格信息，而设施经理想知道哪里可以预定门折页。

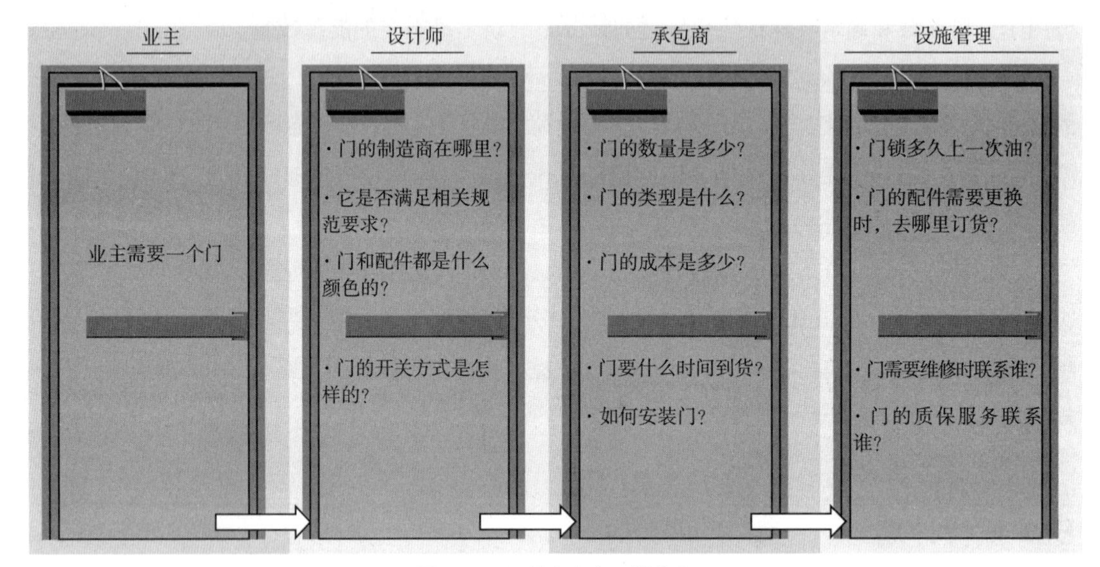

图 2.14 门的全生命周期信息

正如我们所讨论的，大量的信息可以嵌入或链接到 BIM 中，那么您如何决定哪些目标更重要和为实现这些目标需要配备什么样的团队呢？这就是“目标和应用 / 任务”表的用途所在。表 2.4 所示的“目标和应用 / 任务”表，是宾夕法尼亚州模板和 Autodesk 模板都有的一个基本电子表格，其作用是引导团队讨论项目对 BIM 应用的期望。这么做可使团队以终为始，抓紧做好对取得预期目标有重要影响的各项工作。一旦目标和应用经过排序做出选择，就可以写入合同或者 BIM 附录中去了。

目标和应用 / 任务　　表 2.4

优先等级（1—3）	目的：价值体现在哪里？	需要的 BIM 应用
1	提高 MEP 系统安装效率	基于模型的协调
3	通过模型追踪支出和进度	基于模型的进度计划
2	竣工后利用模型进行设施管理	基于模型的设施管理
2	在设计中通过模型分析成本趋势	基于模型的预算
1	利用模型进行自然通风的流体动力学（CFD）分析	基于模型的分析

基于宾夕法尼亚州项目执行计划指南

可将宾夕法尼亚州和 Autodesk 模板作为行业 BIM 执行计划标准的雏形。大多数 BIM 行业规范或业主标准都要参考这些模板的某些章节。本章以下部分给出了建立 BIM 执行计划的路线图。 77

如果您的公司还没有建立 BIM 执行计划，这些文件可能是很好的起点：

- 宾夕法尼亚州 BIM 项目执行计划指南：http://bim.psu.edu；
- Autodesk 通信规范：http://www.thecadstore.com/pdf/autodesk_ communication_specification.pdf。

沟通

实现无缝交流是制订执行计划的第一要务。如果所有的团队成员能够明白这一点，项目预期和项目组织就不会出现问题。您可以确定目标、决定所有应用、并组建全世界最有经验的 BIM 团队，但如果不能有效沟通——无论是团队成员口头上的沟通还是软件环境中的虚拟沟通——都会毁掉项目。

人员

下回您在机场的时候，环顾一下四周等飞机的人们。您会注意到技术已经间接地对我们两个最强的交流感官造成了伤害，使我们产生了社交障碍。很多人现在的视觉和听觉都只专注于他们的笔记本电脑或者移动设备,完全不顾及他们的周围。现在让我们到工地去看一下，那里和机场有些不同，随时存在社交提示。工地有信号、电铃、灯光、手势、叫喊和广播等多种交流方式。为了完成工作，工人必须不断交流。您永远不会看到一个现场领班对着有问题的地方拍照，然后走到工作车上，给主管发电子邮件："您可以在方便的时间看一下这个问题吗？"这并不实用。但是它为什么在虚拟建造建筑时就被认为实用了呢？原因在于 BIM 应用离不开计算机，应用人员对计算机具有黏性。建模员在拿起电话之前，就已经通过电子邮件对问题进行过沟通，他们认为打电话是浪费时间并可能引起误解。技术让很多专业人员相信，使用数字格式交流更加有效。当然，不是所有的电子邮件都是不好的，这与实际情况有关。

根据交流目的和信息清晰度的不同，可以使用不同交流手段。R·伦格尔（Robert Lengel）和 R·达夫特（Richard Daft）曾在他们的论文"选择交流媒介是一种执行技能"（管理执行研究院 [1988, 2（3）]）中对这些不同的交流手段进行了研究。他们认为"每一种交流途径——书面、电话、面对面，或者电子——都有共同的特征，即仅适用于某些情况，而非全部情况。"这个理论通常称作"媒介丰富性理论"。比如，如果信息不易误解，通过电子邮件交流便是可行的。 78

"在我们 2015 年 9 月 16 日，星期三的会议中，创新建筑师同意每周二导出 2D 的 CAD 背景图。"

这个信息十分直接，说明了一项任务，非常易于理解，可以通过点击一下鼠标发送给所有相关方。然而，发生在虚拟协作中的大多数对话是非常模糊的。

"如果我把南走廊的风管向北移动 5 英寸，您在雨水排水管上方布置喷洒灭火器的空间够吗？"

这个信息就很复杂了。哪个南走廊？哪个雨水排水管？这涉及多个参与方（机械、防火和给水排水），为了回答这一问题，各参与方需收发很多封邮件。这种交流最好在反馈可以很快传达到各方的社交环境中进行。图 2.15 表明了随着信息线索的减少，信息的清晰度必须提高，才能保证有效交流。

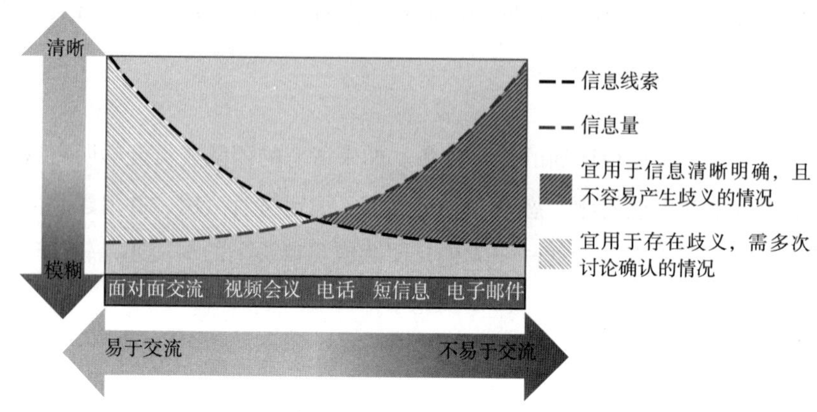

图 2.15 有效交流（来源：CREATED BY DAVE MCCOOL）

BIM 应用过程的沟通和协作就像建筑现场中的沟通一样。如图 2.15 所示，使整个团队都到某一个空间进行协作是最有效的虚拟建造环境，“因为它能面对面听到团队成员的直接经验，大量信息线索，及时反馈和不同的个人关注点”［伦格尔与达夫特的《作为执行技能的通信媒介选择》（The Selection of Communication Media as an Executive Skill）（Lengel & Daft）］。但这往往难以实现，一方面成本较高，另一方面大项目人员很难集中。BIM 可以支持全球协作，但要求处于不同地理位置的成员面对面交流并不实际。在远程工作环境中，所有团队成员都应能够轻易获得相关人员的联系方式。这些信息应该位于 BIM 执行计划的开始部分。Autodesk 通信规范在计划第一页“项目信息”标题下给出了核心协作团队的联系方式。通常，联系方式以通讯录格式写在 Microsoft Excel 电子表格里。表 2.5 是一个通讯录范例。

79

人员和软件通讯录 表 2.5

Joe's 机电公司	电话号码	电子邮件	软件版本	信息交换格式
姓名：Jim Mynott	办公：310-213-1234	jmynott@jme-chanical.com	Revit 2015	RVT，DWG，IFC
头衔：详图设计主管	手机：310-854-9654		Navisworks Manage 2015	NWC
姓名：Brandon Kelly	办公：710-456-8514	bkelley@jme-chanical.com	Revit 2015	RVT，DWG，GBXML
头衔：详图工程师	手机：949-219-8794		Navisworks Manage 2015	NWC

基于 McCarthy 建筑公司的通讯录实例

拿起电话

当对采用什么方式交流犹豫不决的时候，拿起电话是最有效的交流方式。因此，每位详图设计主管和建模员的直接联系方式必须在通讯录中列出。在发送电子邮件之前先考虑以下问题，如果答案是否定的，那就打电话吧。

- 这条信息清楚么？
- 这需要以书面方式传达么？
- 这个问题是否涉及多人？
- 我把信息输入电脑发送出去，会比说出这件事情更快么？

软件

虚拟建造世界面临的另一个障碍是不同软件间的交流。我来举一个大多数人都知道的软件例子：Microsoft Word。您可能没有注意过您能使用多少种格式保存 Word 文件。图 2.16 展示了 Word“保存类型”下拉菜单中的选项。

80

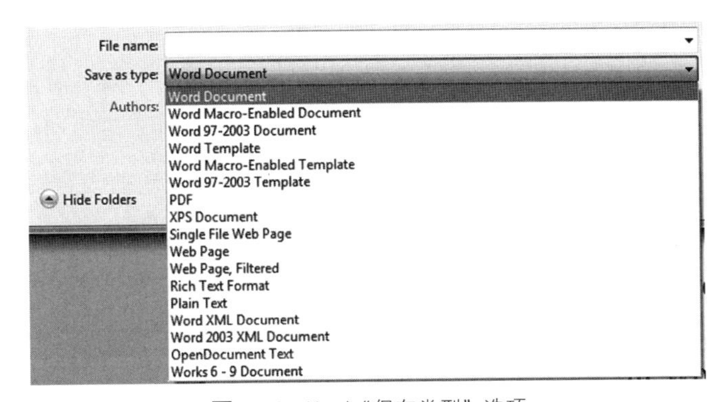

图 2.16 Word“保存类型”选项

在 Word 2010 中，您有 17 种保存类型选项。每种文件格式服务于不同用途。在 BIM 软件中存在相同的情况。比如，如果使用 Autodesk Revit，您会发现除了 RVT 固有格式之外，至少还有 13 种存储格式（图 2.17）。

不同的 BIM 软件平台采用不同的数据格式进行数据交换。以 GBXML（绿色建筑 XML 模式）为例，这种格式支持基于模型的整栋建筑能耗模拟分析。我们在“基于模型的分析”讨论中，曾经提到信息在建筑师、电气工程师和机械工程师之间的流动。为使这三方知道设计的调整方向，需要将 Revit 信息导入能耗分析软件，如 Autodesk Green Building Studio。这个过程是将 Revit（RVT 格式）内容导出到 GBXML 格式文件中。一旦模型内容导入 Green Building Studio，设计团队就可以进行分析，并根据分析结果对 Revit 模型做出调整。这个过程将不断重复，直到实现业主目标。这种导入 – 导出的交流也存在于所有其他 BIM 基本应用中：

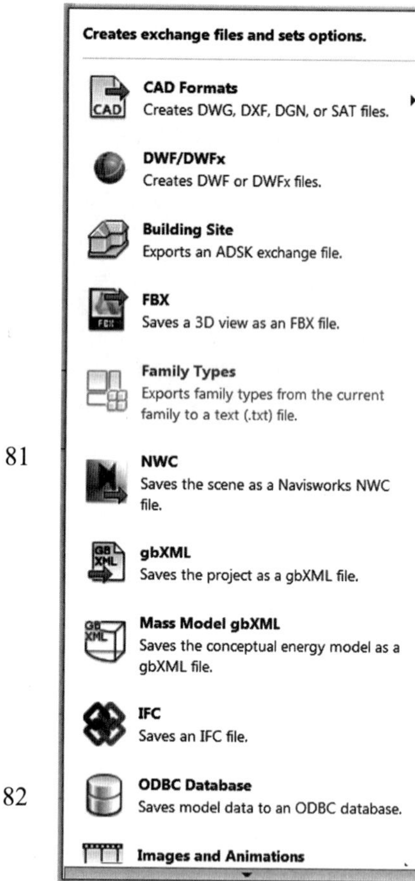

图 2.17 Revit 输出文件格式

- 在基于模型的协调中，需要导出为 IFC 格式；
- 在基于模型的进度计划中，需要导出为 DWFX 格式；
- 在基于模型的预算中，需要导出为 DWG 格式；
- 在基于模型的设施管理中，需要将模型数据导入 ODBC（开放式数据库连接）数据库。

也许您已经彻底发懵，但我们还是要让问题更复杂点，这是指不同版本 BIM 平台产生的文件也难以交换。例如，Revit 2013 不能读取 Revit 2014 的文件。所以如果机械工程师使用 Revit 2013，而建筑师使用 Revit 2014，他们可能无法直接打开对方文件，除非他们同时使用同一版本软件。当您面对每一 Revit 版本都有那么多数据文件格式，不同团队成员可能会使不同版本的不同格式文件时，您可能发现由于版本问题导致各种沟通不畅，严重阻碍了项目进展。这就是信息交换计划之所以能成为 BIM 执行计划的一个重要组成部分的原因。

最好的做法是，信息交换计划从需交付信息的“最终状态”开始，从施工阶段向设计阶段回溯，确保信息在正确的时间以正确的格式交付。因为有些人容易接受视觉空间信息，而有些人更容易接受定量数据分析，因此信息交换应有不同的方式。有些人仅通过阅读文字就能了解流程，而有些人必须看到流程图才行。一旦团队确定了项目的 BIM 应用范围，就要以文字或图形方式建立信息交换计划。这份计划的目的在于描述信息在哪里创建以及信息如何在团队成员之间流动（图 2.18）。

信息交换计划并不一定像图 2.18 所示的那么复杂。团队成员只要知道所用软件的版本及其输出文件的格式，确保满足项目的不同应用就行了。如果未经正确规划，最终的结果会是 BIM 经理根据要求为每个人导出文件，这会占用 BIM 经理做其他事情的时间。因此每一个团队成员都要了解项目所用软件平台之间的交流需求。

在本章前面的表 2.5 中，可以发现联系表包含个人信息和软件交流信息。Autodesk 通信规范将此表格分成核心协作团队和详细分析计划两部分。显然，将其结合起来更方便使用。在信息交换计划最终确定后（一般在 BIM 起步阶段），BIM 经理或者信息经理就可以发出类似于表 2.5 的空白电子表格，让各专业建模主管填好并交回。BIM 经理或者信息经理将所有电子表格汇总，检查是否所有人都在使用正确的软件版本（2014、2015 等）和正确的文件格式（RVT、DGN、DWG 等），确保实现人员间和软件间的无缝交流。通过评审后，就可将信息交换计划嵌入到执行计划里。

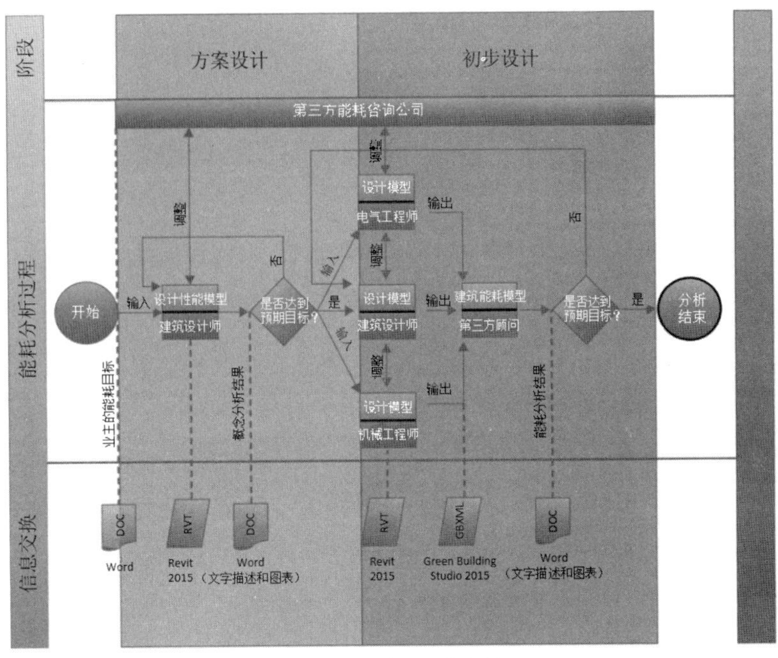

图 2.18 信息交换计划

期望

此时，在某一具体项目的计划中，您已经知道了目标，需要的人员和软件，模型元素的详细程度（LOD）以及信息流程（信息交换计划）。雷迪·德乌施（Randy Deutsch）在他所著的《BIM 与整合设计——建筑实践策略》*（Wiley，2011）一书中写道，这些还都只是简单的部分，“人的因素比解决 BIM 实施过程中的软件、流程、技术问题的挑战更大。人是推进 BIM 整合设计的关键因素。”为了成功实施 BIM，必须解决人的问题。要知道团队的期望是什么。

定义期望要比很多人想象得难，通常在项目中被忽视或者没有通过讨论达成共识。在心理学中，有一个专业术语叫“选择偏倚”（selection bias）。维基百科给出的解释是“在进行科学研究时，选择的个体或群组样本出现错误。”（http://en.wikipedia.org/wiki/Selection_bias）。这个术语的大概意思是，您选择的任何样本都有潜在的不平衡性，会使科研结果产生偏差。

而期望在 BIM 应用中被忽视或者误解的原因之一，就是存在我命名的“期望偏倚”（expectation bias）。我将它定义为参与 BIM 项目的个人或团体的期望出现错误。由于期望偏倚，BIM 经理或者信息经理会无意假设每个人都在没有沟通过的情况下，就已经基本了解了项目的预期。这种偏倚的产生可能由一系列原因引起：

- 熟悉的团队成员；
- 团队成员简历完美；

* 中国建筑工业出版社出版了此书的中译本。——译者注

- 团队成员在 BIM 业内名声良好；
- 假定各方签订 BIM 合同时就已经理解要求。

但是，您会很快发现，一条锁链的强度取决于它最脆弱的那一环，每项工作都有不同的 84 方法。在电话采访编写《宾夕法尼亚州 BIM 项目执行计划指南》的项目经理——克雷格·达布勒（Craig Dubler）时，他说："BIM 的效果取决于……技术最差的员工。您要让他提升，否则其他所有人都只能是那个水平。"一个人如果不能跟上甚至不能理解项目进度，在会议中迟到、不能按时上传模型或者不能执行协作计划，会使整个流程磕磕绊绊，团队士气受到影响。期望需要被全员普遍理解和认可。不要臆想每个人都能理解您的期望。讨论您对每项 BIM 应用的期望，并在执行计划里加以明确。

每一项 BIM 应用都需要不同的角色承担不同和责任。我们继续沿用那个能耗分析例子(图 2.18)。信息交换计划已经表明第三方能源顾问监审从 SD 到 DD 的流程，但这意味什么？这并没有明确，是不是？顾问是负责这项工作的正确人选么？也许顾问应该负责能耗模型分析，而机械工程师才是负责这项工作的正确人选。您需要和团队一起总结过去积累的经验、吸取的教训和目前最好的实践方法。记住，您们都在一条船上，一条锁链的强度取决于它最脆弱的那一环，将所有问题摊在桌面上对大家都有利。

您以什么方式整理团队的期望由您决定，与信息交换计划类似，可以是表格、文字，或者图形。下面以"能耗分析"作为例子。

能耗分析

BIM 经理 / 信息经理

- 组织每周例会（周五），参与人：建筑师、机械工程师、电气工程师和第三方顾问。
- 撰写会议记录并在 24 小时内分发。
- 通过某软件整合设计模型，用于团队审核和会议可视化讨论。
- 用视图展现会议讨论发现的模型问题。24 小时内上传整合模型至文传协议平台供团队使用。

第三方能源顾问

- 负责协调整个设计过程的能耗分析工作。
- 指导团队建模，明确模型需要包含的信息。
- 85 帮助建筑师用 Revit 完成基于概念模型的能耗分析。
- 参加每周例会（每周五早 8 点）。
- 每周保持与建筑师、机械工程师、电气工程师和信息经理的沟通。
- 需要时，协助建筑师、机械工程师和电气工程师输出 GBXML 文件。

- 每周四下午 1 点后，从文传协议平台下载文件，使用某软件进行能耗分析，将结果打印出来，为参加周五例会做好准备。
- 为了实现业主的能源目标，指导团队修改设计方案。

建筑师

- 在方案设计阶段，完成基于概念模型的能耗分析，对建筑采光、朝向和热增量进行优化。

建筑师、机械工程师和电气工程师

- 按照 LOD 矩阵建立一系列模型。
- 每周四下午 12 ：59 前，导出并上传 GBXML 文件至 FTP 服务器能耗分析文件夹。
- 和建模主管一起参加每周例会。
- 每周保持与第三方顾问和信息经理的沟通。
- 将每周的所有设计变更形成文件，在周例会上进行总结，分析这些变更对成本产生的影响。

因为期望不同，每一项 BIM 应用都需要对参与的角色及其责任进行描述。如果您回想起 R·T·帕金森提到的“少即是多”，您会意识到一部分期望已经在合同、BIM 附件或者信息交换计划中描述过了，因此对这些期望可能只需要说：“参考 BIM 附件中的____。”这是一个精益方法，我认为这是一个让大家阅读相关文件的很好方式。实际上，工程师并不总是在建模或者导出模型，这也是为什么写“和建模主管一起参加每周例会。”通常建模主管并不参与合同谈判，因此会有“参考____”，这就要求工程师必须与建模主管分享 BIM 附录。最后，因为存在期望偏倚，您需要确保所有项目参与人都了解计划和期望。

组织

执行计划的最后一部分是组织。组织 BIM 和组织工具皮带类似，工具各归其位会让您的工作更加快速有效。有经验的工人不看工具皮带就能拿到自己想要的工具。项目的模型和文件组织应是直观的，团队不应在查找所需工具（文件）上浪费时间。 86

模型原点

BIM 的组织从确定原点开始。E202、E203 和参与方共识文件都对 BIM 信息经理角色作了定义。所有文件都明确规定 BIM 经理 / 信息经理指定模型原点。如果要协作应用 BIM，各子模型原点必须一致。每个项目的原点是不同的，不应该在合同或者附录中指定原点——而应该在执行计划中指定原点。将模型放在 X，Y，Z 坐标系中，X 为南北方向，Y 为东西方向，Z

为高度，在执行计划中定义模型原点就是简单陈述："本项目的模型原点为（x，y，z）"。但是，在实际中有些团队喜欢使用国家平面坐标系，有些团队喜欢把模型中的任意一点作为原点。这应该在最初关于目标、应用和任务的讨论中确定，因为如果您打算在整个设计、施工和维护过程中使用统一的模型，需要将模型与世界坐标系关联。

模型存储

根据美国建筑师协会文件和参与方共识文件，BIM 信息经理的第二个职责是在 BIM 项目中组织和存储文件。大量的文件管理软件、文传协议平台以及基于云的解决方案都可以在此应用。由于备选软件数目很多，选择变得有点困难。尽管一些集团公司会有很多文件管理程序共同协作，但大多数业主只有一套文件管理程序供不同系统应用。像任何 BIM 决策一样，这里的关键问题是需要建立一个稳定的流程，并通过技术提升它。不要让技术驾驭流程，因为技术一直在变化之中。

无论是使用自己的模型存储服务器还是使用业主的模型存储服务器，一定要建立解决方案，并在执行计划中说明团队如何存取文件。在大多数情况下，是使用文传协议平台或者管理软件存取文件，这需要团队成员在自己电脑上安装一个客户端。这个安装过程，无论是否创建用户名和密码，都需要在执行计划的组织部分说明。

文件夹结构

文件夹结构需要根据应用确定。比如，哪些文件会是第三方顾问在能耗分析中最感兴趣的？根据信息交换计划和对期望的描述，顾问只对 GBXML 文件感兴趣。所以应当在"基于模型的分析"文件夹下，创建一个"能耗分析"文件夹。这样，建筑师、机械工程师和电气工程师可以上传 GBXML 文件到这个文件夹，顾问就知道在哪里能够找到他们需要的文件了。文件夹结构可能看起来这样：

87

- 01 Model-Based Coordination
- 02 Model-Based Scheduling
- 03 Model-Based Estimating
- 04 Model-Based Facilities Management
- 05 Model-Based Analysis
  - A Daylighting
  - B CFD
  - C Energy
    - BLD-ARCH-ALL.gbXML
    - BLD-MECH- ALL.gbXML
    - BLD-ELEC- ALL.gbXML

不要为建筑师、机械工程师和电气工程师创建过多的个人文件夹，或者在根目录存储RVT、DWG、IFC 和其他格式文件，这是因为在不同地方搜索文件和对不同类型文件进行分类需要耗费团队成员大量时间。这种做法不仅效率低下，而且会引起安全问题。大多数存储方案允许给用户分配不同级别的访问权限（下载许可、下载 / 上传许可、下载 / 上传 / 删除许可）。第三方顾问不应该拥有修改或删除 Revit 模型的权限。他们只能拥有修改或删除他们负责内容的权限。

每一项应用都需要精细分析，以使您的工具皮带组织得十分高效。不要把螺丝钉、螺母和钉子混在一起。一旦您建立了项目文件夹结构，将其截屏放入到执行计划中，让所有人了解项目的文件夹结构。您也可以简要描述一下每个文件夹中需要存储哪些内容。

提示：一旦开发好了组织有序的工具皮带（文件夹结构），可将它作为模板保存，供后续项目使用，这样您就不用每个项目都从头开始了。

文件命名

组织的最后一个部分是命名文件夹中的文件。不要太复杂，文件命名应该简洁，体现三个主要内容：项目、作者、分区。大多数存储方案都有自动创建文件版本和文件归档功能。这意味着您可以上传一份名称相同的文件但不会覆盖之前的文件——它只会创建一个新文件版本，并归档旧文件。这使得 BIM 流程更加有效。在设计过程中模型不断变更，所以对于团队来说能够获得最新文件很重要。如果每次保存文件都换一个新名，或者在原名称后加上日期，文件夹中的文件看起来杂乱无序，难免出现误使旧文件的情况。如果您只用一个文件名，而存储方案自动创建新版本，您的文件夹结构将得以简化，丢失文件的风险也不复存在。以下面的“文件命名规则”为例。这是一个讨论基本命名规则的例子，涵盖了文件名中应有的必要信息。文件名可以更为复杂，但应注意不要使用太多字符。您要使他们易于理解，所以如果文件名为：“76543.087–Hospital–BLD–E–EL– 02–Z1”（项目号 76543.087– 医院 – 建筑 –E 座 – 电气 –2 层 –1 区），就有点过于复杂了，还是简单一点好。

88

文件命名规则

项目简称：BLD1

作者缩写：

- AR：建筑师
- ST：结构工程师
- ME：机械工程师
- EE：电气工程师
- PE：给水排水工程师

- FP：消防

区域缩写：

- 00：地下
- 01：1层
- 02：2层
- 03：3层
- RF：屋顶
- ALL：所有层

BLD1 - AR - 02：建筑师的1号建筑2层建筑模型

和文件夹结构类似，一旦一个好的命名规则建立起来，可以保存起来用于其他项目。在工作中有一个一致的命名规则会使信息和文档更加高效地流动起来。

89

本章小结

本章讲述了如何制订项目BIM应用规划。一句简单的陈述："我们将在项目中使用BIM。"包含了大量工作内容。回答下面问题将引导您制订一份成功的规划：

采用什么交付方法?

设计阶段AE团队如何工作?

是否需要签订BIM合同?

设计师是否负责建模?

模型的详细程度是什么?

模型可以共享么?

一旦完成规划草稿，就要召开评审会议，所有的团队成员都要参会。会议要对项目目标、应用和执行计划展开充分讨论。会议应该鼓励协作，允许对最好实践展开开放式讨论。技术的发展越来越迅速，不是一个人能够面面精通的，所以团队协作是把握技术方向的最佳途径。

全盘考虑并起草一份执行计划，也让您为投标过程中的业主面试做好准备。越来越多的业主要求BIM专业人员参与面试，并分配很多时间让公司展示BIM实力。所以，如果您的BIM经理尚不能自如应对面试，就要让他们报名参加培训课程。下一章将探讨如何营销BIM并赢得项目。

第 3 章

如何营销 BIM 并赢得项目

如何通过 BIM 创新应用赢得项目？如何选择合适的项目合作方？如何利用 BIM 技术使您的团队脱颖而出？这些问题的答案对建设常胜团队并赢得工程项目至关重要。

工程项目的采购准则已经不再是仅仅考虑价格因素。精明的客户已经深知仍采取传统的合同发包方式很难取得预期效果，他们已经找到选择施工合作伙伴的新方法。这些客户十分清楚项目的复杂性，他们希望与能够运用技术克服挑战的企业建立合作伙伴关系。

本章内容：

BIM 营销背景

构建自己的团队

推销 BIM 品牌

利用 BIM 优化提案

客户定位

挖掘价值，关注成果

92

BIM营销背景

为什么我要用一整章的篇幅来阐述BIM的市场营销与销售呢?

对于初学者，在与潜在的客户和项目合作方讨论时，需要考虑一些新的因素，才能有效研讨彼此关注的话题、建立相互之间的信任和推广自己的价值主张。在21世纪初，如果您的施工管理公司采用了BIM，那么您就拥有了一种被竞争对手视为具有创新意义的工具。对新技术应用以及对更加高效交付施工项目的期望，使得那些技术娴熟并具有前瞻性思维的团队在竞争中更具优势。

BIM不仅提高了施工行业的营销能力，同时也对行业产生了深层次影响。BIM的引入使行业的发展思路从“我们一直就是这么做的”转变为探索创新，问自己“为什么不这样呢？”一般来说，业主方挑选采用新技术的施工管理公司，能够发现新的协作方式；新的协作方式尽管高效，却也往往却被忽视，因为BIM依然受限于旧的流程。很多业主看到了这一大有发展前途的新工具所蕴藏的巨大机遇，同时也意识到BIM应用在传统流程中会导致效率低下。因此，很多业主转变以前首选的交付方式，开始以结果为导向，以成功案例和已有的经验教训为标尺衡量团队应用技术和流程的效率。如今，在很多情况下，BIM扛起了施工行业技术复兴的重任。随着行业中BIM应用不断增长，技术创新势头如日中天，开发应用软件的投入不断加大，以应对需求并创造价值。

BIM在施工中的应用是一个不断演变的过程，现在依然在不断适应并逐步改变着施工流程。21世纪初期，很多方案和征求建议书（RFP）都包含了“用BIM”或“承包商必须在施工中采用BIM”等业主的笼统要求。这种要求反映出业主对BIM的潜在价值缺乏成熟的认识，同时也说明，当时施工管理公司并不清楚BIM的应用方法以及如何与项目进行整合。在BIM演进过程中，行业正在悄然发生转变。部分业主和建设方深受BIM影响，尝试扩大BIM在项目早期的应用范围。这些早期采用BIM的业主，是推动BIM在设计和施工管理中应用的关键力量 。由于当时缺乏针对业主的标准和导则，因而也产生了一系列有关确保信息一致性和制定有效使用BIM流程的相关需求。但是由于技术处于发展阶段，业主要求的BIM交付成果也有所差异——对于设计和施工过程中每项BIM应用产生的价值，不同的业主有不同的看法。

随着BIM逐渐成为行业主流趋势（大约在2007年），大多数业主逐渐从同行中更好地了解到BIM的用途，逐渐形成了描述BIM及其在设计和施工过程中应用的通用语言。与业绩、员工素质和安全同样重要的是，团队开始关注需求建议书（RFP）和合同中对信息管理方案、BIM方案和现场管理方案的要求。成功的团队通过找到将BIM与传统工程建设流程深入结合的方法打动顾客，从而更好地与合作伙伴协作，赢得更多工程项目。

93

同样地，由于业主要求在他们的项目中使用BIM，承包商开始学习如何培育企业使用BIM前沿技术，以提高企业竞争力。很糟糕的是，在这一阶段，很多业主得到了施工管理公司的夸大承诺，他们为了赢得工程夸下海口，却无法如约交付。承包商声称他们拥有“充分整合”的流程及软件，而事实上他们并没有充分的准备和足够的经验让项目有效交付，从而无法满足客户的期望。这种过度吹嘘或者“BIM 洗脑”现象（图 3.1）引发了行业关于解决这个问题的讨论。值得庆幸的是，在很多协会和组织的帮助下，业主可以互相交流，比较他们从不同公司获得的交付成果的质量。这种方式促进了那些采用这项新兴变革工具和流程的公司的发展，同时遏制了那些仅仅提供口头 BIM 服务的竞争者。

图 3.1 “BIM 洗脑”（来源：IMAGE COURTESY: BRAD HARDIN）

行业意识到了 BIM 不是昙花一现，而正成为企业开展业务的核心技术。这一共识促进了行业间的沟通交流，包括最佳行业实践、经验教训、创新以及令人惊喜的通过改变施工交付方法实现转型升级的经验分享。另外，随着 BIM 应用逐渐成为新常态，行业协会、组织和同行群体为开展 BIM 在施工管理中应用的研讨提供了更多支持。如果说，如今全球范围内将采用 BIM 作为一种“桌面筹码”，这可能是对实际情况的夸大概括。实际上，尽管很多施工管理公司使用这些工具和流程已有一段时间，并正不断向建设方宣传 BIM 应用带来的价值，而其他一些公司只是刚开始使用其中一些工具。

94

“做 BIM”

每当我听到别人把“我做 BIM”作为口头禅进行宣传时，我总是持怀疑态度，毕竟这种说法太过宽泛。开玩笑地说，我认为这种说法与“我做互联网”没有区别。尽管我已将大部分职业生涯投入到 BIM 技术在施工中的应用，我却仍相信对 BIM 技术可能在我们行业中所起到的作用，我仅了解到了皮毛。另外，我不认为这项创新是以模型为核心——我认为它是以信息为核心。

事实上，随着用户建模越来越熟练，未来用户专业技能将会达到巅峰（创建模型非常快），像 CAD 一样，BIM 将作为一种设计和施工的通用工具使用。另外，用户将探索传统交付以外的用例，并扩展信息的应用价值。

许多设计团队正在利用 BIM 信息提高生产率和增加收费，施工公司也在利用 BIM 信息简化采购、质量控制、库存、预制和许多其他流程，以达到降低风险、提高利润的目的。因此，尽管用户已在使用 BIM 工具和流程方面作了许多探索，而我认为行业发掘这些模型信息的深层次潜力仍任重而道远。

构建自己的团队

2014 年的电影《选秀日》，讲述了美国国家橄榄球大联盟（NFL）挑选球员的故事。主演凯文 · 科斯特纳（Kevin Costner）扮演的克利夫兰 Browns 队的总经理小桑尼 · 韦弗（Sonny Weaver Jr.），要在选秀中挑选球员。电影中，桑尼对很多球员在以往比赛中的临场发挥和所表现出的态度进行了全面的分析，以便挑选出他认为最适合在 Browns 球队发展的球员。几乎所有人都认为，桑尼在初选中就应该首选博·卡拉汉（Bo Callahan），一名看起来几乎完美的球员。但随着进一步深入发掘，桑尼发现博并不像大家所认为的那样，他的态度是更看重个人荣誉，而非团队的胜利。最终，桑尼通过首轮选秀权选择了另一位球员，因为这名球员有着更好的团队意识以及给世界和其他队员带来惊喜的愿望。不论是在组织内部，还是与其他公司合作，这一挑选团队成员的原则同样适用。

95

态度决定一切。有些员工具备良好的心理承受力，有能力处理疑难事务，可以跳出自己的舒适区学习新鲜事物，不断提升自我；而有些员工每天上班只为了领取薪水。雇用到了不同员工，团队的工作成果自然也将不同。如今，施工团队也逐渐认识到，勇于创新的特质对于获取成功至关重要。

如今，设计与施工行业的光景与三十年前相比，已经大不相同。建筑施工不再像是一件商品，仅由价格推动市场发展；而是由业主、设计公司和施工单位三方逐步转向更加协同化的合作方式，通过共担风险、共享成果的机制来共同完成项目。当然，价格驱动式的项目案例依然存在，如开发商成本驱动工程、政府工程和部分工业制造工程项目。然而，如果要持续推动成本作为工程项目选择的主要标准，这对于项目团队存在着很多方面的弊端。要知道，人的行为在工程施工中扮演着至关重要的角色，并且如第 2 章所述集成交付方法将继续保持其竞争力。那么，硬报价*的情况下，项目团队又是如何开展工作的呢？尤其是，当一个团队

* 硬报价指 DBB 模式下的报价方法。——译者注

已经通过价格优势中选，但是缺乏合作经验、不熟悉其他的系统和流程、也不具备与其他团队协作所必需的能力和工具的时候，要怎么办呢？

基于成本选择的团队成员，往往出于维持低廉成本的需要，并不会因为其在设计和施工过程中表现出的团队协作能力而受到嘉奖。但试想，一个分包商以微薄利润对项目投标——那么，您是否认为他能够欣然接受哪怕微小改动，而不会产生其他方面的工程变更增加报价？当然不会。这个公司既然通过最低成本中标，一旦出现任何附加项，相应地，价钱也会立刻提高。再试想，一个整合的设计建造团队，或者工程、采购和施工（EPC）团队，通过共同协作，共同向客户提交一份价格封顶的预算提案。这样一来，他们可以在内部发现问题，而不再求助于业主；这对他们是否有利？当然是的。这些公司都已经认识到，对于一个集成的价格驱动式项目，向客户索要更多的费用并不可行。而共同担责制度能使团队更加团结，针对项目采取解决方案，而非仅关注本公司的利益。通过共同的利益和合同的约束，他们能够成为一个团队，更好地去完成项目。所以，如何让 BIM 技术融入团队之中？简单来讲，一个团队必须首先确定他们想要的工作模式，然后选择能够满足要求的合作伙伴，并制定有约束力的 BIM 技术策略，以满足项目的要求。

集成项目 VS 硬报价项目

96

在本章的后续内容中，您将了解到如何更好地在集成项目中选用 BIM 技术，而不是在硬报价项目中。在硬报价项目的市场营销工作初期，BIM 技术是有帮助的。然而，BIM 技术在项目实施过程中的应用十分受限，不能充分发挥 BIM 的协同作用。正是因此，本章着重探究 BIM 在集成项目中的应用案例，相似之处同样可应用于硬报价项目。

要组建一支常胜的技术团队，很重要的一点，就是在开始就对多重因素进行通盘考虑。一般来讲，在挑选团队成员时，应考虑如下事项：

交付方式：对于现下的交付方式，哪些团队成员能够成为好的合作伙伴？该交付方式是否具备创新优势，是否能够增强您的竞争力？

项目进度：对于目前的项目进度安排，哪些目标可以通过 BIM 技术实现？哪些团队成员能够提升项目价值？哪些成员具备 BIM 应用的经验？

技术专长：要满足项目需求，团队成员需要具备哪些专业素质？项目的复杂程度是怎样的？是否需要多种不同的专业技能相结合？

客户的技术要求：客户的需求是什么？谁能最好地满足客户需求？您是否具备专业背景知识，还是需要借助他人的专业经验？

为什么市场营销工作如此烦琐？这是因为施工管理是一份服务性质的工作，公司要“销售”的是员工的能力和经验。正如建筑设计院或工程公司要向客户推销他们的理念与信誉，施工单位要向客户推销的是他们的人才。正是因此，在众多的竞争者中，具备优质人才，能在日后工作中满足项目要求，才能够使公司脱颖而出。这一点十分重要。

越来越多的专业人才正在参与到项目的跟进工作中，包括BIM经理、技术人员和IT专员等，以满足特定的客户和项目的需求。BIM专家可以利用增强可视化，更好地展示对项目的理解；技术人员可以提供定制化程序进一步简化客户工作；而IT专员则可以说明如何设置远程网络，以及如何联网以确保现场生产工作顺利进行。面对客户，此类协同工作将卓有成效，而且在项目的紧密跟进过程中，将成为营销成功与否的决定性因素。在本章的后续内容中，作者还将详细讨论将BIM技术推销给客户的多种途径。

97

“谈论BIM”的秘诀

“他通过RVT格式的BIM数据，提取出XML表格，之后转为WBS DB格式，再通过API向我们的5D工具告知AWPS。”

我们都明白这是什么意思，对吗？

尽管您的同事可能明白您在说什么，但您的客户或听众并不一定能明白。这里提供几条建议来更好地谈论BIM：

BIM缩略词是禁忌 尽量少用缩略词，而是采用全称，不要想当然认为坐在桌子对面的人一定能听懂。

了解您的听众 他们是BIM技术大师，还是刚入门的小白？要跟最不了解BIM的听众交流。

简单中彰显优势 人们都喜欢概念简洁、工作流清晰。如果您不了解某件事情，不要装懂。说“我不知道”无伤大雅——这让您有机会学到新东西。

尽可能描述过程 人们都喜欢借助一个故事来更形象地阐释概念，或者介绍工具组合。尽可能做到这一点。

推销BIM品牌

正如笔者前文所述，BIM在建筑施工中的意义，简单来说，就是“在工程破土动工之前进行虚拟建造”。这项工作包括了模拟、分析、分解、模型改进和协同等。而通过这项工作，我们也可以深入地探讨和优化这些流程，获取丰硕成果，总结经验教训，并进一步改革创新。这些工作将帮助公司形成一整套规范的BIM应用流程；而且对于某些公司，更加优化的工作流将使他们的工作卓尔不凡。

当工程管理公司被问道，“如何最好地推销我们的工作？”通常来说，问题答案的背后往往包含着某种程度的骄傲和成就感。很多公司为了独树一帜，已经使用 BIM 工具开发了自己的工作流程。但是，在被问到如何应用 BIM 时，优秀的销售团队一定不会滔滔不绝地介绍他们的高性能电脑，以及在电脑上安装的一系列 BIM 工具软件。相反，讨论的内容应该是去了解客户所需要的交付内容，尽量满足其需求，并讨论团队需要通过哪些工作流，尽快确认如何在设计和施工过程中使 BIM 发挥最大的价值。另外，各公司也在探索更好的合作方式。很多情况下，这需要通过应用云环境和实时协同工具形成反馈闭环，从而能够在系统中迅速地提取信息，以便更好地进行决策。

对于特定的项目，无论公司决定采用何种技术方案，都需要关注客户的利益；营销者需要自问“是否为客户选择了恰当的技术，而不是在展示我们的所有技术吗？”尽管对业主进行培训，并与他们分享特定技术的用途具有一定的意义；但同样重要的是，您在采用跟进策略时，有必要对您所推荐的工具和工作流进行展示，说明其专业性和可能为客户带来的价值。既然每个项目都是独一无二的，在工具的选择上也理应如此。 98

简单来说，要想推销您的 BIM 品牌，关键应围绕五个因素展开：

- 确保您建议的方案具有清晰、直观的价值；
- 明确地表述工具或工作流是否已经实践证实行之有效，还是仍有待开发，抑或是最新的研究成果；
- 真实地呈现实施后能够带来的影响和效果；
- 尽量满足业主的需求，否则明确地告知无法满足的原因；
- 确保您有能力交付该项服务。

尽管这些因素中，有些看似是常识性问题，但将这一系列问题由一个连续的逻辑关系串联起来，可以帮助确定是否将某一特定技术写进回复给业主的征求建议书（RFP）或提案中。深入探讨这些问题将有利于提供更有意义的提案内容，并向业主展示他们的需求是如何被确认和解决的。

您建议的方案是否具有清晰、直观的价值?

这个问题触及了 BIM 所追求的核心。或者可以换一种问法：“您所做的能否使项目变得更好？”要回答某项工具是否具有价值，这看似简单，但是，很多施工管理公司会犯错，忘记他们所服务的对象；尽管公司团队在某些 BIM 工具和工作流方面是专家，但并不意味着业主具备同样的专业知识，能够深刻地理解他们的价值主张。过分使用缩略名词，或者采用十分复杂的系统，都是无益的。信息不能过于简单，而要清晰地展示出所推荐的工具和/或工作流究竟能够解决哪些问题，以及为何该方式取得的成果能够优于其他方式。正如经济学家、作家舒马赫（E. F. Schumacher）所说，“聪明的傻瓜会把事情搞得更大、更复杂、更猛烈。若要往相反的方向前进，则需要一点天分，以及很大的勇气。”

推荐的内容不应仅包含工具，更应该包含一种思维方式，使交付的项目做到精益求精。举例来说，在执行一份拟定的 BIM 执行计划或信息交流策略的过程中，应同时展现团队在工具应用方面的专业性，以及在深入发掘客户需求、指导团队协同合作方面的专业能力。这样的方案才能够使团队具备竞争优势，打败那些只会展示一系列工具，而对信息如何流动、谁来负责、如何执行等问题均缺乏明确策略的团队。

99

在探讨是否具有清晰“价值”的过程中，还要考虑信息如何在项目中进行“流转”。信息在某一处创建之后，应能连接到其他系统中，或者至少能够直接使用，不必重复输入。团队在逐步追求方案价值最大化的过程中，要不断自问，“这样的话，会怎样呢？”您所提议的内容是否关乎客户所想？他们是否能够看到其中的价值？这对他们重要吗？这些问题的答案会引导您和团队在表述中更加以客户为中心，使团队看上去更像是专为客户量身打造的——而事实上也理应如此！

采用的工具或工作流是否已经实践证实行之有效，还是在发展中，抑或是最新的研究成果？

要明确所采用的 BIM 工具的所处阶段，这一点十分重要。其原因在于，如果在错误的背景下引入了 BIM 工具，则有可能为项目团队制造混乱、带来风险。很多情况下，公司或团队会心血来潮地引入某些看似“酷炫”的“组件”，企图拉开与其他竞争者之间的差距；然而该工具却无法在整体上为流程或项目提供明确的价值。很多时候，如果在还没考虑清楚如何发挥作用之前就引进一项新技术，将会对团队造成一定的风险。要知道，一旦将某项工具展示给业主，业主经过一番了解，通常就会对应用该工具寄予希望。“BIM 洗脑”或“好莱坞 BIM”潜在有巨大风险，对项目而言弊大于利。

这并不意味着公司不能够选择引入最新型的工具，特别是有些工具确实会给客户创造巨大价值。但是，要把工具的来龙去脉描述清楚，并能开诚布公地说明自己有多少使用该工具的经验。很多时候，业主喜欢将项目视为进行创新或试验新策略的一个机遇；一旦奏效，业主就可以在以后的项目中同样要求采用该项技术。但是，业主需要了解工具处于应用周期的哪个阶段，才能知道接下来该作何期待。

使用经过实践检验行之有效的工具和工作流是公司开展 BIM 工作的基础。举例来说，业主可能希望进一步了解公司是如何降低专业协调或库存管理风险的。如果可以通过案例，为业主展示行之有效的工作流以及获得的成果，这是非常好的方法，同时能建立起公司在执行能力方面的信誉度。另外，公司也可以通过列举以往的项目，通过经过实践验证的成果，来说明工作流程是如何创造价值、降低风险或挽救局面的。在营销 BIM 的过程中，尽可能地多举一些公司案例。同时，要展示这些工具之间是如何联系和互动的，这也十分重要。在公司逐渐精通于交付特定成果的同时，要注重展示公司是如何不断寻求突破、发掘更好的方式交付项目成果的，做到这一点将大有裨益。

正在发展中的工具和工作流就好比是未经打磨的璞玉，通过了部分的实践检验，但仍有待于进一步实践证明。依然有待完善的工作流通过展示，能够向业主说明工程管理公司在探索新工具和流程的价值方面所取得的进步。通常来讲，在对多种工具进行测试的过程中，能够体现出公司的严谨性和研究能力；而在征求建议书（RFP）的回复中或在采访调研中，提议对仍在测试中的工具进行应用，能够使客户了解公司的创新周期，并更进一步了解公司的工作理念是否被客户认同。这样的交流也可能会使作为业主方的客户产生共鸣，因为他们可能为了紧跟 BIM 技术潮流、创造出更大的价值，也曾做出过类似的尝试和探索。 100

在工程施工的 BIM 应用中，选择创新工具和开发新流程是一件比较有趣的事情。这使人有机会改变传统思维定式，从而找到更好的协作方式和建立系统简化信息流。某种程度上，创新是一件棘手的事情，因为可以通过多种可能的方式达到同样的目的。一般来讲，要综合考量对工具、流程和行为进行调整，以最终达到改变结果的目的。绝大多数公司会将“创新”视为持续增长和创造价值的第一要素。

“在哪里创新？”这个问题已经超出了笔者在本书中要探讨的范畴，因为这涉及一系列因素和动机：有些是个人因素，有些是业务驱动，有些则纯粹出于好奇心。整个建筑行业都在寻求不同方式提升知名度和价值。诸如建筑黑客马拉松（图 3.2）和 ENR 未来科技大会等大型活动，汇集了建筑设计和施工行业各领域的精英，探讨通过技术应用解决行业问题。这些重大活动消除了公司之间的竞争壁垒，使得团队能够应用自身经验和知识解决行业中持续出现的共同问题。

图 3.2 建筑黑客马拉松（来源：IMAGE COURTESY: AEC HACKATHON）

创意的规模、表现形式不一而同。有些改变本质上很小，但能够呈现出渐进式的改进。在精益术语中，这些迭代式变化采用了持续改善（Kaizen）或持续优化系统方法追求完美的目标。单独看来，某一个小的改进措施可能显得微不足道；但是整体来看，一系列迭代的改进措施，甚至是一种渐进式改良的公司文化，能够使一个公司具备良好的推销能力。 101

其他一些创新则是重大的改革，这意味着需要对一些传统构架提出挑战，创造更大的价值。这些大规模的改革构想可能会改变一些根本性问题，例如预算书的生成和签字确认方式或者在施工现场获取进度信息的方式。甚至往大里讲，这些创新的改革构想能够改变施工交付的方法。很多业主都支持项目团队提供新想法、新概念和寻求更好的 BIM 应用方式，并希望通过改革降低项目风险（图 3.3）。重申一遍，了解客户并确保提供的建议正确适用十分重要；然而在很多情况下，在项目中采用创新做法能够使一家公司在众多同行中脱颖而出，使团队有机会通过自己项目的创新促进全行业的发展。

采用降低项目 7 个主要不确定性因素影响策略产生的效果
（由业主方、建筑设计师和承包商提供）
来源：McGraw-Hill建设公司，2014
■ 得分高于80 ■ 得分70－79 ■ 得分60－69 ■ 得分50－59 ■ 得分40－49 ■ 得分低于40

	业主要求的变更	加快进度	设计错误	设计疏漏	施工协调问题	承包商进度延期	不可预知因素	平均值
在项目前期加强所有团队成员的沟通	88	96	94	88	93	79	79	88
业主在设计和施工各阶段增强领导力和参与感	81	83	78	71	59	53	73	71
在DBB模式中采用团队支持方案	64	70	75	71	72	49	65	67
业主针对问题采用适当的解决方案	79	70	73	48	54	57	79	66
应用BIM	53	64	76	69	76	47	55	63
项目团队在某项因素出现问题时的责任分担认定	48	59	71	62	63	53	58	59
使用精益设计和施工方案	28	48	32	31	39	32	28	34

图 3.3 降低风险策略产生的效果（IMAGE © MCGRAW HILL *SMARTMARKET REPORT*）

102

您能够真实地呈现实施带来的影响吗？

BIM 所面临的一大挑战在于，要提供实施的投资回报率（ROI）这一硬性指标。如果说，BIM 适用的生产环境是能够重复性生产、可人为控制生产条件的，那么我们可以通过控制唯一条件变量的方式来进行比较，这种方法简单易行。然而，建筑类的工程项目却具有独一无二的特性，难以实现控制唯一变量。通常，要确定与传统方式相比所节约的成本，难度非常大；因此，也有人会辩称，传统方法不应用 BIM，但成效也未必会更低。

在很多 BIM 应用实例中，ROI 可以理解为所节约的时间和金钱。这些指标可能包括完成分析所需要的时间缩短、发送和访问消息的效率提高，或是完成特定任务的工作时长减少。以上这些 ROI 指标可以量化，而且具备可信度；但是在评价工程项目成功与否时，更多的 ROI 指标是很抽象、难以衡量的，比如增强协作、提高可视化和提升质量等。项目成员或许只能通过项目协作的经验，或是通过案例研究结果，来证实 BIM 应用中部分 ROI 指标向着好的方向发展，此外别无他法。暂且不论这些指标，而且有一些益处根本无从评判，但 BIM 仍被广泛接受和应用。那么，我们又该如何衡量 BIM 应用给项目带来的影响呢？解决方案之一在于关注项目的交付成果。

实施一项技术时，确定其影响及投资回报率的最简单方式，就是对比新旧两种交付方式所花费的时间和金钱。举例来说，假如您的团队正在考虑应用移动端 app，让施工现场的工作人员能够使用平板电脑来处理信息请求（RFI）、物料清单和材料用量追踪。如果要与传统的工作流程进行对比，应用对比表格是一种简洁、明了的解决方案。如表 3.1，就能够体现出采用新的技术和工作流程所带来的价值；同时，可以通过后期实际建设工作来验证最初的预期能否真正实现、最终的成果和效益能否符合最初的想法。

这样的分析针对工具的使用方式和预期成果设定了明确的预期目标。而随着项目的推进，这些目标也得以逐个检验。对于任何工程项目，都会或多或少地有一些值得改进的工作内容，并可以通过日后的实际工作来检验是否满足了最初的预期。

“我们能否真实地呈现实施带来的影响？”在回答这个问题时，针对现有工作进行分析只是一个方面；另外一个方面，对以往的案例进行分析、对实际工作经验加以利用也是非常重要的。介绍先前成功案例中的 BIM 应用情况，对营销 BIM 及相关技术很有帮助。当然，如果这些对成果的描述来自公司以外，比如来自客户、分包商、合伙人的反馈信息，这样会进一步加强可信度，让客户对新流程的成果充满信心。这些反馈信息不仅会对营销大有裨益，同时客户也能从中学习宝贵经验，提高应用能力。

RFI 技术比较矩阵　　表 3.1

流程	传统方案	推荐方案（app）	优势
创建 RFI	在现场通过相机拍摄照片，通过笔记本电脑上传。将照片打印出来，然后进行审批、签字，再扫描成为 PDF 格式。在 RFI 描述中增加规范说明附件，并加以强调。每个 RFI 大概需要 10 分钟	RFI 通过移动终端 app 创建，该 app 可直接从设备的相册列表中选择图片通过网络上传。而且 app 链接到云服务器端的图纸和规范，能够通过工具直接下载获得。每个 RFI 大概需要 4 分钟	移动终端 app 能够节约上传照片和查找文件的时间。但是，这需要网络连接，并且用户需要熟悉这一新工具。每个 RFI 大约能够节约 6 分钟
问题清单	施工经理对项目进行实地检查，并在平面图纸上标记问题。另外用相机拍照，链接到相应的 Excel 表格发送给分包商。大约每个项目需要 9 分钟	施工经理用 app 打开项目模型，在 3D 模型中贴上问题标签。可以用 app 拍照，并直接链接到问题清单中的项目。另外，工具会自动记录日志，并记录回复内容和次数。大约每个项目需要 4 分钟	团队能够提供一个单一接口使得团队成员发现和回复问题，从而提高问题清单创建和回复的效率。追踪能力能够确保满足合理的周转时间。大约每个项目节约 5 分钟
材料追踪	施工经理需要与项目分包商开会，来确定所需材料和预计交付时间，通过 Excel 列出。材料抵达后，对位置和数量进行核查，并用条形码分别进行跟踪。条码软件要求采用特殊的扫描仪来管理库存。大约需要 15 分钟	施工经理使用 app 来输入材料和交付日期。在材料到达时施工经理会收到提示。材料抵达时，可以在材料上贴上价格低廉的条形码，并用平板电脑的相机功能进行扫描。破损材料的照片同样能够与相应材料关联。大约需要 7 分钟	团队通过使用 app，能够减少日志记录和材料处理的时间。另外，由于不需要购买扫描仪和库存管理软件，这一应用能够节约团队成本。每个材料包跟踪能够节约 8 分钟

104

这是业主想要的吗?

不要尝试为客户提供一个"标准"的解决方案，然后让所有的客户去适应方案。这种做法懒散，也会使您错失机会，无法通过制定专门的 BIM 技术策略来使一栋建筑成为独一无二的标志性建筑。当然，这并不是说，公司不应该对平台进行标准化；而是在项目实施中选用何种工具和流程时，有必要思考，"这真的是业主想要的吗？"很多情况下，这会成为一种更为高效的工作方式，为施工管理团队带来更大的利益，能做到这一点是很好的。而在项目跟进中，只有考虑到业主需求、以客户为中心交付产品的团队，才能够让公司真正脱颖而出。

业主的第一手 BIM 经验及愿景

下文是由美国加利福尼亚州圣迭戈市 Umstot 项目与设施咨询公司创始人兼总裁 D·乌姆斯托特（David Umstot）提供：

"站在一个 10 年公共机构业主和 20 年业内人士的角度来看，建筑信息模型能够加强项目交付团队协作、减少协调冲突、优化建造实施、改善进度绩效、提高建筑运营维护效率并降低业主方总成本。近百年来，BIM 可能是行业内最具颠覆性的一项创新。从其本质上来说，它不仅是一个加载了信息的模型，更是一个能够促进建筑师、工程师、专业承包商和施工人员之间协作的系统。"

"2008 年我还是副主席，我们用 BIM 在圣迭戈社区学院区协助启用了精益项目交付模式。我们意识到 BIM 有潜力颠覆固有的流程,我们有幸成为早期使用者，并自 2008 年起要求所有项目中都要应用 BIM。"

"根据美国商业部的数据，建筑行业是美国唯一自 1964 年起生产力逐渐衰退的行业，因此美国的建筑行业具有其特殊性。BIM 与精益项目交付相一致，有潜力大幅提高行业生产力。我们对总价值 2.84 亿美元的 35 个竣工项目的相关指标进行了研究，结果表明，通过应用 BIM 和精益法，与之前的项目交付方式相比，总体变更率从 7.73% 降到了 4.43%。相应地，因设计错误及疏漏产生的变更率也从 2.99% 降到了 1.88%。"

"在英国，政府已经设定 2025 年的目标为降低 33% 的项目成本，将项目从立项到竣工的整体进度压缩 50%，并减少 50% 的温室气体排放。BIM 应用于精益公司管理及项目交付方式，是实现这些里程碑目标的唯一方式。"

105

"我也期待着 BIM 能够应用到设施管理领域，提高计划能力，更加有效地进行维护和运营交付，并减少业主总成本。我们正处于行业改革的时期，而 BIM 正在，并必将为这一变革作出特殊贡献。"

以客户为导向的一个实例，就是在项目中考虑业主的角色。如何使他们的工作流程与我们给出的建议保持一致？拟采用的工具会使工作复杂化还是简单化？信息流是否顺畅，还是需要大量的返工或冗余工作？这些问题的提出将有助于增加提案的价值并增强说服力，同时使团队在解决客户可能提出的问题时准备更加充分。客户在挑选服务团队时，很可能会将系统和信息流考虑在内，并策略性地考虑如何将解决方案的提议与他们的工作方式相适应。

当前在市场中，很多业主不再仅关注于项目能否在预定时间和成本内交付。很多时候，这些指标仅仅是项目需要考虑的基本要求。如今市场的趋势和导向已经转为了关注附加价值，不仅着眼于当前，更是要解决将来业主方可能在设计和施工过程中出现的其他问题。比如，市政客户在建造桥梁时可能会关心告知公众绕行和替代路线等事宜。这意味着施工团队能以可视化方式来协助提供效果图或视频，向公众展示并告知项目的有关事项，并对道路封闭问题主动提供解决措施（图 3.4 和图 3.5）。私人医疗保健客户可能会关心狭窄地段改建项目中工程拖车所带来的影响。这时，平板电脑和实时云协作技术的应用将带来帮助。客户需求导向的概念有助于施工管理公司确定不同的解决方案来帮助业主实现最终的目标；同时通过思虑周全的工具及流程的应用，使整个销售过程变得愉快和有趣。

这是您有能力交付的吗？

项目团队最大的失误之一，就是在项目跟进过程中过度夸大承诺，而无法交付。这不仅会给业主方留下坏印象，也给团队的声誉带来污点。良好的声誉需要多年的努力经营，但只要有一个糟糕的决定或一个失败的项目就能毁掉一切。既然声誉如此脆弱，项目团队非常有必要先对拟采用的工具进行“价值过滤”之后再决定采用。最好的做法是，鼓励团队对工具进行调研，并与之前的用户进行交流获得反馈，从而在提案前判断工具是否可行。调查新工具背景的做法有另一个益处，即使团队人员更好地了解工具在项目中的使用方法，并可以从同行身上学习最佳实践方案。

106

图 3.4 施工现场模拟视频效果图（来源：IMAGE COURTESY: PARSONS BRINCKERHOFF）

图 3.5 与模拟视频相链接的二维码

有时在调查研究过后，对“这是您有能力交付的吗？”这一问题的回答恰恰是否定的。这时，得出这个答案不应视为是一种失败。有太多的团队把无法兑现的庞大构想当作一个需要补救的错误。而事实上，这对于项目团队是有益的。在立项阶段就发现新工具不可行，要远比在接下来的项目过程中意识到这点好得多。因为后者的风险会更高，而且在项目开始后，团队已经做出了承诺。

另一种情况是，团队对工具的价值进行了分析，并对可行性进行了研究，而且在提案中对这些内容都有所体现；然而，提案仍存在不足。这时，最好的方法是坦然面对问题，与项目团队成员共同协作寻找另一种解决方案，而不是找借口推脱。尤其是在引进新技术时，非常重要的一点是在与客户交谈的过程中，提示要在合适的环境下引入该技术（参考“该工具或工作流是否已经实践证实行之有效，还是仍有待开发，抑或是最新的研究成果？”小节中的内容）。比如：“我们认为这种新的 < 某种技术 > 能够为项目提高效率和创造价值，因为 < 能够在项目中体现的价值 >”（应用表 3.1 中的内容）。再如，“我们对工具做了调研，发现它符合客户的 < 调研得出的结论 > 等需求。然而，该项工具还未经实践验证，并不像传统工具一样有客户应用的记录。那么，您怎么看？要不要在该项目中使用这一工具？”业主的答案往往会使项目团队收获颇丰。记住，客户通常十分了解现有系统的问题和短板，而以开放的态度面对项目的研发工作，有时不失为一种受人欢迎的解决问题、缓解冲突的方式。

最后，在制定策略时，最好诚实地面对您自己和您的团队。简单来说，即清楚自己的优势，关注真实的结果，专注解决项目中的实际问题。挑选工具时，要以能为项目创造价值为目的。要记住，每个项目方案都应是独一无二的。要与客户的目标保持一致。这种制胜策略将让您和客户之间建立起超越传统预算和进度内涵的更有意义的对话（图 3.6）。

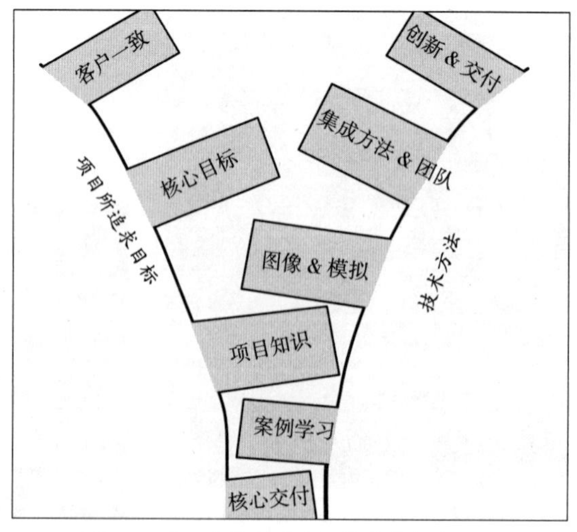

图 3.6 将目标和技术有机结合的解决方案

利用 BIM 优化提案

108

在起草需求建议书（RFP）时，既要展示公司应用 BIM 的熟练程度，又要解释如何使用 BIM 创造价值，两者同样重要。业主会看到很多的提案文书，几乎每一份都会强调本公司在业主项目的相关领域里所具备的经验和能力。因此，如今愈发重要的一点是，要具备制定全面的技术战略和执行方案的能力，这会进一步提高公司在跟进阶段的地位，增强公司的自身能力，并使项目的成果超越以往。

在需求建议书（RFP）中强调 BIM

对于服务团队所交付的成果，很多业主会提出十分具体的要求。而在近期的很多案例中，业主会明确提出把使用 BIM 作为选择承包商的重要考量因素之一。像总务管理局（GSA），洛杉矶社区学院，美国陆军工程兵团（USACE），俄亥俄州政府等业主，均提出了这样的要求。尽管只有部分业主在项目中规定了 BIM 交付成果，值得注意的是，有部分业主团体已经在 BIM 技术应用之路上先走一步了，并且在不断前行，完善具体的需求。另外，有些见多识广的业主，比如 D・乌姆斯托特（参见本章“业主的第一手 BIM 经验及愿景”）认为，这些要求能够使服务团队提出以项目为核心，并且专为客户定制的技术建议。乌姆斯托特坚信，“我们应提供建设性的 BIM 准则，而非强制性的 BIM 标准，使团队能够提升价值主张并创造价值。”这类 BIM 准则反馈到设计和施工团队，使他们能够全面地看待项目，并通过讨论与思考决定采用的策略和工具组合。

将一部分“真实的”BIM 数据传送给业主及综合平台，这样的市场趋势也正在逐渐成为新的行业准则。这对施工经理们是一个绝佳的机会，尤其是那些深谙以何种信息格式交付才能在同行竞争中胜出一筹的经理们，会懂得这样做能给他们带来很大的竞争优势。很多情况下，施工管理公司能够成为客户 BIM 技术应用的“客户联络人”或“可靠的顾问”是非常好的，这会使公司更好地了解客户需求，深入了解特定客户的痛点，并找到解决策略。在 buildingSMART 网站上可以查到目前 BIM 指南的详细列表（http://bimguides.vtreem.com/bin/view/BIMGuides/Guidelines）。

在提案阶段，BIM 技术的应用可以表现为多种方式：

- 通过图片展示公司在建模细度、清晰度和精确度方面的能力；
- 通过计算机模拟，例如动画，展示在周边环境下项目 4D 施工进度的建造顺序；
- 基于模型的预算：向 BIM 模型中引入 5D 成本信息，部分案例中同时考虑 4D 进度信息和 5D 成本信息；

109

- 定制应用程序，用以展示公司在工程管理方面的技术能力，更清晰地介绍和阐述诸如库存、人员或安全问题等事项。这些程序通常为公司所独有；

- 通过网站、工具和门户展示可用于管理大型基础设施项目的可选方案，并与社区和客户互动；
- 预制方案以及先进的工作包模拟与协调；
- 可视化的现场安全计划和安全须知（图 3.7）。

图 3.7 现场安全可视化（来源：IMAGE COURTESY: MCCARTHY BUILDING COMPANIES）

在营销和跟进阶段，与 2D 平面图相比，BIM 的应用会促使讨论更加热烈，因为通过模型，施工策略和施工过程能够以更加直观的方式得到展示。在营销和跟进工作中，模型的应用方式也在不断翻新。由于跟进工作往往周期很短，笔者鼓励团队利用项目跟进的机会来尝试采用新技术，从而更好地展示施工流程。试想，当我们将进度、预算、设计、方法等作为项目跟进的交付成果，这几乎就等同用于一个迷你施工项目来测试新的 BIM 技术应用模式。

110

项目跟进图像

在需求建议书（RFP）或是在面谈过程中，合理的运用图像会起到很大的作用，正如俗语所说“百闻不如一见”。在跟进工作和展示能力的过程中亦是如此。在建议书中适当地加入 BIM 图像可以展示出公司在 BIM 技术上的专业性，以及对项目的深入理解，同时也能更简洁、明确地说明重要的细节或节点。另一方面，这也控制了页数（这往往在业主审核建议书时很受欢迎），并打破了只有文字内容的单调。另外，在描述某一场景或说明思维过程时，图像或流程图的价值得以极大地发挥。在汇报演示中，图像的展示要优于重点条目的罗列；而在问答环节中，相较于文字，图像也更能够为评审团提供进一步探讨和研究的素材。

下面的一系列图片展示出图像在项目汇报展示中的不同作用。重要的是，图像是最真实的，能够如实地表明项目应如何建造、所受的限制、存在的机遇和需满足的条件。事实上，汇报中用到的 BIM 图像，也通常能够显示出跟进团队对项目的了解程度。例如，图 3.8 展示了位于市区中心正常教学的校园中的施工场地，应如何制定施工现场的物流方案。图 3.9 展示了施工现场暴雨积水的流动走向，以及需要在何处添加保护措施防止径流。3D 视角能够立足不同的角度、更明确地说明问题，例如起重机的臂幅和高度，以及在现场施工条件下如何组织交通。这些现场物流方案在汇报过程中也非常重要，能让业主了解团队在项目场地布置上所做的深入思考。

另一个例子，图 3.10 展示了某特定视角下，项目最终的竣工效果图。尽管图像令人记忆深刻，但是要注意一点，如果设计团队未曾与施工承包商进行过沟通，图中效果未必真正能够实现——毕竟建筑师往往视建筑美感为己任。尽管展示能力无可厚非，但需要在战略上从施工承包的角度出发，考虑设计的价值能否真正实现。

图 3.8 到图 3.10 证明了应用简单的 3D 或 BIM 图像能产生很好的效果。尽管使用图像可能看来过于简单，但这避免了通过展示一系列平面图来说明施工顺序，或者通过大段叙述来描述一种方法的烦琐工作。要知道，BIM 的价值之一在于实现可视化，促进沟通更加有效。因此，更好的方案是用简单的图表说明需要做的工作。 111

112

图 3.8 使用中校园的现场物流方案

图 3.9 暴雨雨水径流防治方案

图 3.10 建筑项目效果图

项目模拟演示

通过软件进行项目模拟演示，是在静态图像的基础上更进一步，利用视频对项目的各个部分进行展示。施工模拟演示可以表现为多种不同的形式，所展示出的信息量也是不同的。举例来说，为说明项目的施工进度，您可以选择诸如 Navisworks、Synchro、Vico 或 ConstructSim 等工具，用以展示模型构件随着时间推移而搭建起来的过程。这种将工程进度信息添加或者链接到模型构件中的做法通常称为 4D，或者进度模拟演示（图 3.11）。这种模拟演示有助于清晰地展示结构的施工顺序和人员的工作流，并且有助于从整体上说明项目是如何完成的。这对于缺乏“3D 思维”的客户而言尤为可贵，因为他们很难通过浏览大量图纸去理解工作流。另外，这些 4D 模拟演示能够应用在项目跟进阶段，用于测试项目进度数据，以确保进度的真实性。

113 **图 3.11** 施工模拟二维码视频（来源：VIDEO COURTESY: AUTODESK）

模拟展示的精确度往往有所差异。有些模拟演示可能只为了概念化地展示施工理念；而另一些模拟演示则是要联系到更为复杂和可靠的进度信息。在营销的跟进过程中，决定应用 4D 模拟演示时，应从两个方面考虑。其一是在给定的时间内，您可以完成哪些工作？要知道，搭建虚拟的施工场景也是需要一定时间的，而且需要考虑虚拟施工模型应达到何种细节完善程度以反映施工的进度情况（例如楼板要拆分成单独的浇筑体，外墙要按照框架结构进行拆分），同时要创建进度信息，使建筑模型以此为准在虚拟的环境中“搭建”成型。

较为简单的 4D 模型能在几天内完成建模工作，而较为复杂和细化的模型的建模工作可能需要花费几周甚至几个月。应用 4D 模拟演示进行营销的第二层考虑在于，您想要说明什么？是场地很小，有必要展示如何进行设备卸货、材料堆放，以及如何开展施工？还是关注项目有一些特殊的限制，例如在一个医院的改扩建工程中，在医院运营时间里应采取哪些安全措施？明确在 4D 模拟演示中要展示哪些特定情况是非常重要的，这能缩小问题范围，针对特定问题展示解决方案，从而节约汇报演示的时间。

在目前的施工市场中，部分公司采用了增强可视化的最佳应用方案，即雇用行业内的专业人士来为客户创建虚拟环境和视频演示。有部分专业人士甚至会应用游戏渲染引擎，如 Lumion、Unity、3ds Max、Autodesk Maya 等，让体验者感觉仿佛“沉浸”到虚拟环境之中。一旦进入了虚拟世界，体验者可以通过游戏手柄、方向盘或者虚拟界面进行导航，随心所欲地进行探索。通过这样的虚拟展示，还可以进行场景分析。例如美国柏诚集团（Parsons Brinckerhoff）应用基于 BIM 的渲染程序，对阿拉斯加高架桥项目制作了地震模拟视频；这样，在设计和施工阶段，就能够制定相应的灾难防范预案（图 3.12 和图 3.13）。

随着可视化效果的不断增强，模拟演示功能也一直推动者 BIM 技术的应用和发展。对交付成果的模拟演示可使复杂的概念得以简单、清晰地展示出来，从而使客户对销售团队的方法更有信心。

图 3.12 阿拉斯加高架桥地震模拟（来源：IMAGE COURTESY: PARSONS BRINCKERHOFF）

图 3.13 模拟视频的二维码链接

项目虚拟 / 增强现实模拟演示

虚拟现实（VR）和增强现实（AR）是全新的施工项目体验方式。VR 解决方案随着其成本的大幅降低，也迅速得到了广泛的普及；用户应用该技术能够步入一个虚拟的环境中，从而更好地理解设计理念。用户通过使用游戏手柄，或通过头部运动在虚拟世界中游走。这种模拟演示十分直观，客户可从自身需求角度出发，定位到特定空间位置，从各种角度观察、体验项目。虚拟环境可以使用多种工具创建，例如，Lumion、EON、Unity 等游戏引擎。采用 3ds Max、Maya、SketchUp 等工具，可在给定的预设路径下，渲染出 VR 环境，并录制视频。

114

与虚拟现实（VR）类似，增强现实（AR）是将虚拟信息或物体与真实的环境相结合的产物。按照维基百科的定义，增强现实是“现实世界环境下的直接或间接视图中的元素由计算机生成的声音、视频、图像或 GPS 数据等信息增强（或补充）。这涉及一个更为宽泛的概念，叫作介导现实（mediated reality），是指真实世界的视图被计算机修改（甚至有可能是削弱而非加强）。”AR 技术的应用实例就是可穿戴技术，例如谷歌眼镜、微软的 HoloLens 或者 Oculus Rift（图 3.14）。这些工具使得用户能够参与到两种环境中——数字环境与真实环境——通过现实世界的运动和操作来获取虚拟数字环境中的增强体验。另外，在涉及安全、职业培训和项目现场管理领域的项目营销中，这些 AR 工具的应用也有着巨大的潜力。

115

图 3.14 Oculus Rift 增强现实头戴式显示器

其他营销工具

116

在雄心勃勃的销售团队中，其他的一些营销技术也得到了迅速普及。例如 3D 打印技术，可以通过相对较低的成本来打印出建筑、工厂和景观模型。3D 打印机还可以用来制作并展示备选方案和周边场景。这项技术的价值在于能够使虚拟环境实体化、具体化。在面对非技术型客户时，该技术非常有效。另外，演示自主研发的用于大规模汇报展示和组织征求建议书（RFP）所需信息的应用程序，可以展示团队的研发实力。

另外，更加“智能”的PDF文件开始逐步替代传统的2D PDF文件。智能PDF文件能够嵌入视频内容、3D模型和外部网站的链接。它能使用户对感兴趣的内容做进一步的深入发掘。相比之下，传统的PDF文件就不具有这些功能。

量身打造您的方案

在向客户交付解决方案时，重点值得关注的是在项目中应采用何种工具吸引客户（图3.15）。对施工行业客户不能以不变应万变。有些问题的回复可能需要更加标准化，例如合同、保险和债券的格式，以及材料标准。但当问题涉及通过整合创意、利用技术给出更吸引人的解决方案时，在时间和成本上考虑投资汇报（ROI）是非常明智的做法。

图3.15 项目方案效果图（来源：IMAGE COURTESY: LEIDOS ENGINEERING）

117 通常来说，项目提案能否予以采纳，取决于团队是否深入理解了项目的特定情况和受到的限制，以及能否通过增强可视化的手段给出比竞争对手更加有效的解决方案。把BIM作为一种沟通手段，重点是要让客户更好地了解某一概念，同时也能展示团队如何在项目中协作，以及项目能取得何种预期成果。

客户定位

在《推销是人性》（To Sell Is Human）（Riverhead Books，2013）一书中，作者丹尼尔·平克（Daniel Pink）说明了“换位思考”或瞄准客户需求的重要性；描述了如何跳脱个人立场，站在客户的角度思考问题，从而能够最大限度地说服他人。当筛选过程以价值为基准时，最终被项目选中的团队经常是那些懂得如何与客户目标和需求保持一致的团队。而当项目筛选以适宜的技术为标准时，中选团队往往更是如此。对工具的选择决定了团队协作的方式，并在很大程度上预示了团队将如何展开工作。在考虑项目中采用的工具时，笔者通常会提出策略性的问题，例如：

- 这个 BIM 平台（Revit，AECOsim，ArchiCAD，Tekla 等）能否兼容客户可用的资源和要求交付的内容？
- 工具在应用中能够体现哪些专业技术（有些甚至是客户未曾见过的）？
- 您计划如何让客户参与进来，他们将采用何种工具来监督项目进度？他们是否熟悉这一工具？该工具是否与他们熟悉的工具兼容？或者应该趁此机会向他们展示更好的工具，促进工具的更新换代？
- 项目顺利开展取决于哪些因素？您能否通过引进、整合或关联某个系统，从而创造巨大的价值？
- 您如何看待这一项目的前景？您所选择的工具与这一计划是否一致？

要知道，施工项目面对着的是精明的客户群体，您是否对某种技术进行过调研，很多客户对此一目了然。事实上，很多人在看了一眼施工项目管理提案后，就能快速地挑选出能够与之协作的系统。正是因此，有必要考虑如何运用某项技术，以及该技术将如何在为客户带来利益的同时，为整个项目团队创造价值。

在《业主的困境：推动设计和施工行业的成功与创新》（The Owner's Dilemma: Driving Success and Innovation in the Design and Construction Industry）（Greenway Communications，2010）一书中，作者芭芭拉·怀特·布赖森（Barbara White Bryson）对工作关系总结如下：

> 跟其他所有关系一样，合作伙伴关系必须建立在信任和相互理解的基础上。即使是一般意义上的客户群体——公共机构客户、商业客户、非营利性客户——不同的人仍然存在着不同的个性、观点和期望。挖掘业主心目中真正的想法，有时甚至是埋藏内心深处的秘密，这是一项不可低估的技能。技术的发展大大简化了协同工作的难度，并加快了信息分享的速度；但也一定要记住，客户也是人。保持人际沟通交流，接纳人们不同的观点，会使这个过程更有意义。一个真正的相互协作、创新的工作流程，终将为项目的成功立下汗马功劳。

118

突破局限

在基于价值的选择过程中，销售团队往往能够将事情“做大”，不断地和客户探讨并向他们推荐最新的产品。很多 BIM 经理甚至乐此不疲。尽管对于销售团队而言，很重要的一点是要试探客户对于创新想法和策略的意向；但仍然有很多团队不惧风险，热衷于向客户提供一些新奇且与众不同的想法，认为这会使团队在竞争中更胜一筹，并因此赢得项目。他们认为，与其在汇报过程中老套地旋转模型进行演示或讨论冲突检测，不如引入经过精心策划的“新技术”更能够使项目团队脱颖而出，特别是推荐的新技术还有可能会以前景光明的新方式解决客户的痛点问题。

然而，正如本章前文所述，引进新技术固然十分重要，但团队最不希望发生的事情，就是销售团队提议采用一项新工具，并暗示自己是这方面的专家；而事实上，他们仅是刚刚在下午才下载了这一工具，或在昨天才得到了工具的演示版。那么，客户的流程怎么办？如果有别的团队能够提供一种更好的方式为他们服务呢？

很多时候，不要单独考虑技术自身，而是要考查客户的工作流，并在此基础上谈论应使用的工具。这样能使销售团队更好地了解工具的用途。假如项目团队能够提供独一无二的解决方案，而客户也对此保持开放态度，那么就把它讲出来！但是假如客户在一段时间之后发现您有一种更好的解决方式，却没有及时提出，这就会很糟糕。对于具有前瞻性思维的客户，这种开放式的讨论通常很受欢迎，它会显示项目团队十分自信而且有一定的成熟度，这样的团队也往往会收获回报。

挖掘价值，关注成果

本章内容重点讨论了如何运用BIM技术策略，在基于价值的选择中赢得项目。那么，对于仅关注成本的招投标项目呢？BIM能否在此类项目的挑选过程中体现其价值？答案是肯定的，但坏消息是BIM技术的应用在此类项目中能够发挥的作用十分有限。因为在硬报价的DBB模式下，价格是业主方在作出决定时考虑的第一因素，而探索BIM潜在用途、119节约成本以及技术价值等则被视为不那么重要的因素。合同中或许会对BIM交付提出要求，但施工管理公司通常会以“绝对最低价”来尽可能地保持竞争力，毕竟成本是最重要的因素。

与设施相关的信息正在逐渐变得与设施本身同样重要。这是为什么呢？因为对于很多设施，要获取建筑信息、性能数据和保修记录等内容，可能需要每年花费上百万美元。信息的重要性只会持续增长，这在项目跟进过程中是一个脱颖而出的机会。有很多种方式都可以展示信息是如何在模型中添加、分析并与项目团队分享的。正如萨莎·里德（Sasha Reed）在博客《定义BIM——业主真正想要的是什么》中所述，“BIM的目标是紧密联系项目在全生命周期中创建、发布及收集的有价值信息——最终清除流程中的低效做法，并改变我们分享、发布及利用信息的方式”（www.bdcnetwork.com/blog/ defining-bim-%E2%80%93-what-do-owners-really-want#sthash.KksG5AxN.dpuf）。他认为，对于客户而言，针对项目的信息处理建立通盘计划，是非常有价值的。

当今的施工市场更青睐于格局大、不将关注点局限于项目进度和成本控制的团队。而只有那些寻求新方法来创造价值、与客户保持一致的团队，才能够在施工市场中立于不败之地。

就好比建筑师如果坚持使用手绘图纸而不使用 CAD，那么他们就会发现，随着技术不断更新换代，价值讨论的范畴逐渐转向数字化前沿，自己的处境就会愈发艰难，在与他人的竞争中会逐渐处于劣势。同样，找不到合适的 BIM 应用方式的承包商将发现自己已与同行脱节，并且在价值驱动的商品市场毫无竞争力。

以下列出的是历经多年实践，总结出的“惨痛”经历和经验教训：

不要一次推荐太多的新工具。要对您推荐的工具和预期的成果保持实事求是的态度。如果一次性地推荐过多的工具，那么您有可能“白费力气做重复工作”，或是将客户视为实验的小白鼠。要知道，在竞争中，只需要增加一项创新，就能够成为“前沿”。

不要选择华而不实的工具。在决定采用何种技术时，应明确其价值。华而不实的工具或许会奏效一两次——而真正带来附加价值的工具会在相当长的时间里发挥效用。

不要采取任何伪装。“好莱坞 BIM”这一流行用语的出现是有原因的；最好的做法是维持声誉，而不冒险承诺不切实际的目标和给出错误的预期。 120

不要“就像其他项目一样”对待客户的项目。除非那个项目非常完美并赢得了无数的荣誉，否则应当将每个项目都视为是独特的，并采用合适的工具。

不要认为自己无所不知。假装自己很有经验并且什么也听不进去，这除了能让您感受到恶搞的乐趣以外并无益处。它只会让您和客户分道扬镳，您也会错失与客户建立进一步深入合作的机会。

选择并营销合适的工具，而不是全部。请把它想象成徒步登山。为了提高效率，又在不过分勉强自己的能力的情况下，您需要哪些东西才能够成功地登上山巅？

选择一直以来表现良好的工具。在推荐任何产品时，需要说明在过往的应用实践中，该产品所体现出来的优势。这些优点也理应为人所知。

避免乏味。事实证明，客户也是人。销售者要对即将采用的 BIM 工具充满热情，对该工具能够带来的价值充满信心。只有做到这一点，您才能抓住客户的心。

尽可能地创新。立项阶段通常是一个展示公司创造力的好机会，可以体现公司是如何应用引领市场潮流的新工具，为客户创造价值的。要抓住机会，谨慎对待。

始终与客户的需求保持一致。这看起来可能是最酷的事情，但始终牢记是客户来为项目买单。这是否意味着如果他们不喜欢某些事情，就要拒之门外？完全不是。与客户探讨并分享为什么基于他们的需求选择了某种工具。通常这种做法将受到青睐和赏识。

汇报中使用 BIM 的小贴士

以下是在准备汇报前应当考虑的一些小贴士：

- 在走进会议室之前启动 BIM 电脑；

- 带一根延伸电缆；
- 带一台备用计算机、适配器等；
- 完全按照真实的展示情况进行演示排练（运行模型、现场演示、视频等）；
- 不要让非 BIM 用户来展示 BIM，否则会让客户以为 BIM 和“NavisCAD”、“Autoworks”等程序毫无差别。

121

本章小结

BIM 是项目跟进团队开展营销的宝贵工具。通过图像、模拟和其他技术“展示”工程推进，将使团队赢得与客户共同探索解决方案的宝贵机会。最终，应用 BIM 技术开展营销工作，其目的是减少苍白的语言描述，形象地展示公司的能力和 BIM 技术为交付成果带来的提升。

很多工具虽然有趣但华而不实，还是应当关注于那些能够真正创造价值和在项目应用中激发用户兴趣的工具，并利用项目作为创新的跳板。记住客户同时也是人，每天都会接触到施工行业的各种利弊。以清晰、简单和深思熟虑的方式为客户提供特定项目的技术解决方案，能够使团队从众多团队中脱颖而出，并最终赢得项目。

第 4 章

BIM 与施工前期

本章探讨 BIM 在施工前期的应用。施工前期作为项目施工工作的开端，往往占有举足轻重的地位；也正是从这一阶段开始，BIM 技术开始体现出其自身的价值。本章将首先回顾建筑施工行业的历史，从中学习前人的经验教训，了解如何通过技术创新来提高效率。之后，我们会讨论如何组建团队、如何安排工程进度，以及如何在施工流程中应用 BIM，从而优化建筑施工过程，并提高建筑自身性能。

本章内容：

温故而知新

BIM 启动

制订进度计划

可施工性审查

预算

分析

物流规划

124

温故而知新

亨利·福特（Henry Ford）在《今天和明天》（Doubleday，1926）一书中这样描述："所谓有效率，不过是指要采用您所知道的最好的方式来做事情，而抛弃最坏的方式。要用卡车把树干运到山上，而非靠人力背上去。要对工人进行培训，让他们有能力通过工作赚钱养家，更加舒适地生活。"福特先生认为，效率意味着为工人提供合适的工具，让他们更加聪明地工作，而非更加辛苦地工作。他并不希望工人整日整夜忙于工作来维持生计；而是通过高效使用工具、机器等，来提高工作效率、简化工作流程。他会放权给员工，让员工在工作中不断发现现有流程的低效之处，并加以改善。他坚信，所有事情都是值得尝试的。

这样的工作方式逐渐演化，成为如今精益制造的源头。"精益制造"这一术语，最初是由约翰·克拉夫奇克（John Krafcik）在名为《精益生产系统的胜利》的论文中提出来的（http://www.lean.org/downloads/MITSloan.pdf）。他坚信，员工一旦树立了不断进取的决心，就能够自觉地减少、甚至消灭在时间和原材料上的浪费，积极改进流程，以满足客户的需要。这种核心理念最早出现在制造行业中，而如今已经被建筑施工行业所接受，落地成为各类"精益"施工的做法。这些做法旨在提高设计、施工流程的效率。图 4.1 展示了 McGraw-Hill 公司在 2013 年精益模式的《智能市场报告》中所提到的几种常见的"精益建造"的实践方式。

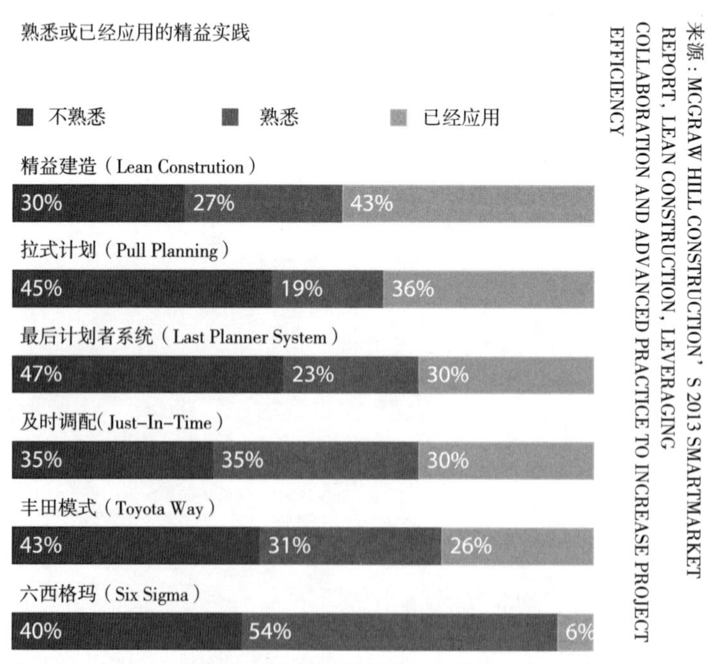

图 4.1 公司对于精益实践的熟悉程度或应用情况（来源：McGraw-Hill Construction，2013）

1997 年，格伦·巴拉德（Glenn Ballard）和格雷格·豪厄尔（Greg Howell）联手创建了精益施工协会（LCI），旨在通过教育，在施工行业中普及“精益建造”的理论、原则和技术。125 自 LCI 建立以来，在全世界范围内，“精益模式”逐渐成为施工行业专家、协会、团体、博客和论坛中的流行词汇。从图 4.1 中可以看出，尽管“精益模式”越来越普及，但仍有必要在施工行业内加强这方面的教育工作。但要知道，对于建筑施工行业，“精益建造”并非新生事物。

纽约帝国大厦

回顾 20 世纪 30 年代，当时的一项如火如荼的工程建设成就了后来美国最负盛名的建筑之一：纽约帝国大厦。当时，在工程施工过程中，像协同工作、预制施工、5S 管理（整理、整顿、清扫、清洁和素养）、六西格玛、价值流程图（VSM）分析和准时制（JIT）生产交付等精益技术就已经得以实践应用。而这些精益技术在项目施工中的成功应用，促使帝国大厦这一里程碑式建筑的工程施工仅花了 13 个月工期，提前交付且不超预算。

建造商

斯塔雷特兄弟和伊肯（Starrett Brothers & Eken）既是建造商、企业家，也是具有创新思维的思想家。保罗·斯塔雷特和威廉·斯塔雷特兄弟二人有着 70 年以上各类工程的实践经验。他们曾接受了一次访谈，报道于约翰·陶拉纳克（John Tauranac）所著的《帝国大厦：地标的塑造》一书中（Cornell University，2014）。前任纽约州长，负责监督该项目建设施工的阿尔·史密斯（Al Smith）曾向保罗·斯塔雷特问道，他们手头有多少设备用于建造帝国大厦；而保罗的回答是，“什么都没有，甚至一把锄头和铲子都没有。”他接着这样说道：

> 先生们，要建造一栋非比寻常、独一无二的建筑，普通的建筑设备对于这个项目而言一文不值。我们会购入适用于这项工程的新设备，并在竣工后将其出售。在大型的项目中，我们都是这么做的。这样，我们所花费的成本要低于租赁二手设备，并且更加高效。

对史密斯和主要投资商之一的约翰·拉斯科布（John Raskob）而言，斯塔雷特兄弟和伊肯的这一份坦诚赢得了信任，因此将该项目发包给他们，并经过协商，将合同中的固定费用从 60 万美元降至 50 万美元。斯塔雷特兄弟赌定，其他参与进来的承包商会推销他们的传统方法，描述他们具备什么条件以及将如何操作；但他们也深知，传统方法效率低下，无法满足 14 个月的施工进度需求。他们认为这个项目需要通过协同、创新和战略规划才能获得成功。

提示：在 2013 年的《智能市场报告》中，对精益模式的应用成果进行了研究，并提出“为使承包商意识到采用精益模式进行施工的必要性，有必要让他们先意识到传统方案中存在的低效之处”。

126

协同工作

帝国大厦项目建设工期很短，建筑师施里夫、兰姆和哈蒙（Shreve, Lamb & Harmon），以及建造商斯塔雷特兄弟和伊肯，从项目动工伊始就作为一个团队进行协同合作。纽约摩天大楼博物馆馆长，卡罗尔·威利斯（Carol Willis），在一次电话采访中透露，斯塔雷特兄弟是在他们之前的公司，乔治·A·富勒（George A. Fuller）公司，接受过协同工作培训的，而富勒很可能是最早使用集成方法的承包商。先前的培训和学习在这个项目的成功中发挥了重要作用。威利斯在《建造帝国大厦》（W. W. Norton & Company, 2007）一书中写到了这种互信关系，并分别引用了建筑师和建造商的原话来体现这种相互尊重的关系。

> "为解决问题，必须赋予建筑师更高的权利"，从而避免"无法承受过多的重复性劳动或过大的时间损失。"——《建筑师》
>
> ——R·H·施里夫（R. H. Shreve），"帝国大厦组织"建筑论坛52（1930）
>
> "我不知道在是否在业主、建筑师和建造商三方之间，是否存在比这更加和谐的组合。我们与其他两方一直处于不断的磋商过程中；建筑的所有细节都会预先经过查阅和确认，之后整合形成平面施工图纸。"——《建造商》
>
> ——保罗·斯塔雷特，《改变天际线：一本自传》（New York: McGraw Hill, 1938）

与亨利·福特所采用的方法类似，这种方式通过集体性思维，鼓励所有成员更有智慧、而不是更加辛苦地工作。大家都清楚，所有人都在一条船上，这种同舟共济的工作方式引发了一些不可思议的创新。

创新

有许多用于施工过程的创新理念，图4.2中展示了其中的一种。如图所示，在建筑的每层都布设有这些轨道系统，以便于在施工过程中提高建筑材料运输效率，节约时间和人力。运输普通砖就是一个很好的例子。

建造建筑外立面基底结构，大约需要1000万块砖。传统的方法是在马路边就地卸载砖块，堆积在路边，再由工人装载在手推车上运走。一台起重机的空间只能放进两台手推车，每台手推车也只能装50块普通砖。斯塔雷特兄弟和伊肯很明白，采用这样的传统方式过于低效，无法完成每天运输10万块转的需求，他们不得不采用新的模式。他们应用导轨系统和摇臂车进行运输，增强了运力，节约了时间和劳力。在《建造帝国大厦》一书中，对运输方式做出

127

了这样的描述（图4.3）：

> 毫不夸张地说，在普通砖从砖厂运出之后，直至到工人手中进行砌筑工作之前，这段过程完全不需要人工的介入。
>
> 首先，在一层地下室靠近大楼入口处建造两个砖料斗，每个大约可容纳2万块砖。在砖料斗上部的楼板开洞，以便让运输车直接将砖卸进料斗。

图 4.2 第85层楼上的工业化轨道（12 lb.，26轨距）（来源：BUILDING THE EMPIRE STATE SKYSCRAPER MUSEUM ARCHIVE. IMAGE ID NUMBER: ES0296R.）

图 4.3 在轨道上通往砖料斗的Koppel摇杆自卸车（来源：BUILDING THE EMPIRE STATE SKYSCRAPER MUSEUM ARCHIVE. IMAGE NUMBER: ES0132R.）

砖料斗设有槽口，通过槽口开关直接向这种“科佩尔（Koppel）双摇杆自卸车”内装载砖块，每辆自卸车可大约容纳400块普通砖。自卸车装载着砖块在地下一层沿着工程轨道向前推行至轨道尽头，然后被悬挂于物料提升机上；提升机将小车运送到合适的楼层高度，再将小车推下机器；小车再沿着该层的工程轨道将砖块运送至工人施工地点，以供工人进行砌筑。 128

——摘自《建造帝国大厦》

斯塔雷特兄弟和伊肯计算得出，采用摇杆自卸车能够为他们节省38人/天的劳动力。亨利·福特在他的福特森（Fordson）工厂里也采用同样的方式，设置了总长度为85英里的轨道，将材料运输到工厂内的任何位置。这样，从流水线的初端放入原材料，在流水线的末端就能够生产出一台全新的福特森电动拖拉机。在《今天和明天》一书中福特写道：“关键是要让一切流动起来，将工作所需的材料带到人的面前，而不是让人到处去寻找材料。”这些动态流水系统的研究，甚至可以追溯到更早期的弗兰克·吉尔布雷思（Frank Gilbreth）所开展的关于砌砖的研究，这在1909年出版的《砌砖系统》一书中有记载。这些人都关注于消除时间、动态流程、人力和材料方面的浪费。斯塔雷特兄弟和伊肯跳出传统模式，在帝国大厦项目中应 129 用了这些新型建造技术，但这仅是消除浪费并保持最佳生产力的一项创新想法。此外，他们还在施工现场设置了两个位于建筑地下室的混凝土搅拌站，以此来减少货车的混凝土运输量；并且在不同楼层设有五个临时餐厅，从而使工人无须离开施工现场即可就餐。

规划和预制

事实证明，斯塔雷特兄弟和伊肯真的是协作大师。威廉·斯塔雷特有一个比喻，将规划比作战争，要对项目规划充满热情、做出最大的努力、并保持清晰的思路。他曾在建设帝国大厦之前这样写道：

> 摩天大楼是一个缩影，反映出我们为文明进步所进行的斗争，以及所取得的成就。甚至于建设的组织架构和战斗部队十分类似：施工团队必须由一名无所畏惧的领导者指引，这个人要透彻地了解从起步开始的每一项工作，了解基础施工的风险，了解重型钢材及大型石材的吊装设备，了解提升机和井架，了解搅拌机和斜槽，了解建筑施工中所需的每一项错综复杂的操作；要知道他们要做什么，在哪里必须停止冒进，不鲁莽冒险；材料和物资从何而来，各种材料的准备时间需要多久；为防止突发事件和意外破坏需要准备什么，如何维护已建成结构防止意外损失。领导层的人员无一不是经过规划和实践，不断突破自我，克服惰性；无论面对着充满活力还是单调乏味的工作，终将用战胜一切的意志力与杰出的执行力，战胜所有可预见或不可预见的困难，最终迅速地完成手头工作。
>
> ——威廉·斯塔雷特，《摩天大楼及其建造者》(Charles Scribner's Sons，1928)

在帝国大厦中的钢结构安装中，以上这些对规划、预制、工程进度安排的理解就得以体现。由于施工工期短、场地空间有限，工程师、供应商、制造商、运输人员和安装人员之间的协调必须十分流畅。图4.4展示了信息需求、工厂订单、加工图纸、交付和安装等里程碑节点；另外，也标示出每位供应商所负责的不同楼层，其中“A”代表美国桥梁公司(American Bridge Company)，“M”代表McClintic-Marshall公司。最后，图中还区分了不同的起重机，并标明其所在位置(A–H和K)。每件钢材都要根据起重机和楼层进行编号。

130

该项目中的所有构件均是通过专门设计在场外进行预制，再运输到施工现场采用螺栓或铆钉安装到位。一旦钢构件完成预制和标记编码，随即就能够“准时”地送往施工现场进行吊装操作。从图4.5中可以看出，帝国大厦的安装速度非常之快，平均每周能够完成4个楼层的吊装工作；并且在六个月的时间之内，就完成了超过57000吨材料的吊装。

131

132

提示：该时间进度表和第1章“为什么技术对于施工管理如此重要？”中的平衡线进度计划(图1.10)十分相似。

亨利·福特也在生产管理中引入了“准时制”(JIT)的概念。他清楚地了解每一个汽车组件的来源，以及加工厂制造、运输该构件所需要的时间。在其著作《今天和明天》中，他写道：“单个螺栓的缺陷会影响整个分项工程的整体安装进度。”福特十分自豪的一点在于，整个公司并没有、也不租用一个仓库。福特、斯塔雷特兄弟和伊肯，都是通过有效的进度安排、预制、准时制生产交付等工作模式来规划工作和执行计划的。

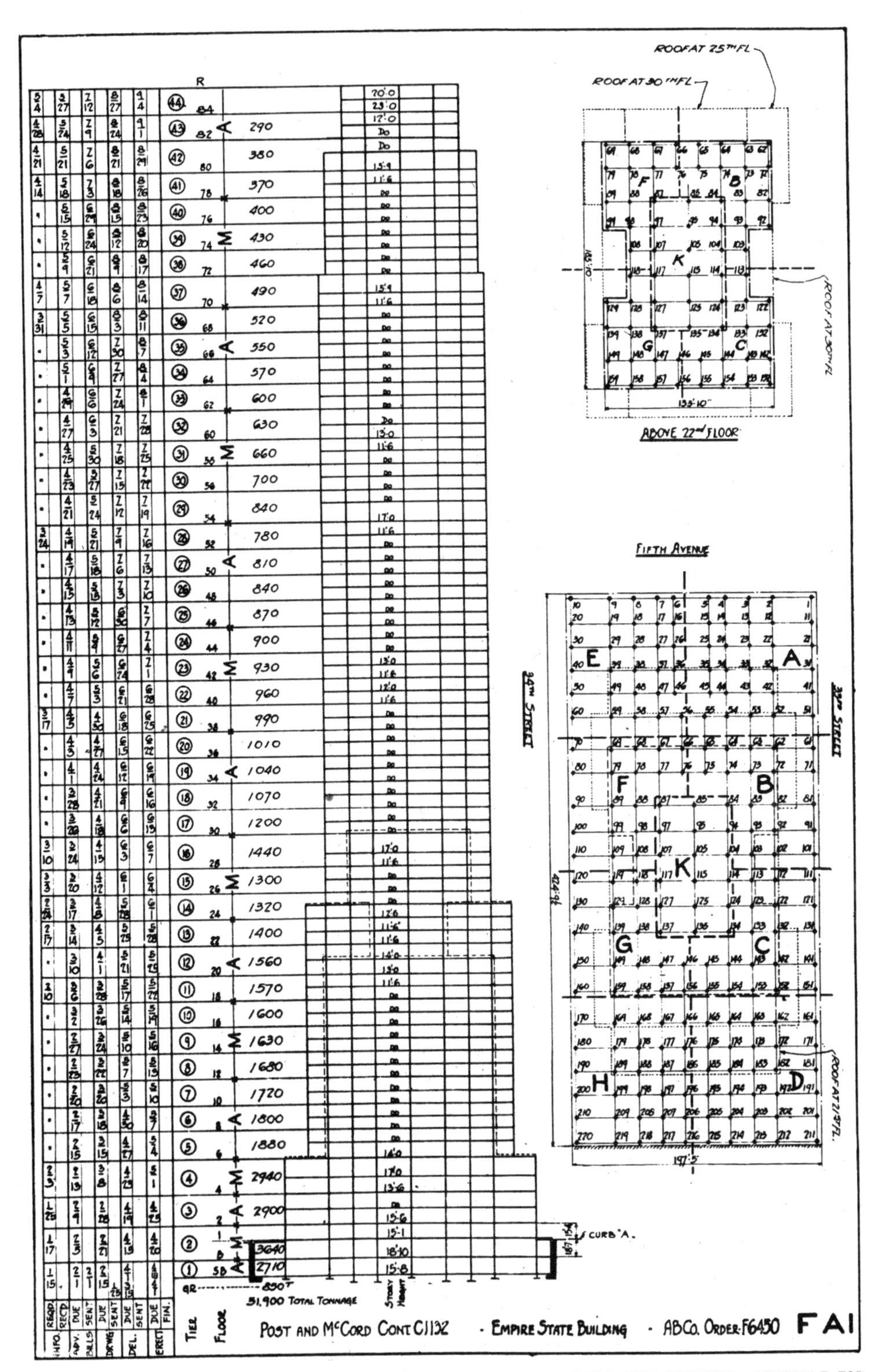

图 4.4 Post 和 McCord 的制造和安装图纸（来源：SKYSCRAPER MUSEUM，ESB ARCHIVES，SCHEDULE FOR STRUCTURAL STEEL）

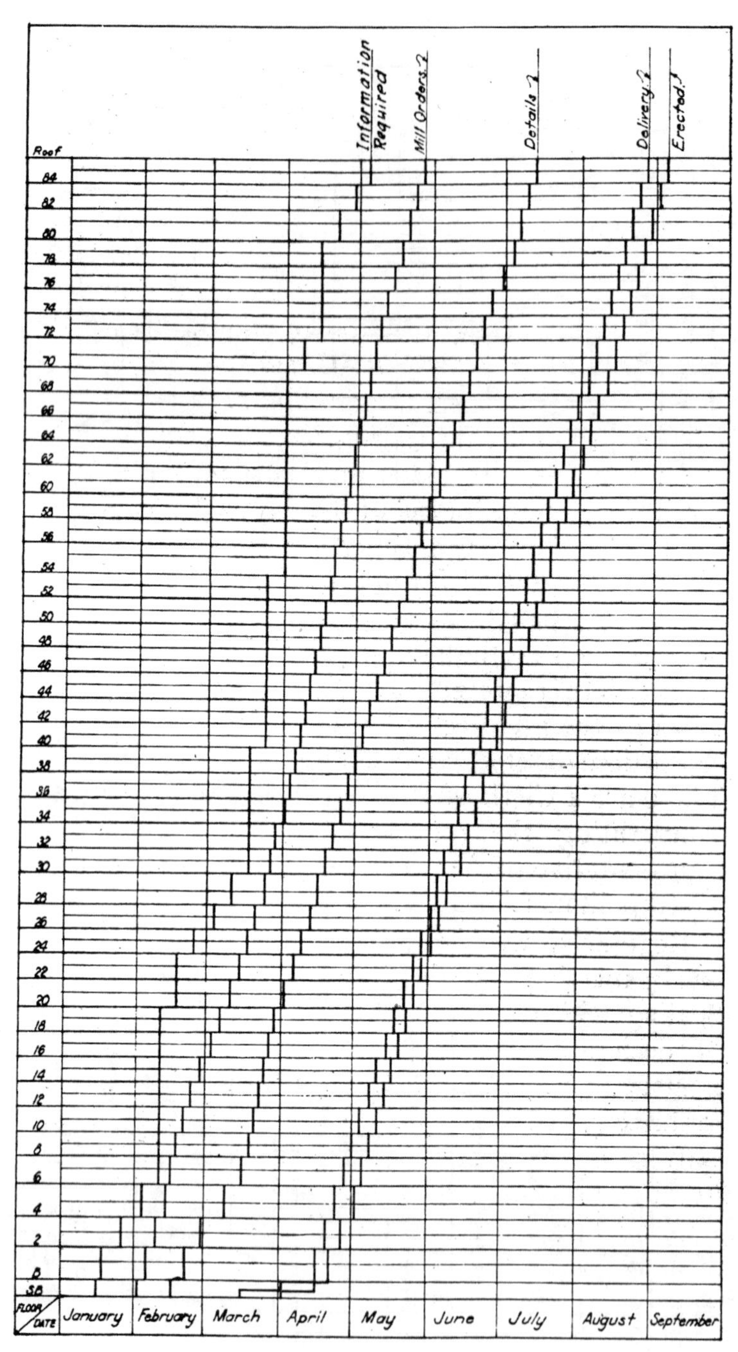

图4.5 钢构进度（来源：SKYSCRAPER MUSEUM ESB ARCHIVE，STEEL STRUCTURE TIME CHART）

"帝国思想"

帝国大厦的建造商和福特公司一样，都坚持着改变现状的信念；因为他们深知，现状还不完美。他们勇于开拓，不断创新，对建筑施工/汽车制造行业怀抱巨大热情。他们信赖并依靠团队成员之间建立起来的相互信任、协同合作的关系，秉持“1+1>2”的团队理念。他们以专业的素养和周密的计划处理每一个项目，方案可以不完美，但不能够有重大的缺失。有人会说，这是A3、六西格玛、5S管理、准时制生产（JIT）、价值流程图（VSM）分析或丰田模式，但这不仅仅是一种趋势、一个工具包或一个缩写，这更是一种信仰、一种态度，以及一种文化。正是在这种“帝国思想”的推动下，可以通过利用集体的经验教训，将项目以更好、而非更糟的方式攻坚克难。在我看来，亨利·福特在《今天和明天》中的一段描述最为贴切：“在行业中，我们唯一需要关注的传统，就是出色工作的传统。”帝国大厦的成功建造是“出色工作”和卓越管理的结晶，值得全世界的建造商同行学习与借鉴。

采用新技术

帝国大厦的项目团队取得了巨大的成功，他们的做法如今仍能够为我们所用。而今天，我们拥有了BIM技术，可以利用三维建筑模型进行虚拟建造。这样，问题就变成了，如果斯塔雷特兄弟拥有BIM技术又能够取得哪些成就？他们是否依然能将建造帝国大厦的工期控制在13个月以内？

BIM技术的应用可以和精益模式相得益彰，加快建设速度、提高施工效率，并减少不必要的浪费。回顾过去70年来建筑行业生产方式的发展趋势，有一些很有趣的时间节点值得关注：如20世纪30年代帝国大厦的建造，以及50—60年代CAD技术的出现（图4.6）。 133

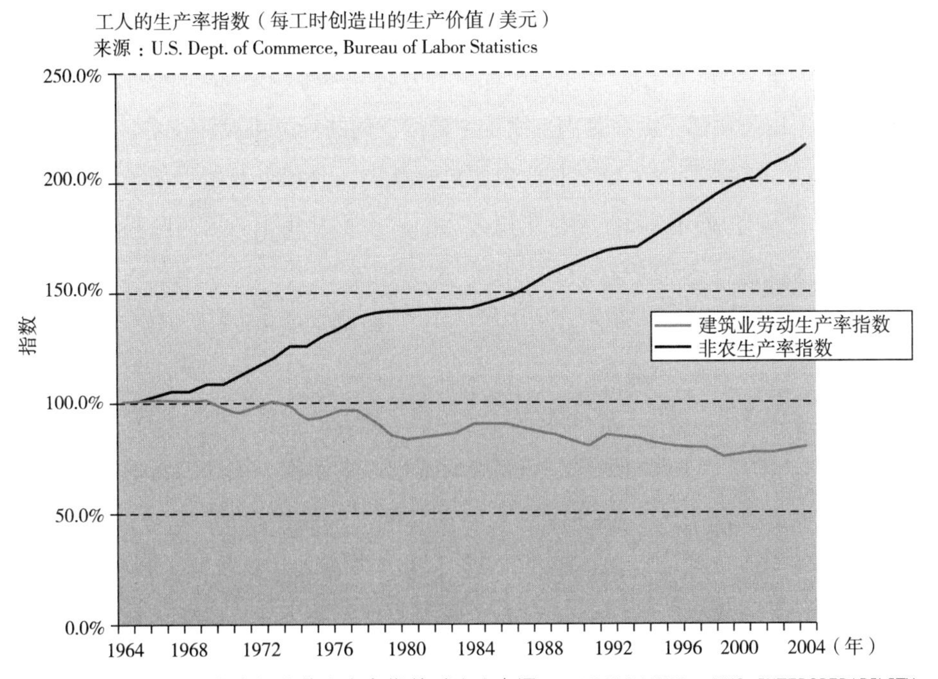

图4.6 建筑行业与非农行业的生产率指数对比（来源：© MCGRAW-HILL，MHC INTEROPERABILITY SMARTMARKET REPORT 2007.USED BY PERMISSION）

那么，造成图中这种下降趋势的原因是什么？随着技术不断进步，难道我们工程建设行业不应该更加高效吗？在我们回顾丰田公司——另一个成功企业的历史经验时，我们可能会找到指数下降的答案。

毋庸置疑，丰田公司以及其生产系统（TPS）是成功的。世界各地的企业都在试图学习他们的企业文化、复制他们的生产流程，而这些正是建立在亨利·福特的理论基础上。丰田公司与斯塔雷特兄弟和伊肯的企业类似，以人为核心，推崇“脚踏实地”的方法。他们信奉辛勤工作、在试错中学习、不断实践，这些也被称为“现地现物”（genchi genbutsu）。在杰弗里·莱克尔（Jeffrey Liker）《丰田之道》（McGraw-Hill Professiona Publishing，2003）一书中，作者详细地记述了大量关于建设人员队伍投资的对话。如果一项措施无法增强汽车质量、优化生产流程或者提高人员素质，就不会在TPS中考虑实施。丰田发现，那些非常简单的措施往往是最好的选择：

> 比如，要对生产零部件的冲压模具进行分析时，计算机辅助分析技术的发展程度还不能够对冲模模具的复杂流程进行建模，无法验证得出最佳的模具设计方案。因此，丰田采用了简单的方法，通过不同颜色的图表来表示模具上各点处的应力大小。之后，由模具设计师和有着丰富经验的模具制造匠人合作，查看该图表，依据经验对设计出的模具进行判断。与之完全不同的是，美国汽车制造商采用计算机辅助分析系统，完全依赖软件计算结果进行压力分析，然后就把结果完全打包推给设计师进行下一步工作。这样的结果却往往是，模具工程师拒绝接收分析结果，因为结果不切实际。
>
> ——杰弗里·K·莱克尔，《丰田之道》（McGraw-Hill Professiona Publishing，2003）

134

一直以来，丰田公司都不会在其内部系统中采用任何的计算机设计技术，直至CATIA（计算机辅助三维交互式软件程序）的出现改变了这一状况。公司也花了很长一段时间进行定制化的优化调整，之后才应用该项技术。丰田公司的管理哲学在于，启用经验丰富的专业人士并巧妙地应用技术，从而达到优化流程的目的。

这一理念有别于工程施工行业中对技术的应用，也解释了图4.6中所示生产力下降的趋势。丰田的理念以“出色工作”为前提，并且只有在一项技术能够优化最终成果时，才对这项技术加以采用。这意味着，在评估某一项技术或者工具是否适合公司未来的发展时，您必须先要对“出色工作”有一个深入的理解。您有必要考虑以下问题：在您的组织构架中，哪一个层级的人员需要应用BIM技术？要如何使用BIM工具，来优化您尚未彻底了解的工作流程？BIM能够为任何一个施工项目提供一定的价值；但是您如果希望更快地、工期少于13个月就建造出帝国大厦，那么我真心希望，您是一个脚踏实地的实干家。BIM只有在正确的人手上使用，才会发挥应有的价值。仅仅是购买了BIM软件，并不能解决机构效率低下的问题。这一点在下节内容中将进一步阐述。在雷克斯·米勒（Rex Miller）的《商业地产革命》一书中，他用一个公式非常形象地说明了这一点："OO + NT = EOO"（即：旧机构 + 新技术 = 一个昂贵的旧机构）。

BIM 之路

在项目施工前期就开始进行模型管理时，我们需要关注并反思先前行业引领者们的经验和教训。BIM 技术所带来的重大变革激动人心，它能够根据不同的想法和理念快速地改变或操作模型。但是，这样的能力所带来的结果可好可坏。在使用的软件功能如此强大时，人们会很容易变得掉以轻心，忽视在建造帝国大厦一类的建筑时，纯熟的建造技能同样必不可少。参数化建模确实具有极高的效率，但若设计失控或管理不当，则很可能在施工前期阶段造成时间和精力的浪费。那么在施工前期阶段，又要如何避免这种浪费？我们可以参考《丰田之道》，采用他们的自动化方案（也称为"人为干预的自动化方案"），这能使您在生产施工材料的同时进行高质量的建造。

从 20 世纪 30 年代至 CAD 技术出现之前，人们一直使用勒鲁瓦（Leroy）印刷工具来加速图纸印刷的流程，这也是最早的人为干预的自动化工具之一（图 4.7）。在绘制图纸过程中，印刷是最为重要的一个环节。在《工程图纸：实践和理论》第二版中，作者艾萨克·牛顿·卡特（Isaac Newton Carter）和 H·罗兰·汤普森（H. Loren Thompson）就曾做出这样的表述，"粗心大意和印刷字迹模糊会毁了一张图纸。"建筑施工图纸的艺术，主要在于画笔的粗细、图纸的整洁度和艺术性的表达。在帝国大厦的平面施工图中，对每张图纸上的每条线和每个字母都倾注了时间和精力，因此图中每个细节都值得仔细分析。这种努力从某种程度上成就了设计师的匠人精神。创建一套完整的施工文件，需要高度熟练的专业人员参与。

135

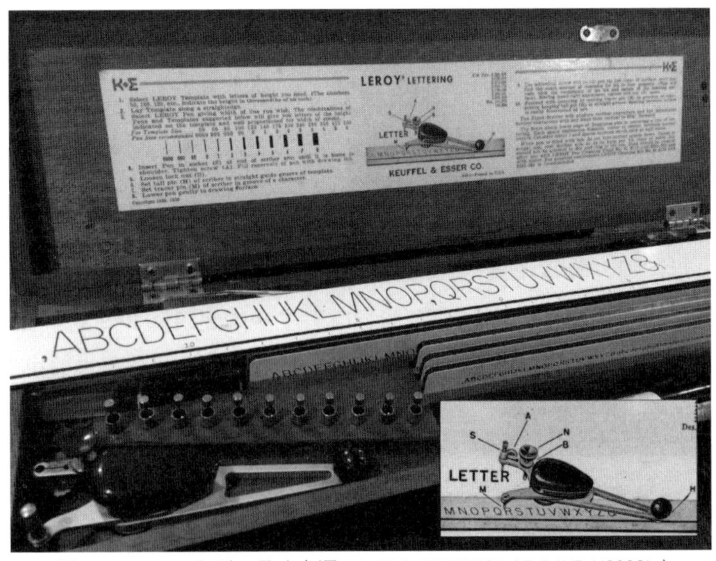

图 4.7 Leroy 印刷工具（来源：PHOTO COURTESY OF DAVE MCCOOL）

关于BIM的一种常见的描述是，“我们可以在建筑实际施工建设之前先进行虚拟建造。”有意思的是，威廉·斯塔雷特早在1928年，就已经在《摩天大楼及其建造者》一书中这样描述建筑设计流程：“从某种程度上讲，我们事实上已经在图纸上提前建造过一个帝国大厦了，之后才有了您们能见到的这项工程。”由此可见，他们同样在实际施工之前进行了预先建造，但在这个过程中需要包含更多的想法。怀旧点说，这种深度分析和思考的艺术正在逐渐消失，这很遗憾。

BIM技术的出现，使那些经验匮乏的用户，在对设计和施工流程并不熟悉的情况下，依然能够绘制、打印出相当水平的施工图、详图、轴侧图或效果图。《工程图纸：实践与理论》（第二版）一书就对此功能发出了预警：“新手通常会操之过急，跳过整体布局直接进入详图设计，这有可能导致后期大量已经完成的详图需重新设计。”这个问题在BIM技术自动化、进度加快的情况下被放大，在下文中会对这个问题加以探讨。

136

看到没有，如果没有明确的流程，一项有效的工具也可能会导致效率低下和浪费。日本人将这类工作定义为muda（浪费），或者说非增值工作。即便拥有了BIM这样良好的工具，并不一定意味着您能够摆脱muda（浪费）。正如前文所说，如果一开始没有把事情做对，工具有可能会不幸地成为累赘。

与百年前相比，在当前的建筑施工交付形势下，我们在项目施工前期的投入已经缩减为很小的一个部分。如此下来，我们就会遇到这样的问题“为什么项目施工进展不顺？我们明明用了BIM啊。”那么在这个问题上，您是否花了足够的时间来充分地理解项目，其中有哪些细节和潜在的问题？您是否招纳了像斯塔雷特兄弟一样，有过同类项目经验的员工？由于施工前期预算占整个施工预算比例非常小，需要采用精益模式下“以慢为快”的策略。如果您希望像斯塔雷特兄弟和伊肯一样成为优秀的建造商，改变如图4.6中所示的下降趋势，那么就必须采取自动化措施。成功的唯一方法，就是像做外科手术一样，将BIM技术巧妙地植入具有“帝国思维”的资深专业人士的头脑中。

BIM启动

恭喜您！您通过了竞标，赢得了项目的施工承包权，现在可以使用BIM了。您已经制定了初步的BIM执行计划，确定了模型详细程度（LOD）矩阵，在FTP站点中建立了一套文件夹存储结构，准备好了现场物流规划方案，并且所有主要的建筑师和专业工程师（建筑、结构、机电、给水排水、消防和室外工程）均已到位。此时，项目的成功与否将取决于四个关键因素：

- 招募合适的人员
- 建立愿景
- 开放沟通渠道
- 避免过高期望

招募合适的人员

一般来讲，在项目开始破土动工之初，会召开一次施工前期会议。总承包商将召集关键团队的负责人、副职和/或项目经理，从宏观层面讨论项目协议。会议议题会包括诸如业主需求、请款流程、临时进度计划、保险要求和施工中的特殊挑战等。

而随着工程施工的不断推进，总承包商会在施工现场主持由现场主管、各工种负责人参加的更多微观层面的会议，称为安装前期会议。这些会议的目的在于，要审查确认分包商的工作范围，要细化到屋顶木瓦上应该钉多少颗钉子的程度。 137

对于虚拟建造，在建模开始之前也会有类似的会议，通常会称为 BIM 启动会。会议内容比较复杂，会同时从宏观和微观角度，探讨如何对建筑进行虚拟建造。该项会议对于整个项目施工能够取得成功起到十分关键的作用，需要项目经理和虚拟项目经理（VPM）同时参与。值得注意的是，如果虚拟项目经理不参加此会议，则工程施工必定失败。下面的专栏“出师不利的 BIM 启动”描述了一个失败的 BIM 启动场景。

出师不利的 BIM 启动

BIM 经理：“吉尔（机电项目经理），您的 VPM 在哪里？”

吉尔：“噢，他来不了了，他正忙着处理我们手上的那个学校项目。我会做好笔记的，会后我会告诉他所有的细节内容。”

BIM 经理：“您难道没有收到我的邮件吗？邮件上写明了所有主要的 VPM 都必须确保到场。”

吉尔：“是的，我看到了，但是不好意思，我们现在忙得晕头转向。我会确保向他转达我们今天讨论的所有内容。”

[BIM 经理简要介绍了项目概况，并开始了 BIM 启动会。他从项目的长期目标展开，讨论了沟通和协作的重要性。机电项目经理看上去似乎很好地跟上了会议节奏，并对两个重要议题深有共鸣。最后，BIM 经理开始说明模型用途、模型创建以及信息在团队成员之间的流转模式（信息交换计划）。]

BIM 经理：“好了，这样的话，所有使用 CAD 的人员都需要为弗兰克将 DWG 文件保存为 2010 版本。确保将文件保存在 CAD 文件夹，而不是本地文件夹。约翰，您只需要将吊杆支架模型完成到 LOD300 的深度；但是吉尔，您的详图设计师需要将支架深化到 400 深度，从而为全站仪创建 CSV 文件。我们打算使用 Tekla BIMsight 进行协调。如果您用 Revit 的话，您需要为 BIMsight 导出 IFC 文件格式，但要为 CAD 用户导出 DWG 文件。不要忘了存成 2010 的低级版本。您的 RVT 文件保存为 2015 版本。苏珊，您需要拿到吉尔的详图设计主管的 GBXML 文件，用来创建初步能量模型。”

您认为这些笔记提供给VPM时会是什么样？我还不知道，但可以想象，这会像传声筒游戏一样，您对某人轻声耳语，然后大家依次往下传递，直到最后一个人宣布答案，内容却和初始信息完全不一样。BIM启动意味着虚拟的安装工程已经开始，理应受到重视。而安装工程的负责人则必须在场。

138

建立愿景

我个人非常喜欢BIM启动会，在会上可以与志趣相投的新老朋友会面，而这也标志着一个新的开始，大家携手出发。您可以忘掉在之前的项目中遇到的陷阱，将获得的所有经验教训都应用到这个新项目中。该会议为项目奠定了整体基调，您也可以在会议上展示您在前期工作中为计划方案所付出的所有辛勤的努力和汗水。但最为重要的是，您能够为项目建立长远的目标。

在《引领变革》(Leading Change)(Harvard Business Review Press，2012)一书中，作者约翰·科特尔(John Kotter)探讨了在团队中或在合作者之间建立长期目标的重要性。科特尔提到，长期目标的提出，会起到三个重要作用：

- 阐明方向
- 激励团队
- 辅助协调人员工作

这件事情并没那么简单。管理者往往犯的错误是，只告诉员工要去做什么，不告诉为什么；员工往往不能理解和支持领导的举动，那么这就形成了一种“我赢/您输”的局面。不要只去讨论眼下事实而忽略讨论目标，也不要回避探讨为什么我们需要做手头上的工作。长期目标更应该简单明了，才能获得人们的信任和理解。以下是两个例子：

愿景1 我们只有5个月的时间用于协调，但是通过BIM的参数化功能，并应用Tekla BIMsight整合模型开展协同工作，我们能够提高创建文档以及进行协调的效率。协同工作的目的在于及早识别出可施工性问题，从而减少RFI和潜在的变更需求。我们还可以对建筑的朝向和材料进行分析，计算负荷，从而恰当地选用工程设备、减少能源消耗、优化住户采光。

愿景2 这项工程时间紧、富有挑战，要求团队成员互相信任、彼此依靠。如果我们团结一心，这项工程将为大家带来丰厚的回报。我们将最终建成、交付一栋别具一格的高性能建筑，世人将为之自豪；它也将成为传世之作，留给子孙后代。开工了，您准备好了吗？

您觉得哪个目标更有感染力？史蒂芬·柯维(Stephen Covey)在《高效率人士的七个习惯》(The 7 Habits of Highly Effective People)一书中，将愿景2称为一种双赢理念，即“这不是您的方式或者我的方式，而是一种更好、更高级的方式。”愿景2直击核心问题，告诉我们为什么要从事我们手上的工作：我们在同一条船上，共同承担胜利或失败。而如果您是VPM，那么工作可能不只是创建一个目标这么简单了。您需要相信目标终将实现，不断重复强调，并最终证明目标真的可以实现。如果您无法让团队成员产生依赖感，您将不再处于大家聚焦的中心位置；如果团队成员在面对挑战时忘记了最终的目标，他们就会产生动摇；如果您不能以身作则，他们也就会随波逐流。与其告诉您的团队成员要做什么，不如为他们创建一项长期目标，引导他们的主观能动性，这是更加行之有效的方法。 139

开放沟通渠道

不要总是您一个人夸夸其谈，也不要太执着于您自己的执行计划！BIM 启动会应该提供交流机会，让大家彼此分享经验教训。正如前文所述，技术发展太快，您难以跟上它的脚步；因此在筛选拟采用的程序或插件时，应该和具有相同理念的 BIM 用户共同做出选择。

在面对其他具有相同理念的 BIM 用户，筛选应该采用哪种程序或插件的时候，唯一的准则应该在于它是否适用于大家的协同工作。要首先确定流程，并基于此决定执行计划和最优实践方案；这样在别人提出新的想法时，您就能够快速地评价这是否有助于提升工作质量。FTP 站点和文件管理程序就是很好的例子。

我们分享信息的方式将变得更加快捷、更加自动化。文件夹结构和文件名称可能保持不变，但可能会有人推荐新的 FTP 或文件共享客户端，以增强同步功能或者加快传输速度，从而使整个团队更为高效。这里，更换 FTP 或文件共享客户端只意味着变换为一种更快速的文件分享方式，并不会对工作流程造成影响。这种改变只会让团队更好地协同工作，是有益的。要将 BIM 启动会开成一个开放性的圆桌论坛，大家畅所欲言、交流想法，再根据需要调整您的执行计划。

避免过高期望

请记住克雷格·达布勒的话，“BIM 所发挥的成效，将取决于技术水平最低的人员。”在 BIM 启动会上，那些技术水平不足的人都只会应声附和、点头称道；而在您问他有没有什么问题时，他们则会保持沉默。要知道，让他们与一群精明的 BIM 大咖们共处一室开会，他们一定会觉得“压力山大”，产生畏惧的心理。试想，或许我们都曾经历过，在课堂上心存疑问，但又不想在同学面前表现得自己很无知的情况。但是，老师们的第六感往往能够准确地发现，哪些同学并没有理解正在讲述的问题。老师们都清楚，大部分的学生坐在教室里，是带着求知欲的；这样，老师们就能够感知到，哪位学生在理解的过程中遇到了困难。

当然，BIM 启动会并不是老师的课堂，大家的注意力很容易受到新的工程、愿景、协同合作、执行等内容的影响而分散，从而忽略了真正想在这里学习的人。当然，第 2 章中提到了“期望偏差”的概念，在这里也会产生影响。当您认识到了这一点时，您可以着重培养自己的这种直觉。一旦您能够识别出基础较差但愿意学习人员，就可以集中精力培养他们快速成长，不拖团队的后腿。

制订进度计划

如今，我们更青睐于采用集成项目交付方法（IPD、DB和风险型CM方法，详见第2章中所述）缩短工期、加速交付。采用这一方法，设计和施工往往同步进行，使信息交换更加复杂（图4.8）。 140

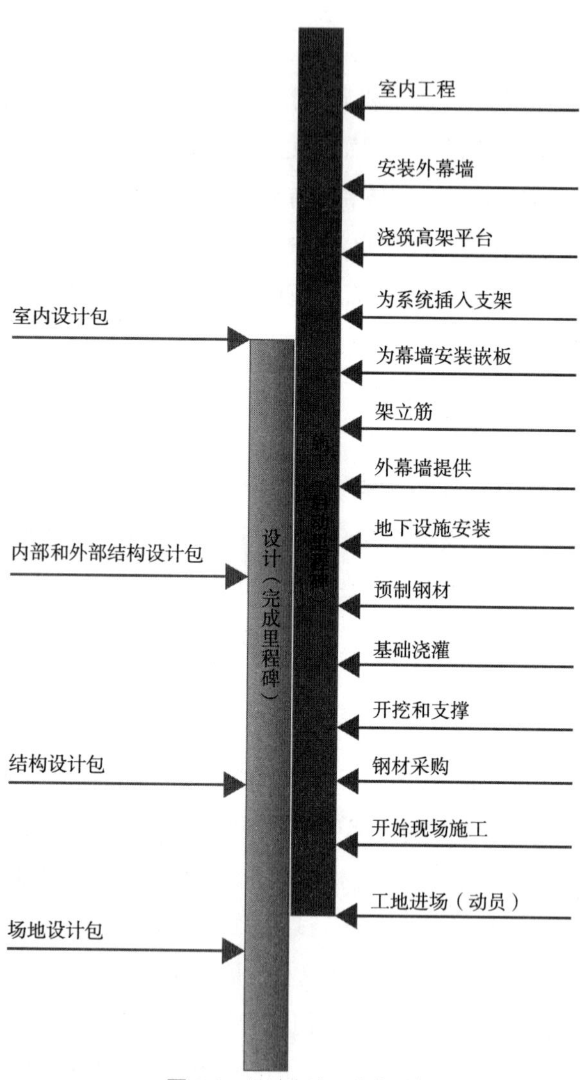

图4.8 设计和施工进度示例

正如第2章中所讨论的，要在很短的时间周期内实现交付，需要将建筑的设计工作分解、打包（如图4.8的左半部分所示），而不是要等到全部设计完成后才开始施工。这使得施工许可证需要分阶段办理，从而减少总体的设计和施工周期，并降低材料通胀的相关成本和一般间接费用。下面，我们将就图4.8中的详细内容，进一步讨论四个设计包之间的关系。

图 4.9 显示了为期一年的设计工作进度表，其中包含四个增量关系的设计包。要注意，每项设计包增量中都包含初步设计（DD）阶段，发生的时间是不同的，因此很难说整个建筑设计的初步设计（DD）阶段发生在哪个时间点上。回顾第 2 章中的麦克拉梅曲线（图 2.3），您会发现，解决问题最有价值的时间段是在方案设计（SD）和初步设计（DD）阶段。而现在，四个设计包增量意味着四条麦克拉梅曲线；那么，为获得最大化的价值，就需要充分了解每项设计包增量的初步设计（DD）阶段应该包含哪些信息。下面，我们将通过一个美国建筑师学会（AIA）的案例了解初步设计阶段（DD）通常包含哪些信息。 141

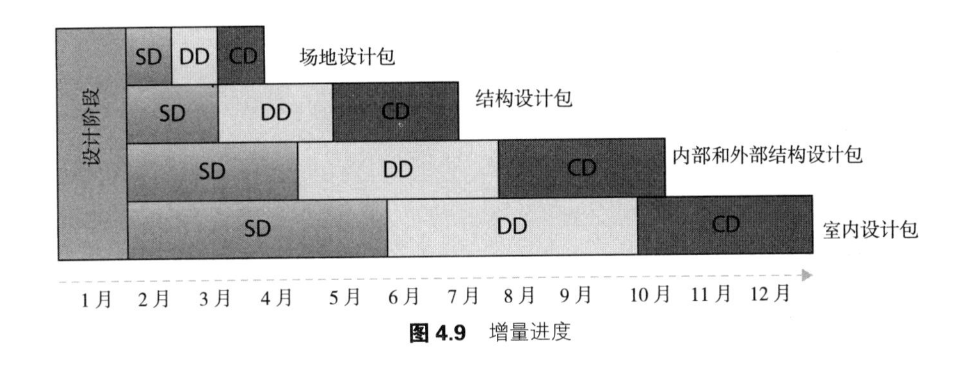

图 4.9 增量进度

2011 年，美国建筑师协会发布了名为《初步设计质量管理阶段清单》的文件，其中列举了团队在初步设计阶段应完成的工作内容（文件全文参见 http://www.aia.org/aiaucmp/groups/secure/documents/pdf/aiab094998.pdf）。从这以后，项目相关人员能够依照该文件，了解在一个完整的设计流程中（如 DBB 设计流程），在不考虑分解为设计包的情况下，在某个时间段是应该需要那些信息、完成哪些工作的。我们也可以基于此文件，演示如何有策略地对工作内容进行分类，再分步完成，从而缩短工程的施工期。

AIA 文件中包含了五个主要的清单：

- 市政 / 场地设计
- 建筑设计
- 结构设计
- 水暖机电 / 消防设计
- 其他相关内容

每个清单中包含 7—29 个工作内容子项，在左下角设有复选框。清单中写明了完成子项的初步设计阶段，所需满足的最低设计标准，这些标准已经过美国建筑师协会组织确认。团队负责人可以阅读这些子项，完成该项后在复选框中“勾选”。一旦所有复选框勾选完毕，就能确认初步设计阶段已经完成。下文以文件中的“水暖机电 / 消防设计”清单为例，展示如何在各类设计包中进行信息分类（表 4.1）。

142

提示：本书作者对表4.1的内容进行了微调，将勾选复选框一列改为序号，并将“备注”一列改为“设计包增量”。在“设计包增量”一列中，给出了该信息应属于的设计包范畴；但该列内容仅依据作者的主观判断进行归类，读者可根据自身经验做出不同的选择。

水暖机电／消防（MEP/FP）初步设计质量管理清单　　表4.1

序号	MEP/FP	设计包增量
1	重新确认文件中所涉及的室内室外条件、通风、空气流通、最低排放、声级、系统多样性和建筑围护结构隔热等建筑特性的设计标准	内部和外部结构
2	完成所有立管设计	内部和外部结构
3	确保完成标准层中所有的协调、碰撞检查工作，包括检查所有立管、开槽和顶棚净空	室内
4	设置主要的设备用房，确认满足最终的空间要求	内部和外部结构
5	除标准层以外，其他层的平面图应充分完善，要保证最终设计协调后的总体建筑布局、结构设计等不会发生变动	结构
6	设备层平面图纸的内容应基本完成，包括双线风管	内部和外部结构
7	各层的给水排水管道平面设计应基本完成图纸内容，包括上水管道和下水管道	内部和外部结构
8	协调所有楼层平面的机电、消防和给水排水管线	室内
9	对主要的风管系统、排水管道、喷淋水管等水平管线结构的布线进行协调，确定顶棚净空高度。确定消防喷头、灯具和其他主要吊装设备的位置	室内
10	应对各个MEP/FP专业的内容进行充分协调，确认净距，同时确保楼板和剪力墙上的预留洞口够大	结构
11	完成公共区域外露可见的设备切割	室内
12	对于最初在合同中约定了最大保证价格（GMP）的项目，在初步设计中还应生成设备表，并准备一份技术规范草案	内部和外部结构
13	再次确认节能规范分析	内部和外部结构
14	协调公共设施要求	场地

看到没有，工作内容的信息就是这样分配到了不同的设计包中去的。当然，以上对设计包的选择是基于我个人的看法；而设计团队则是要对五个清单逐一做出同样的分析，在此基础上确定在四项设计包中完成初步设计阶段分别需要完成哪些工作。然而，了解每项设计包所包含的内容只是最简单的第一步，设计－建造团队是无法靠仅做完这些工作就对建筑设计的进度进行管理和控制的。面对这个被我称作“设计包增量困境”的问题，解决方案的第一步是了解设计包增量中所包含了“什么”；而最具挑战的第二步，则是“何时”需要信息的问题。

143

创意和设计在本质上是动态的，需要通过不断地推倒重来的往复过程，才能够迭代出最终的结果。

“那个不行，不如试试这个。”

“那如果这么做呢？”

“不要改动您的设计。让我看看我这边能做些什么。”

“我们是否能考虑更可持续的产品？”

这些对话在设计过程中常常出现，对于建设高性能的建筑也是十分必要的。设计是一个创造性的过程，需要创意想法不断地“喷涌而出”。传统的进度安排经常会用到关键路径法（CPM），在一项活动结束后，另一项活动才启动。这是一种线性流程，不存在迭代过程或同时进行的过程；因此在这种不能够实现循环过程的方法下，我们进行设计工作的同时，是不可以开展施工环节的进度安排的。可问题是，CPM 模式是在设计工作的进度安排中最为常用的方式。如果您浏览了 AIA 文件中的所有清单，确定了结构设计包中所包含的所有的工作内容信息，然后用箭头连线绘制出不同工作内容之间的关系，您就会得到类似于图 4.10 中所显示的图表。机械管道尺寸增大，需要在楼板上预留更大的开口——由此导致结构框架变动，引起室内墙体移动——改变顶棚布局，而现在造成了灯具的调整，因为它们不再对称——所有这些问题，是由于建筑师改变了内部和外部结构设计中建筑外表面的 R 值，因此改变了机械系统的荷载。这是一种“蝴蝶效应”，或者叫“混沌理论”。设计过程是建立在这些相互依存的关系基础上，其中相互影响的循环随处可见，而没有人知道哪项活动最先开始。如果您将美国建筑师协会文件中所有的问题交给结构工程师，并告诉他“在您的初步设计部分，所有这些问题都需在 5 月中旬前解决，”您可以想象接下来会发生什么。

而考虑到设计包不止一个，这会使关于时间的问题进一步复杂化：因为这种混沌的依赖关系很可能使初步设计的时间延长至 8 个月；而通过传统的单一线性设计，完成初步设计通常只需 3—4 个月的时间。这意味着需要尽早地知道后期设计包中的具体信息，来完成前期设计包内容。而现在，仅仅是对工作内容进行归类，并确定需要提前提供哪些信息内容，就已经耗费了 8 个月的时间。而一旦设计包中所需的信息没有及时交付，则有可能发生以下三种情景： 144

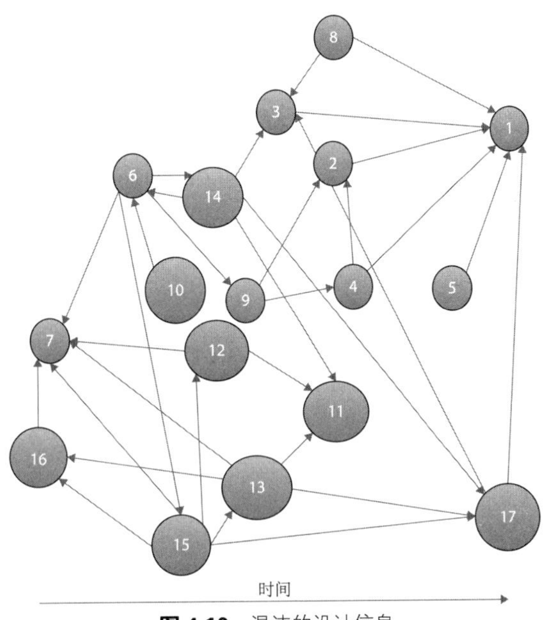

图 4.10 混沌的设计信息

情景1 第一种情景涉及施工许可证的审查流程。一般来说，设计包的设计成果需要通过施工许可证的审查，相关管理机构会评注哪些问题仍需解决后返还，再进行第二轮的提交和查验。有些设计团队会将这第二轮查验视为额外的设计时间，来整理缺失信息，对设计包内容进行最终调整，再将修改内容巧妙地插入到再次提交成果中不起眼的地方。然而这种做法并不明智，很有可能会导致再一次地返还和查验，导致施工延误。

情景2 第二种情景涉及从后期设计包中获取信息的需求，这有可能对已经审批通过的前期设计包内容产生影响。补救方案是要对已经用于施工的设计方案添加附录进行补充说明。但如果施工团队已经开始了该项施工，那么追加附录的做法会严重影响项目的成本。

以下是一个案例：结构设计包已经审批通过，基础结构正在浇筑。与此同时，设计团队也正在协调电梯设备和电梯井的信息；然而，在平面图审查中发现，电梯井与指定电梯制造商的要求并不相符。这个问题导致要对已经浇筑的基础和墙体进行改动，而之前结构工程师在缺乏后期电梯制造商的信息时，只根据经验对结构设计中的电梯井的数据做出了假定。

145

情景3 最后一种情景是由于直到施工前最后一刻才意识到信息缺失所造成的。这会导致需要申请设计变更（RFI）流程（在第2章中已经探讨过），此时，事情的发展与集成项目交付方法的目标完全相悖。

说这么多，您可能会疑惑，这些设计包增量的困境与BIM之间有什么关系。我很清楚，建筑师、工程师和分包商们抱怨了太多次："这远远超出了我的预算。"而拿起了这本书阅读的您，也很有可能是正在寻找这个现象的原因。从行业中的领导层那里，我得到了一个貌似合理的原因：这是BIM学习过程中必须付出的代价，是我们交的学费；又或者，这无关代价，只是预算中的失误。讲真的，大家都那么不善于做BIM预算，失误这么多？我并不这么认为。在我看来，设计包困境才是导致预算超支的真正原因。团队对每项设计包增量中有"什么"并没有一个清楚的了解，更无从谈起去安排要在"何时"去完成这些内容。毕竟这些"什么"之间关系繁复，让人无从下手。此时，团队人员试图去遏制BIM"蝴蝶效应"的产生，防止最终混乱的局面；却殊不知，这项挑战远远超出他们的想象。

设计机构所陷入的困境并不简单。多年来，像麻省理工学院（MIT）、拉夫堡大学、洛克希德·马丁（Lockheed Martin）空间系统公司、机械和航空工程部和美国宇航局（NASA）等一系列机构组织一直致力于研究这一问题。早在20世纪60年代，就有人提出了类似的问题，而直到1981年才由唐·斯图尔德（Don Steward）正式给出设计包增量困境的定义。而要解决这个问题，我们需要求助于设计（依赖性）结构矩阵（DSM）。

设计结构矩阵

设计结构矩阵（DSM）是一个通过内部算法优化信息之间相互依赖性的电子表格，能够用来优化设计的迭代流程。您可以进行手工计算，但我更倾向于计算机自动计算。关于DSM的软件程序可以在网站 www.dsmweb.org 上下载。下面的内容中，我们将使用 ProjectDSM 提供的免费 DSM Matrix 软件来展示和说明 DSM 的使用方法和功能，软件下载地址为 www.projectdsm.com/Products/Downloads.aspx。DSM Matrix 软件可以帮助您理解一些基本概念，在使用时需要按照以下步骤进行操作：

1. 下载并安装 DSM Matrix 软件。

2. 打开 DSM Matrix 软件。

3. 按 Ctrl + N 来新建一个项目表单。

4. 在“名称”这一列内容中，逐条填入所有您认为在结构设计包中，会相互产生影响的 AIA 清单的设计工作内容子项（图 4.11）。

146

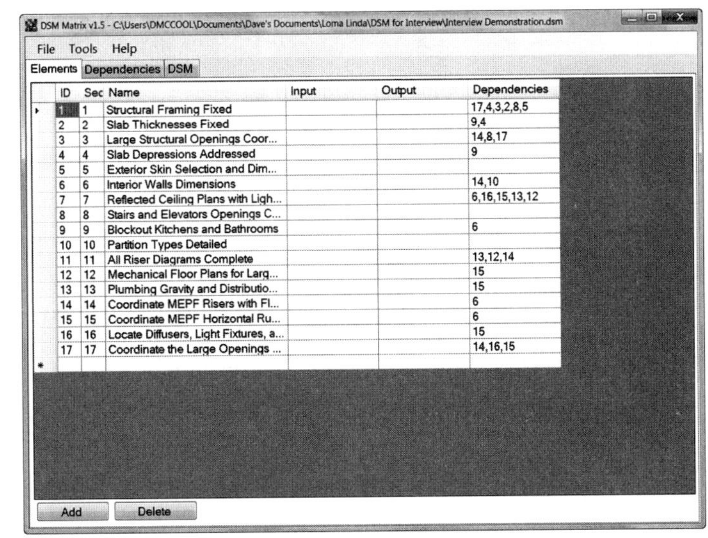

图 4.11 DSM 元素

5. 选中“依赖性”（Dependencies）选项卡。

6. 从“选择关联元素”窗口列表最上面开始，选择第一个工作子项。

7. 使用“添加 / 移动选择源元素”按钮来添加与您已选择的工作子项相互影响、相互关联的工作子项（图 4.12）。

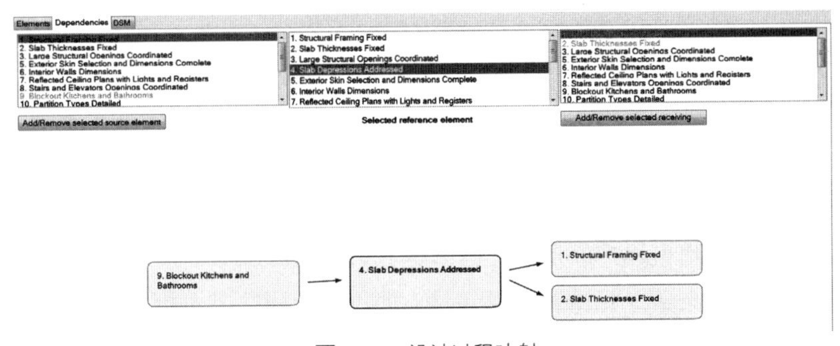

图 4.12 设计过程映射

8. 重复关联操作，直至完成所有工作项的相互关联选择。之后点击 DSM 选项卡，就可以看到所有的工作子项列表，并在表格横向和纵向上都进行了标号（图 4.13）。网格中的点表示依赖关系。对角线右侧的圆点表示潜在的“蝴蝶效应”或设计迭代。

147

ID	Name	Seq	1	2	3	4	5	6	7	8	9	10	11	12	13	14	15	16	17
1	Structural Framing Fixed	1	1	●	●	●	●			●									●
2	Slab Thicknesses Fixed	2		2		●					●								
3	Large Structural Openings Coordinated	3			3					●						●			●
4	Slab Depressions Addressed	4				4					●								
5	Exterior Skin Selection and Dimensions Complete	5					5												
6	Interior Walls Dimensions	6						6				●				●			
7	Reflected Ceiling Plans with Lights and Registers	7						●	7					●	●		●	●	
8	Stairs and Elevators Openings Coordinated	8								8									
9	Blockout Kitchens and Bathrooms	9						●			9								
10	Partition Types Detailed	10										10							
11	All Riser Diagrams Complete	11											11	●	●	●			
12	Mechanical Floor Plans for Large Duct Graphically Complete	12												12			●		
13	Plumbing Gravity and Distribution Graphically Complete	13													13		●		
14	Coordinate MEPF Risers with Floor Plans	14						●								14			
15	Coordinate MEPF Horizontal Runs to Confirm Ceiling Heights	15						●									15		
16	Locate Diffusers, Light Fixtures, and Other Devices	16															●	16	
17	Coordinate the Large Openings Required for MEP's	17														●	●	●	17

图 4.13 依赖性序列未经优化之前的 DSM

例如，第 1 项工作安装结构框架，会受到第 17 项工作协调机电所需的大型开口影响。如果您采用关键路径法（CPM），按照 1—17 的顺序进行排序，那么结构工程师需要等待 2—16 项工作先完成，其中部分还会对结构框架产生影响，之后再处理第 17 项。这种方法会使迭代周期十分漫长，造成劳动力的浪费。算法的作用正在于此，通过对各项工作的依赖关系进行通盘考虑，最终优化迭代的过程。

9. 在工具菜单栏中，选择“依赖排序”来优化迭代（图 4.14）。

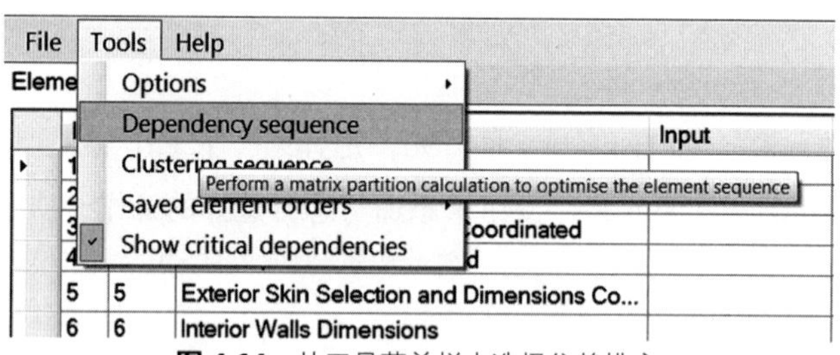

图 4.14 从工具菜单栏中选择依赖排序

软件可以优化设计循环迭代，使设计流程更加高效（图 4.15）。这些工作使团队能够加快设计速度，专注设计方案创新，并对后期工作相关信息做出准确的评估。您可以尽早提供 MEPF 立管信息来最终确定墙体尺寸；也可以设计新的 MEPF 立管形式，解除和墙体尺寸之间的相互关联；或者，还可以预先估量出较为准确的 MEPF 立管尺寸，在墙体厚度或构件尺寸等设计中预留充足的余量。无论采用哪一种方式，您的团队都会因此或多或少地减少混乱无序的状况，团队成员能够了解哪里会出现迭代节点，从而作出对应决策，有针对性地安排设计进度。而在 BIM 模型操作的层面上，该做法最大的益处在于，为建模的细化工作给出了方向，明确了何时可将模型继续深入到下一级的 LOD，有助于团队控制蝴蝶效应的形成。 148

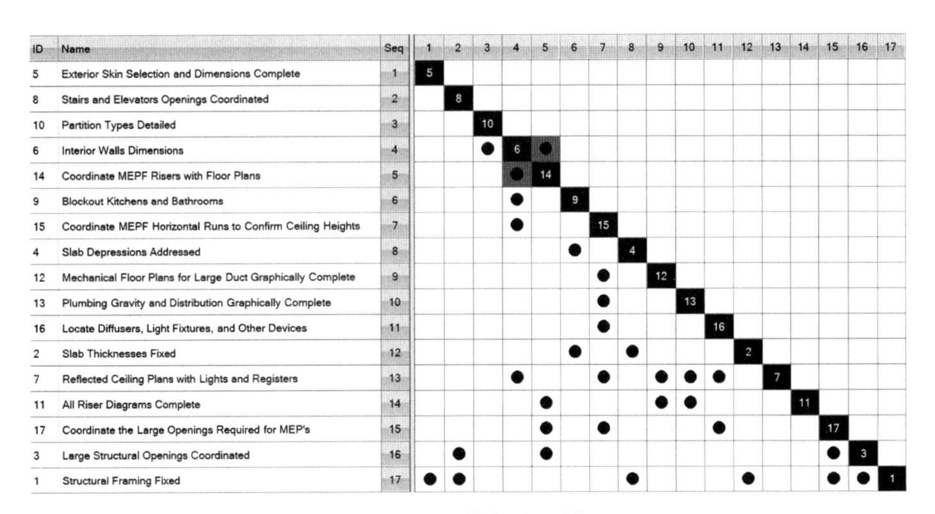

ID	Name	Seq	1	2	3	4	5	6	7	8	9	10	11	12	13	14	15	16	17
5	Exterior Skin Selection and Dimensions Complete	1	5																
8	Stairs and Elevators Openings Coordinated	2		8															
10	Partition Types Detailed	3			10														
6	Interior Walls Dimensions	4			●	6	●												
14	Coordinate MEPF Risers with Floor Plans	5				●	14												
9	Blockout Kitchens and Bathrooms	6				●		9											
15	Coordinate MEPF Horizontal Runs to Confirm Ceiling Heights	7				●			15										
4	Slab Depressions Addressed	8						●		4									
12	Mechanical Floor Plans for Large Duct Graphically Complete	9							●		12								
13	Plumbing Gravity and Distribution Graphically Complete	10							●			13							
16	Locate Diffusers, Light Fixtures, and Other Devices	11							●				16						
2	Slab Thicknesses Fixed	12						●		●				2					
7	Reflected Ceiling Plans with Lights and Registers	13				●			●		●	●	●		7				
11	All Riser Diagrams Complete	14					●				●	●				11			
17	Coordinate the Large Openings Required for MEP's	15					●		●				●				17		
3	Large Structural Openings Coordinated	16		●			●										●	3	
1	Structural Framing Fixed	17	●	●						●				●			●	●	1

图 4.15 优化依赖序列之后的 DSM

提示：这是一个非常基本的 DSM 案例。而在实际项目中，这种依赖性关系可能更为复杂，涉及不同的设计包增量，有必要在使用 DSM 之前深入研究。

LOD 规划

或许在整个设计和施工流程中，最难以战胜的困难是要让 BIM 模型和在建的建筑结构保持完全一致。如本书前文所述，三维模型不需要细致地呈现门的把手、合页五金等细枝末节的内容，这浪费时间精力却收效甚微；但另一方面，模型也应包含充足的信息，提供给建筑施工。通过应用 DSM 和 LOD 矩阵，团队可以确定 BIM 模型中的信息需要达到何种深度，才能满足协调和前期决策的要求。正如雷迪·德乌施在其著作《BIM 与整合设计——建筑实践策略》（Wiley，2011）一书中所述：

> 关键在于对必要的细节信息的内容进行识别和归类，并统计信息量，从而（1）满足现阶段目标和期望的需要，并（2）进一步解决后续阶段问题并满足团队需求。

对比图 4.9 和图 4.16，您能发现 LOD 层级与设计阶段的对应关系。但 BIMForum 认为对于任何一个 BIM 模型而言，不存在特定的 LOD 深度等级。在某个时间点，模型中不同部分的 LOD 深度可能会从 200 到 400 不等。这也显示出使用 DSM 的优势：通过应用 DSM，可以控制模型中添加信息的速度，从而使工程项目的管理更加有效。这里，“添加信息的速度”既是指需要在何时将 BIM 模型中所包含的信息深化到 LOD 400，何时仅需 LOD 200；也是指要优先处理建筑构件和 MEP 系统，从而可以简化设计过程中的协调工作（我们将在第 5 章“BIM 与施工”中探讨此话题）。最后，只有具备团队组织管理知识，您的团队才能够准确地制定项目预算。 149

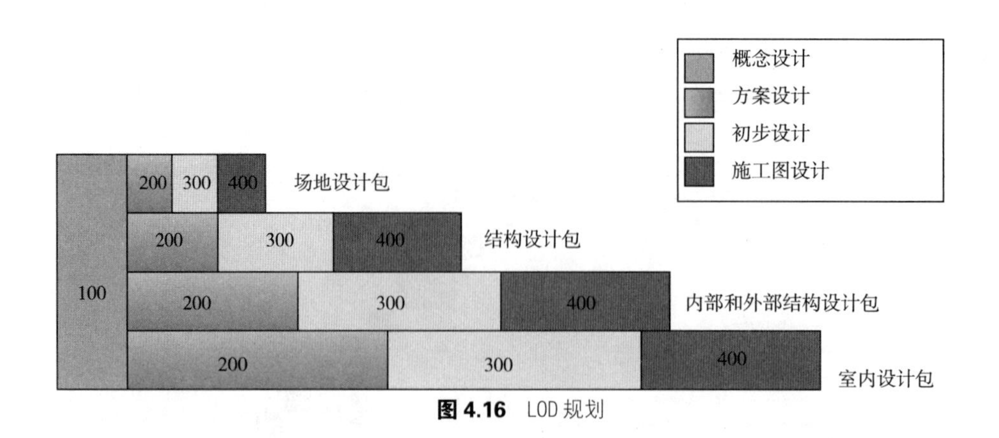

图 4.16 LOD 规划

解决设计包增量困境的第一步在于理解设计包应该包含“什么”，再按照依赖关系来确定“何时”完成设计。这样才能在战略高度上进行规划设计，而不是用 BIM 来赶计划。一旦完成对所有的工作项分类，您可以利用 Pull Plan（www.pullplan.com）等软件来制定工程施工的里程碑节点。这有助于确定每次迭代所需的时间，以满足项目加快进度的需求。

> 设计经理需要清楚地了解每项设计成果在提交时所需满足的详细程度（LOD）。举例来说，较早期的许可证所需的细节深度，要低于设备分包商的招标文件所要求的细节深度，也要低于最终施工文件所需的细节深度。
>
> ——潘科基金会《设计－建造环境下的设计管理导则》，V1.0

可施工性审查

可施工性审查、施工方式和方法、项目可施工性，这三个概念都是在评估一项设计是否能由施工团队建造出来，以及如何建造出来。为了与 BIM 愿景保持一致，在可施工性审查阶段，BIM 模型的用途是以低廉的成本模拟、分析实际施工问题。但是，如果每项工作都采用集成项目交付（IPD）方法，利用 DSM 软件优化设计信息，尽量缩短工期、加快进度，并设定实时整合模型中所包含的所有内容均达到 LOD 400 深度，这种做法实际上是有害的。如此高的标准对于经验丰富的 BIM 专业人士而言或许可以实现，然而根据 2014 年《智能市场报告》（图 4.17），我们绝大多数人目前并没有足够的专业水准来实现这一点。

150

在设计过程中的可施工性审查，是要在“冲突”发生之前就预先发现问题。这可不是点几个按钮就能解决的问题。正如我们在第 2 章所讨论的，设计模型通常会显示设计意图，在初步设计或施工图设计阶段并不会考虑建筑安装和制造所需的建模深度问题。在没有进行 LOD 400 深度的 BIM 建模工作之前，设计方案中的模型元素会一直发生着细微的改动。另外，

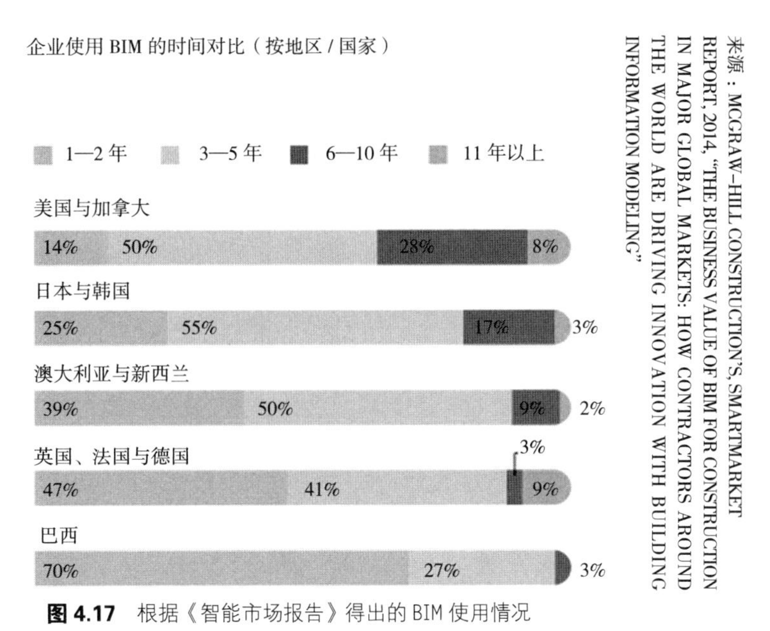

图 4.17 根据《智能市场报告》得出的 BIM 使用情况

效率和速度也是不得不考虑的问题。建筑师和专业工程师在设计过程中更倾向于保持模型简单化，过多的信息会使模型在操作、编辑过程中文件更大，速度更慢。当然，这个问题会随着计算机的运行速度逐渐加快而变得愈发不重要，同时，我们依靠不断发展的云计算技术也能解决该问题。以上两个因素进一步说明了，为了获得理想的降低成本的麦克拉梅（MacLeamy）曲线，您需要对施工安装进行深入的了解，并结合 2D 和 3D 分析，预先在冲突发生之前发现问题。

平面图的应用

对于经验丰富的建筑师、专业工程师、承包商和分包商，模型也具有欺骗性和迷惑性，这听起来有点匪夷所思。从 2007 年开始，可施工性审查越来越多地关注冲突检测的内容，相关工具软件如 Navisworks 和 Tekla BIMsight 等也不断出现。起初，人们还会说，“您不能依赖于模型，在实际操作中是不会像那样施工的。”现在，他们却会说，“如果不在模型之中体现，我要怎么协调？这必须要在模型中体现！”我们已经开始依赖于 BIM 模型的内容，以至于逐渐开始忽略图纸的作用了。有人可能宁愿花数小时审查 3D 模型，也不愿花 15 分钟审核图纸。举例来说，在某 101 大楼的门框和管道系统，其中一个典型的门框构造如图 4.18 所示。在上下两层楼板之间立有两根构造柱，在洞口上方设有过梁。这里的梁柱结构必须安装在准确的位置上，来为门预留尺寸恰当、结构受力合理的洞口。在优先级上，该梁柱结构优于机电管道系统，MEP 工程师一定不要将风管或系统机架穿过柱子，否则会名声扫地。

151

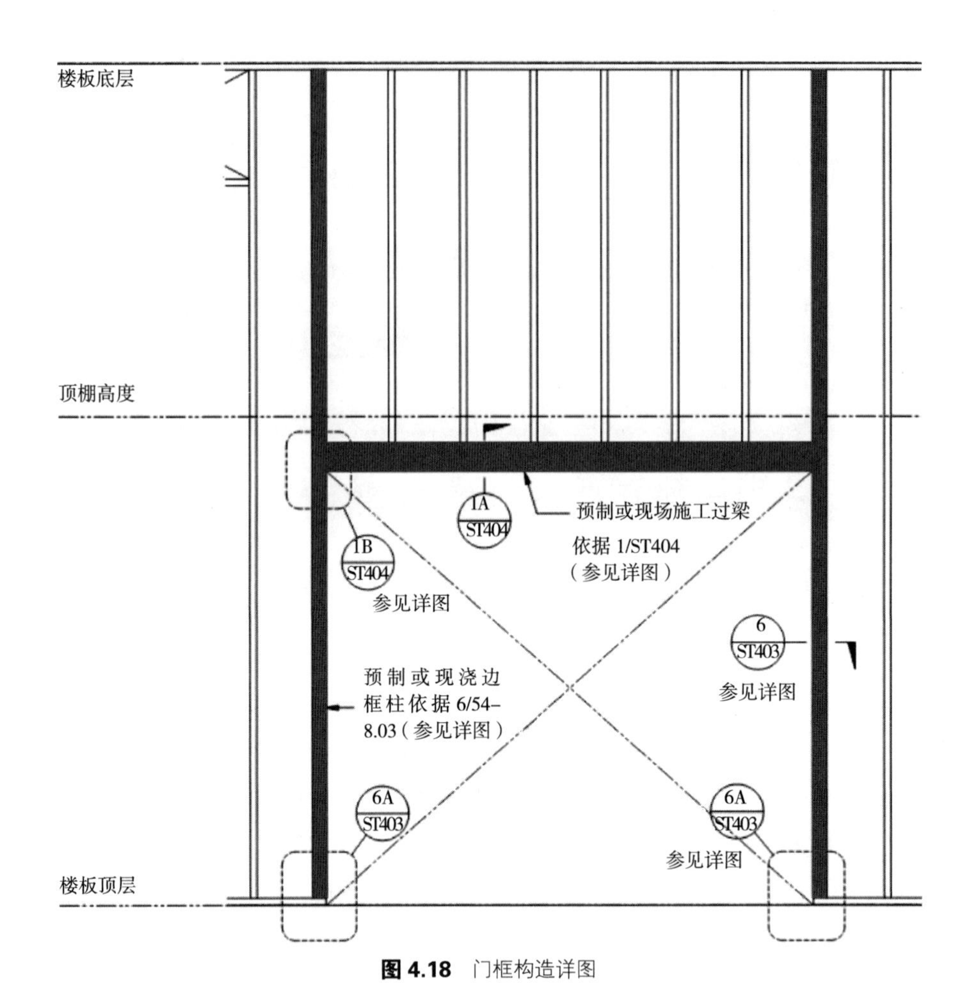

图 4.18　门框构造详图

152　绝大多数建筑师的模型中不会有门框，那么要如何利用 BIM，识别出管道系统模型和不存在的门框模型之间的冲突？答案是，无法识别出来。但是，BIM 的吸引力太大了，有人甚至愿意多花好几个小时，去生成这些特定部分的三维模型，然后去检测出冲突。一个貌似合乎逻辑的解决方案是，让门框分包商提前进场，在设计过程中对梁柱结构建模。但一般而言，最后的结果往往是，尽管门框分包商试图阻止蝴蝶效应的产生，但是随着设计的推进，最终的局面依然混乱。在这个案例中，虽然 BIM 模型的冲突检测功能得到了应用，但这远远不够，仍需花费大量精力一项一项地检查。下面来看图 4.19 和图 4.20。

通过查看平面图纸，能够更轻易地识别出机电系统与门框梁柱结构之间潜在的冲突，这会节省大量设计审查和深化设计的时间。这些平面图是由模型自动生成的，因而能够如实地反映即将施工的工作内容。问题在平面中产生了，在实际施工中就一定会出现；在问题发现后，才能够与机电工程师讨论解决方案，在门框分包商的协助下有效解决问题。这种方式不需要对每个门框的梁柱结构建模，而需要对施工流程十分了解，能够预先知道可能出现的问题。

在本质上，这回到了传统的利用发光绘图板进行图纸叠加比对的审核模式。但是，正如丰田模式所称，通常最好的选择就是最简单的解决方案。相同的流程也可用于管道支架、电气支架和电气固件。

153

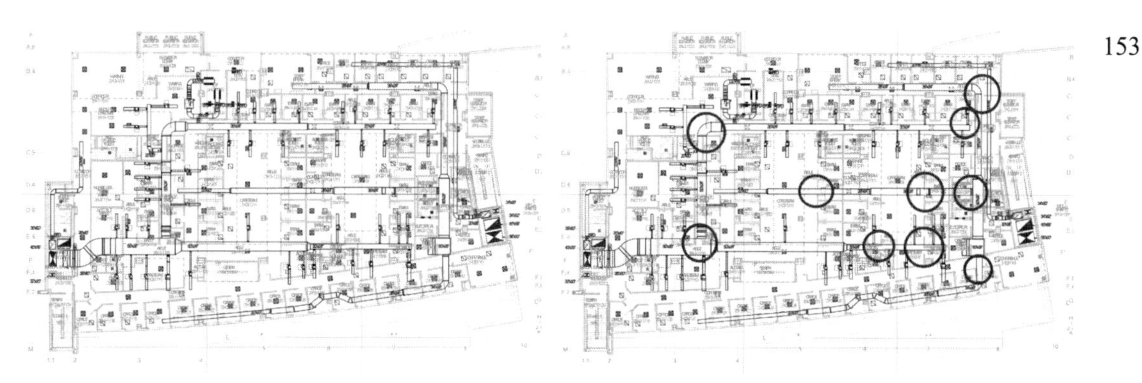

图 4.19 标记之前的机电平面图（来源：SCRIPPS HEALTH）

图 4.20 标记之后的机电平面图（来源：SCRIPPS HEALTH）

尽管冲突检测功能十分有效，但是利用经验和现有信息也可以节约大量的时间，使团队成员更快地完成协调工作。在这个角度上，平面图纸与 3D 视图的共同应用通常是最具可行性的选择。

详图的应用

第 2 章中曾讲过一个案例，由于模型中没有对斜撑进行建模，从而导致施工中在管道安装时出现了问题。工程人员在图纸中进行了标注，但在模型中没有建模，最终结果是不得不降低顶棚高度。相信您并不愿意在实际项目中发生这样的事情但这远不是最糟糕的事情。如果您忽略了渗水或消防安全问题，刚才的问题造成的影响未免微不足道了。我们都知道，渗水和消防安全问题对建筑性能十分关键,但这个问题难以通过冲突检测软件识别。在这一节中，我们就主要探讨渗水问题。

美国国家屋面承包商协会（NRCA）成立于 1886 年，“是建筑业内最为权威的行业协会之一，也是屋面专业人士和屋面行业领导、权威人士在信息、教育、技术和宣传方面的发声渠道”（http://www.nrca.net/About/）。在《NRCA 屋面手册：膜屋面系统（2011）》中，给出了屋面建造行业标准中常见的节点构造详图；在屋面制造商提交的设计文件和设计成果中，常常依据该手册给出构造详图。如图 4.21 所示，为防水元件之间最小的水平间距。

图 4.22 所示，为防水结构的垂直剖面构造要求及应满足的最小高度。

在审查完图 4.21 和图 4.22 之后，再来看图 4.23 所示的 50% 完成度的初步设计模型，看看 BIM 软件的冲突检测功能是否仍然适用，是否能够检测出哪些区域依然存在着很高的渗水风险。

155

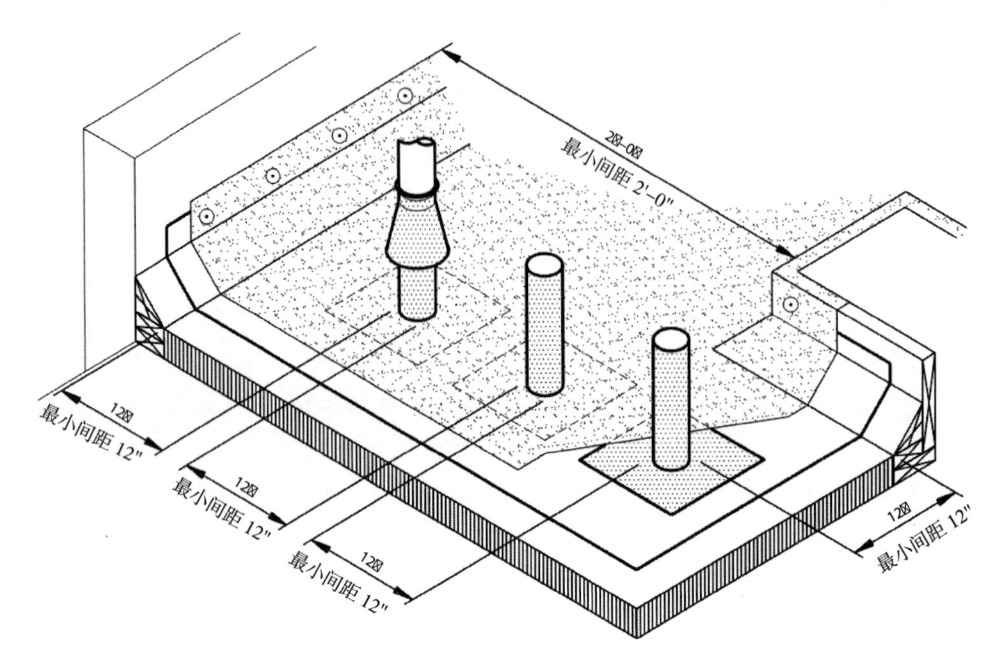

图 4.21 管道、墙体和边缘之间的间距控制导则（来源：REPRINTED BY PERMISSION OF THE NATIONAL ROOFING CONTRACTORS ASSOCIATION)

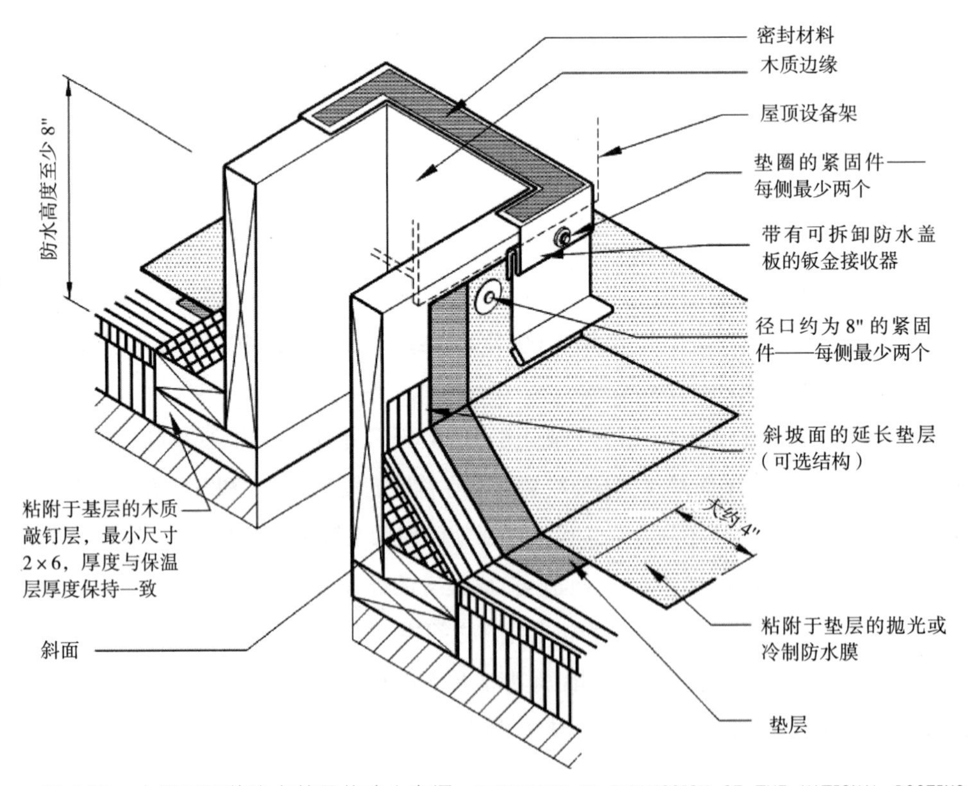

图 4.22 木制屋顶的防水基层构造（来源：REPRINTED BY PERMISSION OF THE NATIONAL ROOFING CONTRACTORS ASSOCIATION）

在讨论存在渗水风险的区域之前，我们先来看一下模型中能够检测出的冲突个数。这可能要费一番功夫了，但事实上，图 4.23 中的模型中的所有元素并不存在冲突。即便是管道和消防立管之间，尽管管道间的距离很近，但是通过冲突检测可以发现，它们之间并不存在冲突。下一步，我们再来看这样一个冲突数为零的模型中，在细节的构造方面，又存在多少的问题（图 4.24）。

156

图 4.23 屋顶图像（来源：SCRIPPS HEALTH）

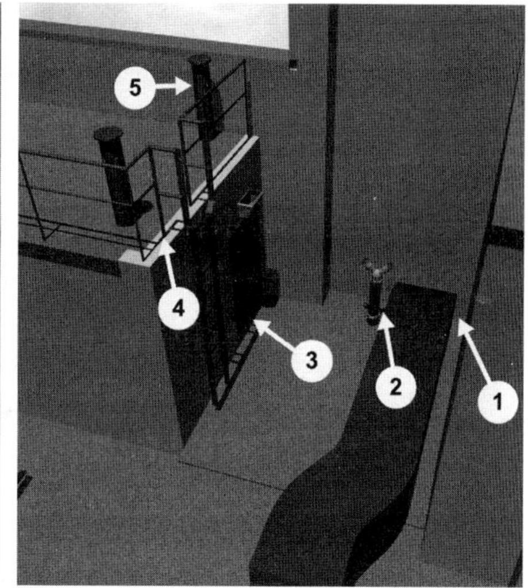

图 4.24 屋面构造五处存在问题（来源：SCRIPPS HEALTH）

我发现了 5 处防水结构中存在潜在渗水问题，当然，您也可能会发现其他问题。下面，我们一起来看一下我发现的这些问题（问题出现的位置在图 4.25 中标出）。

问题 1 从挡水坎边缘到墙体之间的距离应至少为 24 英寸。而该模型中距离只有 8 英寸。另外要注意一点，模型中并没有对挡水坎外缘建模，这会使挡水坎尺寸再往外延伸 2 英寸。如果外缘还是斜面设计（边缘底部为三角形实体），那么从斜面底部开始算起，距离墙体的间距可能缩小至 0—2 英寸，如图 4.21 所示。

问题 2 管道与邻近挡水坎之间的距离应至少为 12 英寸；模型中消防立管的距离只有 10 英寸。同样地，边缘和斜面并没有建模；如果建模的话，管道和挡水坎边缘的距离可能只剩下 2—4 英寸。

问题 3 这个问题有点棘手，但并不好找，您能找到的话算是中彩票大奖了。屋面的防水层至少需要 8 英寸的厚度，而相比之下门槛高度不足。但这只是问题的一个方面，图 4.25 中还显示了距离门最近的排水口。

如果屋顶结构本身并没有坡度，那么在屋面结构（通常称之为 cricket）建成之后应具备一定的排水坡度。排水口与门的距离约为 37 英寸。假定最小斜率按照每英尺 1/8 英寸计算，这样的话在建成之后，门槛应高出屋面结构的高度，至少还要增加 4—5 英寸的排水坡高度，以及 8 英寸防水层高度。

问题4 如果您发现了问题3，又发现了这个问题，恭喜您又中了二重大奖。因为在图4.21和图4.22中都没有体现这个问题。护栏和梯子的设置都穿透了屋顶边缘所需的防水板。该区域位置的渗水风险很高，需要与设计团队共同审查。

问题5 您看到的这些立柱结构叫作“吊艇柱”，用于固定建筑外墙清洁系统的安全绳索。目前吊艇柱与女儿墙距离仅有6英寸；而根据屋顶坡度计算，吊艇柱需要向内再移动至少6英寸的距离。

157

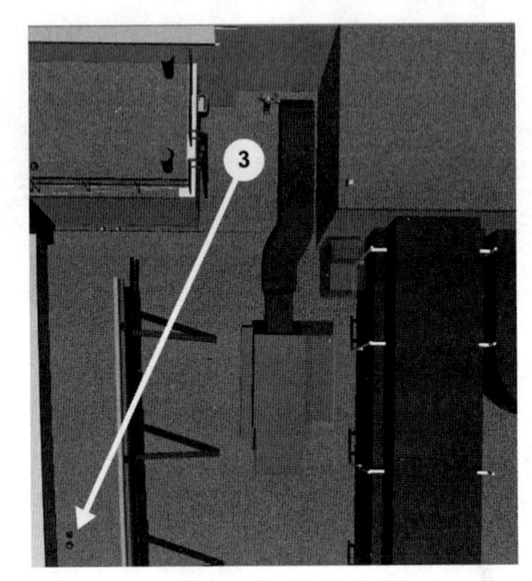

图4.25 屋顶排水口间距（来源：SCRIPPS HEALTH）

在专栏“构造中的潜在风险”中，我们将详细探讨问题1对设计流程的潜在影响。

构造中的潜在风险

目前，详细的屋顶钢结构模型已经完成，工厂订单已下，预制件也正在生产中。但是在内部和外部结构设计包的最终审查阶段，发现了图4.24中所示的问题1。为解决该问题，挡水坎结构需要至少移动22英寸，为屋面材料预留足够的空间。此处改动进而导致消防立管要至少移动30英寸，以满足和挡水坎之间12英寸的间距需要。随后，通过冲突检测，发现挡水坎与钢结构间存在冲突，而之前这个问题并不存在。

现在不得不对受力的钢结构重新设计，对部分构件的位置进行调整；钢材分包商也需要对工作量的改动和材料的浪费提交变更通知单。另外，我们还意识到，建筑内部的井壁位置需要移动，以满足新的挡水坎位置，距离墙体约为16英寸。而这些改动又导致了消防立管与楼梯休息平台距离过大，无法满足规范要求。（消防立管通常设置在楼梯间内，满足紧急情况下的疏散要求，并满足规范中休息平台的最小建筑面积要求。）为满足楼梯

158

疏散规范要求，现在又必须对其重新设计、协调。正当我们认为能够提交设计图纸、申请内部和外部结构的设计审查时，蝴蝶效应又悄然蔓延。

谁会预想到防水构造的细节问题竟然会对设计产生如此大的影响？而如果问题拖到施工期间才发现，再通过 RFI 进行修改的时候，造成的后果可想而知，上级领导、业主很有可能都会表达出强烈的不满。但通常来讲，这些问题是很难通过冲突检测而发现的。而这种利用模型进行细节审查的方式往往带来巨大的价值，会远比翻阅平面图纸来发现问题更为高效。因为模型中汇总了所有人的设计信息，管理人员能够依靠这些整合模型更好地了解不同系统之间如何相互联系，并通过构造详图识别出其中的问题。

人员的利用

我们一直强调，团队工作取得的成效，应该大于每个人单打独斗所取得成果的总和。即便您将《NRCA 屋面手册：膜屋面系统》的内容烂熟于心，您所获得的也不过是建筑行业中微不足道的一小部分。或许这部分内容非常重要，但毕竟这只是一小部分。现在的建筑要远比当初的帝国大厦复杂得多，因此需要更加全面的规划。项目的成功与否将取决于整个团队的施工经验，以及从模型中获取信息、审查模型的能力。

对于那些对 BIM 软件依然犹豫不决的人们，基于云环境的 BIM 软件的出现为他们增强了信心，加快了 BIM 新手们从一无所知到精通的学习过程。甚至可以说，云 + BIM 的实施方案在“诱惑”大家使用 BIM。云环境在未来 BIM 的发展中将产生重大影响。直至今天，行业内的守旧派依然会对 BIM 存有怀疑的态度，其中很多人有着多年的从业经验和丰富的专业知识。他们会说，“我太老了，学不来 BIM——这是给那些热衷于新鲜技术的年轻人用的。”或许，在您的单位中，您也曾听到过某位德高望重的长者这么讲。这种情绪甚至在建筑行业的领导者中普遍存在，但我敢打赌，这些人同样也会用智能手机给他们的孩子、孙子拍照。他们甚至可能有 Facebook 账号，就在上周刚刚上传了一张在纳帕（Napa）河谷喝红酒的自拍照，还标记了一个智能标签。

BIM 软件的应用可以简化为非常简易、直观的基础性操作，以至于一个在艾奥瓦州的孩子就可以用 iPad 查看在迪拜斥资 10 亿美元建造的项目的模型，模型可以旋转，还可以对墙体涂色。这也正体现了托马斯·弗里德曼（Thomas Friedman）在《世界是平的：21 世纪简史》（Farrar, Straus and Giroux，2005）一书中曾经所说到的，“世界是平的”。

159

欧特克（Autodesk）公司的 BIM 360 Glue 软件，是一款彻底改变了设计流程的工具。该软件是一款基于云技术的协作工具。通过 BIM 360 Glue，所有团队成员的模型都可以上传到云端（网络），然后按照不同的组合方式建立整合（通常称为联合）模型。通过应用计算机端和移动端的 Glue 应用程序，所有模型可以面对所有团队成员开放使用。这意味着模型可以在任何时候、任何地点、提供给任何人进行审查。该软件的一大优势在于无须冗长的安装过程，大部分人甚至没注意到自己的电脑上已经安装了 Glue。软件不必在欧特克电子邮件账户下操作。当然，对于那些守旧的人，您依然可以为他们设置欧特克账户，并通过桌面应用程序邀请他们参与 Glue 项目；随后，他们会收到邀请的电子邮件，如图 4.26 中所示。

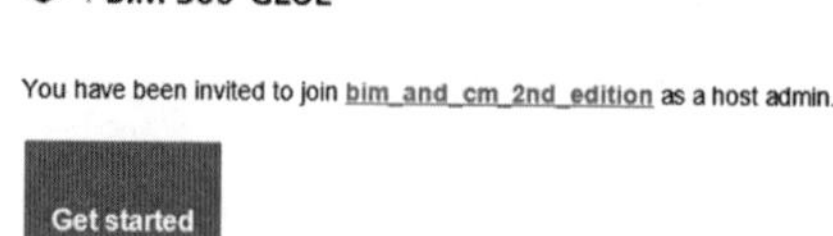

图 4.26 Glue 电子邮件邀请

现在，您就可以在便利贴上写下欧特克账户信息，粘贴在守旧派人员的电脑屏幕上。一旦他们收到邮件，告诉他们点击“启动”按钮，使用便签上的信息进行登录。在不知不觉间，他们就已经开始“做BIM”，而过去他们只认为这适合那些“热衷于新鲜技术的年轻人”使用。160 他们只要看到您在iPad上旋转业主的建筑模型，便也会希望创建一个账号可以亲自操作。

模型一旦上传，团队便能够在云环境中实时进行查看、运行冲突检测、创建视点并标记可施工性问题。每当有人进行上述任何操作，整个团队都会在几秒钟内通过电子邮件收到通知（如果需要的话）。现在您可以真正地发动所有团队成员进行思考。这对顺利交付一个令人为之自豪的项目而言，十分重要。

将模型上传到 Autodesk BIM 360 Glue

首先需要下载BIM 360 Glue的免费试用版，网址为http ://www.autodesk.com/products/bim-360-glue/free-trial。在收到如图4.26所示的邀请邮件后，按照其说明在桌面上安装应用程序。打开程序，在右上角找到下拉菜单。选择第一张图片中所示的“管理员”(Admin)，然后按照第二张图片所示创建新项目。

161

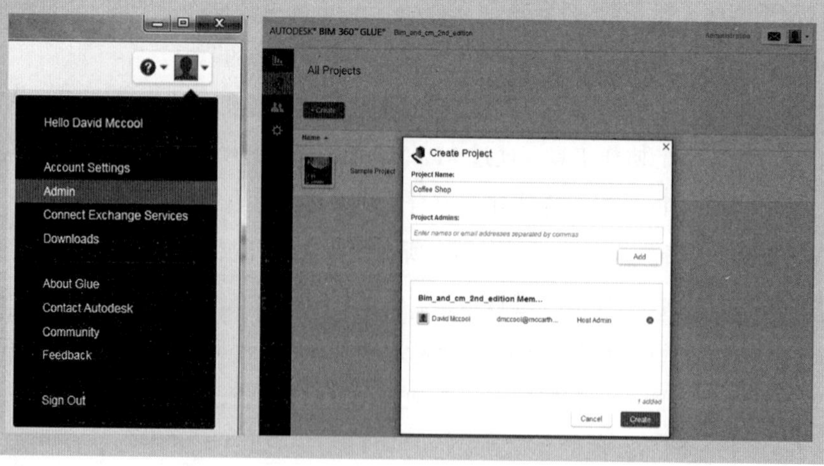

Glue 应用程序支持 50 多种文件格式直接导入，但建议在导出时最好使用插件，插件可参见 https://b4.autodesk.com/addins/addins.html。这些插件的功能，是将模型从建模软件平台上“粘贴”（Glue）出来。首先安装 Autodesk Revit，下载插件后按照以下步骤安装：

1. 下载 Example–50% DD.rvt 文件，下载地址：http://www.sybex.com/go/ bimandcm2e。

2. 打开 Autodesk Revit，在“项目”下点击“打开”，选择浏览“Example–50% DD.rvt”文件，勾选“从中心分离”，并点击在窗口底部的“打开”按钮。

3. 点击“分离”并保存工作集。

4. 如下图所示，在顶部工具栏选择“管理选项卡”，点击 Glue，弹出注册对话框。 162

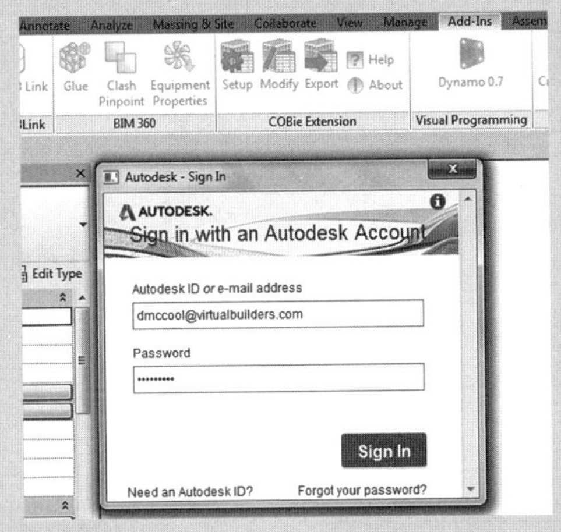

5. 按照提示导航到您创建的项目。

6. 在“审查和确认”窗口下，将文件重命名为“建筑”，创建新文件夹命名为“50 DD”。

7. 点击“粘贴完成”（Glue It）。

这样就好啦！ 163

现在，您就可以随时随地查看模型啦！您需要做的，只是进入移动设备的 app 商店，下载 BIM 360 Glue 程序。按照说明教程，您就能够在不知不觉中学会如何在云环境中实时地标记模型了。软件界面如下图所示：

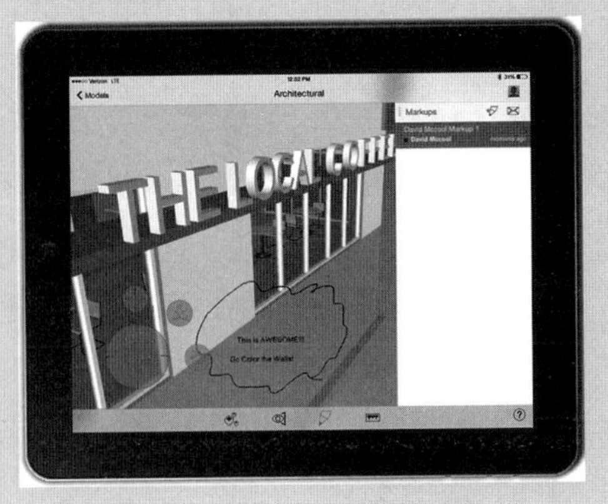

预算

在施工前期，应用 BIM 进行预算和成本趋势预测，将为预算人员和设计经理带来巨大的效益。一般来讲，在集成项目交付（IPD）方法中，业主会要求在不同的交付阶段执行多轮预算，以确保项目投资控制在最初的预算或谈定的最大保证价格（GMP）范围内。

164

行业内 5D 实际应用方法

下图所示为基于 BIM 模型进行预算的实践发展历程，也被称为 5D BIM。图中一并给出了我们当前所处的阶段。

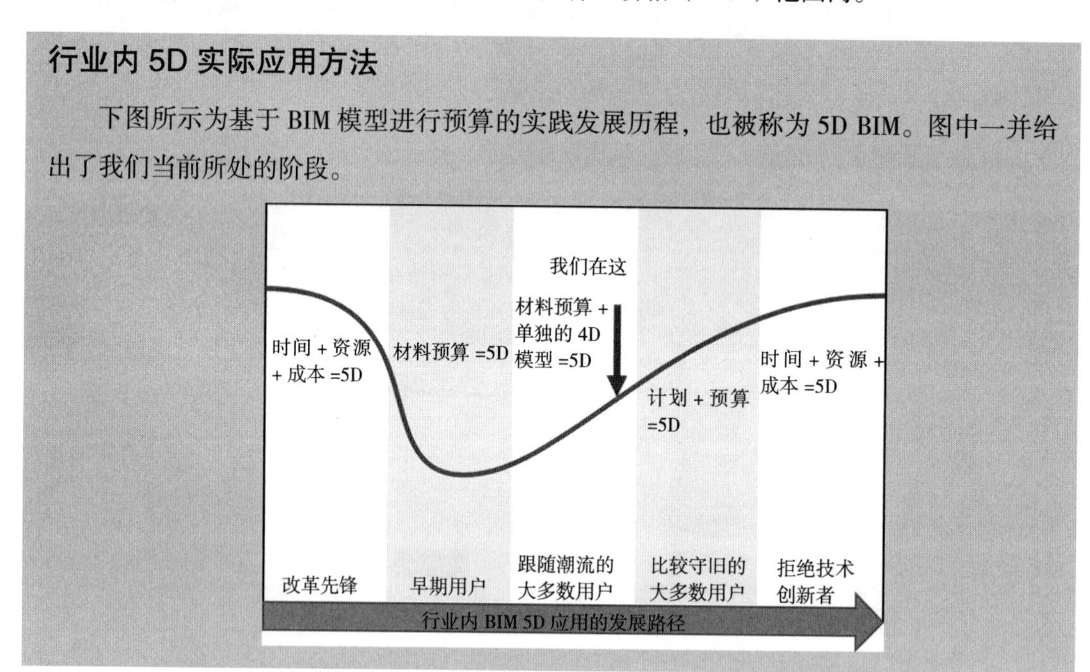

传统上进行预算和成本趋势预测，是要通过为承包商提供 PDF 或打印版图纸、人工计算工程量和联系分包商要求提供数据等一系列工作，从而最终完成预算。这类似于第 2 章中所描述的采用 DBB 方法的项目招标。这种数据传输方式中存在的问题，在于建筑师或工程师打印出来的内容，只是之前的陈旧信息。而在总承包商审查文件的同时，建筑师和专业工程师并不会停止画图、调整和修改设计。而基于 BIM 软件，模型能够实时反映出当前设计状态，通过模型可以直接生成相关文件。为了真正了解设计的趋向，预算人员必须利用模型信息。

利用 Revit 表格制定预算

利用 BIM 模型制定预算往往被戏称为“无用输入，无用输出”。这种说法非常直白——当模型创建不够精确时，所获得的数据也将不准确，这就体现出 BIM 中“I”（信息）的重要性了。您首先必须了解，信息是在何种建模软件中如何创建的，之后才能够利用这些信息进行预算或用于其他分析。模型就像一个数据库，是信息的载体，可以通过自定义公式的方式获得工程项目的预算，也可以利用自带的计算功能获得预算。下面的一个简单案例将指导您使用 Example-50% DD.rvt 文件创建楼板表：

165

1. 打开 Example-50% DD.rvt 文件。

2. 输入“VG”，打开“可见性 / 图形重写”窗口。

3. 仅勾选“楼板”选项，其他类别均不选择，点击确定（图 4.27）。

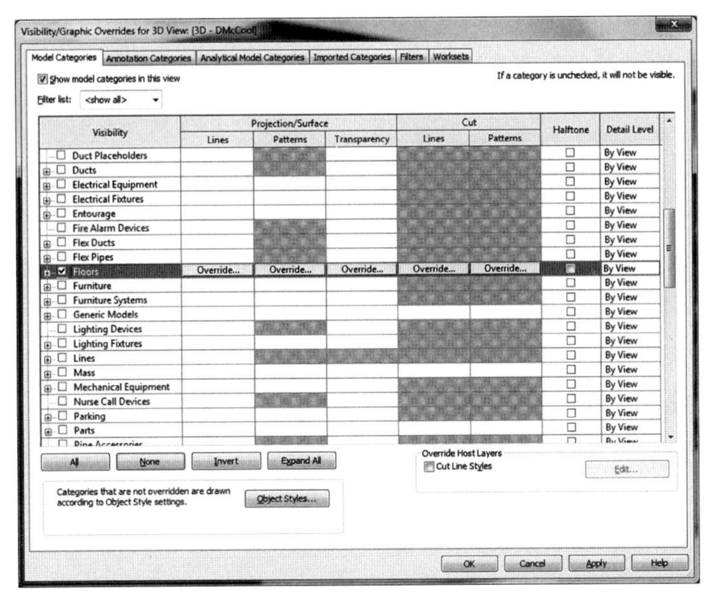

图 4.27 在可见性 / 图形重写窗口中，仅勾选“楼板”选项

4. 在顶部工具栏中选择“管理”标签。然后选择“度量单位”，确保体积的单位是立方码（CY）而不是立方英尺（图 4.28）。

5. 选择 6 英寸的混凝土地下室楼板，点击“属性”窗口中的“编辑类型”（图 4.29）。 166

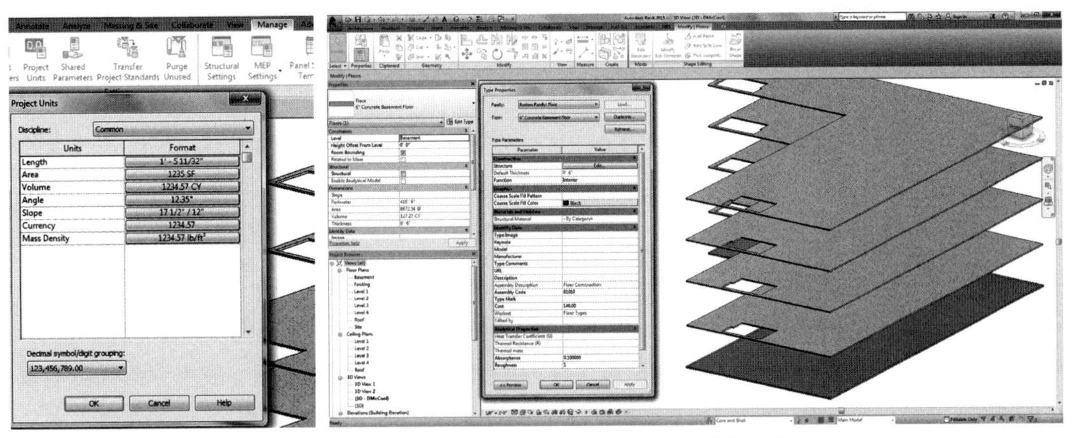

图 4.28 选择单位窗口　　**图 4.29** 编辑类型

在“类型属性”窗口中，您可以看到 BIM 构件包含的相关信息。注意在顶部会显示族（系统族：楼板）和类型（6 英寸混凝土地下室楼板）。在 Revit 的族中，包括“类型属性”和“属性”。“类型属性”是指与该工程项目中所有的 6 英寸的混凝土地下室楼板相关联的属性信息； 167

而“属性”是指仅与某个特定的 6 英寸混凝土地下室楼板相关联的属性信息。在图 4.29 的左半部分，您可以看到，属性中包含面积、体积等，这些属性专属于您选择的楼板，是一个“实例”的属性。而在做预算时，“类型属性”通常会发挥更大的作用，您需要考虑整个项目中所有的 6 英寸混凝土地下室楼板。查看“类型属性”窗口中的“数据标识”部分，会看到一个成本字段，在这里可输入某个项目的单位成本。有些企业会保存有历史成本数据作为参考，这里我使用 Gordian 集团的软件 RSMeans 来建立单位成本（免费试用版下载地址：http://rsmeansonline.com）。在 RSMeans 中，我指定了 3000 磅 / 平方英寸的预拌混凝土，考虑 5% 的浪费系数，采用直槽浇筑。得出的成本大约为 140 美元 / 立方码。填写完 6 英寸混凝土地下室楼板的成本字段后，点击确认，再对立面楼板重复相同的步骤。您只需进行一次操作即可，因为操作在“类型属性”中进行，而不是“属性”。

6. 在输入两种类型楼板的单位成本后，选择工具栏中的“查看”选项。点击“表格”菜单，并选择“表格 / 数量”来打开“新表格”对话框（图 4.30）。

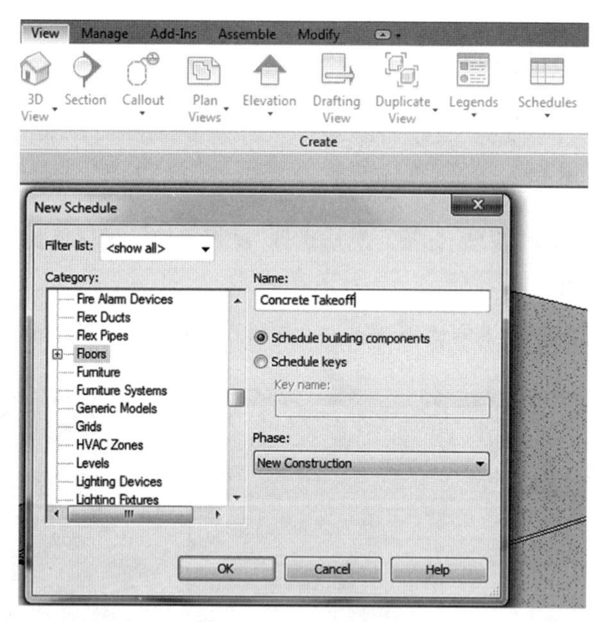

图 4.30 新表格对话框

168 7. 点选楼板，在“命名”文本框中输入名称“预算 – 混凝土用量”，然后点击确定。

8. 在“表格属性”窗口中，滚动“可用字段”列表框，并添加面积、成本、族和类型及体积参数。

9. 点击“计算值”选项打开“计算值”对话框。这里您可以对添加的属性创建计算公式。

10. 输入名称“混凝土浇筑”。

11. 在“公式”字段中，点击省略号，打开现有属性。

12. 创建公式，如图 4.31 所示。

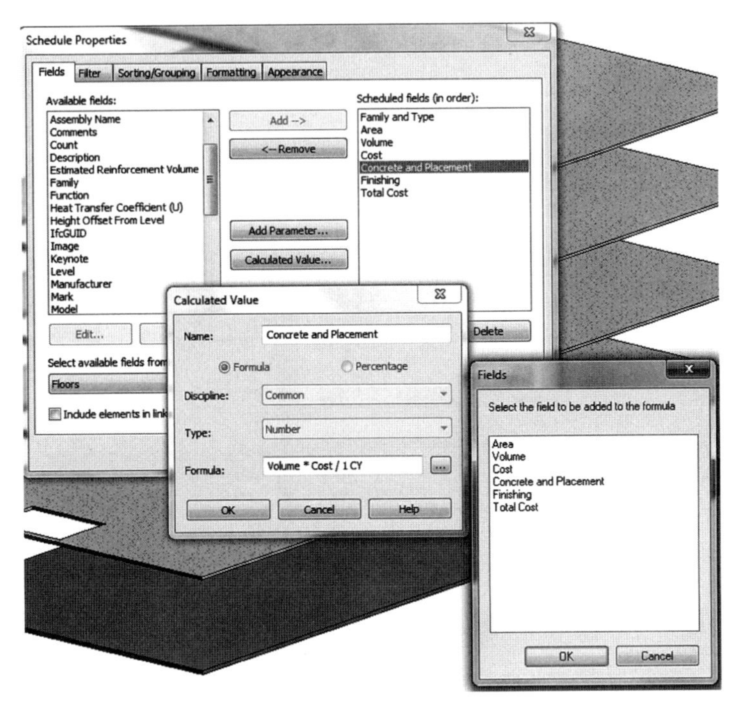

图 4.31 创建混凝土浇筑公式

13. 重复步骤 9—11，将计算结果命名为“楼板面处理”。计算完成面所使用的公式为：面积 ×0.44 平方英尺（我使用 RSMeans 来获取完成面的单位成本）。

14. 创建一个计算结果，并命名为“总成本”。计算公式为：混凝土浇筑 + 楼板面处理。

15. 在“表格属性”窗口中，选择“排序和分组”选项，然后点击“总计”选项（图 4.32）。

169

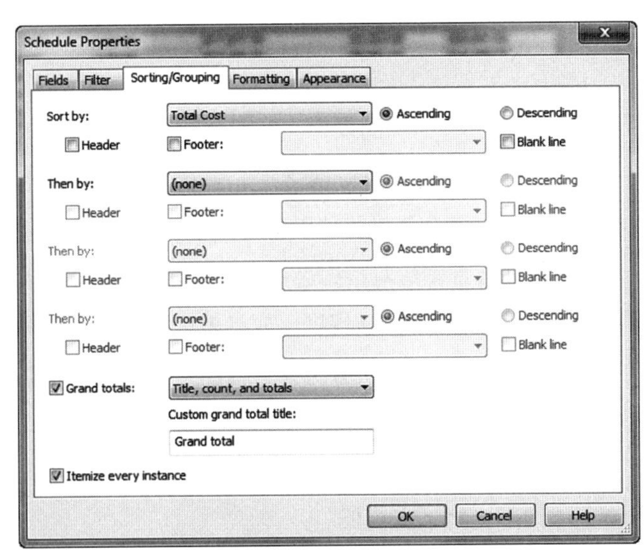

图 4.32 选择总计选项

16. 点击“格式”选项，选择“混凝土浇筑”字段。

17. 选择“计算总计”选项。

18. 点击“字段格式”按钮。输入图 4.33 中所示的设置，并点击确定。

19. 对于楼板面处理和总成本的计算均重复步骤 16—18。

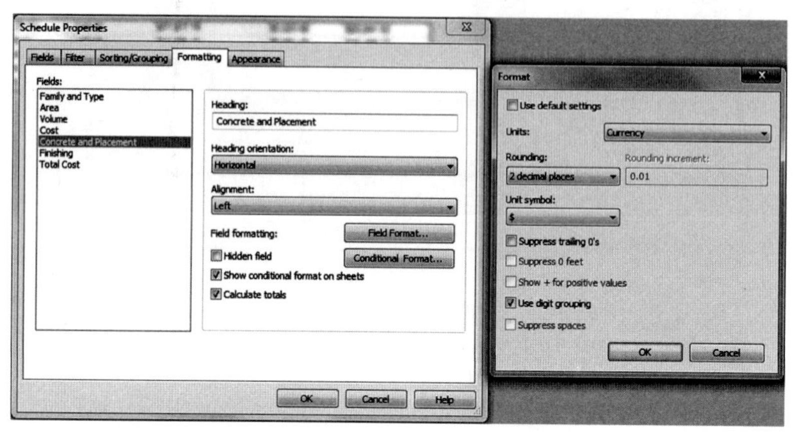

图 4.33　在此对话框中进行字段格式设置

20. 完成公式设置后，点击“确定”生成表格，如图 4.34 所示。

170

<Concrete Takeoff>

A	B	C	D	E	F	G
Family and Type	Area	Volume	Cost	Concrete and Placement	Finishing	Total Cost
Floor: 6" Concrete Basement Floor	6873 SF	127.27 CY	140.00	$17,817.70	$3,023.92	$20,841.62
Floor: 1-1/2" Mtl Deck w 3" Concrete	6594 SF	91.59 CY	148.00	$13,555.22	$2,901.55	$16,456.77
Floor: 1-1/2" Mtl Deck w 3" Concrete	6594 SF	91.59 CY	148.00	$13,555.22	$2,901.55	$16,456.77
Floor: 1-1/2" Mtl Deck w 3" Concrete	6594 SF	91.59 CY	148.00	$13,555.22	$2,901.55	$16,456.77
Floor: 1-1/2" Mtl Deck w 3" Concrete	6594 SF	91.59 CY	148.00	$13,555.22	$2,901.55	$16,456.77
Grand total: 5				$72,038.58	$14,630.12	$86,668.70

图 4.34　混凝土预算表

您可以对模型中的每个元素进行相同的操作，从而创建项目的总成本。在第一次创建表格时，过程可能会有些烦琐；但一旦操作过几次之后，您会发现其实很简单。如果采用自定义公式的方式利用数据进行计算，那么获得的结果也是可靠和有效的。

下面我们看一下如何用软件自带算法对数据进行操作：

1. 点击屏幕左上方的房子图标，回到 3D 视图，或将表格视图最小化。

2. 选择楼板（6 英寸混凝土地下室楼板），并选择“属性”窗口中的“编辑类型”（图 4.29）。要注意，选择“属性”，而不是“类型属性”。

3. 点击“重命名”按钮。

4. 将名称改为“12 英寸混凝土地下室楼板”。

5. 点击确定。

您会注意到，楼板体积和厚度没有变化，但是类型名称改变了。这个名称（数据）与模型中的每一个表格和标签都绑定在一起。这就意味着，如果建筑师或结构工程师点击“打印”，那么图纸上所有的地下室楼板都会叫作“12 英寸混凝土地下室楼板”。将电脑页面重新回到表格，您就会明白我的意思。虽然，名称现在改为了“12 英寸混凝土地下室楼板”，但是价格仍然与 6 英寸楼板相同，这会导致约 18000 美元的偏差。

建筑师和专业工程师都会依据自身大量的工程项目经验，创建出强大的 Revit 构件标准族库，帮助团队高效工作，并能够保持工作的一致性。为了加快设计进度，这些标准库就是救星；但有时候，族库不能解决所有问题，设计师依然需要其他的方法满足交付成果要求。可能发生的情况是，建模人员无论经验丰富与否，都会使用库中的元素，通过调整部分属性来满足设计意图，但是忽略了预算所需的属性，例如元素的结构。如图 4.29 所示，这些属性可以通过点击“结构”字段中的“编辑”按钮来查看。可以看到，尽管类型显示是 12 英寸混凝土地下室楼板，但厚度一栏中显示的是 6 英寸。这些模型信息之间存在冲突，但图纸的设计意图得到了满足（图 4.35）。

171

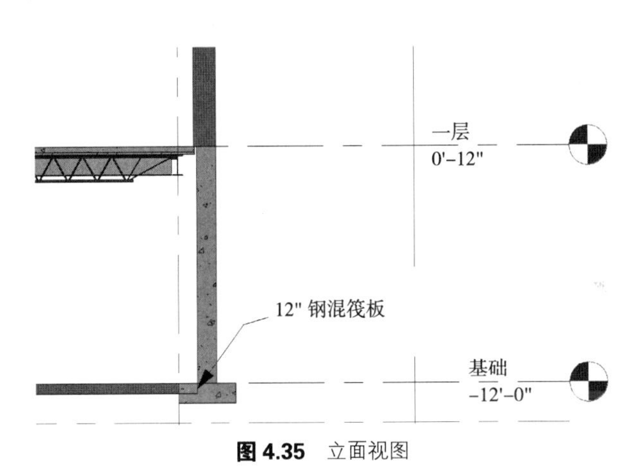

图 4.35 立面视图

但愿预算人员能够在人工编制预算过程中发现这一问题，但是他们很有可能只看到了名称（12 英寸混凝土地下室楼板），就开始对混凝土体积进行计算。这也是建筑设计公司和专项工程公司不愿将其模型发布给承包商的原因之一。一方面，他们并不乐于将自己公司的族库对公司以外的行业内人士公开；而另一方面，既然最终交付的是打印好的施工图纸，他们也不愿意为交付物以外的模型信息的准确与否承担责任。

在 2014 年 8 月 8 日的“星期五走进天宝”网络研讨会上，Vico Office 软件的产品经理杜安·格利森（Duane Gleason）认为，平均来说，可从建筑师或专业工程师模型提取 65% 的预算信息。为了减少另外 35% 的风险，一些公司会根据从建筑师或专业工程师处接收的信息，创建自己的并行模型，以确保用于预算的模型的准确性。这并非是最为精益的方式，因为重复了模型创建的工作；但这有助于识别施工可行性问题，预算结果也会更加可靠。另外一些人倾向于采用类似于可施工性审查的2D和3D混合的方式制定预算，这种模式看起来更受欢迎。欧特克（Autodesk）和美国天宝（Trimble）两家公司已经联合开发了一套软件程序用于该预算模式。

成本支出预测——Assemble工具

在设计过程中进行成本支出预测，这项工作的策略与追求精确的预算工作完全不同。成本支出预测更多的是随着设计工作的推进，在粗数量级（ROM）上做出预测。总的来说，您要承认模型并不是完美的，并利用这一点来提高效率，例如产生即时数据的能力。要实现这一点，可以通过以下几种方式：

共享公司的定价 方式之一是创建协同团队，将您们公司的单位定价与设计团队共享，从而能够利用演化中的模型计算出定价。这使整个团队都能够看到实时的收益和损失。设计团队还可以将表格导出为文本文件，复制到Microsoft Excel或其他任何的数据库中用于进一步分析（图4.36）。

172

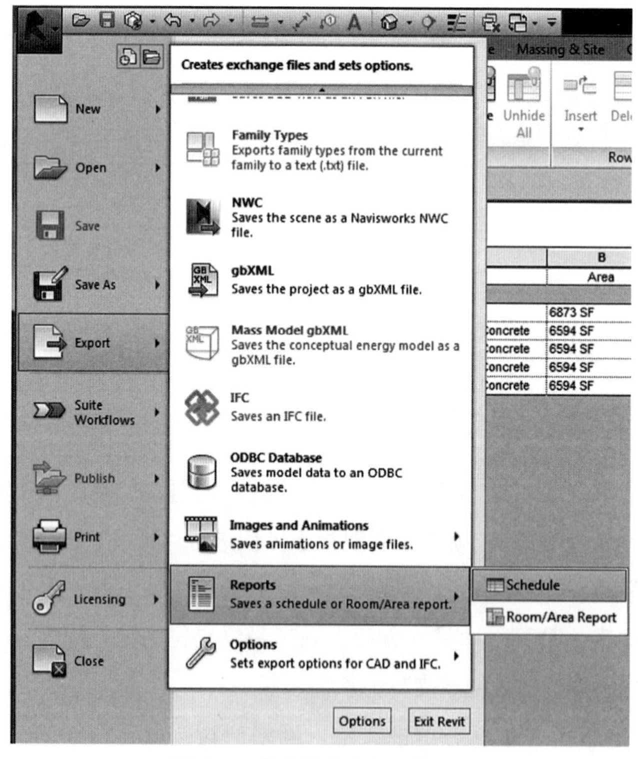

图4.36 将表格导出为文本文件

另外，公司以往的工程成本也需要共享，但有些时候这是要“严加保密”的，毕竟您肯定不希望竞争对手了解您的内部信息。这要求与设计团队之间有着足够的信任，而在DB模式或集成项目交付（IPD）模式下这种方式的作用会打折扣。

创建自己的表格 另一个选项是创建自己的表格。这项任务看似十分艰巨，对于刚接触BIM的预算人员而言尤是如此。另外，每次从设计团队接收到一个新的Revit模型时，都要重复输入数据，这也会导致团队的效率低下。

但幸运的是，基于云环境的解决方案已经做到了这点，将守旧的预算员成功转变为“新派BIM预算员”。在下面的例子中，我将使用Assemble软件来演示如何在设计过程中利用云工具进行成本趋势预测。Assemble是一款基于网络的数据管理工具，能够自动安排施工进度，使用户能够在云端运行数据，进行预算或模型管理。Assemble的试用版软件可通过网址www.assemblesystems.com/downloads进行下载，并安装插件。注意在安装过程中要关闭Revit。 173

1. 在Revit中打开Example-50% DD.rvt。
2. 选择顶部标签栏中的“Assemble”选项。
3. 选择“发布”选项（有上箭头标志），将模型发布到云端。然后点击“视图”按钮。

这里，要注意当前界面与Revit中表格非常相似（图4.37）。名称列显示的是Revit表格中的“族名称”和“类型”。Assemble软件仅对数据进行提取，并将所有模型元素汇集在一个表里。

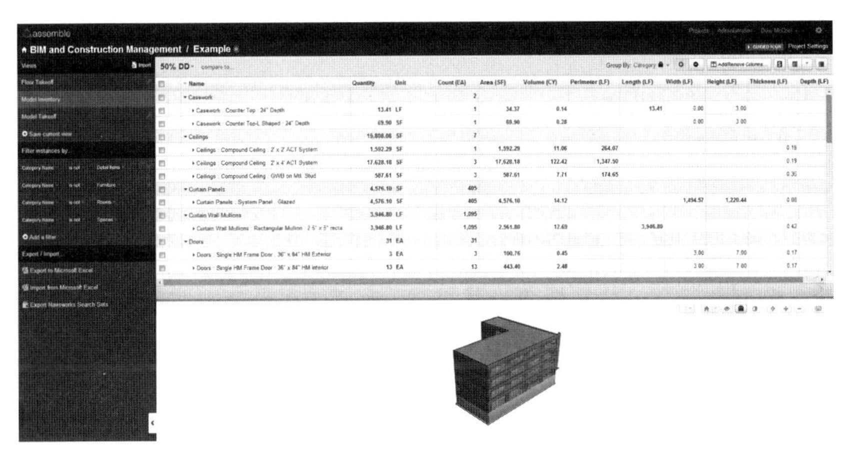

图4.37 Assemble界面

4. 点击右上角的“添加/删除”列，删除周长、宽度、高度、厚度和深度列。
5. 添加“单位成本”和“总成本”列。可以使用搜索框进行搜索，然后点击应用。
6. 点击右上角的减号（–）收起族的内容。
7. 点击族来查看如何将模型的内容链接到每行。
8. 扩充“门”的类型，选择添加36×84 HM室外门。
9. 在屏幕右侧是一个信息面板，展示“实例”和“类型”标签页。在“实例”选项下可看到单位成本字段。输入粗数量级（ROM）的预算2100美元，然后点击保存。
10. 对于剩下的模型元素，使用RSMeans工具或插入自己的数据。所得到的预算结果应该与图4.38类似。

50% DD compare to... Group By: Category

Name	Quantity	Unit	Count (EA)	Area (SF)	Volume (CY)	Length (LF)	Unit Cost	Total Cost
▸ Curtain Panels : System Panel : Glazed	4,576.10	SF	405	4,576.10	14.12		90.00	411,849.08
▾ Curtain Wall Mullions	3,946.80	LF	1,095					
▸ Curtain Wall Mullions : Rectangular Mullion : 2.5" x ...	3,946.80	LF	1,095	2,561.80	12.69	3,946.80		
▾ Doors	31	EA	31					78,400.00
▸ Doors : Single HM Frame Door : 36" x 84" HM Exte...	3	EA	3	100.76	0.45		2,100.00	6,300.00
▸ Doors : Single HM Frame Door : 36" x 84" HM Interior	13	EA	13	443.40	2.48		1,800.00	23,400.00
▸ Doors : Single HM Frame Door : 36" x 96" HM Exte...	8	EA	8	318.01	1.77		2,150.00	17,200.00
▸ Doors : curtain_wall_single_glass : 10" Bottom Rail	7	EA	7	194.10	0.58		4,500.00	31,500.00
▾ Floors	493.63	CY	5					191,087.18
▸ Floors : Floor : 1-1/2" Mtl Deck w 3" Concrete	366.36	CY	4	26,377.73	366.36		400.00	146,542.93
▸ Floors : Floor : 6" Concrete Basement Floor	127.27	CY	1	6,872.54	127.27		350.00	44,544.25
▸ Generic Models	9	EA	9					
▾ Plumbing Fixtures	24	EA	24					73,200.00
▸ Plumbing Fixtures : Toilet-Domestic-3D : Toilet-Do...	12	EA	12	243.42	0.49		3,500.00	42,000.00
▸ Plumbing Fixtures : Urinal-Wall-3D : Urinal-Wall-3D	4	EA	4	20.92	0.05		2,800.00	11,200.00

6 Selected Instances

图 4.38 完成粗数量级（ROM）预算

11. 关闭 Assemble。

12. 打开 Example–75% DD.rvt。

13. 点击“发布”选项，导出到 Assemble 中。

14. 一旦发布了 75% 版本，Assemble 会询问是否希望查看。点击“比较”并选择 50% DD。

15. 重新添加单位成本和总成本列。

要注意，Assemble 保留了单位成本，并显示了两个增量之间的变量增量。外墙系统在结构上发生了巨大的变化。

16. 重复第 12—14 步，将 Example–75% cd.rvt 与 75% DD 进行比较，应该能够得到与图 4.39 相类似的结果。

您要注意的是，从 50% DD 到 75% DD，有些部分的数值增加了，但在 75% CD 中把定价降低了一些。但愿您的最大保证价格（GMP）是以 75% DD 计算，而不是 50% DD，否则需要进行价值分析，将数值拉回到应有的水平。

您的工作流程如下：设计师或 BIM 经理将模型导出到 Assemble。随后预算人员登录到 Assemble。

这样，预算员就变成了“BIM 预算员”，有了用户名和密码；在做预算的时候，不必再等待设计师打印材料。反过来，BIM 预算员还可以每天、每周或每月地追踪模型的趋势变化，而无须下载任何 BIM 软件到电脑上。同样地，这种方式可以发现模型中的缺陷；利用这些缺陷，能够发现施工中的危险信号，并对那些问题进行深入挖掘。所有这些工作在承包商、设计师和业主之间架立起了沟通桥梁，每个人都能够看到设计的趋势及缘由。

175

75% DD compared to 75% CD

Group By: Category · Add/Remove Columns...

Name	Quantity 75% DD	Quantity 75% CD	Quantity Variance	Unit	Unit Cost 75% DD	Unit Cost 75% CD	Unit Cost Variance	Total Cost 75% DD	Total Cost 75% CD	Total Cost Variance
Ceilings	17,628.18	19,589.70	(1,961.52)	SF	3.50	3.50	0.00	61,698.62	68,563.95	(6,865.33)
Curtain Panels	567.11	259.52	307.58	SF	90.00	90.00	0.00	51,039.61	23,357.11	27,682.50
Curtain Wall Mullions	196.00	98.00	98.00	LF			0.00			0.00
Floors	493.63	593.06	(99.43)	CY			0.00	191,087.18	229,612.64	(38,525.46)
Railings	456.82	447.66	9.16	LF	175.00	175.00	0.00	79,943.38	78,339.93	1,603.45
Roofs	6,805.28	8,143.61	(1.338.33)	SF	13.50	13.50	0.00	91,871.25	109,938.75	(18.067.50)
Structural Columns	29.73	25.68	4.05	TON	4,000.00	4,000.00	0.00	118,925.01	102,707.96	16,217.05
Structural Foundations	22.06	28.17	(6.11)	CY	350.00	350.00	0.00	7,721.06	9,859.95	(2,138.89)
Structural Framing	1.02	1.88	(0.87)	TON	4,000.00	4,000.00	0.00	4,071.31	7,534.80	(3,463.49)
Walls							0.00	1,163,158.91	1,161,064.08	2,094.82

135 Selected Instances

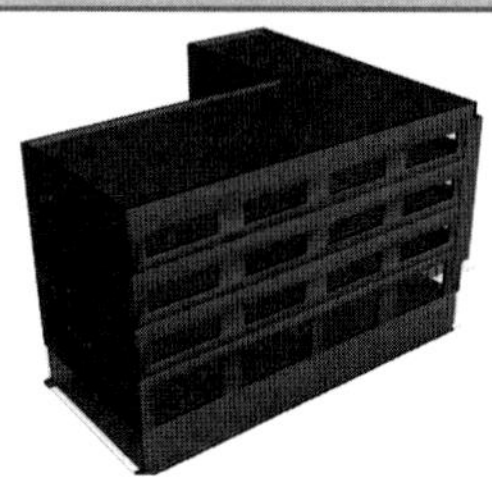

图 4.39　从 75%DD 到 75%CD 的成本变化趋势

提示：Assemble 是一种快速且实用的工具，但是还有很多其他特性未能在本书中加以探讨。通过网页 http://assemblesystems.com，可以了解更多有关该工具的内容。

分析

在施工前期，我们要探讨的最后一个功能是分析。这是个非常宽泛的概念，因为从模型中可以提取出大量的信息加以应用，这种做法也十分常见。举例来说，Autodesk 360 Glue 和 Assemble 两款软件，在技术层面上均可以视为分析型软件，因为它们能够对建模软件的数据进行提取，并加以分析。而事实上，除了 BIM 建模软件以外，任何提取 BIM 模型信息并对其加以应用的软件，都可以视为分析软件。分析，可以是简单地在 3D 环境下向业主展示外观的美感；也可以非常复杂，比如在大礼堂内开展声学研究来判断声音如何在房间中反射，或者进行行人交通研究来分析繁忙的机场航站楼的人流情况。为梳理分析的概念，人们开始将分析软件汇总归类到 BIM 的各个维度，例如 3D（可视化 / 空间）、4D（进度）、5D（成本）和 6D（设施管理）。这样的话，Autodesk 360 Glue 可视为 3D，Assemble 则是 5D 等。当然，还有一部分软件不属于这些维度的范畴，有人将其划分到另一个维度范畴，称为“7D”。对我而言，过多的维度总有科幻色彩过浓的错觉，所以我将它们称为真正的“分析”工具。部分程序能够应用于可持续发展研究，乃至于研究建筑对于地球和人类未来的影响。

176

“2030”挑战

自从 20 世纪 30 年代起，人工取暖和采光的应用和普及彻底地改变了我们的地球、建筑行业和人类行为。设计师可以按个人的想法，尝试应用世界上各种不同的材料，建造出的新型建筑无须依赖于被动式的采暖 / 降温或自然采光。空调（A/C）不再是社会精英的专属，在

1960 年，人口普查局的家庭调查就已表明，家庭使用的空调机组达到 650 万台，而市场才刚刚开始起步。罗斯福政府在 1935 年创立了农村电气化管理局，而到了 1960 年，根据简·布罗克斯(Jane Brox)在《灿烂：人工照明的发展》(Brilliant: The Evolution of Artifi cial Light)(Mariner Books，reprint edition，2011) 一书中所述，"美国 96% 的农场连通了电线"。工人阶级生产力更高，能够全天不停歇地工作，而不必受坏天气或缺乏采光的阻碍。难怪理查德·L·埃文斯(Richard L. Evans) 在 20 世纪 60 年代创造了"工作狂"这个名词。而这种对电的依赖性所造成的后果也就不足为奇了。

根据美国能源署《2010 年建筑能源数据账簿》，美国建筑行业所消耗的能源占全美国总能源的一半左右。我们的能源需求中，将近 70% 是采暖、冷却、热水和照明，如图 4.40 所示。

"建筑 2030"是一个非营利、无党派的独立组织，由艾德·马兹里亚（Ed Mazria）在 2002 年创立。在绿色建筑 2013 年大师系列会议上，马兹里亚展示了来自麦肯锡全球研究所的数据，预言 2030 年之前我们将建造和改造 9000 亿平方英尺的建筑，重新塑造建筑环境，并转变对化石燃料的能源依赖（http://vimeo.com/81627798）。

"2030 挑战"由建筑 2030 起草，旨在截至 2030 年，实现建筑零能耗，并为这个目标的成功实施创建路线图。"2030 挑战"强制规定 2015—2020 年，每栋新建或改造建筑的设计应满足化石燃料、GHG 排放、能耗指标低于该地区（国家）该建筑类型平均数 / 中位数 70% 的标准。2020—2025 年，建筑必须低于平均数的 80%；2025—2030 年，实现 90%；而 2030 年之后，实现零能耗。他们认为如果我们能够实现这些目标，那么我们能够减少对于化石燃料的依赖性，并能为了后代拯救我们的地球。

177

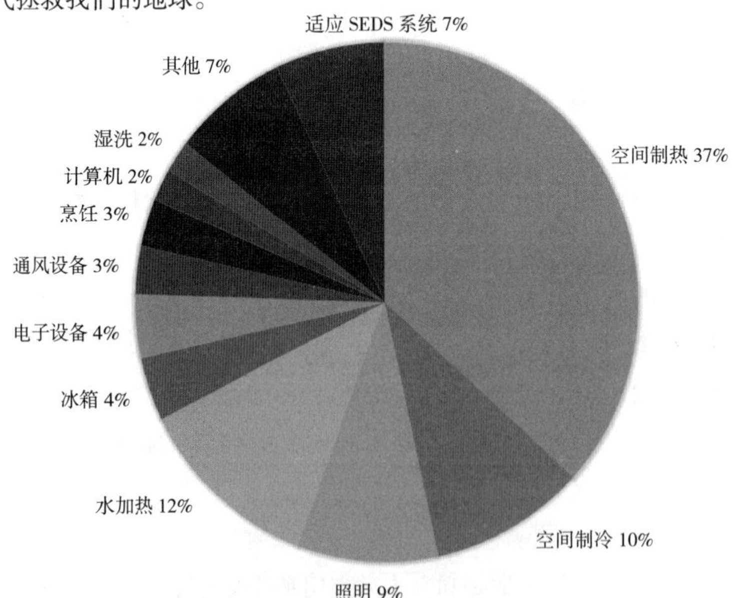

图 4.40 2010 年美国建筑能源应用分布情况（来源：U.S. DEPARTMENT OF ENERGY, BUILDINGS ENERGY DATA BOOK,http://buildingsdatabook.eere.energy.gov/tableview.aspx?table=1.1.4）

BIM 与可持续发展概况

在建筑行业相关领域和政府机构，“2030 挑战”显然已经成为一个流行话题，但这只是可持续发展的其中一个方面。“可持续”这一术语概括了建筑全生命周期定性成本的各个层面。其中至少包括选址、水资源利用、能源使用、材料使用和住户的生活品质。这个场地是现有的，还是您为了建设而对自然栖息地造成了干扰？您是否收集雨水用于灌溉？办公室是否具有自然采光？材料来自哪里？材料如何生产制造？要建造一栋高性能的可持续建筑，必须要对各方面的问题加以分析。当前全球范围内的一些建筑评级体系，也正是用于解决这些备受关注的问题。表 4.2 展示了一些流行的建筑评级体系。

建筑评级体系 表 4.2

178

机构	评级体系	标准
美国绿色建筑委员会（USGBC）	能源与环境设计先锋（LEED）	选址、水资源利用、能源、室内空气质量、资源与材料、试运行
国际未来生活协会	居住建筑挑战	选址、水资源利用、能源、健康材料、公平、美观
建筑研究所（BRE）组织	建筑研究所环境评估法（BREEAM）	管理、健康、能源、交通、水资源利用、材料、浪费、土地利用、污染
绿色建筑倡导	绿色地球	项目管理、场地、能源、水资源、材料和资源、排放、室内环境
日本绿色建筑委员会	建筑环境效益综合评价体系（CASBEE）	建筑环境效益 = 建筑环境质量 / 建筑环境负荷（BEE=Q/L）
国际可持续建筑环境倡导（iiSBE）	SB 工具	场地选址、场地更新和开发、能源、环境负荷、室内空气质量、服务质量、社会 / 文化 / 感性层面、成本层面

www.usgbc.org/leed，http://living-future.org/lbc；
www.breeam.org，www.greenglobes.com/home.asp；
www.ibec.or.jp/CASBEE/english/，www.iisbe.org/sbmethod

建筑评级体系已经改变了行业对于可持续发展的看法。而美国绿色建筑委员会（USGBC）及其评选的绿色能源与环境设计先锋（LEED）受到了越来越广泛的关注，也从侧面证明了这一点。美国绿色建筑委员会（USGBC）创建于 1993 年，如今已经发展为世界上最广泛认可的评级机构。根据 2012 年的统计数据，该委员会目前有 76 个分会、12800 个会员机构以及将近 20 万名 LEED 专业人员。“LEED 每天在 135 个国家为 150 万平方英尺的建筑空间提供认证”（www.usgbc.org/about）。

要知道，评级体系仍然存在不少漏洞；评级体系带有主观性，任何项目通过人为操作还是能够获得更理想的分数的。业主方会提出的问题是“如何以最低的成本获得 LEED 金牌认证？”而不是“减少建筑二氧化碳排放的最佳方式是什么？”业主方很明白获得 LEED 认证的建筑意味着能够收取更高的租金——这样租客更加满意，在二次出售时价格也会更高。这就是生意。举例来说，我在亚拉巴马州中部的数据中心安装了自行车停放架、更衣室和淋浴间。而大多数住户又不是环法自行车赛的选手，平日里几乎不会骑自行车，自行车停放架基本处于空置状态；但是，安装自行车停放架的成本并不高，又能够使建造商轻而易举地获得较高的LEED金牌认证分数。对于建造商，何乐而不为呢？正是出于这一原因，修订后的新版建筑规范已经发布，将可持续发展作为强制要求，如表4.3所示。

179

绿色建筑规范要求 表4.3

规范	要求
IgCC—国际绿色建筑规范	选址、水资源利用、能源、室内空气质量、材料与资源、试运行
第24条—加利福尼亚州能源委员会	建筑围护结构、暖通空调、室内/室外/标识照明、电力、太阳能、覆盖过程（空气质量）、性能方法、试运行
ASHRAE（美国采暖、制冷与空调工程师学会）189.1—高性能绿色建筑标准	选址、水资源利用、能源、室内空气质量、材料与资源、试运行
L部分（L1A）—节约新建居住建筑中的燃料和电力	暖通空调、照明、建筑结构
ASHRAE 90.1—建筑能源标准	外墙、暖通空调、家用热水、电力、照明和其他
ASHRAE 62.1—室内空气质量（IAQ）规范	空气流通和室内/室外空气系数
ASHRAE 55—人类居住热条件	室内空间的温度和湿度

www.iccsafe.org/CS/IGCC/Pages/default.aspx，www.energy.ca.gov/title24/；
www.planningportal.gov.uk/buildingregulations/approveddocuments/partl；
https://www.ashrae.org/standards-research--technology/standards--guidelines

这些规范的实施可以达到两个目的：第一，政府机构和业主可依此设定可持续发展应满足的最低要求；第二，评级体系可以依据这些规范要求制定打分规则。规范与建筑评级体系相互协作，正是因此，在IgCC和ASHRAE 189.1的制定过程中，得到了美国绿色建筑委员会的大力协助。这些规范的建立使得我们的行业愈发需要变革，我们变革的脚步还要不断加快。

应用BIM，可以与这些评级体系和规范联合起来，对设计进行分析。类比应用于预算的原则，我们也可以利用信息，进行基本的可持续发展测算。

使用Revit计算混凝土CO_2排放

混凝土，是由硅酸盐水泥、骨料和水搅拌而成。20世纪40年代后期，在计算温室气体（GHG）排放量时开始考虑水泥的生产。原因在于生产一吨硅酸盐水泥所需的热量会产生一吨二氧化碳（CO_2）。因此，在评级体系中，对混凝土中的粉煤灰掺量给予分数。粉煤灰是燃烧煤产生的副产品，能够用于减少混凝土中的水泥用量（LEED将材料中的煤粉灰作为回收再利用的资源成分）。

180

让我们练习一下学习的成果！

假设混凝土混合物每立方码重量为 3500 磅。水泥占混凝土总重量的大约 16%，而水泥的二氧化碳排放是 1 ∶ 1 体重比。用混凝土体积和上面确定的两个数来估算 50%DD 模型混凝土用量的二氧化碳排放总吨数。得到的结果应该与以下图示类似。

<50% DD Concrete Emissions>

A	B	C	D
Family and Type	Volume	Cement Weight	Tons of CO2
Floor: 6" Concrete Basement Floor	127.27 CY	71,271	36
Floor: 1-1/2" Mtl Deck w 3" Concrete	91.59 CY	51,290	26
Floor: 1-1/2" Mtl Deck w 3" Concrete	91.59 CY	51,290	26
Floor: 1-1/2" Mtl Deck w 3" Concrete	91.59 CY	51,290	26
Floor: 1-1/2" Mtl Deck w 3" Concrete	91.59 CY	51,290	26
Grand total: 5			138

应用 Revit 中的表格，可以计算出与材料（回收成分、再利用比例、区域位置）、水资源利用（固定流量、雨水收集区域）和场地利用（热岛效应、雨水设计）相关的各种分数；但对于有关能源、生活质量等更加复杂的分析，则需要应用功能更广的软件或插件。这涉及热舒适和视觉舒适的相关问题，也是我们面临的全球危机的关键。这也正是 BIM 能够发挥最大影响力的地方。

根据美国能源效益和再生能源处（EERE）官方网站（http://apps1.eere.energy.gov/ buildings/tools_directory/）提供的信息，在撰写本书时，市场上有 417 款不同种类的分析程序用于能源和可持续研究。您可以在 EERE 网站上找到程序和相关用途的列表。我们在第二章中对这些工具进行了分析，在使用时需要深入了解不同系统（机械、电气和建筑）之间的相互依存关系。分析只有在概念设计阶段进行，才能实现真正意义上的可持续建筑。

在开始创建分析模型之前，有些条件已经提前确定了（如图 4.41 所示），其中包括位置、业主目标、业主规划、场地限制、规范要求和建筑类型。这些确定信息将驱动可持续设计方案和策略的发展。如果您的在建项目处于阳光被其他建筑物遮挡的城市区位，而业主希望住户拥有自然采光时，那么您可能需要通过增大玻璃面积、光架、天窗、引光管等新方式，为住户将自然光引入建筑内部。相反地，如果您在沙漠中进行建造，优化建筑采光的方向将改为增强遮挡、尽可能减少热量吸收。在确定建筑的朝向和体量之前，应先检查这六项内容，有助于减少设计选项。

181

埃迪·克雷盖尔（Eddy Krygiel）和布拉德利·尼斯（Bradley Nies）在共同编著的《绿色 BIM》（Wiley，2008）一书中[*]，专门探讨了 BIM、绿色建筑和设计策略。如果您有兴趣深入

* 中国建筑工业出版社出版了此书中译本。——译者注

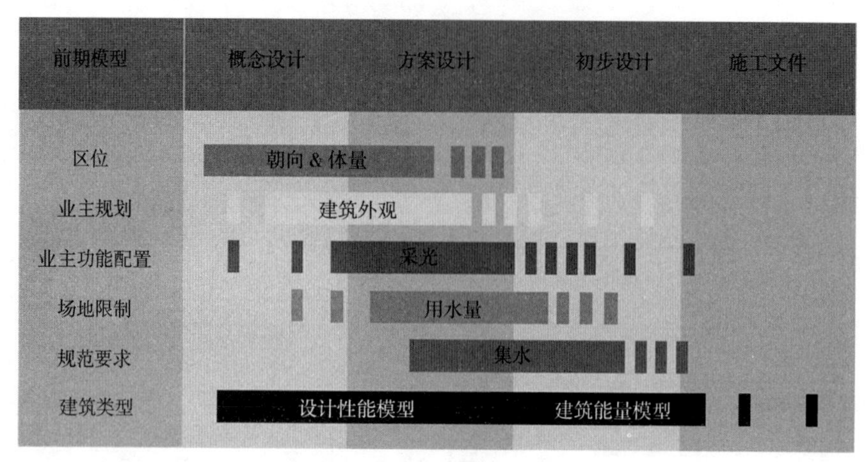

图 4.41 可持续分析表格

研究可持续策略以及如何在设计中应用 BIM 技术，这本书会是一个很好的学习范本。书中重点探讨了朝向、体量和玻璃的重要性，就是这三个基础性因素决定了可持续建筑能否成功，以及是否会减少 GHG 排放量。根据作者所述，“自然母亲提供的最为强大的资源是太阳，太阳提供了三个关键资源：光、热和电。”在概念和方案设计阶段，需要将这些资源的利用最大化，从而尽可能减少化石燃料的使用。

在该书的结尾，作者探讨了 BIM 的未来，以及它为还我们一个美好的地球所做创造的机遇：

> 参数化建模远不止构件和属性之间的对应关系这么简单。设计师需要拥有丰富的气候和区位的相关知识，并体现在模型之中。模型应包括建筑类型，绝缘值，太阳能得热系数，以及对其所处的社会经济环境的影响。它将告知设计团队，做出某种选择会带来的上游或下游的影响。在对建筑建模过程中，会出现提示信息，告知设计师建筑朝向和围护设计对机械系统规模和住户舒适度的影响。
>
> ——埃迪·克雷盖尔和布拉德利·尼斯，《绿色 BIM》(Wiley，2008)

以上这些内容写于 2008 年，那么后来呢？ BIM 软件层出不穷，技术水平不断发展，如今这些功能性分析已经完全实现了。

182

用 Sefaira 进行可持续分析

Sefaira 是一款插件，适用于 Revit 和 Trimble SketchUp 两款软件的环境中，该插件使用户能够在设计过程中实时获得反馈，知道能量和采光数据。打开程序时，您可以选择建筑类型和位置。Sefaira 将自动调出最为接近的气候数据进行测算。例如图 4.42 中所示，为一栋位于纽约州纽约市的办公楼。

在您建模的同时，Sefaira 会在后台自动运行，用自带的算法对模型进行解析，预测楼板、墙体和屋顶会是什么样子的。图 4.43 中的模型是一栋 10 层建筑，属于简单的鞋盒式设计。一

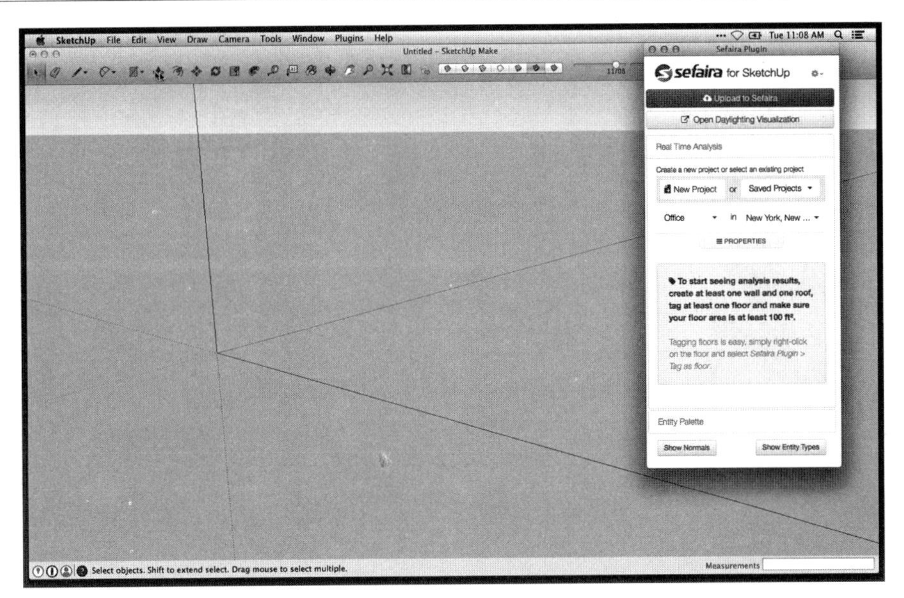

图 4.42 Sefaira 界面

旦模型生成，后台分析过程会自动开始。由于建筑位于纽约且没有窗户，分析结论会给出建筑的热荷载过大，而光线十分匮乏。参见图 4.43 中所显示的实时分析窗口。

那么，我们尝试在建筑的南立面上设置一些玻璃，看看会产生什么样的影响。添加玻璃仅需将任意一个墙面改变为透明材质，通过点击材质选项（图标为油漆桶图案），可以出现材质调色板，对建筑材质进行更改。Sefaira 会根据已有信息评估您希望添加玻璃的墙体，如图 4.44 所示。如果软件提示您选择的材质有误，可以通过材质调色板改变属性。

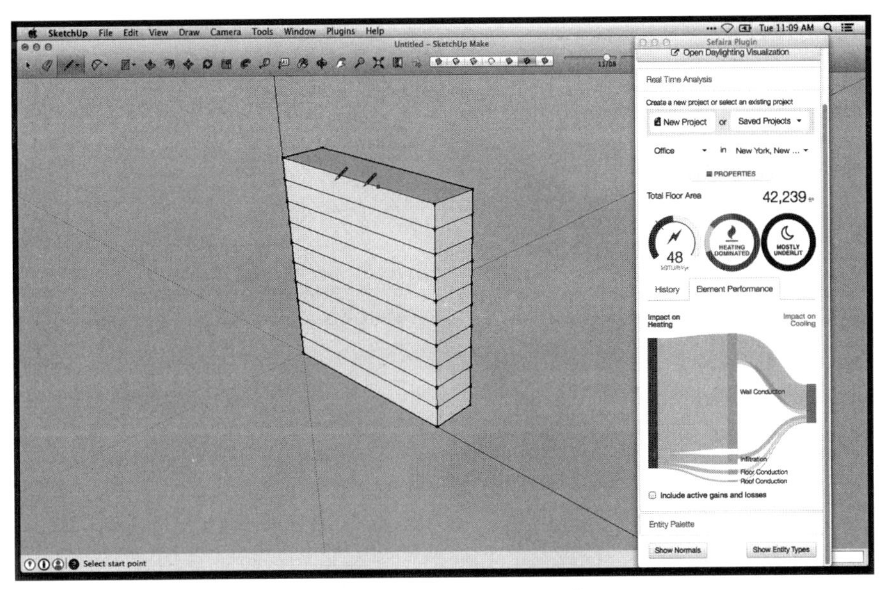

图 4.43 没有玻璃的鞋盒设计

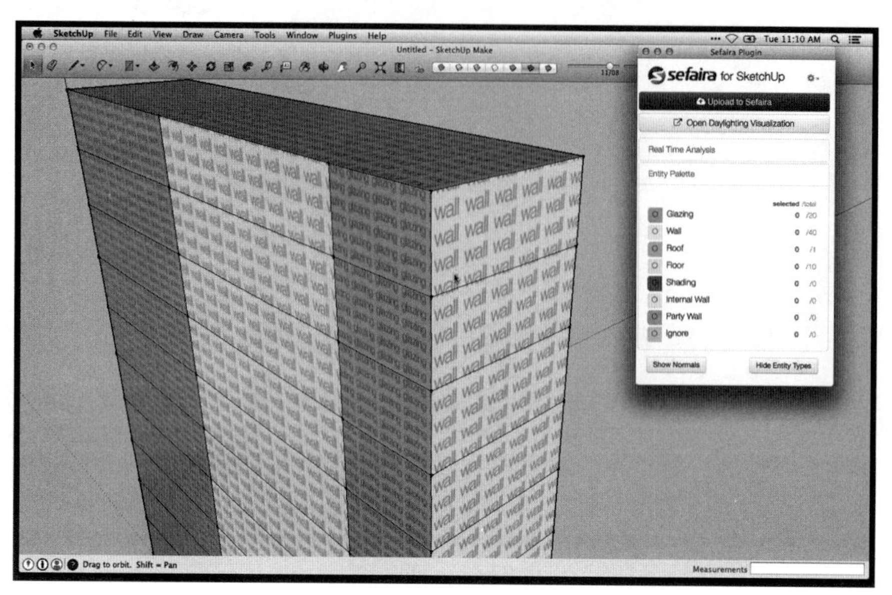

图 4.44　实体调色板

184　玻璃一旦创建,模型会立即进行实时更新测算。您应该会注意到,Sefaira 窗口有三个刻度盘：能源使用强度（EUI）、能源分布和采光。考虑到“2030 挑战”，在对新的设计进行分析后，显示的问题包括冷却负荷较大，以及在建筑某些空间内会产生潜在的眩光问题（图 4.45）。在刻度盘下面的图形中还能够看出，冷却负荷主要是由于南立面的热量吸收所导致的。

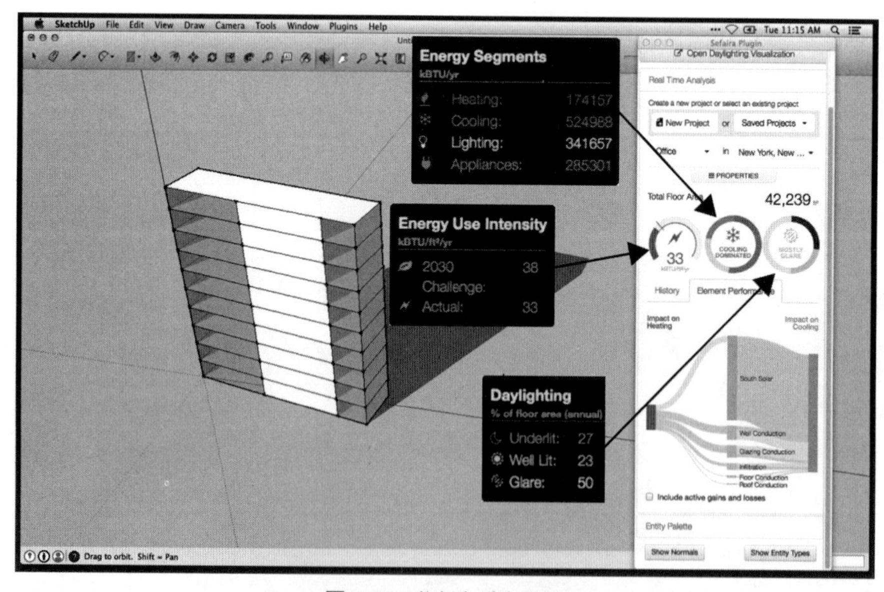

图 4.45　能耗和采光分析

现在，您可能会产生疑问，插件又是如何对能耗和采光进行计算的呢？ Sefaira 软件采用本节前面所讨论的规范作为计算依据（表 4.3）。打开属性下拉菜单，您可以从预先加载的各类规范中选择您的参考依据（图 4.46），根据选定的规范确定模型的墙体保温、楼板、屋顶、机械系统和照明应满足的最低标准。当然，您也可以创建自己的设计标准。

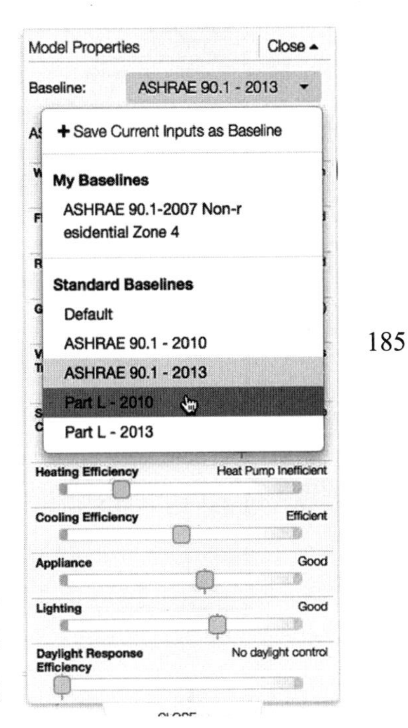

图 4.46 选择建筑规范

日常采光分析则是基于 LEED V4 的规定，并可以向 USGBC 申请在线评定。为此您需要点击打开 Sefaira 插件顶部的“采光可视化”工具，这样就启动了云分析功能，快速地对空间内的采光情况进行反馈。您可以查看一年的自然光线利用率，也可以查看一天之中的光线变化情况（图 4.47 和图 4.48）。

该软件插件旨在为设计师提供即时反馈，协助设计师作出正确的决策，让最终的建筑设计更加合理。同时，设计师应用该插件还可以利用模型，对不同的朝向、高度、窗墙比和遮阳方案进行快速比对，从而得到最佳设计方案。设计师一旦确认了最心仪的方案，相信该设计能够具备建筑美感并满足性能要求，就可以将模型上传到 Sefaira 网络应用程序，进行详细的深入分析（图 4.49）。这时，可能需要更有经验的可持续发展顾问介入。

网络应用程序由 Sefaira 和美国能源部的 EnergyPlus 计算引擎组合而成。该程序仅能够接收由 SketchUp 创建的模型，对其初始信息进行分析。但程序的功能强大，能够利用信息对可再生能源、水处理设备、围护结构和暖通空调运行等方面的内容进行详细的策略分析（图 4.49 左半部分）。另外，可以综合分析结论，得出建筑方案对采暖 / 制冷负荷、能耗、二氧化碳排

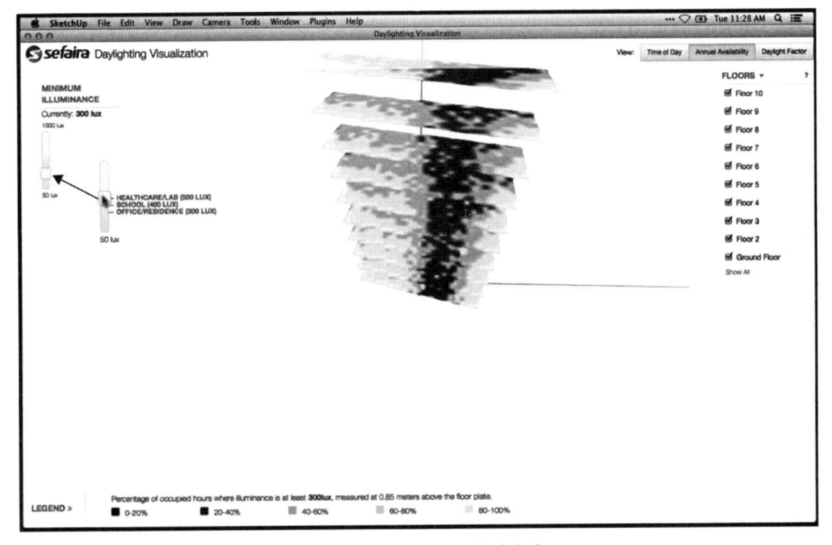

图 4.47 每年建筑的采光率

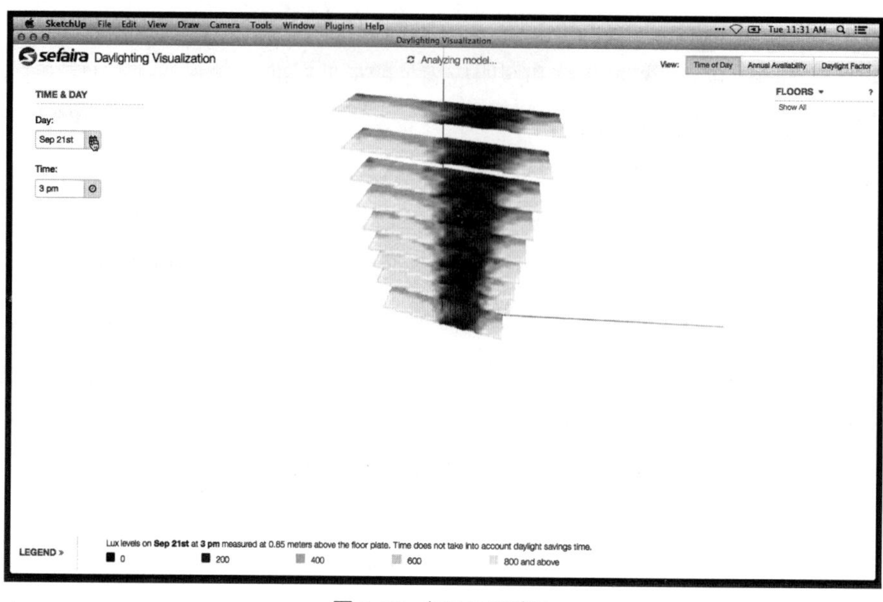

图 4.48 每日日照时间

187

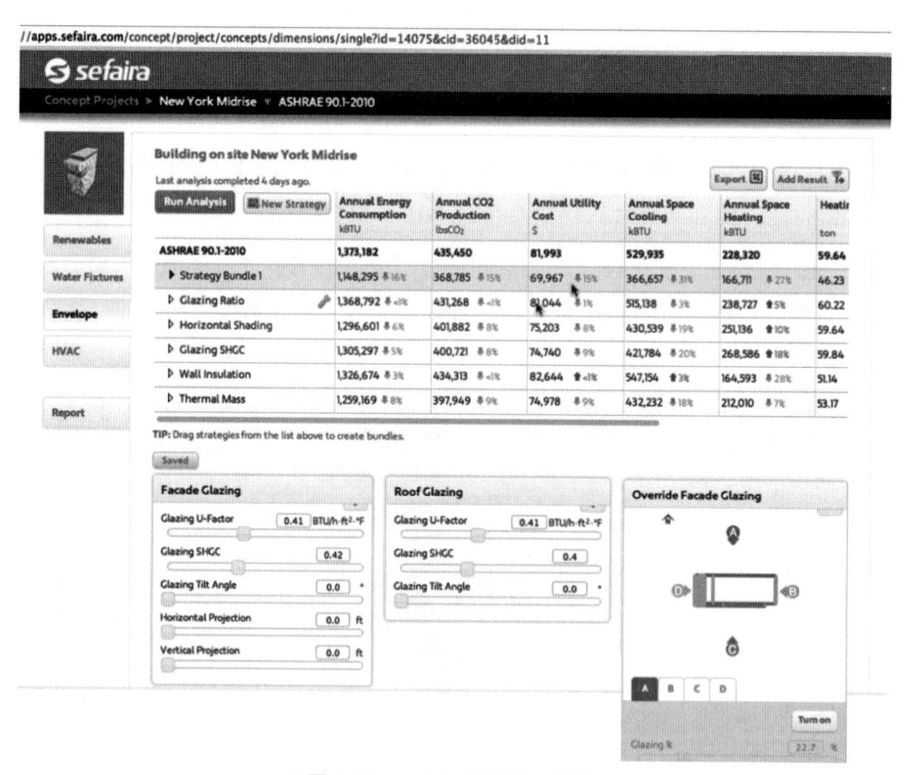

图 4.49 Sefaira 网络应用程序

186 放和年度水电费等问题的影响。它也具备比较功能，与Assemble类似，用户能够应用该程序分析多个设计方案，或追踪设计迭代的性能趋势（图4.50）。最后，也是非常重要的一点，该程序允许用户对供水循环系统的效率进行分析和研究。

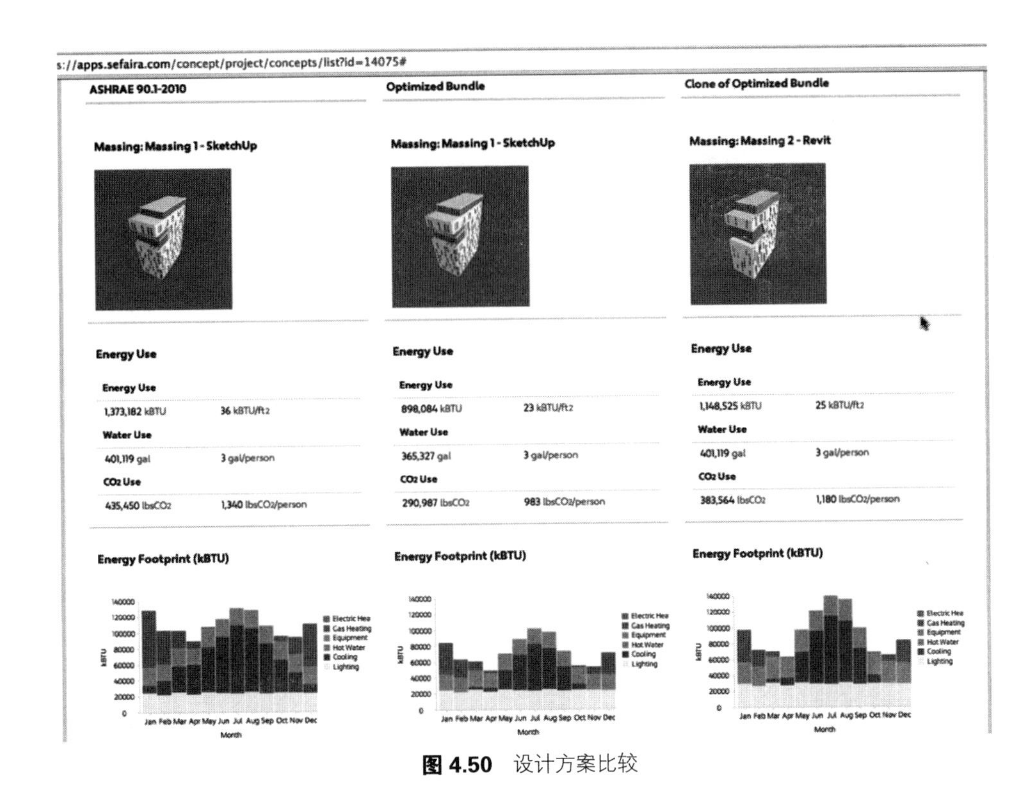

图 4.50 设计方案比较

在对高级产品营销经理卡尔·斯特纳（Carl Sterner）的一次电话采访中，我们探讨了 Sefaira 的局限性。目前该程序在建筑的围护结构分析方面具备了强大的功能，但全面的能耗分析能力依然较弱。当然，Sefaira 的工程师们还在进一步研发，软件仍在不断完善之中。就像斯特纳所说，“旨在对机械设备选用、空间需求和能效等方面提供早期分析服务，使工程师从项目的最初阶段开始，就能够更有效地与设计团队协同工作。”新一代产品已在 2015 年发布。 188

物流规划

在 BIM 启动之初，就应该考虑到施工现场的物流规划问题，直至施工阶段给出具体问题的解决措施（图 4.51—图 4.54）。正如第 3 章所探讨的，在面对高密度的城市环境或富有挑战性的场地时，这些规划方案尤其重要。应用 BIM 技术，能够为缓解物料侵蚀、起重机运输物料、物料暂存区域、车辆交通 / 通道、物料提升机、设备、脚手架和安全等物流相关的问题制定方案。目前，已经有很多软件能够用于生成物流解决方案，但最为高效而且广泛接受的两款软件应该是 Trimble SketchUp 和 Autodesk InfraWorks 360。下面的图片展示了应用这些程序生成的场地物流方案示例。

图 4.51 用 Trimble SketchUp 进行场地物流规划（Autodesk 3ds Max 渲染）（来源：COURTESY OF MCCARTHY BUILDING COMPANIES, INC）

189

图 4.52 用 Trimble SketchUp 进行场地物流规划（来源：VINCI LLC）

图 4.53 用 Trimble SketchUp 进行现场物流方案呈现（Autodesk 3ds Max 渲染）（来源：COURTESY OF MCCARTHY BUILDING COMPANIES, INC.）

图 4.54 用 Autodesk Infra Works 360 进行现场物流方案呈现（来源：COURTESY OF MCCARTHY BUILDING COMPANIES, INC.）

本章小结

本章内容从回顾历史经验开始，讲到现在的发展状况，讲述了如何开展施工前期的工作。所展示的工作流程为施工前期的 BIM 应用打下了基础。通过 BIM 技术的应用，能够提高设计和施工团队进行早期决策的能力，而随着工程施工的日益临近，愈发能体现出施工前期工作的重要性。

在项目的施工前期使用 BIM 技术，夸张点说，其目的是想让施工阶段变得单调乏味。不难想象，BIM 具有实现施工自动化的潜能。在破土动工之前，只要沉下心来，对建筑结构和各个构件进行深入、细致的分析，我们就能够提出更多的问题并获得更好的答案。Sefaira、DSM 等有助于提升建筑性能工具软件的应用终将成为建筑行业的新常态。而分析和协调施工模型的能力，也将会带动施工效益显著提高。下一章将进一步探讨应用 BIM 的益处，以及模型信息在施工过程中的各种应用方式。

第 5 章

BIM 与施工

BIM 在施工过程中不失为一项强大的工具。BIM 在项目的施工阶段，不仅可以为项目成员提供很多全新的工具，其若与数字化交付流程相结合，也能为我们带来更好的工作方式。

本章内容：

BIM 施工概述

模型协调

BIM 进度计划

形成反馈回路

BIM 与安全

生成优化的现场信息

虚拟办公拖车

192

BIM施工概述

在过去的5年间，主要源于对施工BIM市场发展空间的重新认识和投入，BIM在施工阶段的应用得到日新月异的发展。由于BIM在设计领域的应用已经取得了相对比较显著的应用效果，软件供应商随之将BIM延伸到下一个更大的市场——施工领域。从直接受益的角度而言，先设计后施工貌似符合产品研发的合理顺序，但是在某种程度上，BIM软件供应商的产品供应链从设计BIM应用软件延伸到施工BIM应用软件，这种产品研发的顺序更像一种“被动配合”的选择结果。目前建筑行业BIM应用已经颠覆了一些BIM发展初期的设想，如今设计阶段的BIM应用软件已经无法满足施工阶段的BIM应用功能需求，软件供应商已经展开专项研究，研究如何把BIM用于施工阶段，借此在施工阶段创造价值并获得回报。

BIM软件供应商不断地研发新的BIM工具，为承包商提供多种方式发现并协调施工问题，消除BIM模型从建模软件转换到诸如预算、计划等施工应用软件的过程中，信息交互引发的障碍。近年来，大型软件供应商特别专注于面向施工企业的BIM工具研发。本章将探讨如何使用现有的BIM工具，同时，以实现设计施工BIM应用一体化为目标，对仍有待深入研发的软件功能展开积极探索。需要指出的是，BIM在施工现场事实上非常“有用”，认为BIM并不适用于施工现场是一种谬见。尽管在满足更加流畅的互操作性方面，现场专业应用软件和BIM工具之间的衔接依然存在有很大的提升空间，然而就以此为借口，选择不采用现有BIM技术或者不在施工现场进行BIM应用，将使承包商错失了一个巨大的机遇。

模型协调计划在BIM应用流程中扮演着至关重要的角色；模型协调计划中包含了在项目启动之初，需确定由谁使用模型、模型在何处进行发布以及如何在施工过程中应用模型。BIM在施工现场的常见应用包括：

- 分析现场施工信息
- 管理场地的冲突检测
- 更新模型驱动的预算（5D）
- 明确工作范围和工作界面
- 管理物料库存
- 执行4D计划更新
- 在现场进行进度冲突检测
- 明确预制组件安装
- 加强现场安全管理
- 添加竣工及现场的模型信息

193

- 通过（5D）建筑场景进行进度优化

- 利用 BIM 创建收尾问题清单
- 在项目收尾阶段准备竣工模型

正如第 4 章“BIM 与施工前期”中所概括的，模型协调计划中应当明确项目在施工阶段准予使用的 BIM 工具、详细程度（LOD）和文件格式。信息交换计划中应当对信息如何进行传递和审核进行详细说明。例如，设计单位是否可以将模型交付给承包商并允许承包商在施工阶段自由使用，是否需要执行模型交付审批流程？另外，信息交换计划中还应该明确谁拥有模型的所有权，谁负责 BIM 文件的更新维护以及时与施工现场的工程变更同步。这些问题是 BIM 项目所特有的，其中数据传递手段、数据交换标准等都具有特殊的重要性。如以前的章节所述，在模型协调计划中，不可能对项目中出现的所有问题进行规划。因此，应将 BIM 协调计划的目标设定为对信息的流动方式加以管理，并认可团队采用灵活性思维，随着项目的推进对过程中出现的问题加以解决。

编辑尺寸？但是为什么？

在一次全美 CAD 用户大会上，BIM 展示的最后，有一名观众问演讲者：“根据 BIM 模型的实际精度绘出二维图，这将不允许编辑尺寸和尺寸线。如果图中有一根 $3^5/_8$英寸的立柱，我在立柱面上进行标注，四舍五入到最接近的英寸数值。为什么一定是要以精准的尺寸进行建模，而 BIM 并不支持标注编辑功能呢？”

演讲人问参会者，他们认为四舍五入的墙体差值尺寸会去哪儿。参会者认为这应该包含在承包商允许的容差范围内，并坚信承包商的建造精度不会达到 3/8 英寸这种程度。演讲人回答说，“首先，如果我今天要建造连续的十面墙体，每面墙都四舍五入舍掉 3/8 英寸的话，那么这意味着总共会少 $3^3/_4$ 英寸。如果损失的尺寸位于 ADA 走廊、规定的净距之内，或者更糟一点，老板的办公室，那么我或许不得不向他解释因为他的办公室位于终端，所以会比其他人的更小！”随后演讲人继续解释了根据建筑实际建造要求精确建模的重要性，以及避免协调问题比“看起来干净但完全不准确的尺寸标注”重要得多。

模型协调

194

模型协调并不仅仅意味着冲突检测，实际上利用模型还可以进行施工可视化动态模拟以把握现场情况。下面的案例提供了一些在施工过程中利用模型的方式方法。模型协调这一术语通常是指利用模型来协调或模拟施工的某些场景。无论是管线综合、施工组织、预算校核、模型整合或者其他用途，在这些场景下的模型协调都意味着可以利用 BIM 数据来更好地为实际施工过程提供预演信息。

BIM与场地协调

BIM与场地协调涉及可持续场地管理、建筑构件追踪、工程设备调试、GIS、材料GPS定位、施工组织等。由于这里涉及的领域较广，目前也有多种工具能够用于场地协调，本节将重点分析如何利用BIM协助组织施工现场工作。现场作业具有特殊性，因为很多情况下应用BIM常常会涉及更加具体的技术工具，以协助项目进行协调与整合（图5.1）。

图5.1 3D现场物流规划方案示例（来源：McCARTHY BUILDING COMAPNIES, INC.）

现场协调是指场地、材料、设备、安全和现场安保等现场管理要素的组织管理。本书的前文已经概括说明了如何制定现场物流计划。下面将具体说明如何在施工现场应用此计划。

195 现场物流计划可适用于多个管理方，例如从职业安全管理机构，到政府管理部门、分包商，再到材料供应商等，其在帮助相关各方建立更顺畅的沟通机制以及打造更安全的项目方面发挥着重要的作用。该计划往往被张贴在工作拖车的墙上，或放在方便使用的项目告示板上以供参考。这方便现场人员对材料存放区域、可出入场地、停车和建筑出入口位置等有一个直观可视化的了解。由于现场物流计划是现场状态的静态表达，可能会受到项目施工工序、施工进度计划和不同项目阶段的影响而产生计划变动，因此项目过程中常常会有不止一份物流计划。

当运送到施工现场的材料体量巨大或数量很多时，现场物流计划的应用就变得尤为重要。若场地条件有限，比如在城市环境下，那么根据项目规模情况，材料的堆放协调有可能会成为一项专门的全职工作。对于此类复杂的现场协调问题，我们可以用BIM制作进度动画模拟或辅助制订一系列的现场物流计划。随着材料的逐渐堆积，是什么材料以及材料将用于何处等问题将成为施工现场的一大难题。

现在我们已经开始在现场应用 RFID 标签技术，通过手持便携设备扫描这些贴附在建筑构件上的标签，我们可以提取出构件的安装位置等构件属性信息。这项技术对于复杂工程或需要分期施工工程的信息处理尤其有效。RFID 标签还能与 GPS 定位相结合，这样项目经理通过读取 RFID 信息，就能够随时查看建筑构件所处的位置。RFID 标签技术结合 BIM 模型，同时使用了手提电脑、扫描仪以及 GPS 组件定位等硬件设备来获取建筑构件信息，RFID 技术还能用在起重机、推土机和升降机等现场施工设备上。基本上，我们能借助附着在材料上的 RFID 标签对所有材料进行安排和定位。因此，对于施工人员管理自有、自用设备，通过设备零件上粘附的 RFID 标签，可以即时收集如更换机油、日常维护等设备维运信息。因而在设备上粘附 RFID 标签和 GPS 定位装置特别有吸引力。将来 RFID 标签还可以与网络日历相互绑定，向维护人员主动推送设备维护的提醒信息，维护人员也能够识别需处理的设备零件位置。

现场安全和安保对于任何施工项目都是十分重要的。当现场物流路径上存在潜在的危险区域时，虽然 BIM 技术在这种情况下能够发挥重要作用，但是诸如网络监控摄像等技术应用所发挥的作用，是 BIM 技术达不到的。有些建筑项目在施工现场安装了视频监控，这不仅可以作为一种安保手段，同时也可以通过网络实时查看项目进度，为团队项目成员分析施工进展情况提供帮助。目前，行业中有大量生产监控摄像设备的企业，移动摄像、远程定位等数十年来不能实现的功能如今已变为现实。这种更高级的可视化方式为利益相关方提供了一种新的衡量进度的方式，用于提前发现可施工性问题和现场安全管理问题，并通过网络工具来加以解决。例如，将 BIM 模型和当前的施工现场照片相叠合，并将实际和虚拟情况下的施工完成度进行比较，就能判断项目进展是否顺利，已经有企业对这种计划管理方式抱有浓厚的兴趣。

196

冲突检测

模型协调是所有工作的开端。施工管理者完全抛弃了借助发光桌来做图纸对比的传统方式，在各方面均基于 3D 模型开展工作，依据所设定规则用计算机进行系统专业的分析。这种能力是具有颠覆性的，如前所述，模型协调技术使承包商第一次成为设计流程中的积极参与者。

在接下来的一些应用练习中，您将看到如何导入文件，并分别进行测试。另外，您还将通过添加计划组件来显示如何创建进度冲突报告。

Navisworks 冲突练习

对于使用 BIM 的施工经理而言，Autodesk Navisworks（www.autodesk.com/navisworks）是一项强大的工具。Navisworks 是一款协同软件，使项目团队能够分享、整合、审核设计成果，并通过 3D 阅览器调整 BIM 模型和 3D 文件以解决所发现的问题。Navisworks 软件支持打开多种 3D 文件格式，在同一个集成环境下进行模型整合。Navisworks 以及类似软件，如 Tekla BIMsight（www.teklabimsight.com）、Bentley Navigator（www.bentley.com）和 Solibri Checker（www.

solibri.com）都具备类似的功能，能够适应建设行业软件的多样性特点，具有打开多种数据格式的能力。

必须谨记生成有效冲突报告的关键在于尽可能贴近实际施工情况对模型进行协调。这意味着施工管理者协调利益相关方的模型所花费的精力，例如钢结构制造商（图 5.2）提供的详细模型，远比在建筑设计阶段建模和解决模型冲突所花费的精力大。很多分包商，如构件的加工制造方已经开始使用 3D 建模软件生成 BIM 模型，这些模型可以整合到施工管理的 BIM 工作流程中，从而简化管理过程。

197

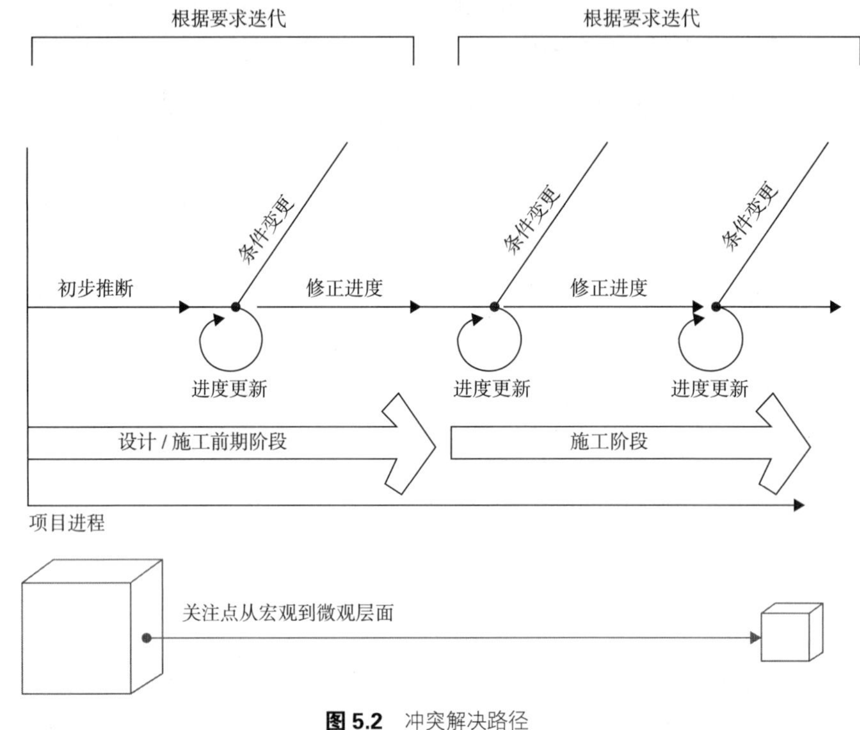

图 5.2 冲突解决路径

从宏观到微观的协调措施

在设计审查过程中，承包商执行冲突检测时常犯的一个错误是试图解决在冲突检测报告中发现的所有问题。这样就需要设计团队根据事无巨细的反馈调整 BIM 模型，这种做法不仅对团队时间和精力造成浪费，同时也让解决过程变得异常烦琐，因此这种理想做法通常难以获得良好的成果。

在解决模型冲突问题时，应采用“宏观到微观”的方式。首先解决大型系统的问题，如屋顶空调机组、大型管道系统、大型设备以及其他由于体量或支撑结构的限制不太可能随着设计推进能调整位置的系统。

另一个错误在于邀请所有利益相关方参加所有的协调审查会议。通常来讲，冲突解决会议应根据模型协调计划，只要求检测到冲突的专业代表和模型所有者参加即可。为了更好地利用每个人的时间和精力，应该仅邀请与冲突相关的各方参与会议，将他们的时间视为一项必须加以管理的重要资源。在单独的冲突审查会议前，务必向所有人解释会议的目的和内容，确保不会让任何人觉得会议与自己无关。我经常会说欢迎任何人参加某一利益相关方的审查会，但会议将重点关注接受检查和分析的两个系统。这种会议通知使得会议不但能向其他人保持开放，也仍然能够聚焦于目前的审查工作。

198

Navisworks 并非一款建模软件而是分析软件。本章中并不会涉及 Navisworks 的相关介绍，但是我仍然鼓励大家打开软件，尤其是点击打开或附加功能查看软件能够导入的所有的文件类型。Navisworks 的优势在于能够导入或链接大量目前设计和施工领域内广泛使用的模型文件格式。

另外，我建议用户充分了解文件扩展名类型，例如 .nwf、.nwc 和 .nwd。NWF 文件格式只用于 Navisworks 查找更新文件或存储在缓存中的文件位置。这些链接可以是类似 DWG 或 RVT 或者 Navisworks 等本地文件，这些文件在冲突检测审查过程的更新中更加便捷。在处理大量审查文件时，该方式尤其方便。NWD 文件类型能够保存所有加载的模型、环境、视图和其他输入。NWD 是项目的快照，也称之为“打印”文件格式。由于这一原因，本书在练习中采用了 NWD 文件格式来消除文件参照的影响。在接下来的应用练习中，您将使用 Navisworks 将不同模型合成到综合模型中，并测试模型的几何关系。

模型整合（Composite Modeling）是什么？

模型整合是一种将可用的 3D 信息整合进单个文件并用于共享的模型集成方式。整合模型并不一定意味着将所有团队成员聚集到同一间办公室，使用相同的软件创建同一个模型。尽管有些企业可以在建筑设计师、机电工程师和承包商之间实现这种合模方式，但这种情况并不常见。有些业主发现在需要压缩工期的项目中采用了 BIM，快速推进项目可采用“BIM pit”或“BIM huddle”，即所有团队成员，甚至包括那些来自不同企业的成员，采用集中办公方式将办公室设置在同一个场所，分工合作高度协同地完成建模工作，共同完成虚拟建造过程。但实际上，让设计团队采用单一综合模型的方式更为常见。综合模型是由一系列 3D 模型构成，创建模型应用的软件工具可能相同也可能不同，创建综合模型的过程就是模型整合，整合后的综合模型能够编辑用于分析和加强可视化。目前来说，用于编辑整合 BIM 模型的最强大的工具就是 Navisworks.

199

搜索设置练习

首先，我们需要确定希望进行冲突检测的不同专业设计模型，然后可通过下列方式对模型进行对比分析：

对比不同的文件。举例来说，结构模型可以与机电模型进行比较。尽管这个方法在初期较为可行，但有可能会由于模型数据的重复产生很多“虚假”或“错误”的冲突。比如，每个模型中都有楼板，在模型叠合后会产生冲突。

使用搜索设置。Navisworks中有一项搜索工具，能够按照名称类型对模型构件进行搜索并分组。这种设置方式最为常见，因为允许设置搜索的颗粒度，并能够灵活应对模型的更新。

使用选择集。模型构件可以在逐个选择后，作为一个集合保存，形成选择集。选择集对于快速确定某一特定区域的构件是否存在冲突十分有用，但这种冲突检测方式是否能够奏效取决于用户是否正确地选择了每一个元素。

在本练习中，我们将使用“搜索设置”工具设置冲突检测的规则和参数。具体而言，我们在本练习中将检查顶棚高度和管道系统的碰撞，以确保两者之间预留充足的间距。可利用“搜索设置”设置多项搜索规则，每当增加了一项搜索规则，软件就能够找到该规则的搜索项所对应的模型构件，并自动对其链接。该案例将使用Example–50% dd.nwd和50% dd mech.nwd文件，文件可从本书网页上自行下载，地址为www.sybex.com/go/ bimandcm2e。

打开和附加模型文件需进行以下操作：

1. 文件下载完成后，点击屏幕左上角的Navisworks图标，选择“打开”。导航到文件下载的位置（见图5.3），先选择Example–50% dd.nwd文件，点击打开。

2. 打开Example–50% dd.nwd文件后，我们需要继续附加50% dd mech.nwd机电文件。执行该操作需要先点击位于主页选项卡左侧的“附加”图标（图5.4），导航到文件50% dd mech.nwd的下载位置，并选择打开。

200

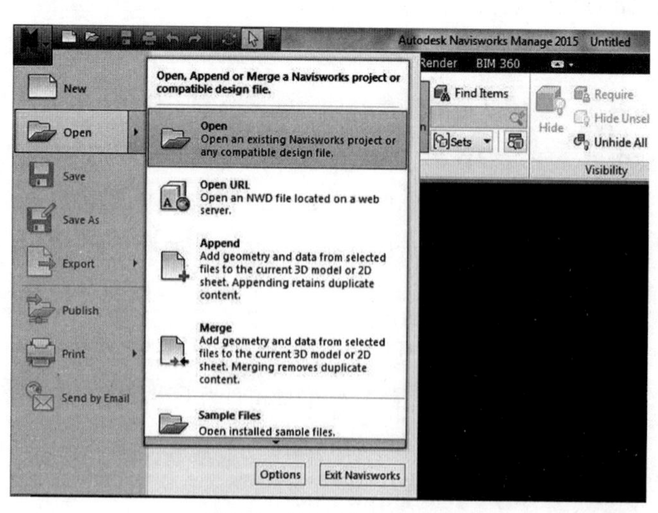

图5.3 打开NWD文件示例

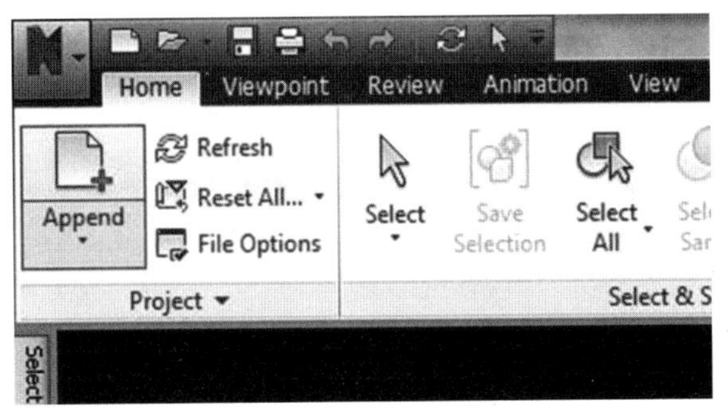

图 5.4 附加 NWD 机电文件

3. 两个文件都打开后，选择主页选项卡上的“冲突检测”图标（图 5.5）。这个操作会在 Navisworks 浏览器上打开一个新窗口。您可以点击窗口右上侧的图钉标记“固定”冲突检测操作窗口。

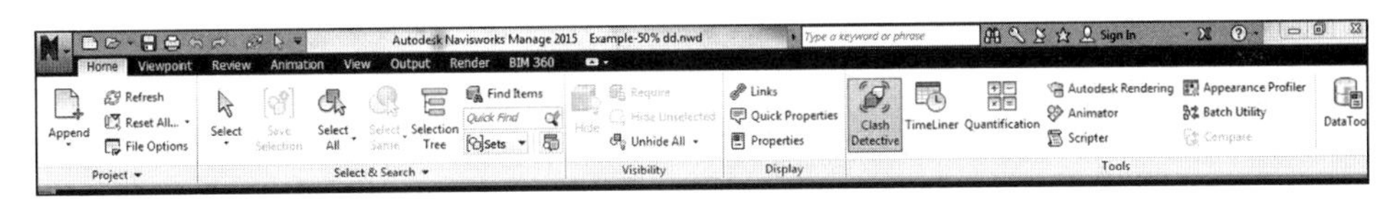

图 5.5 打开冲突检测窗口

4. 现在可以开始创建搜索设置来进行比较。在“冲突检测”窗口中，可以选择不同的选项进行比较。在此案例中需要比较新设计的管道系统与顶棚，因此需创建两组搜索设置：一组用于顶棚，另一组用于管道系统。首先，点击位于主页选项卡中间的“查找项目”图标（图 5.6）。

201

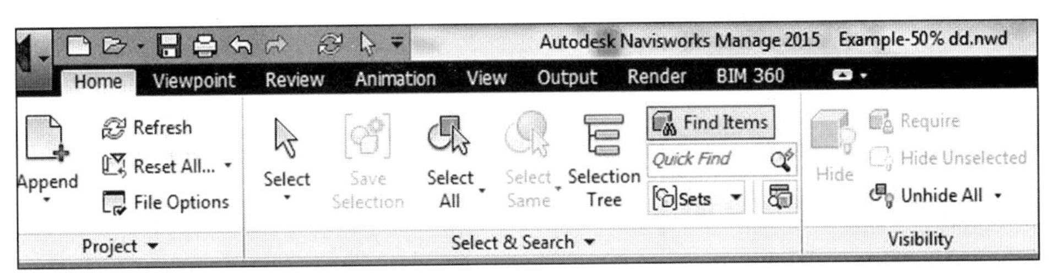

图 5.6 打开查找项目窗口

5. 在打开的“查找项目”窗口中，可以创建第一个搜索设置，即顶棚的搜索设置。点击 Example-50% dd.nwd 文件名左侧的加号图标展开目录树，然后再点击“level 2”左边的加号展开二级目录（图 5.7）。在该二级目录的最后一项，将会看到一个名为 2 英尺 ×4 英尺的 ACT 系统选项。在本案例中，我们要把建筑中的顶棚隔离，这需要在右侧的列表框中准确无误地输入参数值（图 5.8）。

202

字段	数值
类别	项目
属性	类型名称
条件	包含
数值	2英尺 × 4英尺 ACT系统

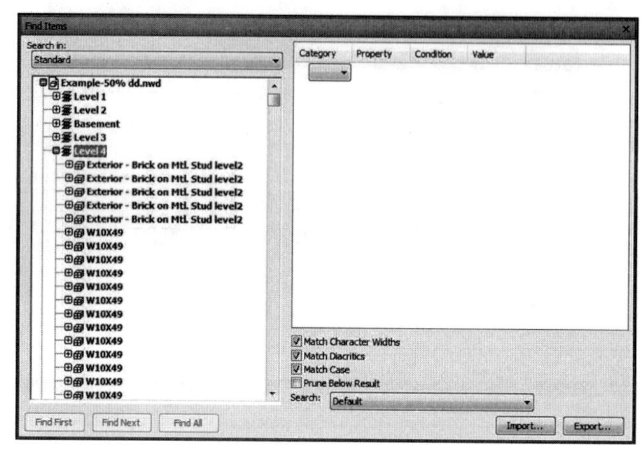

图 5.7 打开搜索选项

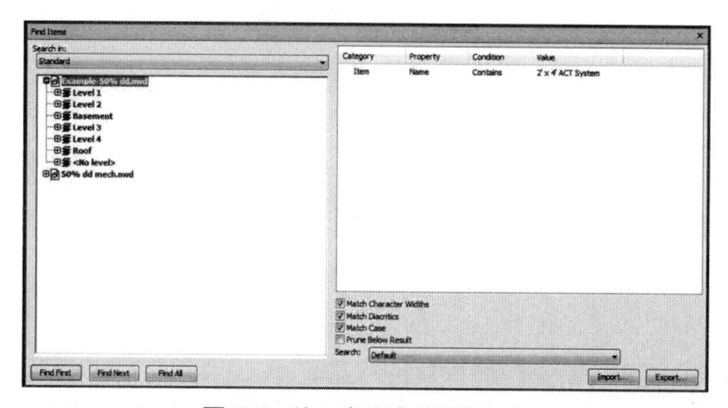

图 5.8 输入查找选项搜索条件

6. 完成输入搜索条件后，高亮显示“查找项目”界面中的Example-50% dd.nwd文件名，然后点击“查找项目”窗口左下侧的“查找所有”图标。

提示：有时能够看到高亮显示的物体，有时候则不行。这完全取决于我们在Navisworks浏览器中的查看设置。另一种简单地查看所搜索到的构件的方法是打开“选择树”的树型窗口，查看所搜索的项目是否以蓝色高亮显示。如果是的话，那就一切OK了！

7. 尽管可能由于设置的原因无法看到高亮显示的模型构件，但如果设置正确的话，就能够选择所需的模型构件。下一步点击“保存选择”图标，将搜索设置命名为2×4顶棚（图5.9）。

8. 为了将模型中的管道系统隔离并创建搜索设置，重复步骤4和5，但这一次选择类别、属性和条件，然后在查找选项窗口中的数值条件中手动输入以下内容，从而隔离所需的管道系统：

203

字段	数值
类别	项目
属性	类型名称
条件	包含
数值	设计

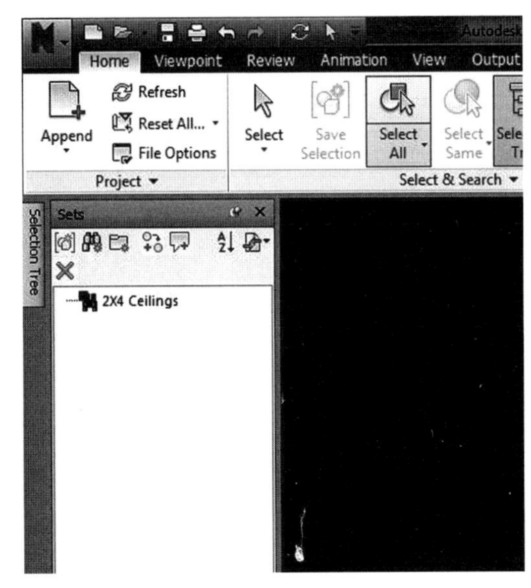

图 5.9 保存搜索设置

9. 高亮显示 50% dd mech.nwd 文件名，并在“查找项目”菜单栏中选择“查找所有”功能（图 5.10）。

204

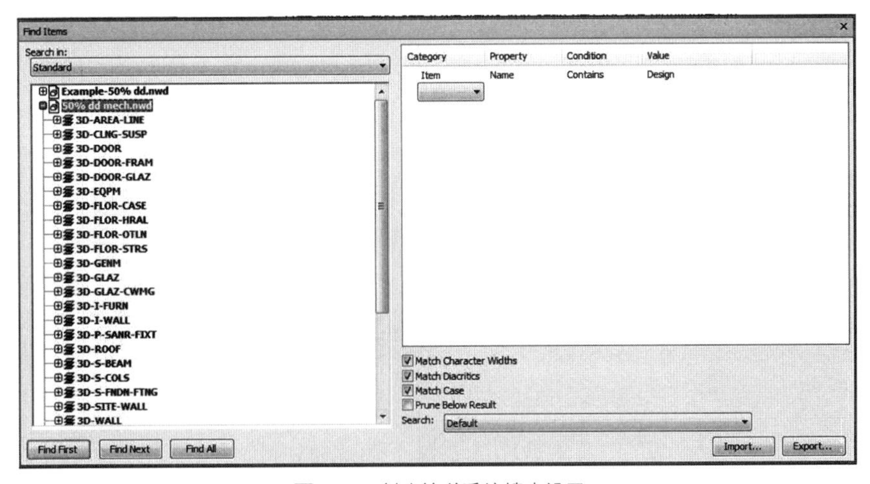

图 5.10 创建管道系统搜索设置

10. 点击“保存选择”图标，并将此搜索设置命名为 50% DD 管道系统（图 5.11）。关闭查找选项窗口，将文件另存为 Clash Tutorial.nwd.

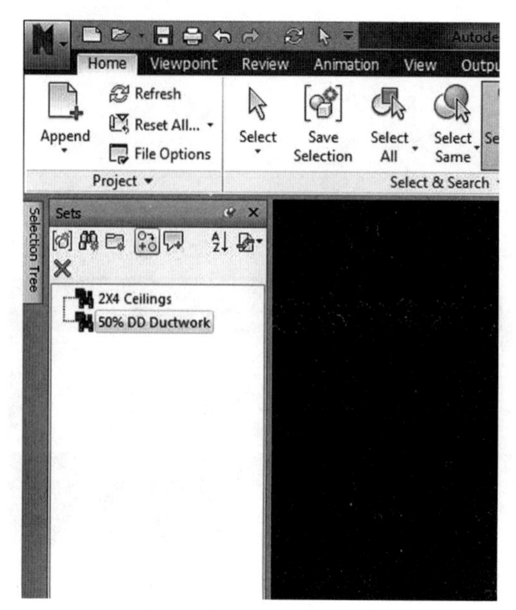

图 5.11 保存管道系统搜索设置

接下来，我们将生成两个搜索集之间的碰撞报告。

您可以为 Navisworks 中罗列的所有类别创建搜索设置，这有助于方便地找到满足搜索条件的相应构件，并将构件进行分门别类。

205

冲突检测练习

现在，在 Clash Tutorial.nwd 文件中，使用我们刚创建的搜索设置，来完成冲突检测报告：

1. 打开“冲突检测”窗口，并点击右上角的图钉固定窗口。

2. Navisworks 默认会创建一个新测试，如果没有，点击“添加测试”图标。

3. 在“选择”选项卡中，点击“选项 A”下拉菜单并选择设置（图 5.12）。在“选项 A”一栏中，选择“2 × 4 顶棚”。

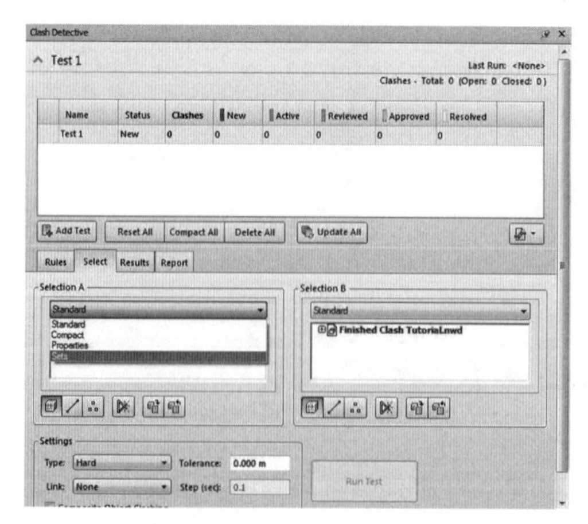

图 5.12 创建设置条件

4. 在“选项 B”下拉菜单中选择“设置”，并选择 50% DD Ductwork 文件（图 5.13）。

206

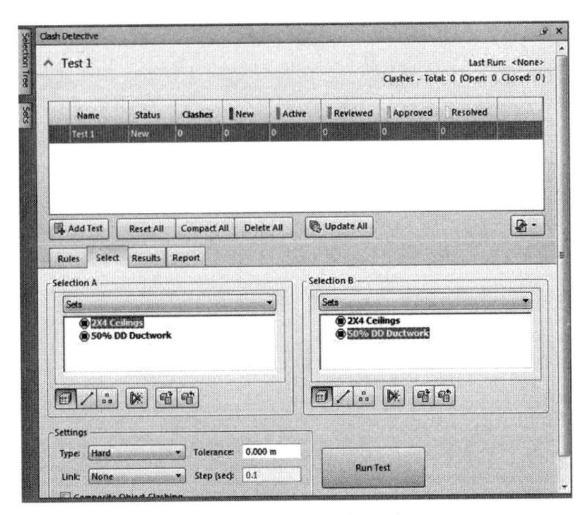

图 5.13 确定比较对象

默认设置与自定义设置

在这个案例中我们将保持默认设置不变，但是我们可能需要编辑“设置”字段，该字段位于“冲突检测”窗口左下角。当不同元素有可能互相接触时，默认的 0.000m 会认为所有产生接触的物体之间发生了冲突，即便这些物体实际并没有相互影响。

5. 本案例中，我们使用默认设置。在定义设置后，点击“冲突检测”窗口右下角的“运行测试”图标。

6. 现在我们会看到报告中显示有将近 716 个冲突。接下来将编辑显示设置查看这些冲突是否相关。将“冲突检测”窗口底部“结果”标签中的“冲突 1”高亮显示。

7. 打开窗口右下侧的“显示设置”栏，并选择“高亮所有冲突”复选框（图 5.14）。

8. 现在通过移动或最大化“冲突检测”窗口，可以查看所有冲突。使用“视点”工具栏下的“漫游”或“动态观察”导航工具（笔者个人更喜欢“漫游”工具），将视角移动到顶棚底部。这里可以看到，系统的大部分在顶棚位置都存在问题（图 5.15）。

208

通过这项练习，可以看到发生冲突的关键是由于管道尺寸和顶棚高度。与其逐项检查场景中的每个冲突，不如将问题看作一个整体，或者说“一个大冲突项”，以便站在全局角度解决设计中的问题。正如前文所探讨的，这解释了为什么在冲突解决方案中，从整体出发并从宏观层面解决问题要比逐一解决单个问题更加高效。

未来的行业趋势，是要减少在冲突检测方面的工作——更确切地说，是指基于云环境的协作方式，BIM 360 Glue 模型平台及其他定制虚拟服务器环境，使用户能够在世界的各个角落，在同一时间、同样的环境中开展协作。这类技术实现了我们传统观念中认为不可能的事情。

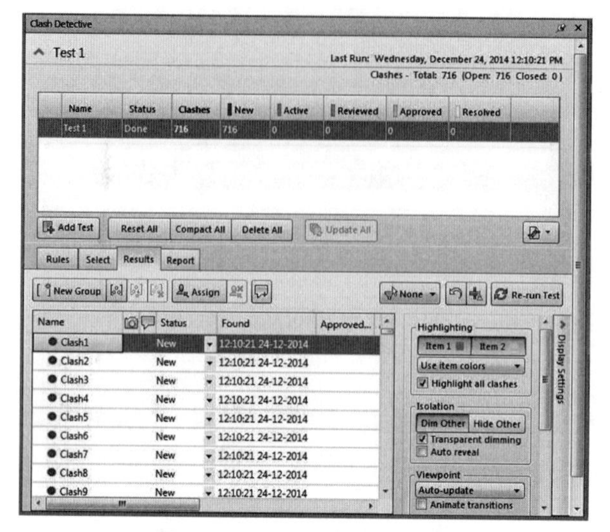

图 5.14 编辑冲突报告显示设置

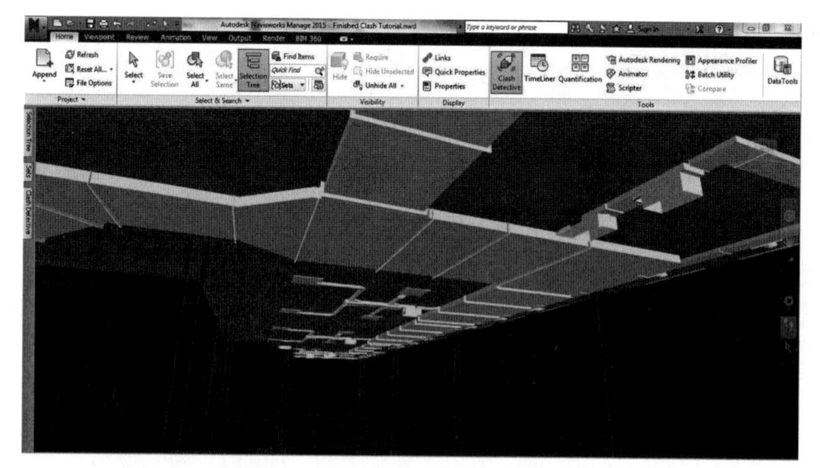

图 5.15 通过冲突检测识别专业系统问题

就拿 Autodesk Revit 的协同功能作为例子，Revit 使用“签入 / 签出”内容流程，确保操作同一文件的人员不会同时修改相同的模型内容。使用这种云工具的益处之一，在于目前软件都位于相同的云环境下，当创建的内容之间产生冲突时会及时通知用户。使用这项技术能够减少施工经理和整合团队需要处理的冲突数量。上述这个有趣的案例展示了新技术如何高效地替代先前的工具和流程。

预制

BIM 在预制领域中的应用，已经改变了建筑行业中多方运作的方式，并潜移默化地在继续改变着整个行业。由于 BIM 文件中包含了参数化建模信息，并且很多制造商使用 3D 模型生产构件，因此两者之间需要方便地进行数据交换。3D 制造应用于以下一些场景中：

- 钢结构的构件：柱子、梁、钢筋、格栅和支撑；
- 机电构件：风管、电线管、设备和管道；
- 预制混凝土：定制构件；
- 混凝土保温板：钢筋布置、组件编码；
- 专业工程：定制栏杆、扶手和遮阳板；
- 玻璃幕墙：定制装配系统、连接件、零件；
- 其他项目：家具、标识、场地构件、雕塑。

在施工图阶段，施工经理负责的一项工作是从具备 BIM 能力的分包商处接收模型及对应施工图纸，并在施工模型中对信息进行集成和测试。对分包商而言，这是一项不可思议的能力。尽管目前有能力创建预制模型的分包商数目在不断增长，但仍然有分包商不具备这个能力。事实上，把 BIM 应用到数控（CNC）设备实现生产自动化，分包商受益最大，因为这减少了预先协调的时间，也从整体上减少了返工情况。另外，BIM 应用工具在场外预制领域的应用不断增长。在《BIM 手册：业主、经理、设计师、工程师和承包商的建筑信息建模导则》（Wiley，2011）一书中，作者阐述了按库存生产（石膏板、夹具、螺栓）、按订单生产（窗户、门、五金）和按订单设计（结构、机电、定制混凝土构件和特殊项目）之间的差异。总的来说，在以上三种类别中，BIM 最适用于按订单设计（ETO）构件。

209

ETO 包括了在结构、机电和特定项目的设计和施工过程中所涉及的专业工程。尽管可以使用标准构件和连接件进行建造，但每个项目的这些构件的实际布局和构件设计仍具有独特性。按订单设计的项目必须按照严格的标准进行设计、排列、测试、分析、预制和安装。这些构件的协调通常是项目中最为关键的部分，因为定制加工涉及大量相关的未知因素，并且对多个系统都会产生影响。例如，与标准的垂直幕墙系统相比，定制的特定角度幕墙系统存在更多的未知因素，定制的支撑结构、定制的防水板和防水系统、定制的竖框等组件系统都需要特殊的解决方案。

在预制过程中 BIM 协调工具的专业应用可以在施工阶段继续发挥作用。鉴于此，在施工之前就应该分析 BIM 文件，从而减少施工现场的问题。这主要是通过将制造商文件与其他系统进行冲突检测或者进行进度分析实现的（这可以检验预装配组件的尺寸是否满足安装要求）。由于制造商提供的是用于发送给机器进行加工的真实模型，因此它是团队能够利用的最为精确的模型。当我们增加信息并集成更详细的模型时，项目的准确性将得到提高，未知因素会进一步减少。

BIM 作为预制构件竣工模型的概念能够直接应用到精益施工的协调当中。精益生产和采购工作是同时进行的，因为 BIM 预制能够实现以下事项：

- 为施工团队提供准确的采购和预制构件的能力（如有需要还可提前）；
- 减少施工现场的返工次数和时间；

- 通过数字化文件进行提交和协调从而减少纸张浪费；

210
- 改进团队采购及工种协调工作；
- 杜绝过度采购和减少浪费；
- 减少工程制图的成本和时间。

显然，BIM在构件预制阶段的使用促进了工作协同过程的整合；如果没有分包商或预制团队的早期介入，这是不可能实现的。对于模型协调的方法尽管仍存在多种不同看法，但对在施工之前将VDC BIM完善到预制所需的精细程度的总体思路已经取得了共识（图5.16）。

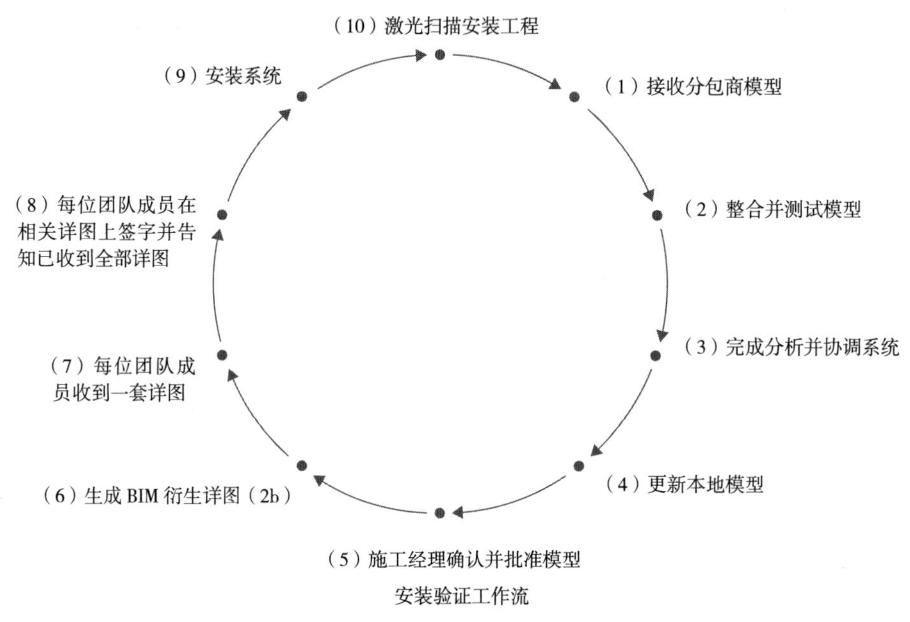

图5.16 在设计到预制过程中完善BIM模型

尽管其中部分流程可能会产生重叠，例如可施工性检查和图纸校审，但是把VDC BIM模型深化为预制模型的工作是与实际项目设计同时进行的。举例来说，工程师用于测试预制模型的工具，如结构所用的Tekla、SDS/2或者是用于机电的IES、eQUEST等，都可以提供给团队成员用于预制模型的调整分析。工程师应专注于验证系统的性能，并利用可用的BIM工具来完成这项工作，这点十分重要。

其他问题分析可以与机电分析同时进行，如可施工性问题，可以利用BIM进行构件冲突

211
检测、工序冲突检测、增强进度可视化、间距冲突检测、反向冲突检测（偏差检测）和其他相关协调分析，不过这些分析需要分别采用不同的软件进行。两类测试和分析在完成的时间上有所重叠，每一类测试分析都产生不同的结果并发送给项目团队优化模型。如上所述，模型精细程度的不断加深以及不断优化分析，将持续到项目的施工阶段，因此在施工现场得到

的 BIM 模型应该是有用且准确的，能够用于检验整个项目的准确度和安装情况。

基于承包商和预制团队所完成的精细化模型，施工经理能够将更先进的 4D 计划与模型联系起来，进一步细化和协调施工。由于已经提前虚拟建造了这个建筑物，因此生成更加详细的进度协调计划是可以做到的。

Navisworks 进度冲突检测练习

Navisworks 还能创建与进度或“模拟”相关的冲突检测报告。在不同施工过程交叉进行时，这些报告能够发挥极其重要的作用。例如，一间医疗室要安装 MRI 机器这样的大型设备，房间需围绕这台设备展开建造过程，现在我们可以通过可视化审查和进度测试来确定计划进度是否需进行优化，这种方法是非常有价值的。再如为了施工活动的正常开展，演示如何及时拆除安全设备或脚手架。尽管施工进度动画能够展示整体的施工活动情况，但通过进度冲突检测，能够保证此类设施的施工更加顺利地进行。

在本练习中，我们将创建一个进度冲突检测报告，检验浇筑家用设施所用混凝土平台的浇筑时间，混凝土平台浇筑应在地下室底板浇筑完成并达到养护时间后进行。

1. 在 Navisworks Manage 软件中，打开在本书网页上的文件 construction-sequence.nwd。

提示：注意该文件中有两个模型：arch-model 和 housekeeping.pad。本练习模拟了拟建建筑地下室的两次混凝土浇筑。在本案例中，地下室底板需要浇筑，您需要验证养护时间——本案例中设定 30 天——与另一个家用设施所需的独立混凝土平台板的浇筑时间不能重合。

2. 打开“冲突检测”窗口。

3. 在左侧选项窗口中，选择“arch-model.nwd→地下室”下的“6 英寸混凝土地下室楼板”选项。

4. 在右侧选项窗口中，选择“housekeeping pad.nwc”文件（图 5.17）。 212

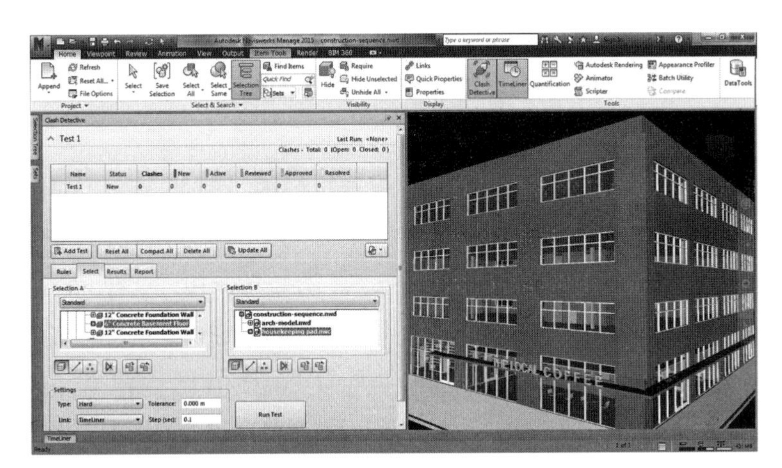

图 5.17 配置模型冲突检测的参数

5. 将冲突类型修改为“硬性”，并将容许误差修改为0英尺。

6. 将“链接”设置从“无”修改为“时间轴”，并将步长（Sec）设置保留为默认值（1）。

提示：如果您愿意，可以通过点击时间轴，研究、审查内置的进度计划。

提示：在本案例中，我们采用了硬性冲突类型，因为要确保邻近或嵌入楼板的任何模型组件都不会相互交叉。这类冲突检测还可以使用容许误差工具进行，通过用户定义的容许误差设置检验两个模型构件之间是否已经保留了足够的间距。

7. 点击“运行测试”。

8. 在“结果”选项卡中，查看冲突并高亮显示（这个例子中应该查找到一个冲突）。

这里将看到在底板和家用设施平台板的浇筑时间上存在一个冲突。可以在模型查看窗口的左上角看到冲突发生的日期，在“时间轴”窗口的“模拟”选项卡看到冲突发生的地点（图5.18）

213

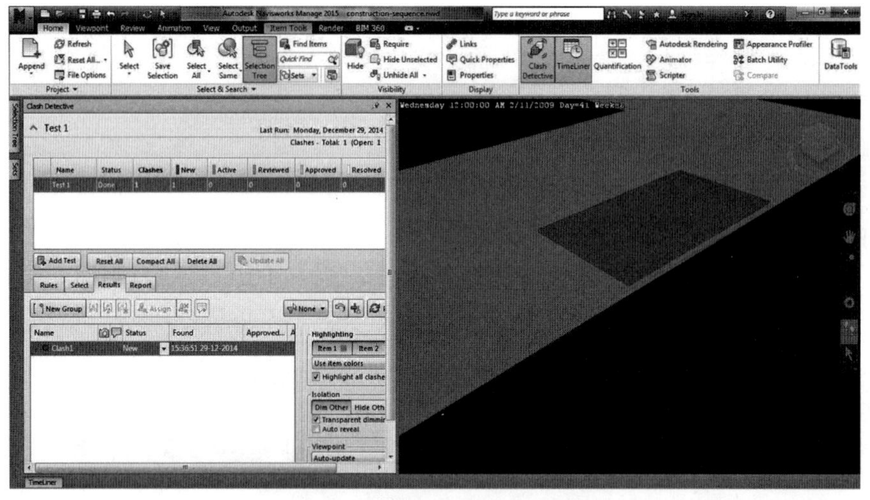

图5.18 由于进度计划不周生成冲突

在这个简单的例子中不仅显示了进度冲突检测的方法，同时也展示了如何对复杂结构进行验证，以确保关键路径上的建筑元素不会相互干扰。随着施工的推进，这也提供了一种手段用于查看以何种顺序对哪些组件进行安装。最后，还能够利用进度冲突检测并结合大量的模型元素，显示材料存放区域，与采购进度计划相绑定用于确认场地协调情况。进度检测工具十分强大，若与可靠的BIM策略结合使用，就能够更好地用于协调工作，极大地提高利用4D计划审核施工问题的效率。有趣的是，施工行业已经将这项技术视为一块跳板，通过该技术进一步拓展BIM的应用领域。

BIM 进度计划

在项目破土动工之前，施工经理必须完成大量的工作。其中最为重要的一项任务是准备施工进度计划。任何项目的成功都离不开合理的施工进度计划。对于所有项目成员，施工进度计划也是至关重要，因为该计划为何时何地开展工作提供了指引。

在项目启动时（通常在这之前），施工管理团队成员将创建施工进度计划。这个计划通常能够体现在施工管控方面的经验：材料的预订至交货时间、天气、人员和设备等。BIM 在进度计划中应用的重要性在于，它能够在项目从头到尾的整个过程中，更好地联络团队，并跟踪工程进度（图 5.19）。那么，BIM 如何提升进度计划管理？如何使用 BIM 增强进度计划的可视化和准确性？

214

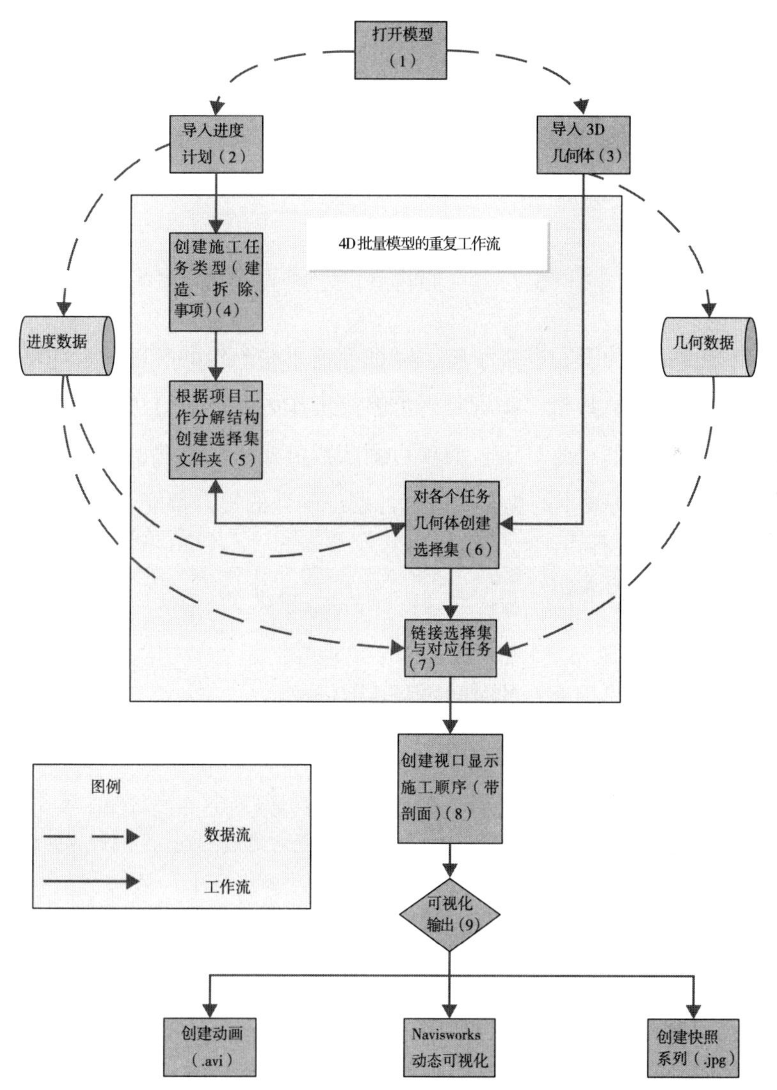

图 5.19 贯穿项目始终的一项连续性任务——更新 BIM 进度计划（来源：IMAGE © 2009 VISICO CENTER，UNIVERSITY OF TWENTE）

施工进度计划是一份复杂的图表，显示需完成的任务及任务完成所需的时间（图5.20）。尽管任务和建筑组件之间存在一致性，但在图纸、规范和施工进度之间并没有直接联系。随着设计的推进，施工经理将审核更新的图纸，识别工作范围内发生的变更以及设计元素的增加，然后更新进度计划反映这些设计变更。

215

Act ID	Description	Orig Dur	Remain Dur	Early Start	Early Finish
Design					
1260	100% CD's Issues for Construction	10d	10d	07AUG08	20AUG08
1360	Final Documents issued	0	0		20AUG08
Permits					
1270	Submit Drawings to City for Permit	0	0	15JUL08 A	
1290	Review of Drawings by City	15d	15d	15JUL08 A	27AUG08
1110	Wastewater Permit Review	35d	35d	07AUG08	24SEP08
1150	Demolition Permit (by Owner)	10d	10d	07AUG08	20AUG08
1420	Review for Asbestos Permit	10d	10d	21AUG08	03SEP08
1090	Receive Full Building Permit	0	0		24SEP08
Pre-Construction					
1280	Establish GMP Pricing	20d	5d	17JUL08 A	13AUG08
1000	Submit Proposal	2d	2d	13AUG08 *	14AUG08
1010	Approve GMP Pricing	10d	10d	15AUG08	28AUG08
1430	Execute MGC Contract	0	0		28AUG08
1130	Kick Off Meeting - OAC	1d	1d	29AUG08	29AUG08
1310	Award Subcontracts	3d	3d	29AUG08	02SEP08
Procurement					
1030	Prepare Masonry Shop Drawings	10d	10d	03SEP08	16SEP08
1120	Prepare Steel Shop Drawings	10d	10d	03SEP08	16SEP08
1160	Prepare Rebar Shops	5d	5d	03SEP08	09SEP08
1320	Prepare Trash Gate Submittal	5d	5d	03SEP08	09SEP08
1370	Prepare Storm Box Shops	5d	5d	03SEP08	09SEP08
1350	Review/Approve Rebar Shop Drawings	5d	5d	10SEP08	16SEP08
1380	Review/Approve Strom Box Shops	3d	3d	10SEP08	12SEP08
1410	Review/Approve Trash Gate Submittal	5d	5d	10SEP08	16SEP08
1080	Order Bank Vault (Owner Furnished)	0	0		11SEP08
1230	Order Carpet (Owner Furnished)	0	0		11SEP08
1250	Owner Furniture Procure (Owner Furnished)	0	0		11SEP08
1200	Procure Vault (Owner Furnished)	25d	25d	12SEP08	16OCT08
1240	Carpet Procurement	80d	80d	12SEP08	05JAN09
1050	Fabricate Strom Boxes	10d	10d	15SEP08	26SEP08
1040	Review/Approve Masonry Submittals	10d	10d	17SEP08	30SEP08
1060	Review/Approve Steel Shop Drawings	8d	8d	17SEP08	26SEP08
1140	Fabricate Rebar	10d	10d	17SEP08	30SEP08
1170	Trash Gate Fabrication	60d	60d	17SEP08	09DEC08
1300	Build Brick/Stone Mock-up	2d	2d	17SEP08	18SEP08
1390	Deliver Storm Boxes to Site	0	0		26SEP08
1070	Steel Fabrication	35d	35d	29SEP08	14NOV08
1340	Deliver Rebar to Site	0	0		30SEP08
1210	Procure Brick & Stone	35d	35d	01OCT08	18NOV08
1180	Sub Kick Off Meeting	1d	1d	08OCT08	08OCT08

图5.20 施工进度计划表是为确保项目的成功交付罗列出一系列复杂、重叠的任务

施工进度计划的完善程度，取决于施工经理各项相关工作的准确性，如审核新的设计文件以及判断新添设备、材料数量等物资是否足够等工作内容。制订进度计划及其随后的调整是项目实施过程中最耗时的一个环节，而项目团队成员要依靠精确的进度计划，来及时地向业主交付项目。因此，任何效率的提升及进度计划准确性的提升都能带来两大益处：

提示：这里的效率不仅仅是指时间，同时还意味着成本、准确度和完整性。

- 能够为施工经理提供更充裕的时间协调其他任务。
- 能够通过将进度计划与虚拟施工相链接，进而增强可视化，从而减少很多与进度误判和进度准确度相关的问题。

BIM的一项主要功能在于在实体建造前先对建筑进行虚拟建造，因此4D进度计划的引入对于发挥BIM效用而言至关重要。

在本章后面的练习中，我们将体验模拟实际施工过程，通过示例设计模型来生成BIM进度模拟，或者说“4D”动画，并将模型和施工经理的进度计划相链接。进度模拟工具是一项极其宝贵的工具——我们将通过本章学到更多相关的知识。在选择BIM进度模拟工具时，十分重要的一点是在能够提供强大功能的前提下，考虑增加模型组件以及在进度计划改变时相关更新工作的便利性。

216

进度模拟以 3D 方式呈现建筑从动工到竣工的建造过程，这有助于与业主沟通竣工日期，使分包商和供应商更好地了解各自的工作内容和工作时间，有利于现场人员确认项目进展是否符合进度要求。如果要将 BIM 用作制定进度计划的工具，那么第 2 章“项目规划”中所探讨的模型共享规范和责任说明必须到位。如果还未建立通用规范，那么承包商在接收和使用设计师的 BIM 文件时可能就会遇到障碍，可能就会出现与模型 LOD 相关的问题。

尽管在进度模拟阶段没有必要深入研究模型共享的相关细节，但承包商应在 BIM 执行计划中声明模型的使用意图。另外，施工经理必须理解，初步设计阶段的模型绝不是最终完整的模型。在 BIM 流程中，需要形成协同标准进行模型的共享，这对于实现更大程度上的整合非常关键，尤其是在施工前期阶段当施工经理需要对设计团队提出建议的情况下。

在确定模型交换参数以后，就可以开始创建进度动画了。

使用设计团队模型开展工作具有三方面的优势：

- 在设计阶段促进前期的协调交流。经验丰富的 BIM 用户可以及早提出高水平问题，确保了对后期进度的全方位考虑；
- 不需要每次都分配额外的资源重复建模，可以节约一定的成本。通常来说，不继承设计模型而是重复创建施工 BIM 模型是对项目资源的浪费，并对版本控制构成一定风险；团队可以基于单一来源的模型进行工作。正如第 2 章中所探讨的，BIM 执行计划中明确了整个流程中的模型所有权。基于单一模型发布数据源开展工作，有利于简化协调和控制流程，并使相关调整更加清晰明确。

除了上述诸多益处，采用设计模型最主要的好处，在于能够直接利用设计团队的成果，这无疑是一个最佳实践。很多情况下，对于设计师提供给承包商的前期模型，得到的反馈往往是模型还不够完善，“我不得不重新创建自己的模型”。在使用模型创建施工文档前，通常模型会进行多轮的修改，并随着项目的推进不断地深化细节。重新创建一个独立的模型不会为 BIM 流程带来任何效益，因此施工经理最好使用单一来源模型，并将与模型相关的任何重大问题都告知设计团队，而不是将模型半途而废。使用设计模型有助于认识新的项目内容及范畴，有利于对业主驱动的设计和规划变动进行沟通协调——换句话说，是设计施工同时协调（只需一次），而不是设计施工分别协调（需要两次）。 217

进度计划软件

施工进度计划软件，例如 Primavera（www.primavera.com）、Synchro（https://synchroltd.com/）和 Vico（www.vicosoftware.com）等，能够完成工作分解结构（WBS）的拆分和记录交叉任务的关键路径，创建复杂的时间表，并通过多种标准格式进行呈现。一旦项目启动后，这些软件能够用于项目的规划和进度追踪。进度计划是需要不断更新的，而软件可以满足更新项目进度计划的需求。

Microsoft Project 和 Primavera 系统均与能够兼容 Navisworks Timeliner 以及定制化的 Microsoft Excel（.csv）文件。Navisworks 还能够读取其他进度计划软件生成得 MPX 或 Primavera 文件。以下练习使用 Primavera 显示如何将静态进度计划与 BIM 进度相链接。大多数计划软件的优势在于能够方便地创建、链接和叠加十分复杂的进度计划，其中包含大量需与时间表绑定的任务。为了确定项目的进度，需要持续地更新计划时间表。这些计划工具简化了创建复杂进度计划的难度，在行业中应用十分普遍。

提示：请牢记在 Primavera 中操作时，新的修改和变动会覆盖原来的进度计划。因此需要将原来的进度计划存档。

本书演示了如何使用 Navisworks 来进行进度模拟、进度冲突分析和构件冲突检测。Navis 系列还有其他工具，但以上三种是施工经理最为常用的。使用 Navisworks 最大的好处在于能够将多种文件格式的文件进行合成。Navisworks Manage 不是一款建模软件，而是能将 BIM 和 3D 文件转换为 Navisworks 格式（NWD）的分析软件。Navisworks Simulate 和 Freedom 阅览器这两个软件也非常实用，适用于那些希望查找冲突或查看整体整合模型，但又不想购买完整版或任何 Navisworks 许可证的用户。

如前文所述，进度模拟的目的在于从三维角度呈现建筑的全部建造过程。根本上，模拟的质量与模型组件的数量和准确度有直接的关系，但要记住，在进度计划上链接组件越多需要花费的时间也越多。无论是需要为模型组件创建另外的搜索设置，还是进度计划要求更高的精度，总的来说，信息越为详细，用于链接进度元素所花费的时间就越长。例如在进度模拟中，能够呈现土方开挖、场地拆迁、打桩、支墩、开挖、成型、工地设施、起重机安装、卡车装运区、准备和存放区域、钢筋绑扎、混凝土基础浇筑、钢结构安装等过程。在 Navisworks 中，能够通过 3D 模型组件来创建详细或简单的动画模拟。

218

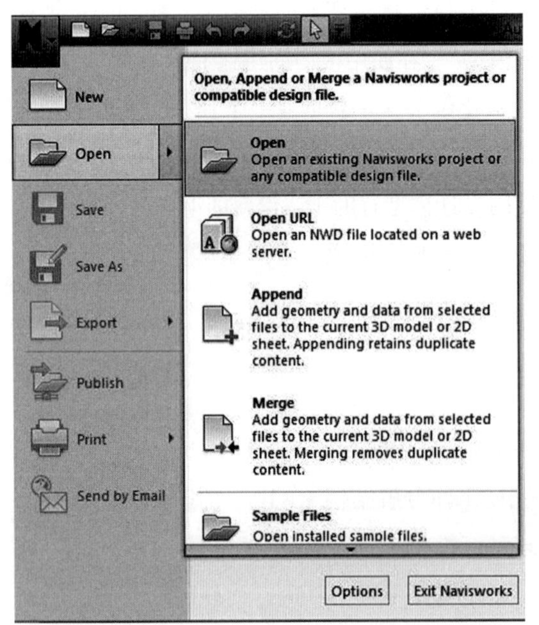

图 5.21 在 Navisworks 中打开 Revit 文件

在介绍下一个案例之前，首先要学习如何导入 revit 模型文件，假定我们刚从设计方接收到这个文件：

1. 从本书网页上下载 Example-50% DD.rvt。

2. 启动 Navisworks Manage，点击左上角的 Navisworks 图标，然后点击“打开”（图 5.21）。

3. 导航到下载示例文件的位置并点击打开。加载文件可能需要花费一点时间。 219

Navisworks 中的默认单位

Navisworks 中默认的是公制，所以我通常发现它有助于将单位设置修改为相应的文件单位。若要修改单位，点击屏幕左上角的 Navisworks 图标，然后点击窗口底部右侧的“选项”按钮，如下图所示：

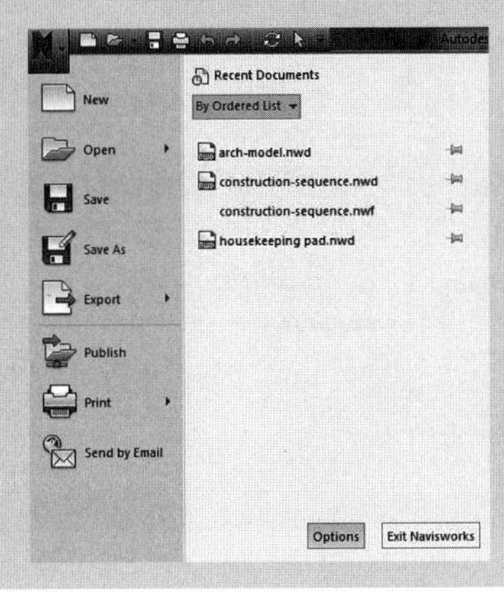

4. 将界面的树型结构最大化，并选择“显示单位”(图 5.22)。这里可以设置您偏好的单位。

提示：这里需注意，若将 Navisworks 中的文件保存为 NWF 文件，这将使打开的模型链接保持激活状态，每次打开或更新文件时，Navisworks 中的模型将自动更新。

220

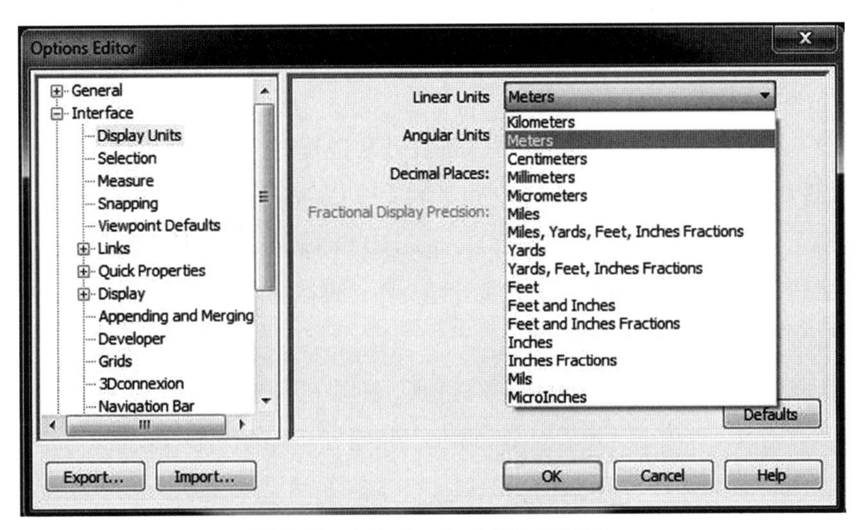

图 5.22 在 Navisworks 中修改文件单位

5. 再次点击 Navisworks 图标并选择“另存为”。选择 NWF 文件类型，然后点击保存。

现在将修改 Navisworks 中的“捕捉”设置。

1. 导航回到与前文选择单位相同的“选项”窗口，然后选择“捕捉”选项。

2. 选择“捕捉点”、“捕捉边”和“捕捉直线端点”（图 5.23）。

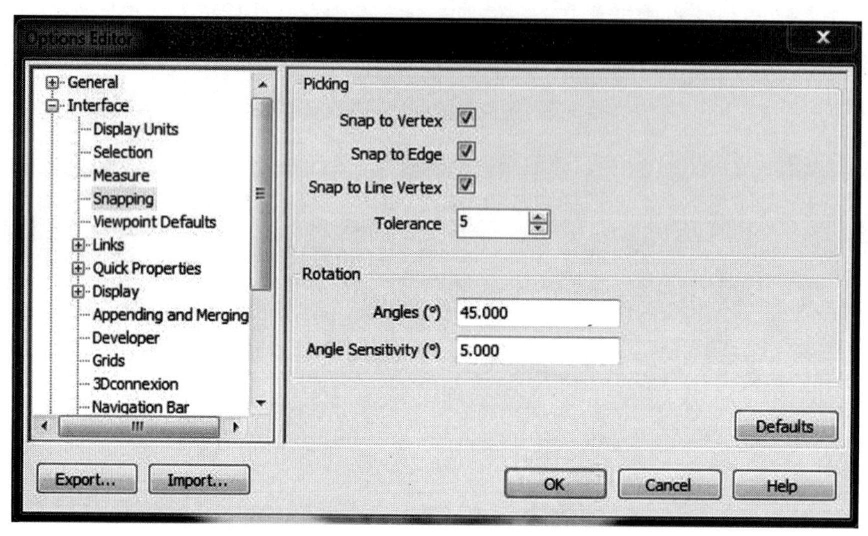

图 5.23 在 Navisworks 中设置捕捉选项

221 这些修改将使选择物体变得更加简单，可以根据用户偏好设置。

提示：Navisworks 打开文件的其他方式包括合并、附加和打开 URL。打开和附加是通常使用的两种命令。打开命令将覆盖当前打开的文件，附加命令则在既已打开的模型中添加其他模型。合并功能用于多个文件操作时，用来清除重复内容，并导入审阅批注。若想获得更多关于附加和打开的介绍，请参见 Autodesk Navisworks 网页（http://knowledge.autodesk.com/support/navisworks-products）。

在 Navisworks 中创建 4D 模拟

模型在 Navisworks 中保存后，需要导入进度计划进行链接。本案例将使用 construction-model.nwd 文件和现有的 Microsoft Project 进度计划文件 Commercial Construction.mpp。先从本书网页 www.sybex.com/go/bimandcm2e 上下载 Commercial Construction.mpp 文件。在这个练习中，我们将在项目概念阶段链接这个简单的进度计划文件，再在后期添加细节。

将进度计划导入 Navisworks:

1. 点击工具栏上的“时间轴”按钮。“时间轴”窗口在屏幕底部打开。

2. 点击“数据源”选项卡，然后点击“添加”按钮打开新的快捷菜单。

3. 选择 Microsoft Project MPX 2007—2013（图 5.24）然后将其链接到名为 Commercial Construction.mppde 的 MPX 文件，并点击打开。由此打开了字段选择器对话框。

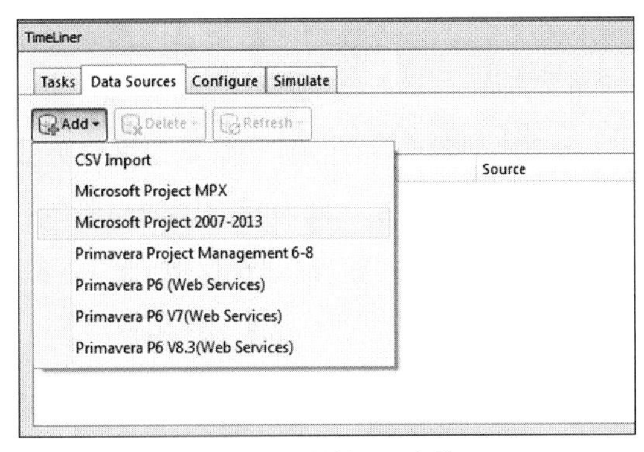

图 5.24 链接 MPX 文件

4. 把进度文件输入到时间轴中之后，在“字段选择器”中点击“确定”（图 5.25）接受 222 默认设置。这样就将链接添加到时间轴窗口中了。

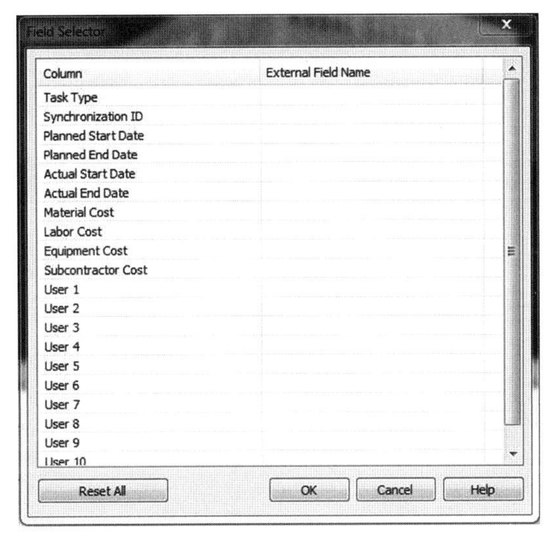

图 5.25 接受默认导入设置

5. 右击新链接，然后在快捷菜单中选择“重建任务等级”（图 5.26）。这一操作将 Navisworks 中所有的进度排列项分解为任务。

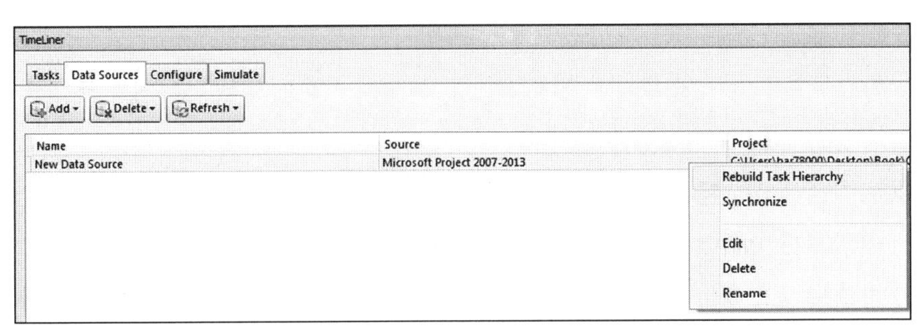

图 5.26 重建链接中的任务等级

6. 点击“任务”选项卡。现在所有进度计划中的排列项都成为任务，并带有开始和结束日期信息。

现在可以开始将任务链接到模型组件。该操作可以通过多种方式进行，如前文所述，使用模型搜索设置更易于将任务链接到模型中。随着后期添加相似命名的项目，它能够找到具有相同搜索特征参数的新元素，并自动链接。现在让我们使用以下参数创建一个名为“基础”的搜索设置（图5.27）：

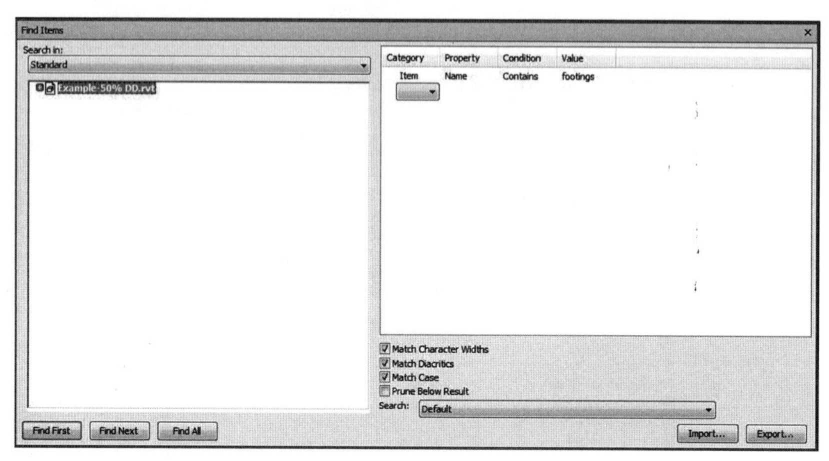

图 5.27 创建基础搜索设置

字段	**数值**
类别	项目
属性	类型
条件	包含
数值	基础

另外，搜索设置中包含了Navisworks中的所有相关类别，以便易于区分不同组件。

在Navisworks中创建搜索设置后：

1. 将搜索设置命名为“基础”。

2. 搜索设置创建完成后，下滑时间轴窗口中的任务列表，找到基础标题栏下标记为“浇筑混凝土支墩和基础”的任务。

3. 在“集合”窗口（在查找项目图标下方）中选择“基础”项，右击，然后从快捷菜单中选择“附加当前搜索”（图5.28）。

还可以从“选择树”窗口中将搜索设置拖拽到任务处。当列表中的“浇筑混凝土支墩和基础”一行标记为已更新时，表示搜索设置已成功链接到任务中。

4. 在时间轴窗口右侧的同一行中点击“任务类型”字段。从下拉菜单栏中选择“建造”，说明这些是建造作业而不是拆除或临时作业（例如支护或支模）（图5.29）。

224

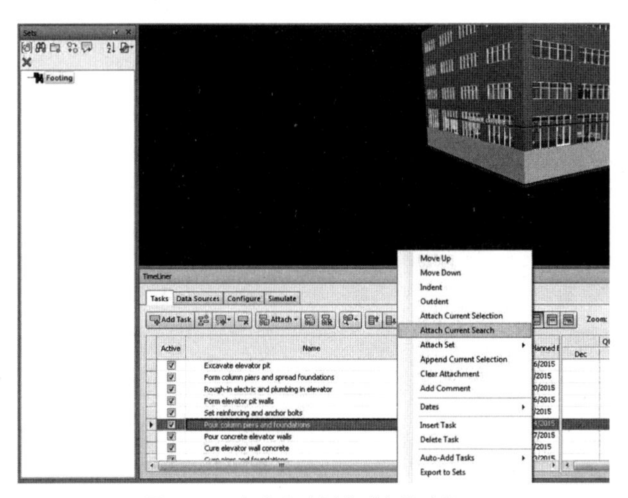

图 5.28 在进度计划中附加搜索设置

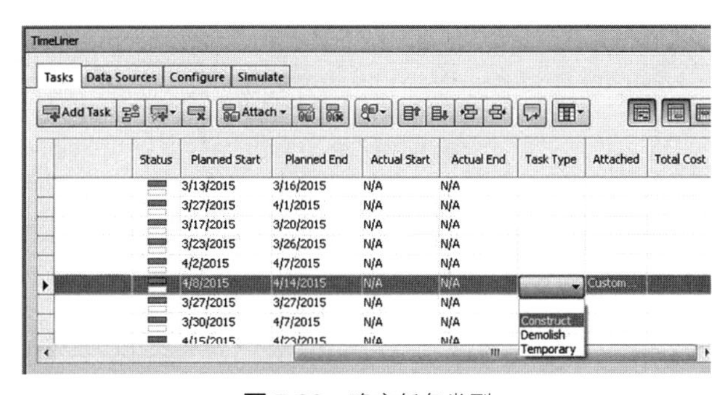

225

图 5.29 确定任务类型

5. 点击“模拟”选项卡。由于这是计划进度而不是实际进度，点击“设置”按钮，在设置窗口底部选择“计划”单选按钮。将间距设置为 1%，将播放时长修改为 60 秒（图 5.30）。

图 5.30 编辑动画设置

6. 仍然在“模拟”选项卡上，点击“播放”按钮，或手动拖拽时间轴滑动条查看结果（图 5.31）。

226

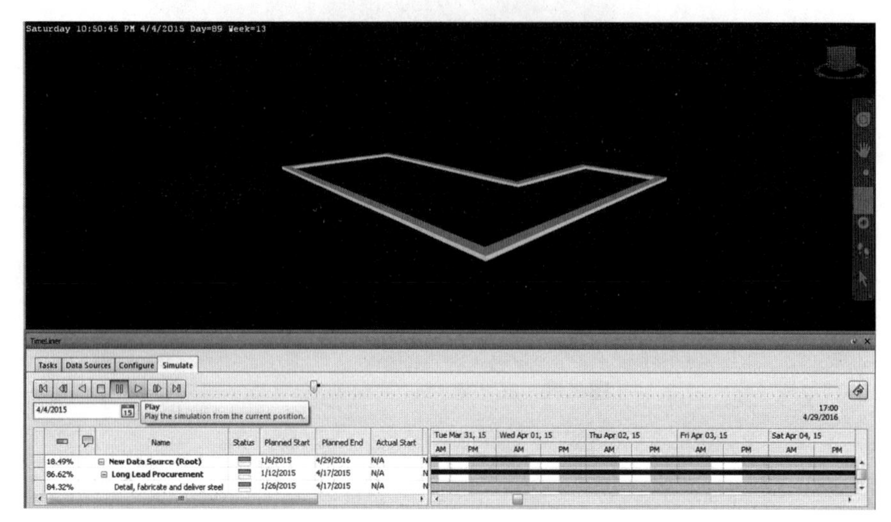

图 5.31 运行模拟

7. 根据需要，可将剩余模型链接到进度计划中。如需要进一步对模拟进行设置，点击设置按钮后，可根据自身需要配置进度。

使用 Navisworks 这一强大工具，我们可以用 3D 方式模拟进度计划，从而更好地沟通施工顺序。上例仅仅只是一项简单练习，Navisworks 还有很多其他功能可以探索，甚至还有创建 4D 模拟的更加简化的方法。另外需说明的是，Navisworks 并不是市场上唯一的 4D 工具，诸如 Vico、Synchro 和 ConstructSim 等其他工具也能够实现类似的进度模拟。这些工具的价格有所差异。其中像 Vico 等一些较为健壮的工具可以将预算和基于位置系统（LBS）整合到 4D 模拟中。而像 Synchro 等程序则能够生成渲染视频，使模拟成果更加逼真。

无论选择何种工具，在首次进行进度模拟时都需要花费一些精力，但后续的更新不需要花太多时间。当制定 4D 方案时，尽可能多花些精力考虑简化更新模拟的操作流程，这有助于使施工过程中的更新工作变得更加简单。我们可以在现场利用进度模拟可视化地展示项目进度，用以核实承包商和分包商已经完成的工作。BIM 是施工经理的宝贵工具，它架起了建筑组件和进度计划之间的桥梁。

形成反馈回路

项目施工过程中，在工地现场和办公室之间总是存在沟通方面的问题。随着工程的推进，工地现场每天的环境和条件都会发生改变。办公室人员通常不在施工现场，他们往往会同时

227 为公司的多个项目提供支持，从多个层面为项目提供协助，例如行政、法务、发票、保险、

人力资源、担保等问题。那么办公室如何与施工现场保持联系？如何实现办公室与多个施工现场的良好沟通？

我们需要认识到，由于每个角色之间的地理差异，这种自然的割裂使得交流沟通变得困难。项目人员若都能在现场办公，人员之间沟通效率会很高，然而对于大部分项目，这并不现实。那么应当如何利用 BIM 及相关技术来更好地在施工现场和办公室之间建立联系？先要从建立反馈回路开始。

反馈回路并不是一项新鲜事物，通常对于很多施工企业，这也不是关注的焦点，企业把大部分精力都花在正在进行的施工作业上面，并未充分认识到高效沟通能够提高效率。以下是一些需要用到反馈回路的例子：

- 按照已经完成工程量（比例），根据分包合同确定需要支付给分包商的合同金额。现场人员能够直接对工程量进行审核验证，办公室需拨付正确数量的已完工合同款。
- 为确保施工进展顺利，如何判定现场所需材料的数量。例如，钢构加工厂何时交付第一层柱子？很多时候采购工作都是在办公室进行处理，但需要按时将材料交付现场以保证进度。
- 如何判断工程是否在按计划顺利进行？在施工过程中我们能够掌握已经完工的内容，但如何判断工作的效率以及是否在按计划正常进行，如何保证项目经理能将准确的最新情况汇报给领导层？
- 当问题出现时，我们怎样尽快地解答和解决问题？是否有办法更好、更快地共享信息？问题出现时需要考虑解决问题所需要的时间，例如大型设备无法安装在原先规划的位置，或者分包商在错误的位置安装了系统。

以上仅是一部分事例，只是为了表明施工现场与办公室之间的沟通十分关键。我们知道 BIM 在施工前扮演着十分关键的角色，甚至很多专业人士仅仅将 BIM 作为施工前使用的工具，但事实上如果 BIM 能在施工过程中有效利用，其在施工期间也能发挥重要作用，也能从中获取巨大的价值，尤其在解决施工过程中一些反馈问题时尤为突出。随着工程的推进，为了完成反馈回路，BIM 在五个领域扮演着重要角色：系统安装、安装管理、安装校核、施工活动追踪以及现场问题管理。让我们结合上述每个领域的情景，探讨如何应用 BIM。

系统安装

228

如果将模型视为需在现场进行组装的“部件集”，那么可以通过更好的可视化能力提高现场效率。前文已经说明了如何利用整合模型来解决构件之间的冲突，还可以将这些模型作为更有效的手段衡量施工进度情况。举例来说，很多施工经理使用不同颜色标识构件供应情况，如果整合模型的模型精度高的话，着色将成为十分有用的工具，这将在第 6 章“BIM 与施工监管”中进行探讨。

想想看：如果您采用“所有工程构件必须建模”的策略，那么就能够通过模型更好地跟踪工程，并更有效地检验安装情况。Autodesk 的 BIM 360 Field 和 Bentley 的 Field Supervisor 等特定工具能够通过自定义设置自动完成颜色配色过程。尽管模型配色对于场地平整或景观美化（取决于模型）等特定项目不一定适用，但其应用价值可以体现在建筑物本身的模型构件组装进程上面。若 BIM 应用水平高，则可以根据下列步骤分解模型并通过模型配色跟踪项目进度：

- 等待详图审批——青色；
- 详图审批完成，处于预制过程——深蓝色；
- 预制完成，材料运输中——橙色；
- 材料到达现场，未安装——粉色；
- 材料到达现场，安装完成——绿色；
- 材料按设计发挥作用——黄色；
- 范围完成——灰色。

结合使用云协同工具和能在施工现场和办公室之间共享信息的 VDI / VDE 环境，双方团队能够采用以上配色系统对现场施工进程进行研究、分离和剖析，保证工程计量计价准确，同时提高测算效率。若使用施工现场跟踪软件或定制研发此类软件，就可以帮助项目现场人员更快地更新模型图形颜色。通过这项技术能够不断地改善施工进度的视觉验证效果，另外行业也在持续关注与企业系统关联度更高的其他应用程序。

安装管理

施工中的材料数量、采购和安装从来不是一门精密技术。通常来说，随着施工进度的推进，与组件数量相关的可用信息也变得更加详细。BIM 在材料管理中的应用对于形成关键性反馈回路而言是十分重要的组成部分，这也是施工经理所关注的。

在一个典型项目中，施工经理（非亲自执行）将与项目的分包商协作，来验证材料的可用性和现场交付情况，从而根据项目进度开展工作。很多情况下，材料无法全部一次性交付。工地规模可能不够大，无法存储特定工作范围内的所有材料；项目组件的生产是交错式的，需要多次交付到工地现场；或者，部分材料存储受外界气象条件影响。这些限制条件十分常见，尤其对于位于城市环境中的复杂项目而言。另外，对于快速推进或使用精益准时交付材料方式来简化施工的项目而言，及时明确每种材料的所需用量，从而确保项目流程顺利进行是十分关键的。

229

通过 LBS 和精益方式来交付工程

Rex Moore 是一名综合性电气分包商，也是 LBS 和精益生产的早期采用者。他们现在的工作都经过了完善的规划。现场安装人员每天早上收到“工具箱”，其中包含工人所需的零件、图纸、工具和信息，并且每天晚上进行清理。这种安排工作的方式使得他们更为高效，并且明显地提高了生产效率。以下是对 Rex Moore 团队的讲述。

Rex Moore 的生产系统演变

在 2009 年中期，我们开始推行精益生产，通过头脑风暴讨论会我们意识到“缺乏标准”是几乎所有问题出现的根本原因。基于这种认识，我们从整体角度对每一个重要业务部门进行分析，并开始辨析能够在各个部门推行的标准。我们确信各个部门没有标准就不会发展壮大，因此设计、制造、供应链、人力资源等开始以减少浪费和为内部 / 外部客户提供价值为原则，来制定自己的标准流程。

成立一个小组对系统的制作安装进行设计管理。过去我们通常会查阅项目图纸，并基于此对可施工性、材料要求、预制可能性和安装工时预算和详图制作进行审核。但并不是所有项目都能够遵循这一流程，而且即便遵循此流程，交付水平也不一而足，甚至，现场电气系统的安装流程也是因人而异的。

我们决定执行改善措施，并在 Copart 公司位于里诺的一个数据中心，进行设计制造和安装（DFMI）的试点。我们 Rex Moore 作为总承包商，在施工组织上享有更大的灵活性来进行规划。团队分析总结了另一家企业提出的材料包及唯一标识符的概念，并对此能够达到的目标成果取得了一个基本的共识。基于这一共识，团队开始为试点项目制定安装标准和配套方法。团队采用头脑风暴的形式来记录想法，并用 K-J 法（affinity diagraming）来组织这些想法。聚焦如何能够解决实际问题，在工作流程设计时采用了流程图解的方式。

230

改善措施之一是采用了一种将项目工作拆分到工作分解结构（WBS）的流程。WBS 是所有工程活动的集合，WBS 拆分是保证项目顺利完成必须进行的一项工作。WBS 结构最低层级采用四位数编码的形式，并标明了项目现场的正在施工的位置及内容。编码结构采用公司统一标准，并且在相同项目上具有唯一性。编码命名为“套件编号”，在讨论交付项目阶段成果时，这套编码为我们提供了一种标准化方式。

现在团队可为项目的“套件”规划完成截止日期，由此推动设计部门来完成设备的深化工作。一个完整的套件设计将交付到采购供应链，然后到负责设备生产和交付的制造领域，设备最终到达项目现场后，能够按照规划及时进行安装。

落实标准化的“套件”流程使得价值链中的每个人都能够对可以完善的部分流程或还未执行的标准提出意见，只有在流程标准化以后工作才能得到改善并识别偏差。Copart 项目的改善措施带来的直接或间接的重大改进为：

- 设备类型的标准化，提高了设备的安装效率并简化了设备的部件。这种安装方式的改变以及部件的减少使得安装者能够很快熟悉设备，从而缩短交付周期；

- 建立标准化的制造流程，设计标准化的配件，能够根据库存进行生产从而缩短交付周期和提高制造质量；
- 采用库存管理系统，降低特定项目的库存水平，并对标准化部件采用共享库存的方式。通过交付日期和订货到交付的周期进一步确定采购日期，从而减少现金占用和提高库存周转率；
- 制定标准化包装并使用防滚架，从而能够根据特定用途，方便设备的接收和移动，减少现场二次运输；
- 真正掌握了所有项目的材料汇总用量，有利于与供应商协商最优惠价格及从订货至交货所需的时间。

231

尽管 Copart 改善措施的目标在于减少安装时间并提升利润率，然而大部分效益都不仅仅在项目层面体现。尽管标准化小组从未涉及项目的清洁问题和安全问题，但是施工现场却变得更加整洁、安全。综合很多类似项目发现改革使得 Rex Moore 达成了有史以来最低的安全效能指数，从原来大约维持在 93 降低到应用精益概念和工具之后的 63。流程标准化还使员工增加了收入，同时在新的市场中发掘出新的机遇，获得了传统方式下无法获取的新客户。

Incite	STANDARDIZED WORKSHEET		Process/Document Owner	Revision Date	REXMOORE
	Business Unit:	Process Center Description:		6/26/2009	
	Sacramento, Ca	ALEXAN BUILDING C1R5 - KIT #	Takt Time:	Cycle Time:	

Step	Work Step Descriptions "Everyone is a Supplier, Everyone is a Customer"	Element Time	Key Point
1	2' trapeze Qty. 3		
2	3' trapeze Qty. 2		
3	3" 90 degree EMT radius Qty. 18		
4	3" EMT pipe Qty. 140'		
5	3" C rated plastic insulating bushing Qty. 6		
6	3" strut strap Qty. 21		
7	3" set screw connector Qty. 6		
8	3" set screw coupler Qty. 22		
9	Pre-fab 12x12x36 gutter (includes 6 3" connectors, 6 3" nipples and 6 3" C rated plasic insulating bushings)		
10			
11			
12			
13			
14			
15			
16			
17			

KEYPOINTS	SAFETY	QUALITY	POKA-YOKE	IN-PROCESS STOCK

Personal Protective Equipment (select required types)	Safety Locks	Safety Glasses	Safety Shoes	Gloves	Hearing Protection	Hard Hat
		X	X	X		X

来源：IMAGE COURTESY OF REX MOORE

在分析和确定项目实施方式时，BIM 是一个很好的工具。要开发一个无损模型的 LBS 计划，一个最优的工具就是 Vico Office（图 5.32）。Vico 采用包围盒的方式来组织和模拟工程，并利用整合后的 BIM 模型来制订进度计划。采用这种方式的好处是可以对材料进行详细拆分并生成生产订单进度计划，从而对“及时交付”进行优化。这种通过模型拆分来模拟安装场景的方式还可以让用户能够基于生产率、人员规模和数量来优化施工进度。

232

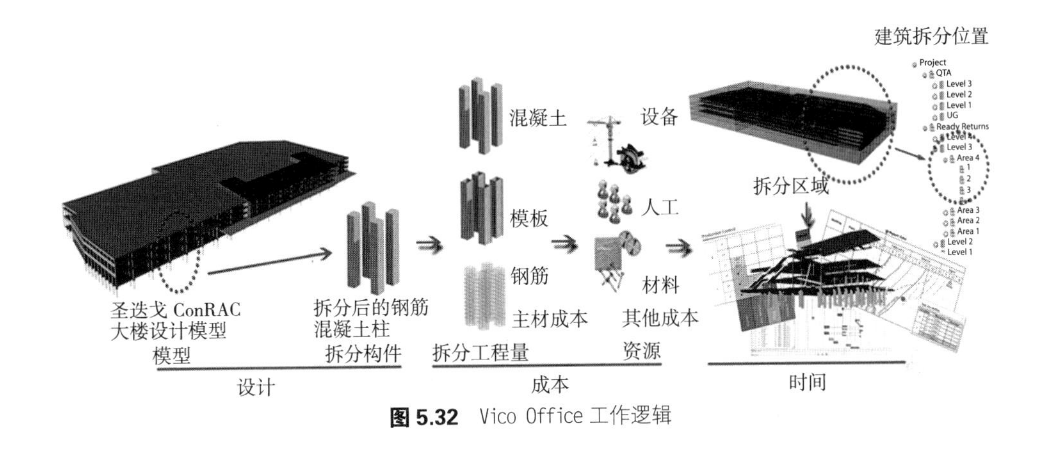

图 5.32 Vico Office 工作逻辑

安装检验

BIM 已经在施工现场的安装工程中扮演了一定的角色。目前，很多软件系统支持采用模型来制订项目现场的安装计划。采用 Trimble 的全站仪等工具能够导入模型，并能够结合模型指导现场人员进行施工定位放线。这类工具相当精确，如果使用得当可以更好地管理现场的数字化信息，但是它们并不能保证现场人员安装的准确性。无论是由于对其他系统缺乏了解，还是由于一种“先入为主”的心态，抑或是由于对图纸或模型的理解错误，都需对安装工作进行检查和验证。此处所提及的安装检验是在典型安装检验流程中的最后一个步骤。

安装检验可以通过多种方式进行。有些人倾向于通过现场测量设备和笔记本来操作，有些人通过使用照相机来操作。然而获取现场情况并可借助模型进行检验的最有效方式是把激光扫描结果与模型叠加。

随着激光扫描设备成本的不断下降，在项目中使用激光扫描的情况变得越来越普遍。三维激光扫描是通过扫描终端从周边环境中获取高密度 3D 地理空间数据的过程。每次扫描能够收集扫描仪视野范围内所包含的空间尺寸数据。每次扫描后都会生成一个“点云”，能够与其他点云进行归并汇集，这类似于地理考察（图 5.33）。

在生成最后一个点云数据后，就能够转化为模型或直接导入综合模型的查看工具中，例如 Autodesk Navisworks、Bentley Pointools 或用于分析的 Tekla BIMsight。模型叠加分析的价值在于能够使团队快速确定安装工程是否处于容差范围内（图 5.34）。如若超出允许误差，那么

233

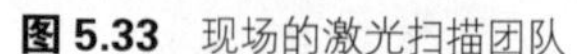
图 5.33 现场的激光扫描团队

图 5.34 激光扫描和 BIM 叠加分析

（来源：COPYRIGHT AUTODESK）

团队还能够分析确定安装误差对其他系统的影响，并着手协调或重新安装系统来避免问题的产生。

234

强调准确性

最好的做法是，向每一家安装单位明确他们应尽可能准确地安装系统。我通常会告知每个人他们所参与的冲突检测流程（本章前文中有述）的成果，他们应当根据提交的模型和施工图来安装系统，因为随着时间的推移将据此对项目采用激光扫描进行检查。对于那些试图脱离所提交模型进行施工的团队，他们将承担安装冲突的风险，并独立负责解决冲突或全部重新安装。

这种方法提高了人们的意识，也意味着将公正平等并频繁地对安装的准确性进行检查。另外，激光扫描仪的长期使用或分阶段扫描不仅有利于实际位置和虚拟位置的比较分析，对于准确地收集 3D 数据用于项目下游的竣工要求而言也同样有用。

施工活动追踪

施工活动追踪建立在施工管理工作的基础上，可以利用模型显示项目如何通过 LBS 进行建造。然而，施工活动追踪将要求相应的进度计划更为精细，以此管理现场施工活动。追踪结果将反馈到项目经理或现场主管处，从而解决工期延误问题，或随着施工进程提前开展下一步工作。

有多种工具可以用于获取 BIM 衍生的施工进度计划，将其分解为可实现的任务。Pull Plan 软件是一款 SaaS 工具，将使用“便签”的精益规划方法与基于云的任务通知系统结合，能够在任务生成或完成时提醒团队，并判断任务是否已经按时完成（图 5.35）。如果任务按时完成，那么关闭该任务，并激活下一个任务。如果任务还需要更多的时间，那么由用户输入额外所需的时间以及任务未完成的根本原因。随后进度计划会自动调整，而需等待任务完成的其他用户则不会收到任务启动通知。

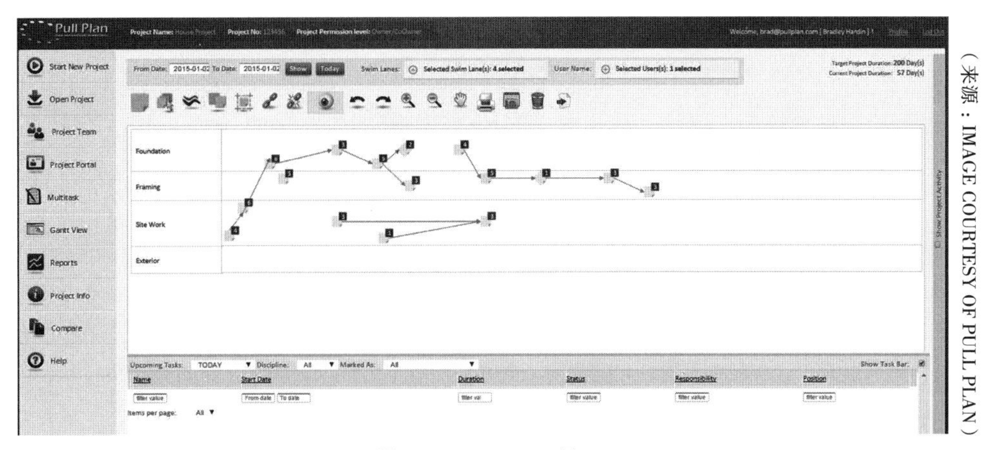

（来源：IMAGE COURTESY OF PULL PLAN）

图 5.35 Pull Plan 项目

这一工具并不一定适用于整体的项目进度安排，而适用于将大型施工活动分解为小型任务的方式，以便于判断。施工项目中相对乏味的一项工作就是更新项目进度计划。由于由 Primavera 或 Microsoft Project 生成的整体进度计划一旦发生一次延误，就会变得不再准确；因而需要借助现场移动工具，及时获取施工进度情况。结合 BIM 360 Field 和 Navisworks 等现场施工管理工具，模型能够进行颜色更新，从而通过一种更有效的方式来获取每天的整体进展情况。

现场问题管理

项目施工过程中，作业方所出现的问题能否得以快速解决，是判断一个项目能否成功的依据。解决问题的关键除了潜在问题的识别，更在于问题反映的速度和及时性。施工现场的大量施工管理工具都被更加轻便灵活的应用程序所替代，它们使得项目团队能够使用大型应用程序的小型移动版本或连同独立的应用程序指导现场解决问题。那么为什么项目会受困于问题的管理，BIM 应如何提供协助？

在一个典型的施工项目中出现问题，要么由施工单位负责解决，要么超出了他们的职责范围，需要由设计单位来确认。随后这些问题作为 RFI 或其他正式文件进行发布，并附带支持性数据。这些信息可以是照片、文字叙述或修订的计划，用于显示何处需要提供更多信息。一旦问题出现后，将发送给相关责任方要求解答，有时这些问题由项目管理软件工具自动发布，如 Procore，ProjectWise 或 Prolog。随后讨论不断，以确保问题得到充分理解，直到获得解答或找到了解决方向。

很多情况下，设计人员无法充分掌握不及时答复所带来的影响，由此可能会导致项目延误或蒙受经济损失。这有可能会变得十分糟糕，体现为变更单和其他索赔方式。由于传统流程的效率低下，建筑行业已经开始质疑所采用的工具和流程本身。那么 BIM 能够发挥什么样的作用呢？

使用模型链接：使用模型链接有助于阐述问题，还有像BIM 360 Field等工具能利用模型的3D几何属性来识别问题发生的位置，并更清晰地呈现需要调整的内容。二维平面图并不是最为有效的信息获取手段，通常会要求对所问的问题加以进一步说明。

通过网络会议基于模型协同：模型可以在现场的工程拖车中加以利用，通过网络会议工具，如Lync GoToMeeting，join.me和Google Hangouts等，让设计团队成员浏览出现的问题。其中每一项工具都使得参会者能够进行协同、共享屏幕、做笔记并对会议录像。

236 **使用现场视频：**现场视频的利用逐渐成为现实，这意味着现场同事能够走到问题区域，并与设计师召开视频直播会议探讨问题。这能通过Skype，FaceTime和Google Hangouts移动版等工具来实现。

最终，BIM能够在施工现场实现多种用途，并且行业还在不断地发掘出模型的其他用途来协助项目的建造。现场利用BIM能够带来有价值的信息，同时也是团队进行分析和协同的一种有效方式。随着模型变得越来越精确，BIM在施工现场将能得到更加有效的利用。

BIM与安全

BIM与安全的话题已经在多个论坛、白皮书和行业报告中得到了广泛的探讨和分析。BIM对于提高工程安全的用途包括以下内容：

- 坠落防护分析（护栏、脚手架等）；
- 4D场地物流模拟，显示哪些天在场地的特定区域具有危险性；
- 安全培训和现场方位；
- 提高预制率，将爬梯次数和不安全安装位置最小化。

很多情况下，对于如何通过信息化工具来提供更好的安全生产条件而言，BIM目前仅仅触及表面。对于行业而言，仍存在着巨大的技术改善空间，BIM潜力巨大不容忽视。

针对提高项目安全性，与BIM相关的一个永恒主题是现场工作自动化。正如跟我合作过的一位负责人所说，“没有人在现场，就没有人会受伤。”仅仅通过减少人员在现场停留的时间，就能够减少发生安全事故的概率。BIM在施工现场自动化和信息收集方面可以发挥重要作用。

237

无人机和航测用于更加安全的现实捕捉

Black & Veatch工程公司正在试验用配备了GoPro摄像机的无人机来获取现有场地条件，正如下列图片中所示。通过Autodesk软件——ReCap Pro、Project Memento和Revit的整合运用——能够获取现有的外部设施信息。

这个团队首先指挥空中无人机围绕建筑外部飞行，拍摄多张照片，如下图所示。然后，用 ReCap 软件将照片接合在一起，并使数据能够导入 Revit。在此基础上，能够利用扫描提供的信息进一步对设施进行建模。

（来源：IMAGE COURTESY OF BLACK & VEATCH ENGINEERING）

（来源：IMAGE COURTESY OF BLACK & VEATCH ENGINEERING）

238

这个团队试图进一步利用这项技术，将其应用在他们的电子通信业务中。通信塔楼通常高达 400—1000 英尺，利用无人机可以减少或消除人员登上广播和电信塔楼的必要次数。这项技术实现了信息的安全准确收集，同时由于无须将人员送到远离地面的高空设施上，因此可以在降低不必要风险的前提下拍摄高清（HD）照片。由此获得的成果是完整的 3D Revit 模型，和将 HD 照片叠合在上面的体量模型，如下图所示：

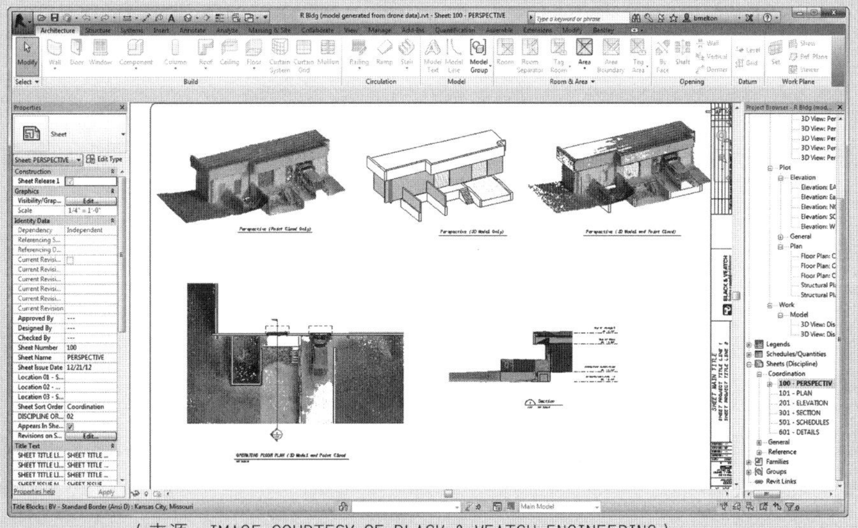

（来源：IMAGE COURTESY OF BLACK & VEATCH ENGINEERING）

尽管我已经探讨了几种利用 BIM 营造更加安全施工环境的方式，然而在该领域依然存在很多空白有待开发——尤其在应用移动技术和模型来叠合更多有关设备的智能信息，将特定的进度情况告知用户，以及自动疏散等方面。

生成优化的现场信息

为什么我们要求所生成的信息格式必须是在施工过程中经常使用的一种？其中，部分信息的创建是由于存在法规上的要求，而人们也对此感到满意；对于其他信息而言，仅仅因为“一直是这么做的”，或者有些是由于还未找到更好的工作方法。本节旨在让处于建筑行业中的您了解为何需要这些信息，重新思考所生成的信息内容和格式，并建立起更有效的对话方式，改进施工项目的交底方式。有很多书籍都探讨了RFI是什么以及为何要创建，但我建议采用一种不同的策略促进项目现场的信息流动，同时更好地消除影响施工现场数据传播的一些障碍因素。

239

以终为始

本书前一版中探讨了新的RFI发布方式，但在这一版中，将基于目前建筑行业中普遍质疑的大背景来展开新的对话。首先，您需要提出尖锐的问题：“为什么是RFI？”“为什么是施工文档？”“为什么是变更单？”其中很多人可能听过有关零RFI或零变更项目的行业报告。这是如何发生的？这是巧合，还是有什么因素在发挥作用，来优化协同工作方式？

在第2章中，我说明了如何用以始为终的理念对基于BIM的项目进行规划。这能够让团队更好地通过规划获得理想的最终成果，而无须关注那些可能无法产生价值的传统流程。我们的行业正在经历着技术复兴，我们应当针对创建、共享和反馈项目相关问题的传统的整体协同方式，勇于提出流程和工具方面的质疑。正如Buckminster Fuller所说，“您从来无法通过挑战现有的现实来改变事物。要改变某样事物，只需建立一个使现有模型过时的新模型。”(www.goodreads.com/author/quotes/165737.Buckminster_Fuller)。这就是建筑行业面临的挑战，我们一直使用那些得心应手的传统工具，若出现更好且更精确的新工具，那么我们从哪里开始？首先，让我们尝试挑战与施工项目建造有关的思想观念。

RFI象征着现有流程的失败。这听起来可能有些极端，但如果仔细思考，这本质上意味着部分合同文件并不足够清晰或详细，不足以作为建造的依据。由于信息不够清晰，施工团队必须从设计团队处寻求额外的信息来确定工作内容。这里出现了两个问题。第一个是施工与设计行业一直在大范围探讨的一个话题：在现代社会中“设计意图”深度的设计图纸的可施工性；第二个问题则是普遍缺乏对于新技术如何改变行业实践的认知。

设计意图起初是作为一种将想法成型化的手段，但由于建筑设计过程中要经历多种变动，图纸持续变更和迭代，设计师永远无法制作出完美无缺的图纸。设计意图合同文件所导致的糟糕后果，就是使那些已经完成设计交底的设计师以及那些已经进场的承包商重新尝试扮演起设计师的角色。施工与设计人员应当在设计交底过程中扮演更为积极的角色，并相互从中获

240

益。施工人员应当意识到，通过研究设计模型并结合施工现场的细节，可获得巨大收获。正如 Anshen+Allen 建筑事务所的 Eric Lum 所说，“在今天的环境下，建筑师需要参与到能够促进现场沟通，并形成更紧密联系的创新方式中去”（www.aia.org/practicing/groups/ kc/AIAB081947）。

可施工性在设计过程中不能得到足够重视，设计师和建造师需共同寻找新的工作方法，正像发掘新的技术一样。由于如今 BIM 工具所能表达的成果非常详细，设计意图图纸的概念正变得越来越无关紧要。正如第 3 章“如何营销 BIM 并赢得项目”中所探讨的，通常与其他工具形成联动是很容易的，我们应该学会在不挑战规范的前提下寻求对策，从新的视角来看待新技术并探索如何改变我们的流程。我认为施工与设计行业很大程度上仍然需要进一步质疑我们使用模型的方式，并从仅交付“2D 合同文件”向更适应新技术发展的方向转变，从而改善所有相关流程。

> 对于在业务中所采用的任何技术而言，第一条规则是在高效运作流程中应用自动化技术将放大高效率的作用。第二条规则是在低效运作流程中应用自动化技术将放大低效作用。
>
> ——比尔·盖茨

AEC 行业仍需加深对 BIM 的认识，这是一项引起行业变革的技术，而不是昙花一现。最初，设计行业将 BIM 视为一种更快地创建图纸的方式，并且很多人认为这不过是 BIM 所能发挥的最具颠覆性的作用。在施工过程中的研究似乎更加持久，而 BIM 则被归类为一种可视化和冲突检测工具。换句话说，它由于完成了传统工作中的文档审查和图纸协调工作而变成了一项更好的工具。尽管这里所说的是一般情况，不排除有特例存在，但 BIM 确实已经成为一项改变我们工作方式的工具。我们的行业渴望技术和流程的进步，虚拟建造所做的很大一部分工作在于了解可以改进或者颠覆现有的哪些工具、流程和行为，并对之发起挑战。我希望所有阅读本书的人都能够积极地参与这一变革。最终，我们的行业将会作出决定，是把 BIM 仅仅作为一项更快地完成现有工作的强大工具，还是作为我们交付建成环境的核心要素。

现在既然已经认识到了面临的挑战，那么 BIM 可以通过哪些途径转变设计和建造方式呢？正如本节标题所陈述的，以终为始。

摆脱思维定式

241

以下内容由 Tustin 联合校区的维护、运营和设施主管 David Miranda 提供：

“我们经常碰到施工经理和建造者标榜自己有跳出思维定式的能力。然而，很多人还是首先在固有方式内寻找快速的解决措施。我们倾向于优先与那些有创新思维的企业签订合同！那些不朝着这种思维转变的人毫无疑问将发现他们扼杀了自身的创造力。”

（来源：IMAGE COURTESY OF TUSTIN UNIFIED SCHOOL DISTRICT）

“在Tustin联合校区（TUSD），目前我们正在投入巨大精力基于新技术改进运营效率。我们在每一间教室中采用最为先进的技术，并将TUSD Connect创意在运营部门推广。BIM作为一种施工可视化工具，已经得到了多年的使用，然而我们仍在寻找那些具有超前思维，并能将模型概念带到更高层级的建造者。TUSD等校区在寻找那些能够利用模型概念来提供整合设施信息的公司。我们需要综合的竣工虚拟记录，提供从项目初期开始的全生命周期信息并为维护人员所用，为决策提供可靠的依据。我们认为，作为业主应当在项目生命周期中不断地推动BIM使用，鼓励进步和创新，而我们作为实施者也能获得更好的协同，并降低风险。”

242

建造需要哪些信息？

有趣的是，这个问题已经由不同的创新团队以不同的方式作出了解答，他们在不断探索技术能给建造者带来的意义和价值。可用的更好的技术以及建造者的需求两者都不一定十分复杂，若能理解这点，我们就能在这一基础上提出良好的解决方案。举例来说，在对文件大小或计算能力方面的限制越来越少的情况下，我们就可以将设计师的理念以尽可能详细的方式虚拟呈现出来。BIM平台已经突破了过去的本地台式机或笔记本电脑带来的硬件限制，如M-SIX的Veo，在保留智能功能的基础上显著降低了模型大小，同时可利用云环境或VDI/VDE基础设施。

将信息链接到建筑构件的能力目前已在建模和分析平台中普遍应用，例如InterSpec的

SPECS 等系统能够将规范数据关联到模型数据中，在模型中提供必要的安装信息。前文中已经展示过如何通过 Navisworks 和 Vico 利用模型进行施工预算和过程整合，也已经阐释过分包商开始利用模型细节来实现巨大的效率提升 [例如雷克斯·摩尔（Rex moore）的案例研究]。通过类似 BIM 360 或其他移动应用可将施工现场活动与模型关联。软件供应商已经为建模和分析工具开放应用程序接口（API），为开发插件促进信息交换创造了条件。

那么所有这些可用的技术将如何改变设计和施工团队虚拟建造模型的方式，以促进施工人员充分理解整体施工过程？这是现实的挑战，很多情况下已经像房间里有头大象一样不容忽视。我认为这不是很容易实现，没有清晰明确的路线图可以遵循。像 Fiatech（图 5.36）这样的团队正在从事着这项伟大的工作，探索潜在的机遇，研究如何将 BIM 运用到项目的全生命周期。我们必须挑战行业准则，并致力于对 BIM 潜能的不断质疑和不断理解。

模型注释练习

利用模型辅助施工是一项有价值的投入。在以下练习中我们将探索利用模型创建更有活力和更有意义对话的方式。

下列练习主要面向使用 Navisworks 作为现场施工管理工具的用户。对于施工人员，Navisworks 可用于确定建造内容及核查场地现状。通常应在施工开始前制定问题协调的最佳方法，同时在制定沟通工作流程时，应当参考现场主管和现场工程师的反馈意见，因为他们与项目最为密切相关，并且大多数时间都在现场。

243

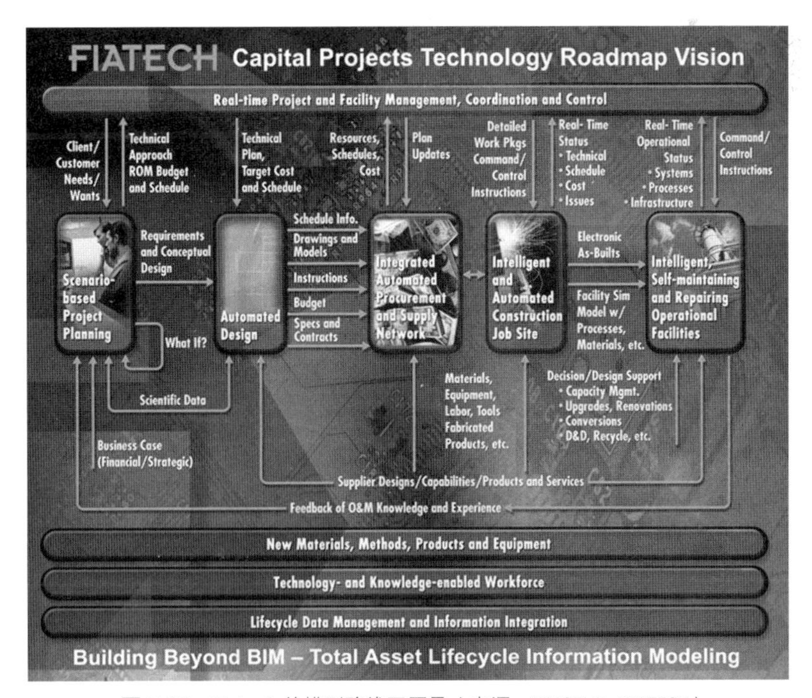

图 5.36 Fiatech 的模型路线图愿景（来源：IMAGE © FIATECH）

在 Navisworks 中有三种用于注释的工具：

注释：这个工具主要与冲突、保存视图、选择集、任务和动画相关；

红线标注：这是能够添加在视点上的注释；

红线标签：这是用于在审查中记录问题的标签，结合了注释、红线和视点的功能。

注释

在这个例子中将使用注释工具：

1. 打开 Navisworks 文件 Construction-model.nwd，然后选择希望使用的视图。
2. 通过选择视点——已保存视点——保存视点操作来保存视点（图 5.37）。
3. 在已保存视点选项卡，将视点命名为角部防水板。
4. 右击新建的视点并选择添加注释（图 5.38）。
5. 在添加注释对话框中，键入注释或问题，将状态设置为新建，然后点击完成（图 5.39）。

244

图 5.37　保存视点

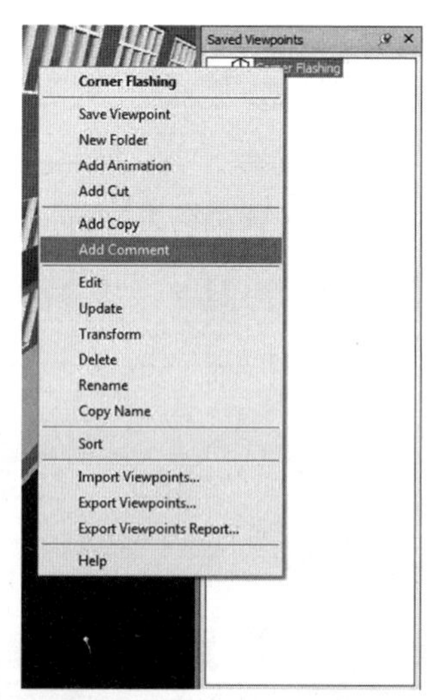

图 5.38　对复合文件添加注释

245

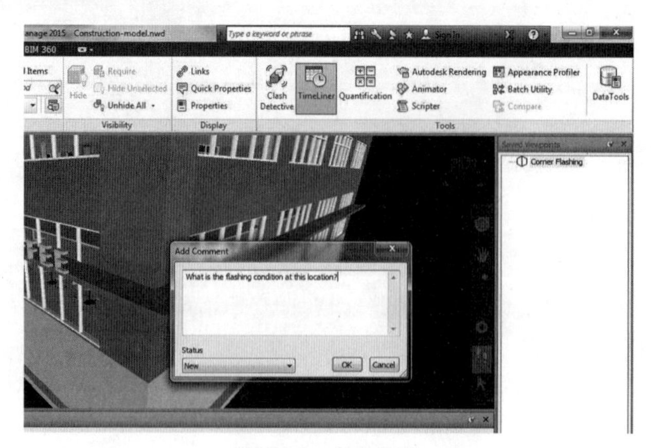

图 5.39　保存注释

这里注意到新建的注释出现在注释区域，并可查询到作者、日期和创建时间，以及当前状态等信息。注释也能在审阅选项卡中找到并加以引用。编辑注释状态需进行以下操作：

1. 右击注释。
2. 选择编辑注释（图 5.40）。

通过以上操作打开编辑注释对话框。

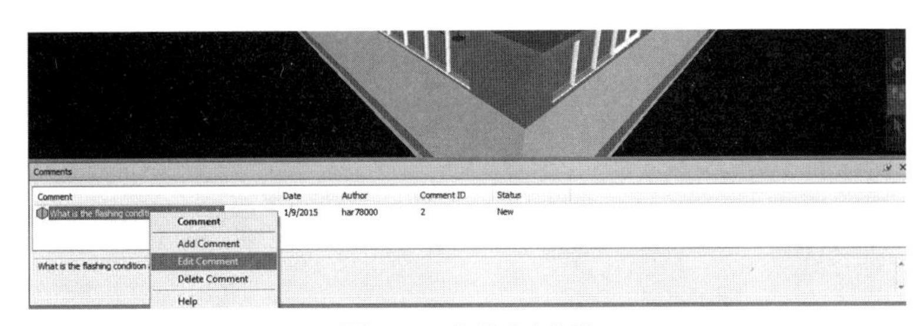

图 5.40 编辑现有注释

3. 回答问题并更改注释状态。

图 5.41 中显示了将状态从新建修改为活跃。

246

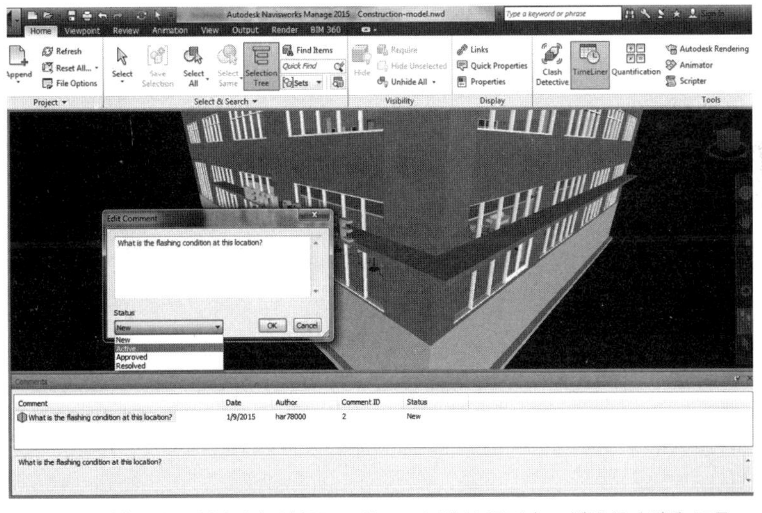

图 5.41 模型注释创建出相关视图，并且可以像注释列表一样进行追踪和记录

如果想在内部有组织地浏览审核模型的问题，那么仅仅注释这一项工具就十分有用了。通常注释会结合红线工具和其他信息来使问题更加明确。另外，可以使用保存视点选项卡来创建文件夹，更好地组织添加的注释及其修改状态。只需右击窗口并选择新建文件夹。将文件夹根据需要重命名，然后将视点拖动放置在文件夹中。接下来将通过红线工具对模型添加红线。

红线标注

接下来将在 Navisworks 中创建红线：

1. 与上一个练习使用相同的视图，打开审阅选项卡，点击绘制工具，然后选择云线选项（图 5.42）。其他红线选项包括椭圆形、自由形状、直线、折线和箭头。

2. 选择云线选项后，多次点击圈出您想调出的区域，生成云状图形（图 5.43）。

247

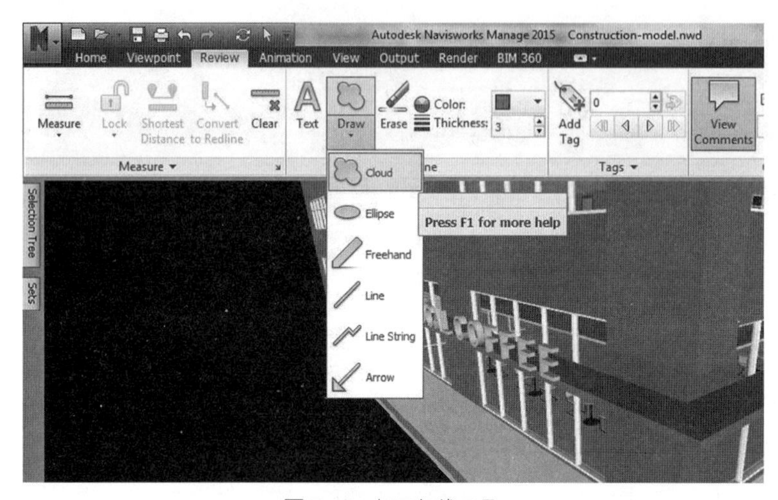

图 5.42 打开红线工具

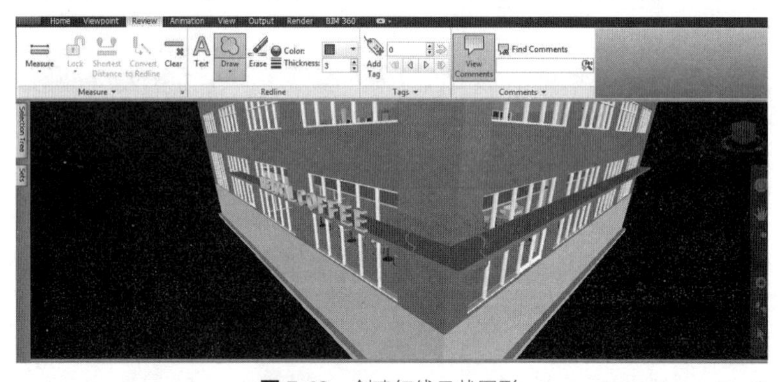

图 5.43 创建红线云状图形

提示：您可以在使用红线工具前编辑红线线的粗细。在红线窗口中选择粗细下拉菜单，并根据需要进行调整。默认值为“3”。

3. 一旦创建形状后，选择绘制工具旁边的文本工具，并点击关闭刚刚创建的云线。

4. 在输入红线文本一栏，键入注释并点击完成（图 5.44）。

这里注意到输入的文本显示在上面的视图中，但没有出现在注释窗口。这是因为红线是根据特定视图创建的。Navisworks 中更为常见的修改方式是使用红线标签。

248

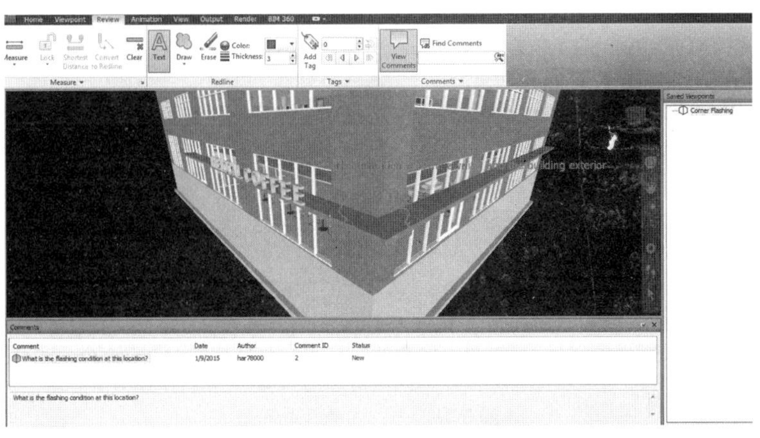

图 5.44 对红线添加注释

红线标签

红线标签可能是标记 Navisworks 文件的最常用手段。标签会自动创建视图，并允许在模型上添加任何注释：

1. 将 Navisworks 模型当前视图旋转到新的视图，但不保存视点。
2. 选择模型组件。
3. 在审阅选项卡中点击添加标签（图 5.45）。

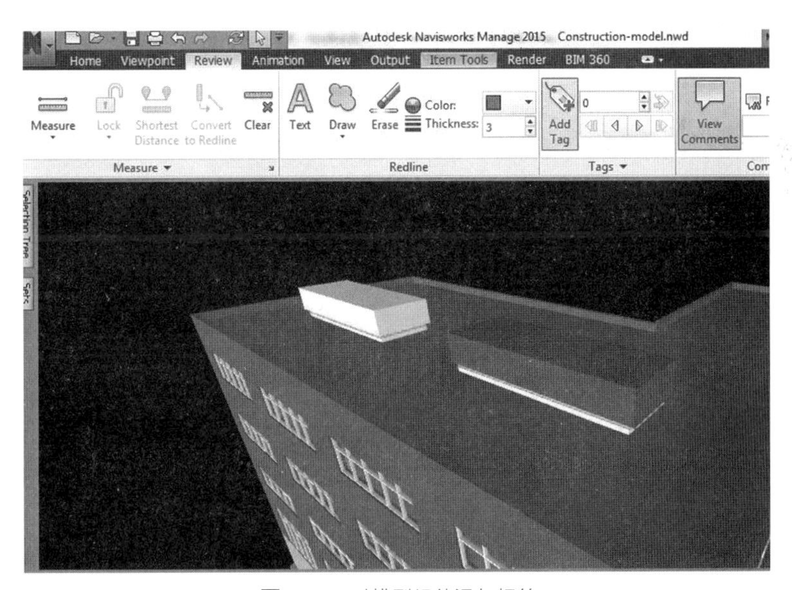

图 5.45 对模型组件添加标签

4. 在您希望标签开始的位置单击，然后在标签结束的位置再次点击。

249

5. 在添加注释对话框中，如图 5.46 中所示，插入注释或问题，然后点击完成。

现在可以注意到在注释窗口中出现了一条新的注释，在已保存视点窗口中出现了一个名为标签视图 1 的新视点。可以通过选择视点，然后右击，使用“重命名”命令对视点重新命名。

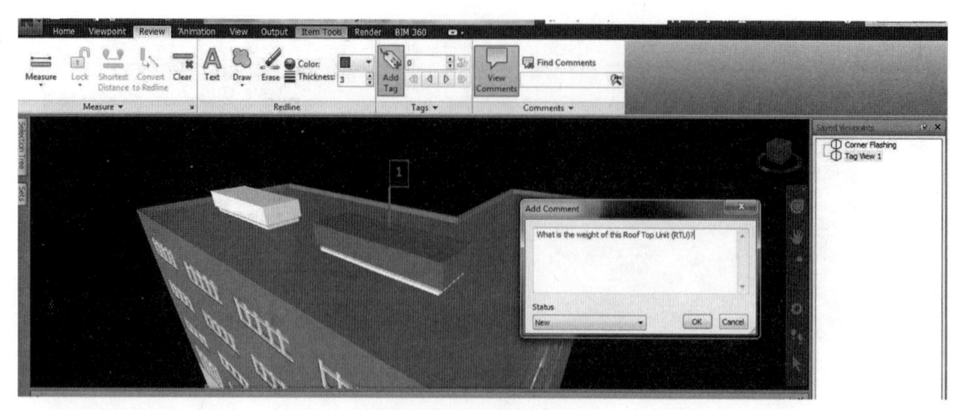

图 5.46 添加注释对话框

在显示冲突结果窗口，选中一条冲突后，点击“标注工具”，可以为当前冲突添加一条注释。如果操作正确，在注释窗口会看到以红色小圆点标志的该条注释（图 5.47）。

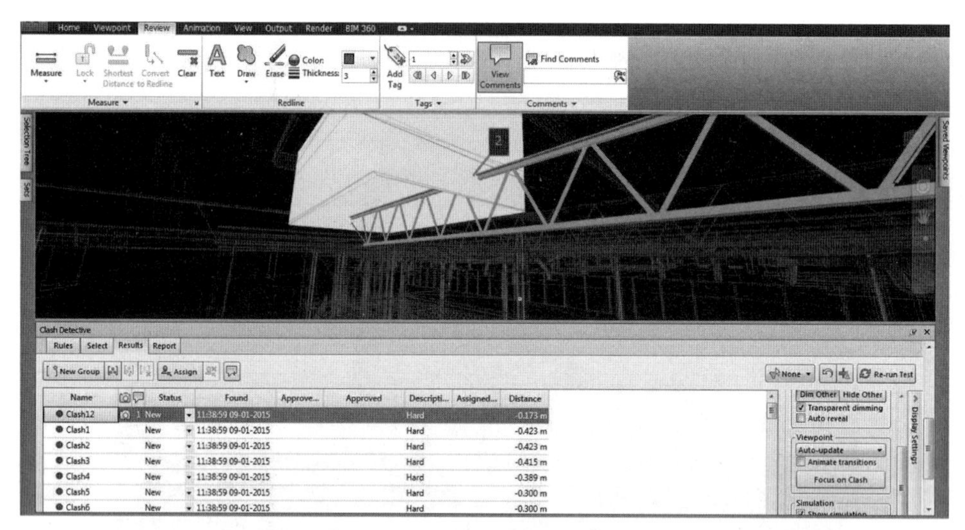

图 5.47 为冲突项添加的注释标签

可以对标签进行搜索，选择审阅——查看注释并根据希望查找的标签输入搜索条件。

250

视频嵌入练习

使用 BIM 时应当思考如何通过给模型构件添加链接创造价值。在本练习中，我们将学习在模型中添加链接的方法。

1. 打开 Construction-model.nwd 文件并导航到您希望设置链接的视图。

2. 从主选项卡使用选择工具来选择模型对象，在对象上右击并选择链接——添加链接（图 5.48）。

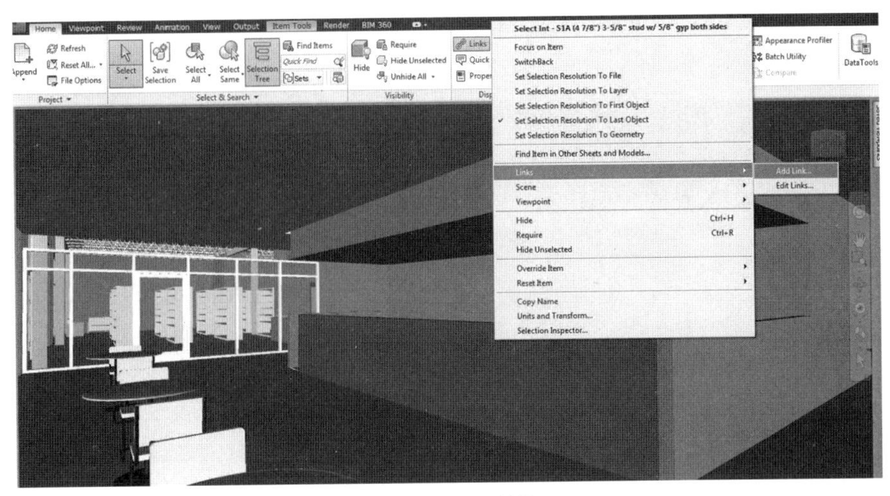

图 5.48 设置链接

在添加链接对话框中，对新建的链接重命名，复制链接或复制希望的文件位置，并在链接到文件或 URL 字段中粘贴。本案例中，我采用了 YouTube 视频链接：https:// www.youtube.com/watch?v=ydq21TWIYes。

提示：记住文件链接要求能够访问相同的网络或文件位置。因此如果要与其他团队成员共享模型，最好链接网络可访问的信息。不要链接哪些要求访问安全网络或 FTP 的信息。如果有可能的话，设置能够访问 Box.com，Egnyte，Dropbox 或其他网络共享平台的文件链接。

3. 将“类别”字段设置为超链接（图 5.49）。如果希望指定链接图标的放置位置，点击“附着点”提示下面的“添加”，选择物体上希望放置链接的位置。

251

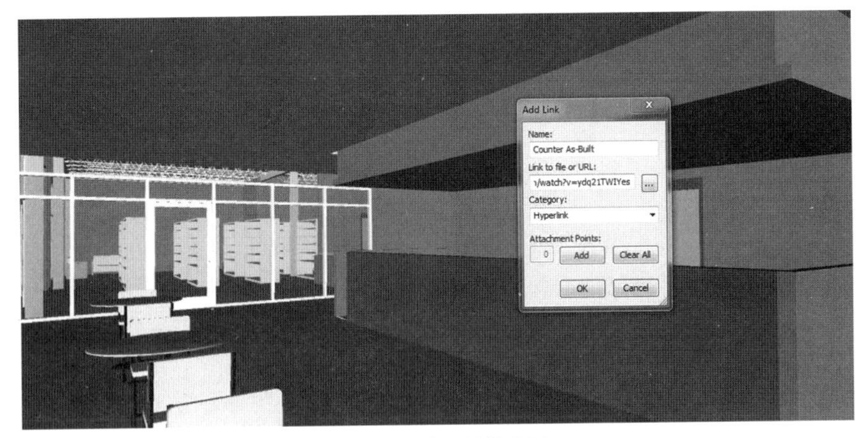

图 5.49 定义链接类型

4. 点击完成。可能需要点击位于 Home 选项卡上图标栏中间的链接图标（图 5.50）。

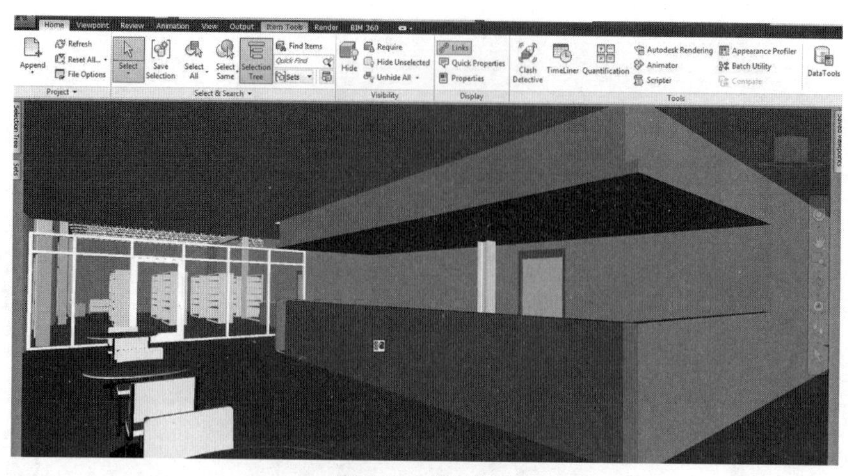

图 5.50 链接图标

现在如果用选择工具导航到链接所在的位置，它将链接到文件或指定的 URL 处。

252

链接工具

承包商使用链接工具的目的有很多种。有些人将链接用作文件资源库，用于存储项目相关的视频、照片、纸张或其他信息。在这种方式下，链接充当了每个项目的微型网站。

其他用途包括将链接用作一种发送和回答项目问题的方式。如果项目临近竣工，有些业主会将模型中有关设备的所有运营和维护信息存放在链接位置。这是一种强大的工具，允许精确的模型数据与模型以外的其他信息整合，增加了模型作为单一信息源的用途。

BIM 软件作为一种提供施工信息的实用手段仍在不断地发生演变。很多施工经理对软件和 BIM 在施工现场的实践都有着基本的了解，我也已经在前文中描述了在施工过程中利用模型的几种方式。不论是冲突的检测和解决，还是进度模拟，随着条件的不断变化，模型在设计和施工之间的流转将越来越有成效。

从设计到施工甚至到运营，模型的差异通常是非常巨大的。尽管 BIM 旨在限制问题和冲突带来的负面影响，然而施工是十分复杂的流程，期望施工启动后不出现任何意外是不现实的。这就是为什么灵活性流程和模型在施工现场的持续使用能够发挥巨大的价值，因为 BIM 作为一种分析和协调的资源，能够提供可靠的解决方案。

虚拟办公拖车

那么，BIM 如何在办公拖车中发挥作用，以及采用何种新兴技术最有意义？随着模型转移到现场，需要哪些技术来为模型的使用提供最好的支撑？尽管现场办公拖车可能永远无法替代施工层角落的临时会议室，但仍然能够把很多十分有用的工具整合到施工现场，用于协助现场人员有效使用模型。

会议室

首先，让我们先来探讨办公拖车作为会议室的用途（图 5.51）。传统项目和应用 BIM 项目之间最主要的区别在于模型要求通过 PC 机或平板电脑来查看和访问。也就是说，BIM 项目中采用的办公拖车需要具备展示模型及模型生成视图的能力。

253

图 5.51 用于现场协调的会议室

可以通过不同的方式解决在虚拟办公拖车中查看模型的问题：

触屏 LED 电视机 大屏幕触摸显示器十分昂贵，根据尺寸价格在 3000—8000 美元之间不等，但是与其他选择相比，这种方式更加通用和直观。

LED 或 LCD 平板显示器 与触摸显示屏相比，成本较低的选择是 LED 或 LCD 平板显示器。现货供应的平板显示器的成本在 500—5000 美元之间不等。这在支持 BIM 的工程拖车中大概是最为常见的选择。

大型计算机监控器 如果平板显示器不在选择范围内，那么最为廉价的选择就是大型计算机监控器或投影仪。32—60 英寸的监控器在任何地方都能买到，价格在 300—3000 美元之间不等，与 LCD 或等离子显示器一样有效，然而，在提供高清画面或为多名观众提供理想的显示尺寸功能方面，这种方式可能缺乏通用性。

其中任何一种可视化设备都能够在未来的项目中进行再利用，因此是一项很划算的投资。

在采用 BIM 的办公拖车中，应当配备互联网接入和无线路由器。另外还要能够连接其他显示器，例如苹果电视机，或者可以使用某些智能电视机的分屏功能支持多台笔记本电脑的使用。这种方式消除了对于 VGA 和 HDMI 转换口接线的需求，也是一种有效沟通的好方法。由于降低了打印成本，这种方式也更为环保，并且会议过程中在模型上生成的注释可与现场注释整合。

房间本身要能够促进会议协调，这点十分重要。这包括家具、房间尺寸、房间布局和配置的灵活性。考虑一下项目团队将如何工作，有多少成员参加会议，以及将从事什么类型的工作，然后相应地对拖车进行设计。记住在一开始定制工程办公室并不是那么昂贵，但一旦落实到位后要在后期更改反而昂贵得多。

254

图纸和技术文档的中心

办公拖车还承担着图纸和技术文档中心的职能。行业中减少使用现场纸质图纸和技术文档的情况越来越普遍。这些纸质文件被连接到无线网络的服务器所取代，使得现场人员能够在任何时间接触到最新的模型和项目信息。此外，配备在线和离线使用功能的移动应用程序使得现场人员能容易在现场工作的同时接触到项目文档。关键因素在于：

- 移动性；
- 网络连接；
- 持续更新的单一项目信息资源库。

这类设置的其中一个例子就是使用在线文件存储工具，例如Box.com或Egnyte，结合支持移动功能的编辑工具，如GoogleReader或Bluebeam Revu eXtreme。在用户再次连线时，下载所需信息和同步数据的能力使得在现场使用移动技术更为有效。根据乔治·埃尔文在《建筑的整合实践》(Wiley，2007)一书中所说，与传统方式相比，在施工现场使用移动设备项目能够将项目返工情况减少66%。

这种方式成功的关键因素在于远程连接网络信息，使得现场人员能够在施工现场的任何位置访问最新数据。在诸如体育场、仓库、赌场、酒店、机场、桥梁和大型公建项目等大规模项目中，这种方式尤为有效，因为在大型项目中，虚拟办公拖车来回走动也是对时间的无效利用，并且携带大量图纸和技术文档集也不是最为方便的项目协调手段。这将在第6章中进行详细探讨。

现场办公室作为服务器

除了作为项目利益相关方查看和获取信息的场所，办公拖车越来越普遍地成为用户同步最新数据并完成其他以前可能是人工操作任务的地点。以下是一些将现场办公室作为项目信息交换中心的例子：

- 在安全帽上使用条形码记录员工上下班时间；
- 材料和设备管理，采用移动设备扫描来显示状态；
- 自动生成安全报告，并与模型绑定，对应提升安全性或曾经发生事故的位置进行注释。

通过报告、质量控制检查、安全审计、计工和日常状态更新等自动重复功能的应用，能够产生巨大的价值。其中很多条目可直接与模型绑定，然后根据需要在现场进一步利用。另外，通过将信息在平板电脑和移动设备上开放使用，减少了现场携带大量图纸和技术文档集带来的安全问题。通过视频内容的引入，信息能够更好地从现场设备传输到项目参与方处。利用反映实际情况的视频，可使问题管理和现场问题解决更加顺利，尽管这项技术刚刚作为一种当前合同标准所认可的澄清现场问题手段被引入使用。 255

BIM 在施工现场的使用，使施工人员有机会从单一位置创建并编辑项目相关信息，并与其他相关方共享。聪明的建造者会随着施工的推进更新模型来确保模型能够准确地为客户反映施工的进展情况，而不是等到项目结束的时候完成项目竣工图纸。当施工完成时，建造者与项目团队成员共享模型来展示建造的成果。施工过程中，与使用包含批注的 PDF 图纸相比，BIM 更加有用。

现场办公室作为交流中心

十多年前，当行业第一次开始在施工现场使用模型的时候，具备视频会议能力十分重要。与看到每个人的脸相比，参与者更感兴趣的是看到模型，并可视化地抓住讨论要点。作为一种沟通媒介，BIM 在施工过程中是一项很好的工具，因为它十分清晰，每个人都能理解 3D 模型。尽管项目成员之间当面讨论沟通施工进程仍然十分关键，但作为一种有效呈现实际施工情况的工具，模型的使用会变得越来越普遍。

配置办公拖车

为了成功地在施工现场采用 BIM，在项目一开始就正确地配置现场办公条件十分重要。尽管这看起来似乎是一项无关紧要的任务，然而这是要求以一种新的方式来看待如何在施工现场呈现和共享信息的问题。最好的做法是对所需设备分级，从而为现场团队提供最好的工作条件。举例来说，有些公司采用四类现场办公室配置：小型、中型、大型和超大型配置。通常这些配置与项目规模、人员数量和客户的相关技术需求相匹配。

有的施工管理公司为每个项目都量身定制，或者希望每次尝试新的技术。但这并不是最为有效的策略，因为需要每一新项目都提供支持，但是对于某些特定的客户群体而言，自定义配置方式可能是正确的选择。 256

在建立现场办公室标准时，应为每种配置保持最低的可行水平。在配置支持 BIM 的现场办公室时，主要考虑如下因素：

- 网络连接（类型和速度）；
- 观看配置（面板类型）；
- 会议室要求；
- 移动性考虑（平板和 App 支持）；
- 电力需求（充电设备和屏幕）；

- 灵活性；
- 协同空间。

这些因素的考虑意味着在进行现场技术配置方面有了一个良好开端。然而，还有很多其他因素取决于所做工作类型和所用技术类型。举例来说，激光扫描仪、无人机和放线机器人的使用很有可能会改变现场所需的技术。通常在施工现场使用 BIM 的最大限制之一在于承包商对于使用 BIM 的规划和预算缺乏远见。

本章小结

本章主要探讨了如何在施工过程中对 BIM 加以利用。所有这些话题都是 BIM 应用流程中所特有的，然而 BIM 在施工现场的应用远不止只是用于协调。在某种程度上，本章概括了施工管理过程中 BIM 的基本“使用方式”，并展示了部分目前的解决措施和不足之处。从设计到加工再到施工，BIM 应当成为团队使用和生成信息的一种手段。建筑行业正在发生转变。尽管改变的步伐可能没有想象中的快，然而利用 BIM 在施工现场更好地创建和共享信息会不断地变得越来越普遍。

施工管理过程中的 BIM 流程仍在不断完善，每天都会有新的研究案例和工作方式不断涌现，并不断地重塑我们的行业，凸显这项激动人心的技术所具备的能力。其中蕴含的潜力是无限的，然而在开发施工管理领域的工具时，在强调精确建模和分析策略的同时，在有必要的情况下应当有勇气去质疑甚至清除过时的流程，这点十分重要。

第 6 章

BIM 与施工监管

2009 年本书首版问世时，大多数建设公司都面临着如何挑选或雇用 BIM 员工或组建 BIM 部门的问题。如今我们意识到，BIM 的成功实施不可能只靠一个人或部门，而必须提升到全公司应用的层面上。

进一步看，能在今天的市场中取得长足发展的公司不会仅关注一种工具作为“唯一答案”，而要具备一种整体观。

本章内容：

BIM 之战

培训现场施工人员

图档控制

4D 的实际价值

培养 BIM 直觉

积跬致远

258

BIM之战

您在一个平的世界中能培养的第一个、也是最重要的能力就是“学会学习”——时刻学习解决旧问题的新方法，或解决新问题的新方法。在这个诸多工作环节或链条都面临数字化、自动化和外包的挑战，新的工作和全新的行业加速涌现的时代，每一位员工都应培养这种能力。

——摘自托马斯·弗里德曼，《世界是平的：21世纪简史》(Farrar，Straus and Giroux，2005，2006，2007）第三版

本书有不少贯穿始终的主题，其中有两个是本章的重点：BIM是一种工具并且BIM的效用取决于其使用者。能用BIM给施工带来最大影响的人是现场施工人员或施工“监管人员”(主管、项目经理、项目工程师等)。这些是每天处在前线的人，与业主交流，并负责工程质量和工人的安全。他们两脚泥，日出前就开工，却最后离开。他们执着于自己的使命，陶醉于新鲜的混凝土和墙上泥巴的气味。正是这些人组成团队实现了设计的梦想，也正是这些团队需要使用实现未来梦想的工具。“BIM之战”是施工公司在将这些工具交给正确人选时面对的内部冲突。

杰弗里·菲利普斯(Jeffrey Phillips)在《无休止的创新：有用的、无用的以及对您业务的意义》(Relentless Innovation：What Works，What Doesn't—And What That Means for Your Business)(McGraw-Hill，2011）一书中用大量笔墨说明了施工公司为在新的市场中竞争所需面对的挑战。最后总结道，“每当创新威胁到公司的常规时就会遇到阻力。”施工公司的着眼点不在于创新，而是运营。对于一些施工公司，BIM仍是一种创新而不是施工监管的必要措施。

能够运用BIM的个人在运营团队中是少数派，而他们对团队盈亏的贡献仍需要被为公司带来主要收入的多数派员工评估。多数派在公司顶级智慧多年来形成的政策和程序指导下工作。施工总承包公司会投入数千甚至数百万美元对多数派员工进行培训。所用的培训手册是员工间对比绩效的基准，并依此最终决定升职、薪资和奖金。工作的方向就是基于绩效的、内容明确的、可量化的标准——若想成为主管就要做到一、二、三……若想成为项目经理就要做到一、二、三……

259

BIM对于传统方法是相对新颖的，却没有被普遍接受；它的价值还不确定（尤其是工具在错误的人手上时)，需要作出假设；它还不可量化，也不决定多数派的升职或奖金。这些观念让多数派很难理解BIM的前景，也不愿牺牲可以决定升职和奖金的日常工作时间。在这种情况下，能责怪多数派不接受BIM么？答案是否定的。

另一方面，使用BIM的少数派对BIM寄予厚望。他们每天都用这种软件，看到了贯穿于本书论述中的一切优点。在他们心中，BIM已然不是新的工具，因为他们承认我们先前所述BIM已处在后期主流应用阶段，而不是早起应用阶段；BIM已被证明是新的“常规业务”。这种认识使他们很容易在贡献出的价值得不到传统的多数派认可时心灰意冷。“传统的多数派”与“BIM的少数派”在愿景上的内部差异造成了BIM之战与有效实施BIM中的不和谐。

我们看到了一些有望表现出色的大型承包商却做出了令人失望的结果。我们看到了一些中小企业未曾真正开始却打算彻底放弃BIM。

——宾夕法尼亚州大学虚拟设施工程师、《宾夕法尼亚州BIM项目执行计划指南》项目经理克雷格·达布勒的电话访谈

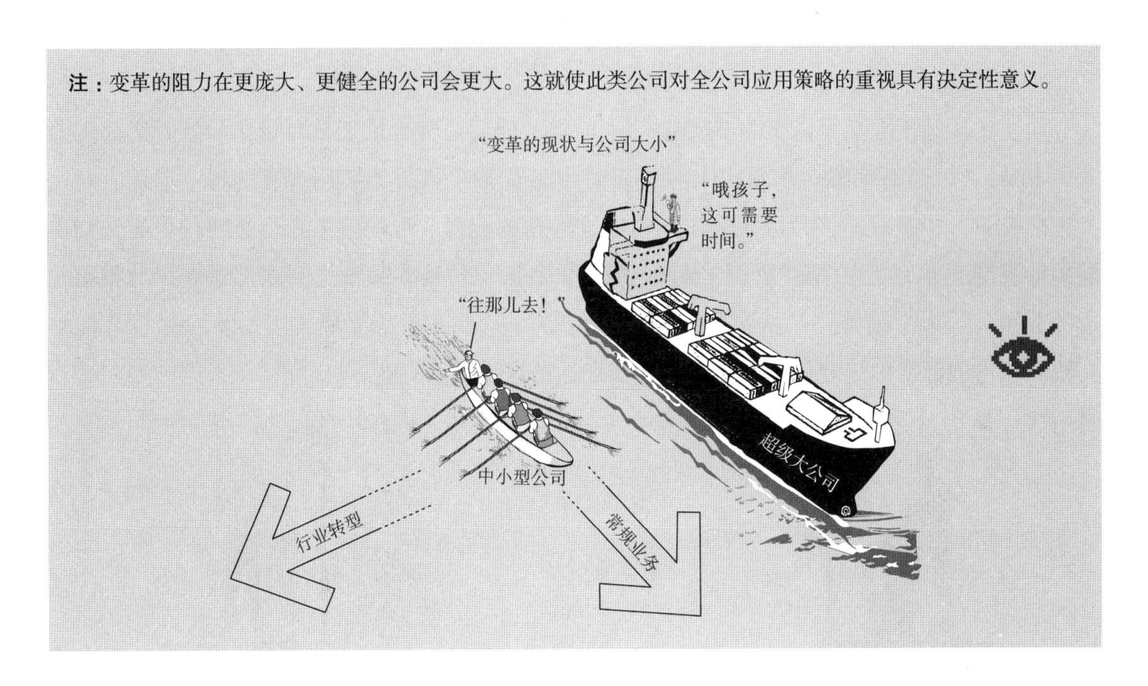

这种不和谐给不愿打断传统流程的公司带来了巨大的威胁，因为尽管BIM的对内价值还有争议，而对外价值已经显现。业主和分包商已经开始根据承包商的BIM绩效制定各种工作表，这就意味着BIM的价值将被量化。2007年以来，承包商随意把BIM工具分给零经验员工，给两种群体带来了最大的影响。如今这两类“客户”都在分析结果，并寻找处理以下问题的方法： 260

业主：业主已开始用多种标准淘汰“好莱坞式BIM”以及眼高手低的团队。在业主分析BIM项目成败的过程中，这些标准将不断普及并更加完善。

分包商：分包商采用另一种手段排除“好莱坞式BIM”，即“费用”。他们将根据承包商管理BIM的水平提高费用，因为协调不畅会使他们在深化设计、材料和现场用工上带来损失。

这就意味着承包商在项目竞争中，可能仅在资格审查过程中就无法得到业主的认可；也意味着即使他们通过了业主的认可，也可能由于分包商的预算而失去竞争力。有效地实施BIM再也不是一种选择，而是一种必须！

其中的挑战在于，如果公司仍固守传统做法、不能将BIM工具交给正确的人，他们就无法得到有效实施BIM所需的技能。它源自领导层对现场施工人员的正确评估。一种常见的误解就是“自上而下的理念”，即全公司的应用取决于首席执行官。尽管他们点头是很重要的，但这并非瓶颈所在。大多数施工公司的首席执行官都承认应用BIM的必要性。他们要做的是

展望未来，而这也是为何他们会担任首席执行官。瓶颈在于管理和执行的中层。

> 执行官支持的问题在于往往只能传达一层。即便执行官在推动创新，人们依然需要创新的预算和资源，并且现有团队要有实现的明确目标。除非执行团队参与其中，改变人们日常工作的方式，并鼓励承担风险，否则所有的执行官支持都仅停留在口头上。
>
> ——摘自杰弗里·菲利普斯，《创新的悖论》，http：//innovateonpurpose.blogspot.com/2008/10/innovation—paradox.html

261 即使现场施工人员承认BIM的必要性和前景，他们通常也忙于核对量化绩效方案而无暇兼顾BIM，并且/或者缺少实施BIM所需的津贴。而如果领导继续用现有的程序追踪、对比员工的绩效，也很难让多数派相信应该转向这种新的流程。现场施工人员必须获得弥补知识漏洞的资源，并有意愿去学习（图6.1）。BIM少数派与传统多数派之间能够建立一种相辅相成的关系，因为少数派没有多数派的支持会举步维艰；同时，多数派需要BIM少数派才能将实践知识与创新技术结合起来，从而利用BIM适应这一新的行业。

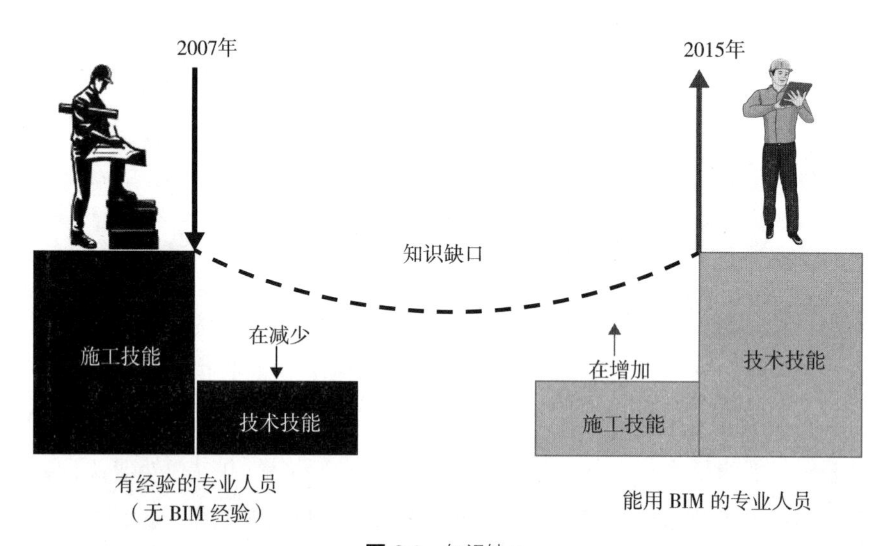

图6.1 知识缺口

培训现场施工人员

谁也不会把工具交给一个人却不教他如何使用；否则，他就会伤到自己或者别人。这个规律对BIM也适用。这些工具会更加直观，但仍会有很大的学习曲线。现场施工人员的培训应具有相关性、集中性，并切中要害。现场施工人员往往无须了解如何创建含链接的预算、制作工序动画或起草BIM合同。但他们需要对合同用语有基本的认识，并能够将模型用于不同的任务：验证安装、追踪问题、管理变更和问题清单、调试和项目收尾。此外，他们还要学会如何制定物流计划、制作虚拟模型或在工地进行碰撞检查。从总体上看，通常是公司的结构及其运行方式决定了BIM项目现场施工人员所需的培训与BIM工作范围和深度。

培训员工的最佳时机是在他们完成BIM课程后趁热打铁，立即投入实际应用的项目中。262 如果这种培训方法无法实现，最好将BIM培训安排在BIM项目启动之前。行业中常见的一种误解是，员工一旦经过培训就会记住课上的全部内容，而无须考虑接续BIM项目的时间。相反，往往参与培训的人会参与过渡项目，并在工作中重用传统流程。然后，当BIM项目真的启动时，他们就会感到手足无措，因为BIM培训的内容已经遗忘，或者工具已经变化了。

一般来说，培训现场施工人员与办公室员工略有不同，教学水平和对软件的理解也会有很大差别。培训现场施工人员采用新BIM软件和新流程的挑战在于评估员工的水平。如果有可能，应尽量将新员工与已经完成培训或之前有经验、并能相互帮助的老员工分在一组。很多时候，这种新老员工结合的方法最为有效：新员工能够督促并协助老员工学习他们未曾接触过的新软件和新流程；反过来，老员工可以利用工地项目管理的经验和见识辅导新员工。BIM部门还能够提供远程协助，或到工地解决问题并提供支持。无论哪种方式，现场施工人员都必须通过以下方式才能成功使用BIM：

- 深入理解组织定义的新旧流程；
- 对软件有基本的认识；
- 了解BIM软件如何使项目更加协调；
- 有能力对省时和费时的任务进行评估；
- 建立支持体系（无论内部外部）。

现场施工人员通常都能记住现场培训的大部分知识。这种方法将软件的知识点联系起来，并帮助他们将所学的东西用于需要完成的任务（图6.2）。为了给现场施工人员打下坚实的基础，

图 6.2 主管在工地使用BIM来协调施工——将学到的技术用于现场
（来源：IMAGE COURTESY OF MCCARTHY BUILDING COMPANIES, INC.）。

就要从介绍 Autodesk Revit 或 Graphisoft 的 ArchiCAD 等建模软件的课程开始。通过本地软件销售商、培训顾问或在线供应商就可以找到各种课程；这对于概括各种应用程序的基本功能以及理解 BIM 中的“I”（信息）是十分有用的。之后应采用小组或一对一的内部培训，说明这些基本技能如何能用于日常工作和公司的流程。在说明适用性后，培训将逐步走向更高的层次，263 并体现在其他两个领域上：协调工作和移动工地应用。

提示：很多时候，完成高级培训的第一组员工会成为公司的资源，这样就不需要调动外部资源进行后续培训。

基本技能的培训目标

应保证课程概括了基本的建模技能，比如如何创建墙、门、顶棚等。同时要确保课程说明了如何编辑这些构件。要记住，培训员工的目的是认识 BIM 与 CAD 或图纸的不同之处，学会如何从模型中挖掘所需的信息，理解如何使模型成为工地上有用的信息。此外，这种培训会让团队重新认识“时间”。更新模型内容需要多少时间？假如项目团队对制作模型内容所需的时间缺少基本的认识，那他们就无法为协调工作或管理变更单安排进度，而这是成功的两大要点（进度与成本）。

建模的高级培训目标

更高级的建模软件培训对于用 BIM 进行自主施工、管理 BIM 预制模型的发展以及向业主交付“记录模型”（record model）是至关重要的。让接受培训的现场施工人员深入理解建模软件，并完成关于整合方式的高级培训、清楚其他团队成员应交接的成果是十分重要的。

264 例如，如果承包商在项目中向地下室墙体灌混凝土，他们就有可能需要机电水暖（MEP）分包商关于套管（sleeve）和孔洞位置的信息，还有钢和 / 或其他金属分包商的埋件信息。这种培训应说明：

- 施工 BIM 所需的信息（手段和方法）；
- 所需信息的位置（工具带）；
- 信息是否有用和准确；
- 为完善施工 BIM 导入信息和 / 或加入缺失信息的方法。

现状往往是施工团队成员使用的是碎片式、无参照和不准确的数据，现场施工人员要使用这种数据进行质量控制和出图。还要将这种数据交给业主用于设施维护。

假如业主要求记录模型，那么用施工 BIM 模型建立记录 BIM 模型就必须尽可能准确地遵循业主和设施经理的标准。如果承包商不想对初级员工进行这种高级的建模技能培训，那么有多种交付记录模型的策略可以对现场施工人员接受何种培训产生影响：

建筑师控制的记录模型：一种方式是让建筑师维护记录模型，并在现场施工人员向建筑工程设计（AE）团队发送更新信息的过程中对模型进行更新。这种信息的格式可以是打印的文件、草图、传真或模型。随后建筑师审核所有的图档，并更新记录模型。由员工提供的模型通常更加有用，因为调整的部分能叠加模型链接，这样建筑师就能看到建筑上的改动并更新模型。这样做的优点是，建筑师（可能对建模软件更熟悉）能够维护和追踪设施在项目接近竣工时的准确情况。这种流程的缺点在于，建筑师事务所往往没有足够的施工监管预算让员工去更新模型。尽管这通常需要改变BIM流程，但有时并不可行。

工地控制的记录模型：在工地更新模型的第二种方法是在整个施工过程中让员工更新模型，再将模型发给建筑师审核。这就需要更高层次的培训，但也是提高效率的好方式，同时可以保持现场施工人员在建筑施工中所用的BIM文件的准确性。虽然这种方法不需要建筑师同样多的时间，却仍会在施工监管中由于这些模型的审核拖延一定的时间。

第三方控制的记录模型：在其他情况下，独立的施工经理、业主代表或虚拟施工顾问可以加入项目，并能够编辑施工模型和提供记录BIM。

265

在大多数情况下，现场施工人员会用建模软件检验安装情况、核对尺寸、确定制造构件的位置、更新记录BIM并与分包商针对复杂的或三维参照进行可视化沟通。其他软件也可以提供尺寸参照，不过，建模软件中的工具、捕捉（snapping）和接口往往是准确的。最好在项目之初就说明由谁负责通过这个软件使用和编辑施工BIM，也就是最后的记录BIM。

其他用途的培训

在掌握了基本技能之后，现场施工人员就需要通过培训将BIM文件用于其他用途。这种培训应当教会初级员工如何利用协调软件并综合各专业的模型进行分析。更具体地说，这种培训应让施工团队看到如何在模型中标示问题、管理碰撞检查、将激光扫描技术与质量保证/质量控制（QA/QC）进行整合，以及实现跨BIM平台的信息转化（基于桌面或云端均可）。信息转化的实例将在本章中稍后展示。

一旦现场施工人员完成培训并具备了所需的工具，BIM的潜力就会开始显现。传统的多数派将会找到使用这些工具的创新方法，并超越BIM少数派之前的预期（见专栏“应用激光扫描检验安装：奥克兰凯泽医疗中心的iMRI安装”）。最终的目标是让这些能用BIM的人参与施工前期，运用他们在这种新技术方面的实际知识，并在施工阶段继续使用这些工具。这将避免两个阶段之间的信息损失，在成本效益的最佳时刻帮助解决问题，创造高性能的建筑，并使现场施工人员能在日落前锁门回家。

应用激光扫描检验安装：奥克兰凯泽医疗中心的 iMRI 安装

手术中的影像成像方式通常会用到扫描设备，比如磁共振成像仪（MRI）、计算机断层成像仪（CT）或血管造影仪（angiography）等。这些设备的安装和应用通常位于医院放射科的手术室内。这就让外科医生能在手术中实时或接近实时地获得图像并调整手术方案，从而更好、更精确地达到手术目标[下图为术中磁共振成像仪（iMRI）]。

266

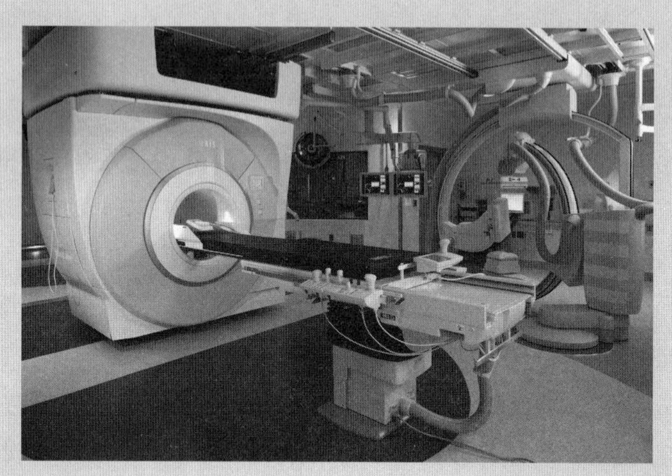

（来源：© IMR IS，INC. 2015）

术中成像技术最初是为治疗脑瘤开发的。成像能辅助外科医生更好地识别和区别病变组织，并提高肿瘤成功治愈的概率。

例如，在使用磁共振成像仪时，神经外科医生必须根据手术前几日拍摄的图像制订方案，穿过颅骨和大脑切除肿瘤组织。保守地看，外科医生将尽可能多地切除肿瘤，并注意不要影响正常的区域，然后安排病人恢复。在可能的情况下，会对病人进行后续 MRI 检查；假如扫描中发现了残留的肿瘤，外科医生可能就要进行第二次手术。有了 iMRI，外科医生就能在第一次手术中多次扫描和检查病人的图像。此外，iMRI 图像能帮助外科医生根据手术过程中组织和颅骨发生的变形，即"脑位移"作出调整。

267

IMRIS 方案是什么？

强磁场的 iMRI 手术设备有两种配置方式，都需要将 MRI 扫描仪放在手术室旁边的房间里，医疗人员在手术室应用标准的手术室器具进行操作。第一种配置需要将病人从手术室转移到旁边房间里的磁体处，从而获得图像；第二种配置（仅由 IMRIS 公司提供）可以将 MRI 扫描仪通过顶棚上的滑轨移到病人处获取图像（如下图所示）。后者的优势在于手术中无须将病人移下手术台，从呼吸道控制、监测和头部固定等方面看，流程更好、更安全。这也是奥克兰凯泽医疗中心 iMRI 装置采用的方法。

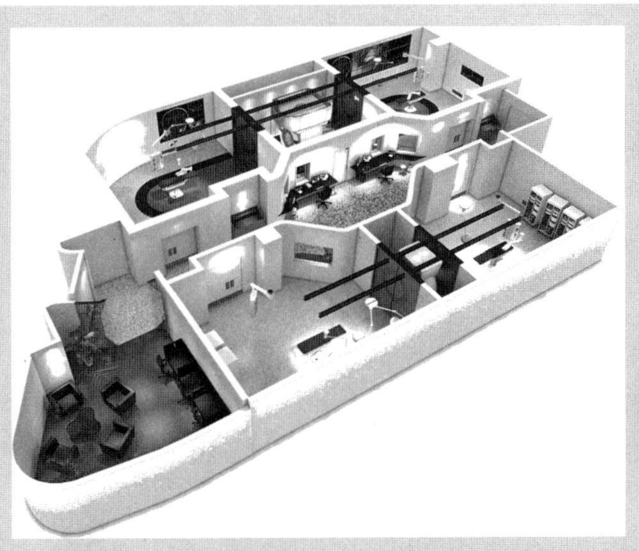

（来源：© IMR IS, INC. 2015）

iMRI 支架需求

请想象一下，重达 9.5 吨的 MRI 系统平滑运行，需要很高的灵敏度，并对结构提出了严格要求。再加上加州的抗震规范，还有全州卫生规划与发展办公室（OSHPD）对紧急护理建筑施工的严格规定。这些要求由麦卡锡建筑公司的奥克兰凯泽医疗中心项目团队直接实现，他们在 OSPHD 的监督下安装了首个 IMRIS 设备集，并高出了以下结构要求：

- 结构梁必须在整个轨道行程内保持水平，不能产生较大形变，容许误差为 ±3.175 毫米。
- 梁长范围每 533.4 毫米处要进行一次测量。
- 在磁体行程 0—2133.6 毫米段上的最大挠度不得超过 3.9624 毫米，其余部分最大挠度不得超过 2.7432 毫米。

现场检验的激光扫描

由于 IMRIS 对钢结构有精确的检验要求，而麦卡锡有测量和激光扫描的知识和专业技术，麦卡锡决定用激光扫描代替传统的测量方法，对 IMRIS 设备集的支撑梁和混凝土楼板进行分析。

传统方法

钢结构专业合作伙伴根据麦卡锡制定的基准，用测量导轨对钢装置进行连续监测。当钢装置建成后，麦卡锡让钢结构承包商在厂商将要检验的同一位置进行测量，以检验是否达到了厂商的严格要求。测量导轨的容许误差为 ±3.175mm。这种传统方法用了钢结构承包商六个小时才完成（见下图）。

（来源：IMAGE COURTESY OF MCCARTHY BUILDING COMPANIES，INC.）

激光扫描法

269

麦卡锡的现场施工人员同步使用了法如 Focus 3D 激光扫描仪对钢架进行扫描，从而形成三维点云。数据收集的现场工作总时长不到 30 分钟。数据随后用 Scene（法如激光扫描软件）进行处理，对现场扫描进行拼合与整理，再用 Trimble RealWorks 进行分析（见下图）。

（来源：IMAGE COURTESY OF MCCARTHY BUILDING COMPANIES，INC.）

之后，麦卡锡使用多种欧特克产品（AutoCAD、Civil 3D、Revit、Navisworks Manage）根据 IMRIS 的参数对点云数据进行准确分析，在 2 小时内就完成了包括测量结果在内的文档。此外，他们还定期对楼板进行激光扫描，进行质量控制和水平度研究（见下图）。

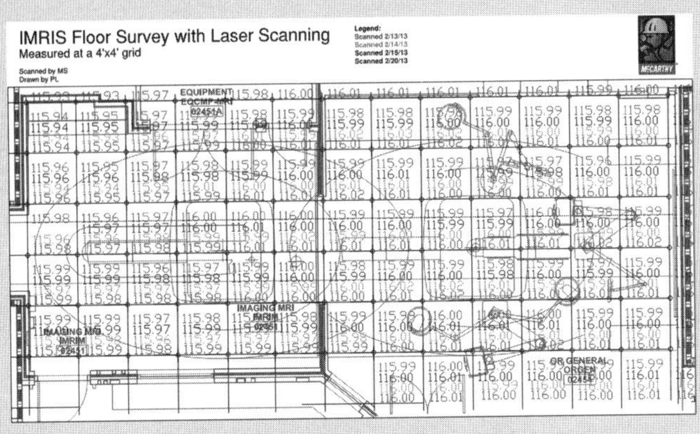

（来源：IMAGE COURTESY OF MCCARTHY BUILDING COMPANIES, INC.）

这种创新方法将传统测量钢架的现场工作时间缩短至 1/8。这不仅减少了与目标不同的其他专业的冲突，还带来了更高的精确度。此外，由于点云的信息分析是自动化的，结果受人为误差的影响也降低了。同时再也不用回到工地重新检查有问题的区域——点云的信息极为丰富，就像实际钢构件在办公室里一样。

270

建立新的行业标准

三维激光扫描捕捉到的海量信息，协助麦卡锡在全球范围内推广 IMRIS 应用，并制定了更高的质量标准。麦卡锡发现了传统测量方式的缺点，从而降低了测量成本，加快了测量进度；以科学和统计结果证明了激光扫描的精度标准是其他方法难以企及的。反过来，IMRIS 核对了结果，因为其他在 IMRIS 钢结构上有问题的医院曾与之发生过纠葛——尽管检验结果达到了他们的安装误差要求。

"通过 IMRIS 也可对麦卡锡已安装完毕的手术用 MRI 仪器安装的钢结构进行测量校对。报告显示校准量在 1 毫米之内。这是 IMRIS 最近五年在全世界设备安装中完成质量最好的钢结构。"

——来自凯泽医疗集团(Kaiser Permanente)国家设施服务中心项目经理吉姆·考茨（Jim Kautz）的客户证言

图档控制

在项目的施工阶段，项目中的二维信息流会增加。具体来说，附录、补充图纸信息、信息请求（RFI）、提交请求（submittal）等类型的信息会出现得更多。项目的成功与否通常会受到这种快速信息流的管理、追踪和发送的直接影响。很多时候,这需要信息员(gatekeeper)——可能是一个人或一个团队——负责管理输入的信息，再将其发送给团队其他人。信息员的职责可由项目经理、项目工程师、BIM管理员或其他人员承担。信息能否成功发送，取决于信息员同各方沟通、确保将正确的数据发送到相关人员以及管理图档的能力。

271 传统上，工地的图档控制是以图纸为基础的，并用大量文件柜、活页夹将图纸按建筑、结构、机械等专业的图纸标签进行区分和整理（图6.3）。信息员的责任就是确保文件柜、活页夹和图纸与最新的信息保持同步，以保证没有人在用过时的旧信息施工。例如，一旦信息请求从设计团队返回，信息员就要负责在平面、立面和/或详图上圈出相关区域，并在竣工图中贴上标签，这样项目团队就能知道发生了变更。此外，他们要将信息请求的回复存在活页夹或文件柜中，让任何团队成员都能查看图纸、轻松识别圈出区并找到与其工作相应的信息请求。设计团队会定期提交更新的图纸，以反映信息请求中提出的变更。这些图纸随后将"换存"（slip—sheet）到竣工图纸中，也就是由信息员将新图纸插入竣工图中，并把旧图纸存档的手工操作过程。他们随后要负责将所有的圈出区从旧图纸腾到新图纸上，而这会是费时费力的过程。

272 幸运的是,施工行业已经开始接受无纸化的提交请求、信息请求和图纸审核的工作流程,从而提高了组织、更新和检索图档的效率，并改善了信息员的生活质量。下面这个练习将为您展示如何用BluebeamRevu eXtreme建立超链接和组织数字图纸室，并实现工地图档控制的自动化。

用 Bluebeam Revu eXtreme 建立数字图纸室

Bluebeam Revu（www.bluebeam.com/us/bluebeam—difference/）是一个强大的PDF阅读、创建、

图6.3 竣工图纸架（来源：IMAGE COURTESY OF MCCARTHY BUILDING COMPANIES, INC.）

标示和协作工具，并可支持 Office、AutoCAD、Revit、Navisworks Manage、Navisworks Simulate、SketchUp Pro 和 SOLIDWORKS 等不同软件的文档格式。目前有三种程序包，价格和功能各不相同：标准版、CAD 版和 eXtreme 版，其中 CAD 版和 eXtreme 版能从建模平台直接导出三维 PDF 格式文件，用于分析或信息请求。但在本练习中，将关注二维图档控制。这个练习需要 Bluebeam Revu eXtreme 软件，因为它有光学字符识别（OCR）、AutoMark 2.0 和批链接（Batch Link）功能。

OCR　能从扫描结果或 PDF 创建可编辑和可检索的文件；

AutoMark 2.0　自动添加页面标签；

Batch Link　自动添加文件超链接。

组织工具带

建立“目录结构”和“命名标准”是图档控制和模型控制中必须采用的标准程序。在这个练习中，请建立三个独立的目录，代替图纸架、文件柜和活页夹。

- 图纸；
- 提交请求；
- 信息请求。

创建页面标签

在设计—招标—建造（DBB）和集成交付（IPD）两种交付方式中，设计团队在各个关键节点上以组合而成的 PDF 大文件提交图纸（图 6.4）。在 Bluebeam 中打开这些 PDF 文件，您会发现这些页面除了序列号之外都没有文字说明。为了让信息员创建超链接，并在虚拟环境中“换存”，这些页面需要分开并加上标签，具体如下：

273

1. 打开 AutoMark 2.0 工具，选择“页面区域”，然后点击“选择”。这个工具就位于预览图标下方，快捷属性说明是“创建页面标签”（图 6.5）。

274

2. 在页面标签所在的图纸上放大，画一个方框，将标签完全包含在内。
3. 在 AutoMark 窗口中，确定标签在预览中是正确的，然后点击 OK。
4. 在下一个窗口中，确保所有的页都含在页面范围中，然后点击 OK。

这些步骤将自动完成页面添加标签的过程。注意：这些图纸现在是以标签命名的了（图 6.6）。

按标签提取文件

275

下一步是将这些图纸分开，并建立虚拟图纸架。将图档分开能让信息员实现自动换存：

1. 在电脑的“图纸”目录中，按专业建立子目录（建筑、结构、机械等），辅助组织图纸架。

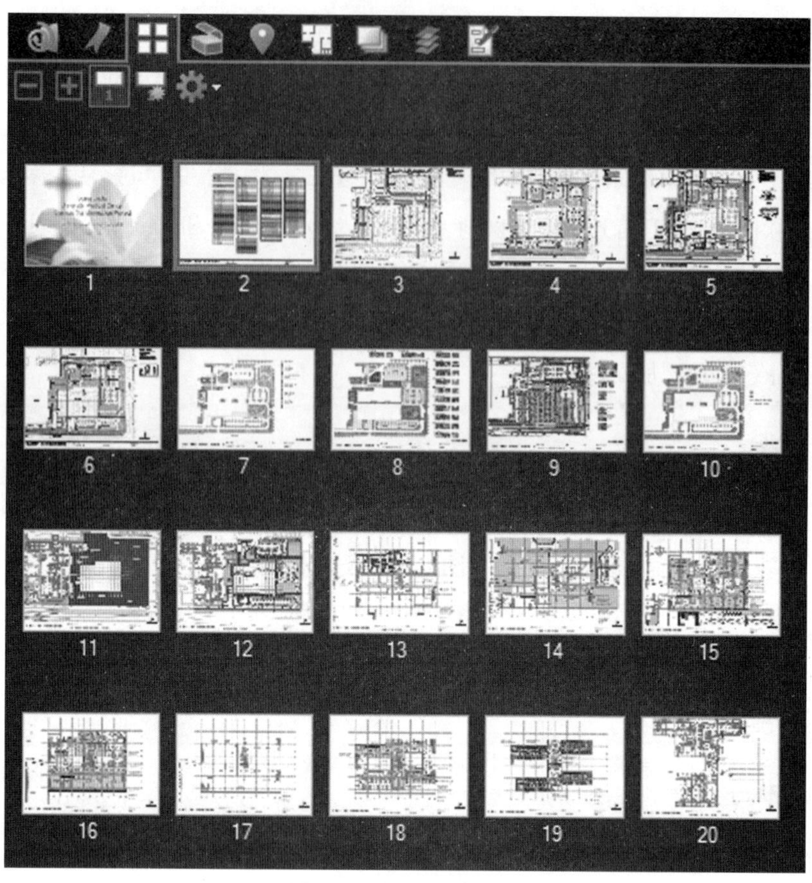

图 6.4 无标签的图纸集

提示：如果这些PDF不含可检索的文本，就需要如下图所示在“文档”选项卡中执行OCR或按Ctrl+Shift+O，之后继续。

图 6.5 AutoMark 2.0 图标

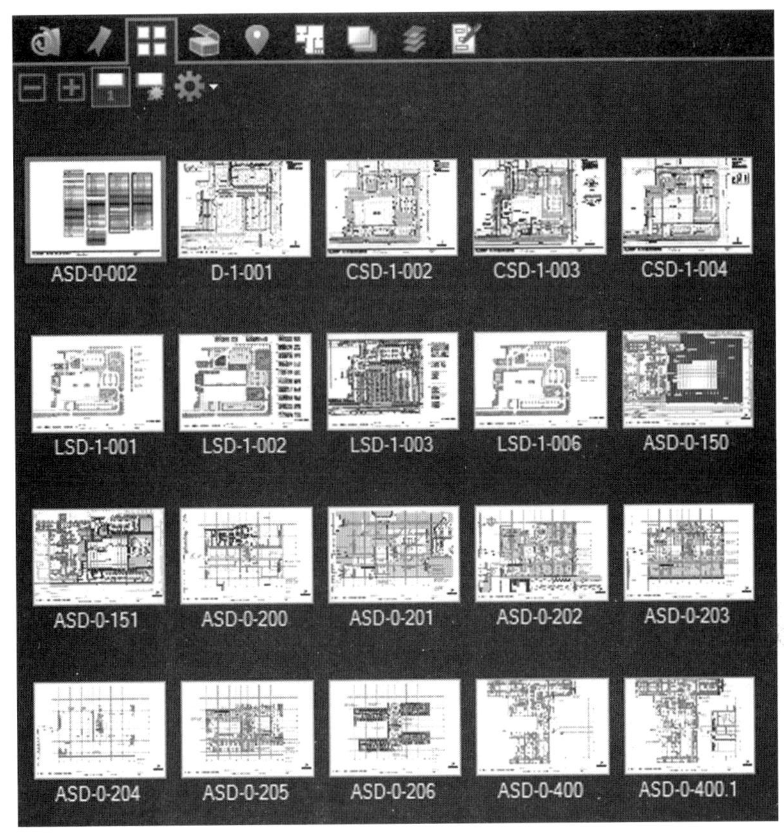

图 6.6 有标签的图纸集

2. 用缩略图预览选择多个图纸。
3. 在“文档”选项卡中，选择“页”→“提取页”，输入图 6.7 中的设置，然后点击 OK。 276
4. 找到相应专业的目录，然后点击“选择目录”。
5. 重复第 2—4 步，直到所有的图纸都放到了虚拟图纸架上。

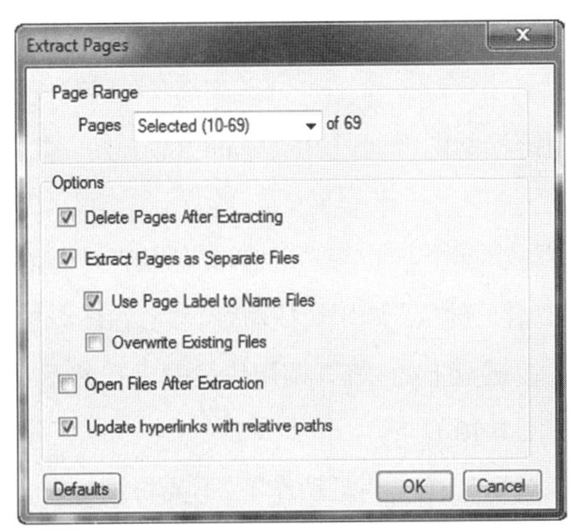

图 6.7 “提取页”窗口

为所有图档添加超链接

一旦所有虚拟图纸架都放在指定的目录中后，就要在它们之间建立超链接，以便检索平面图、详图和立面：

1. 从“文件”栏中选择“批”→“链接”→“新”。
2. 选择“添加目录”,然后进入计算机中的“图纸”目录（现在包含了所有的虚拟图纸架）,选择希望添加超链接的多个目录，然后点击“下一步”。
3. 在“批链接”窗口中，选择“文件名称”作为检索条件。
4. 确定“扫描预览”中的“扫描结果”和“检索条件”相符，然后点击“生成”（图6.8）。
5. 在“链接选项”下可以改变覆盖超链接的颜色。在调整到喜好颜色之后，选择“运行”。

这些步骤将在几秒内自动链接所有的平面图、详图和立面图。找到任何一张图纸并进行检查吧！（图6.9）

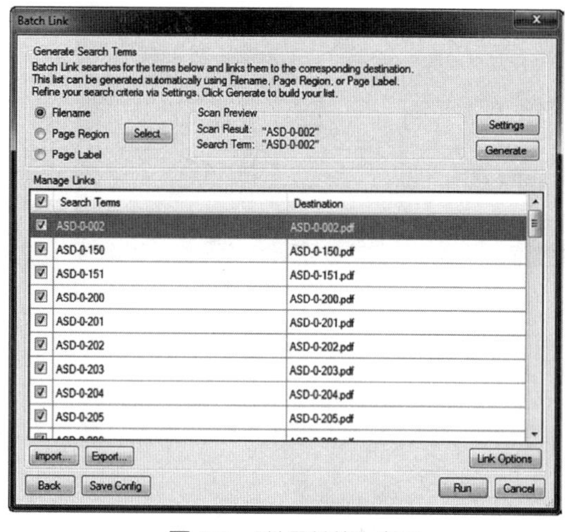

图 6.8 “批量链接”窗口

ASD-1-100	FLOOR PLAN - LEVEL A
ASD-1-101	FLOOR PLAN - LEVEL 1
ASD-1-102	FLOOR PLAN - LEVEL 2
ASD-1-103	FLOOR PLAN - LEVEL 3
ASD-1-104	FLOOR PLAN - LEVEL 4
ASD-1-105	FLOOR PLAN - LEVEL 5
ASD-1-106	FLOOR PLAN - LEVEL 6
ASD-1-107	FLOOR PLAN - LEVEL 7
ASD-1-108	FLOOR PLAN - LEVEL 8
ASD-1-109	FLOOR PLAN - LEVEL 9
ASD-1-110	FLOOR PLAN - LEVEL 10
ASD-1-111	FLOOR PLAN - LEVEL 11
ASD-1-112	FLOOR PLAN - LEVEL 12
ASD-1-113	FLOOR PLAN - LEVEL 13

图 6.9 带高亮链接的图纸索引

为信息请求添加超链接

现在可以用这些带有超链接的图纸通过 Bluebeam Revu 中的圈注和文本工具来管理信息请求过程：

1. 找到楼层平面。
2. 要建立一个圈注,按键盘上的“C”调用快捷命令,然后在图纸中的任何对象周围画一个框。
3. 要建立一个文本框，按键盘上的“T”调用快捷命令，然后在圈注附近画一个框；然后编写信息请求说明（图6.10）。
4. 右击信息请求文本，然后选择“编辑动作”。不要将圈注和信息请求文本编组——这样会建立大超链接窗口，当图纸中有多个信息请求圈注时会产生问题。

5. 将“操作”设为“打开”,然后浏览与问题或条件有关的信息请求或提交请求（图 6.11）。
6. 选中“使用相对路径”框，然后点击 OK。这将关闭“操作”窗口。
7. 在“文档”栏中，选择“收起”，再选“允许标记恢复（展开）”；然后点击“收起”。 278

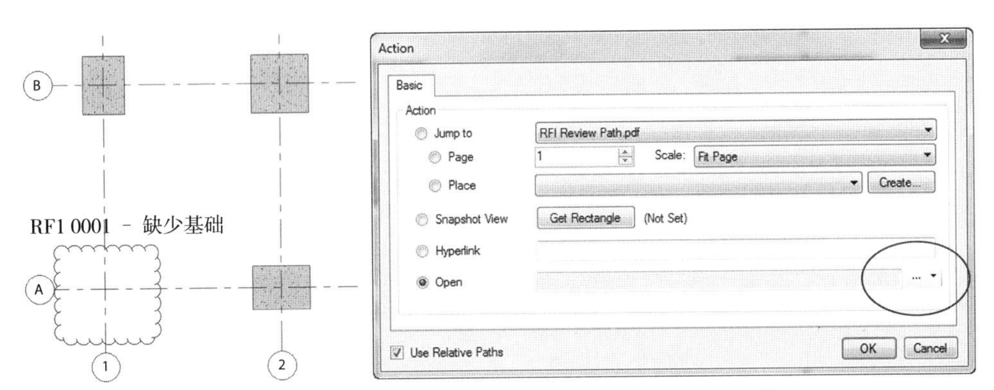

图 6.10 信息请求标注

图 6.11 “操作”对话框

提示：只要相关文件保存在同一目录位置中，相对路径就能保证链接有效。如果要分享数字图纸室，就要确保选中“使用相对路径”。

恭喜！您已经发出了第一个数字信息请求，并将它与实际文档超链接在一起。您可以用同样的流程对提交文档、说明、模型、运行维护手册、网站等添加超链接。希望您再也不会看到三环活页夹了。

数字换存

最后一步是了解如何在设计团队或分包商更新 PDF 之后进行换存：

1. 在存档目录中保存旧图纸的副本。
2. 在“文档”栏中，选择“收起”下拉菜单，在旧图纸上选中“展开全部标记”，将它们转移到新图纸上。
3. 在“文档”栏中，选择“页”→“替换页”。
4. 找到并打开新图纸。
5. 确定替换了正确的图纸，然后选中“仅替换页内容”框。点击 OK（图 6.12）。 279
6. 在新图纸上压平转移来的标记。

完成！这将自动把所有发布的信息请求和超链接转移到新文档中。

曾经需要几天的工作现在只需要几分钟。为信息员节省时间是很重要的，但更重要的是这种流程给整个项目团队带来的价值，包括业主、建筑师、工程师和分包商。这种流程减少了使用旧图档工作的风险。它通过超链接使得寻找图纸、提交和信息请求变得轻松。整个图纸室现

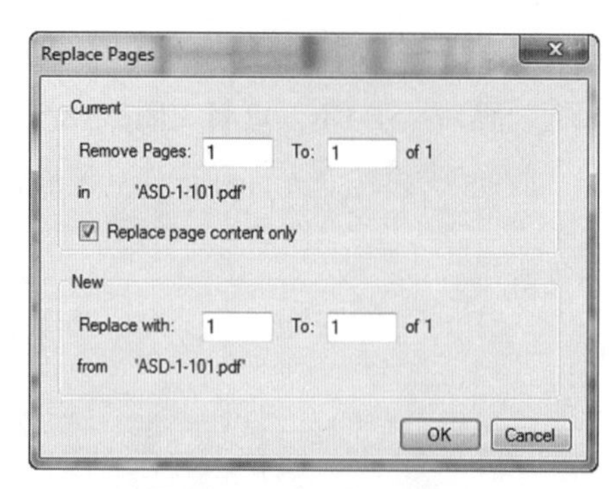

图 6.12 “替换页”对话框

提示：通常在项目中会替换多个图档存储。在这种情况下，使用 Bluebeam 的“批量替换”功能自动存档并替换多份图纸会更有效。请访问 www.bluebeam.com/us/bluebeam-university/whats-new/batch-slip-sheet.asp 深入了解“批量替换”。

在都可以上传到云端或下载到闪存盘上，与现场的移动设备和信息台（kiosk）分享（图 6.13），而免于拖着全套的原始图纸集到处跑（图 6.14）。Bluebeam Revu eXtreme 并非唯一能够实现自动化的工具，但它目前的售价仅为 349 美元，无需大量花销即可增强现场施工人员工具带的效力。

280

图 6.13 现场的移动信息台（来源：IMAGE COURTESY OF MCCARTHY BUILDING COMPANIES，INC.）

图 6.14 主管在现场查看图纸（来源：IMAGE COURTESY OF MCCARTHY BUILDING COMPANIES，INC）

281

4D 的实际价值

在第 5 章“BIM 与施工”中已经看到，基于模型的进度计划（4D）需要将模型构件与进度同步，实现施工工序的可视化。但这真的给现场施工人员带来了价值么？它能加快施工过程么？它会降低风险么？它是如何使用的？它在何时进行更新？

软件公司以营利为目的。因此，他们总会号称他们的产品是简化“流程”的最具革命性的“技术”，但基于模型的进度计划与其他的 BIM 工具并无差别，用户需要改变“行为”才能获得成功。如果某个流程和行为在根本上是有缺陷的，那就不应期望技术会成为神奇的解药。我们的行业在按时完工上从来不是好榜样。设计的平均按时完成率是 55%，而施工是 60%（图 6.15）。大多数教师可能都会说，我们在工作中就像毫无组织的散漫青少年。

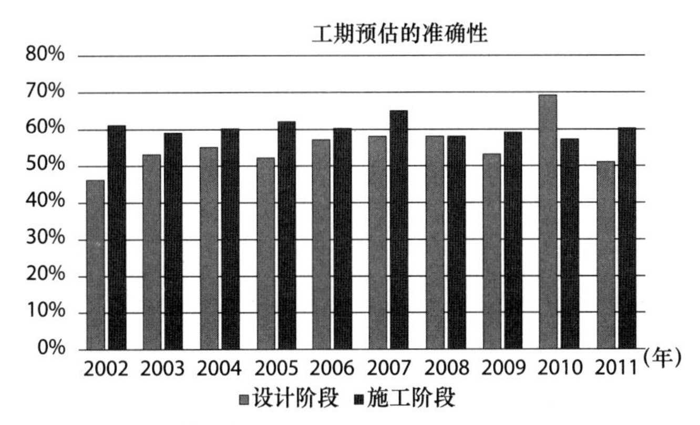

图 6.15 工期预估的准确性（来源：2011 UK INDUSTRY PERFORMANCE REPORT, GLENIGAN, CONSTRUCTING EXCELLENCE, AND DEPARTMENT FOR BUSINESS INNOVATIONS AND SKILLS）

第 4 章“BIM 与施工前期”讨论了以线性方法（关键路径法，CPM）来安排不断迭代的设计流程中遇到的复杂问题。然而，是什么导致了施工的线性流程失效？问题在于要理解叠加线性任务的相互依赖关系，并且预期目标应能够保质保量地按期完成。这个问题随之变成如何实现预期目标保质保量按期完成？答案可以在弗雷德里克·温斯洛·泰勒（Frederick Winslow Taylor）的理论和科学研究中找到。为了实现预期目标，就需要跳脱固有做法。日常工作需要是流动、连贯的，而这不是 CPM 的长处。

282

对于复杂的项目，CPM 进度计划非常适于分析重要节点、在各项活动之间建立逻辑以及确定关键路径，但它并不能保证团队每周、每月的工作与最初的预期是一致的。CPM 更为被动，原因在于它从高层的视角总体把控项目；而直到个别任务无法完成时，才会发现延时问题。您或许认为，“散漫青年”是个玩笑，但泰勒在他 1911 年的专著《科学管理的原则》（The Principles of Scientific Management）中就提出，总包商使用 CPM 进度就像一个低效的教师在讲“不知要教什么的课”。泰勒进一步解释道，每天教师都应该为学生制定明确的任务，只有这样才能系统地推进。这就是为何拉动式计划（pull—planning）正在成为结合 CPM 使用大受欢迎的技术。

我们都还是长不大的孩子。毕竟，我们绝大多数人只要每天获得规定工作时间内需要完成的规定工作任务，并且每天的工作量能够达到一个优秀员工正常的日工作量，那么无论是对雇主还是雇员自身，都能够带来莫大的满足感。像这样，员工有着明确的标准，能够衡量自己一天中的工作进度，那么完成该任务，就会给员工带来最大的满足感。

——弗雷德里克·温斯洛·泰勒，《科学管理的原则》（New York：Harper and Bros.，1911）

由于CPM方法的种种缺点，另一种日益流行的方法是基于位置的进度计划（LBS）。这种方法关注每一个团队成员及其生产率，而不是团队的整体行为。其目标是在各工作面之间破除障碍，并建立统一的团队流线。LBS使用位置、材料用量和生产率来建立最佳团队流，如流线图所示（图6.16）。假如流线交叉，就说明两个人在同一位置上，从而引发问题。这种方法更为主动，因为它根据一般员工的绩效预估“可能出现的情况”而非“出现过的情况”。这种方法对于有重复性任务的水平施工、高层建筑或多户住宅十分有效。但对于复杂项目，这种方法的效果则会打折扣。

基于模型的进度计划软件通常采用其中一类线性方法（CPM或LBS），这也就意味着使用该软件功能的方法，已经由这种方法的本质预先决定了。像Navisworks或Synchro这样的程序采用的是CPM方法，说明它们最适于复杂项目的高级活动：场地物流、钢结构安装、外表面协调和大型MEP系统的工序。这就能在初期发现大的工序和安全问题，并降低风险、加快进度；

283

这也意味尚未完全建成的模型就有价值，因为它的某些应用与详细程度（LOD）无关。

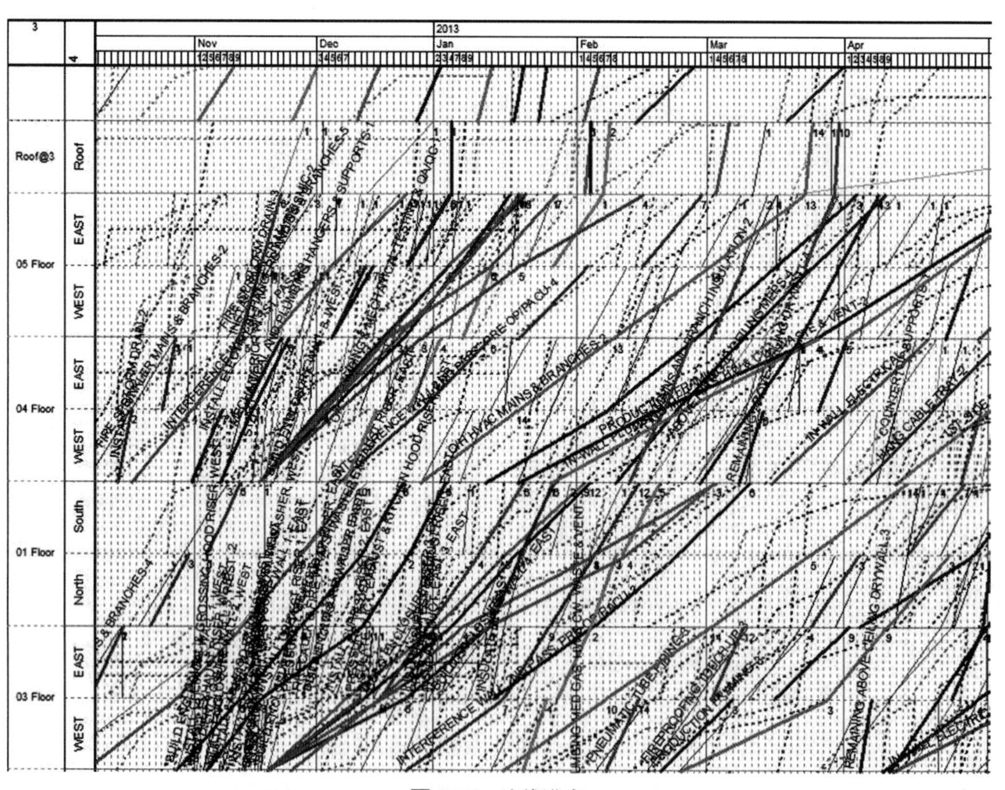

图6.16 流线进度

提示：将基于CPM的程序用于指导日常行为时，回报会逐渐降低。

基于 LBS 方式的 Vico 软件需要较高的 LOD，因为它要从模型中提取准确的量。这就表明，它能在设计完成后的施工中发挥更大的价值。它通过找出缺陷和逐步改进的方法来优化进度。不过，Vico 需要更多的维护，因为每天都必须录入人力和生产率，而这就需要项目有专门的进度员。如果不对这种信息进行维护，流线就毫无用途。当对信息“进行”维护时，它就会成为项目团队理解团队流线、生产率和人力低效的理想资源。

提示：将基于 LBS 的程序用于复杂项目时，回报会逐渐降低。

培养 BIM 直觉

284

> 你会更注重来自五感的信息（感知），还是更注重您从所获得的信息中看到的模式和可能性（直觉）？
>
> ——改自查尔斯·R·马丁（Charles R. Martin），《观察类型：基本原理》（Center for Applications of Psychological Type，1997）；www.myersbriggs.org/my-mbti-personality-type/mbti-basics/sensing-or-intuition.htm。

办公室和现场施工人员都必须培养的技能是从所获得的 BIM 信息中看到的模式和可能性。这并不是一种工具就能解决的简单问题。不同的工具都各有优缺点。成功的 BIM 应用在于能够让不同的模式发挥各自的优势，最终高效地服务于您的目标。培养这种直觉要从理解信息的来源开始，然后问“我还能用它做什么？”这就是为什么在开展任何分析（协调、进度、预算、设施管理或可持续性）之前，应该在创建元素的层面上培训基本技能。假如在建立基本认识之前就进行分析，就会错过提高效率的机会，甚至彻底失去效率。下一个练习的目的是培养您跳出眼前工具的直觉。它将在深入挖掘可能性的过程中带来求知欲，使您去问“我还能做什么？”

提示：要完成这个练习，您将需要以下软件：

- Autodesk Revit
- Assemble Systems
- Navisworks Manage
- BIM 360 Glue 账户
- BIM 360 Field 账户
- 安装 BIM 360 Field 应用的 iPad

从一扇门开始

让我们首先来看在 Revit 中创建一扇门的过程。这一过程相当简单：

1. 画一面墙。

2. 选择一种门族。

3. 悬在墙上方。

4. 确定开门方向。

5. 左击放置门。

285 这些是感观上的步骤，但也可以是直观的步骤。让我们继续深入。当建筑师创建门的时候，它会自动生成一条实用信息，但在一般属性中是看不到的。这扇门将信息与其所在的房间关联在一起，但直到在其他平台中开始分析模型之前都不会注意到它。为了让这扇门与房间关联起来，建筑师必须放置这扇门，使它在房间中向外开启（图 6.17）。一旦放置好门，建筑师就可以按需要调整开门方向，但最初必须是向外开启的。随后您就会看到其中的重要性。

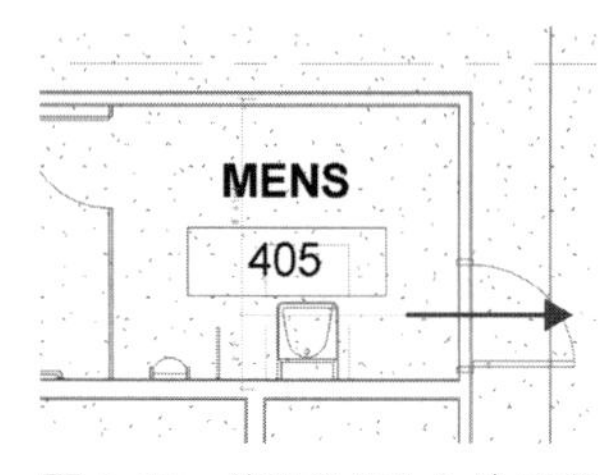

图 6.17 放置门使之向外开启

在门放置好后，建筑师通常会给门增加一个与其服务房间对应的名称（图 6.18）。

添加标签要在这个门实例的“属性”中填写“识别数据”字段的内容。在“标记”参数下可以看到它（图 6.19）。 286

在模型中为构件添加标签可以让建筑师快速生成构件表，比手工输入非智能对象更省时。谁还能从这种信息中受益？您还能用它做什么？对自动提取构件信息感兴趣的人可能是项目预算员。

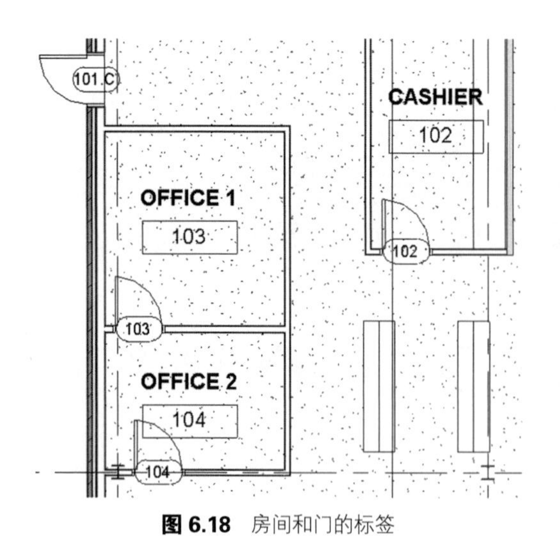

图 6.18 房间和门的标签

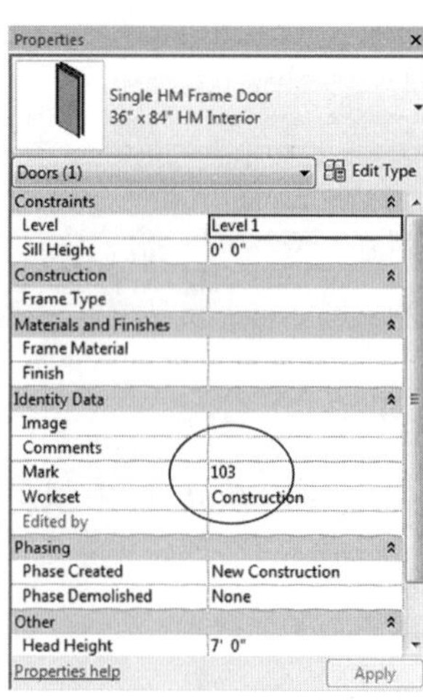

图 6.19 Revit 中的属性窗口

Assemble Systems：不止于基础

在第 4 章已经讨论过，承包商方面从建筑师应用 BIM 中受益的人是项目指派的预算员。预算员能用 Assemble Systems 自动提取门或其他构件的数量。

1. 下载模型 Door Tracking.rvt
2. 用第四章的步骤将模型上传到 Assemble Systems 中。
3. 用“筛选实例依据”选项区分项目中所有的门（图 6.20）。 287

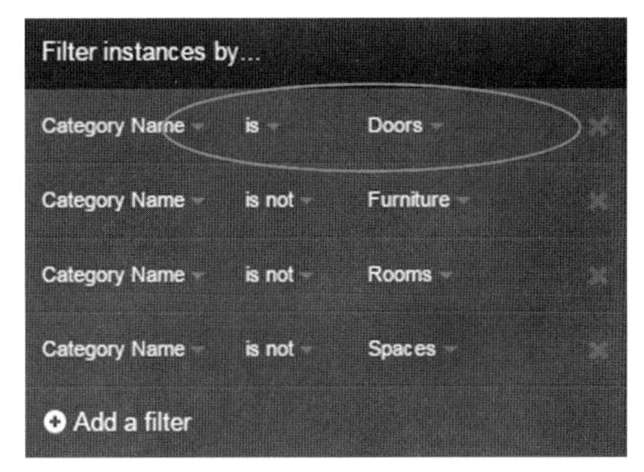

图 6.20 在 Assemble 中筛选类型

这种筛选可以用来区分模型中的任何元素（门、墙、机电水暖设备等）。通过该工具，预算员能够在感官上快速地从模型中提取和比较数量，但 Assemble 中还有一个鲜为人知但非常直观的工具。第 5 章讲述了如何在 Navisworks Manage 中建立搜索集，使元素集与 TimeLiner 结合在一起；但无论对于新员工还是资深员工，用“寻找元素”工具来区分元素都是十分费时的。在 Assemble 的左下角中可以找到“导出 Navisworks 搜索集”选项（图 6.21），该功能让任何人都能很方便地建立搜索集。软件能够自动根据三维视图中区分开的内容生成搜索集。

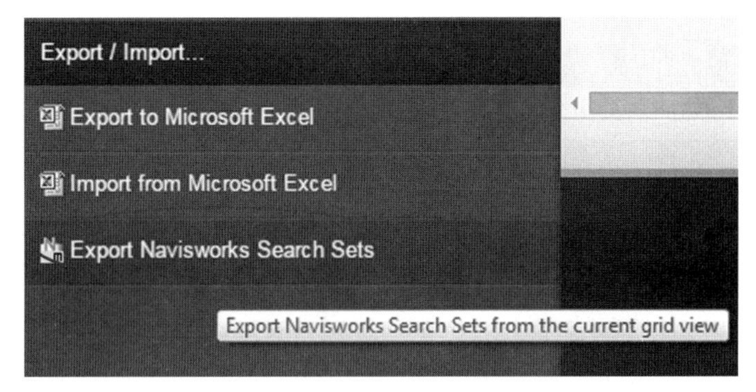

图 6.21 从 Assemble Systems 中导出 Navisworks 搜索集

4. 确保这些门依然是隔开的，然后点击“导出 Navisworks 搜索集”。
5. 反选“包含实例”并将文件保存为 Door Tracking Search Set.xml（图 6.22）。 288

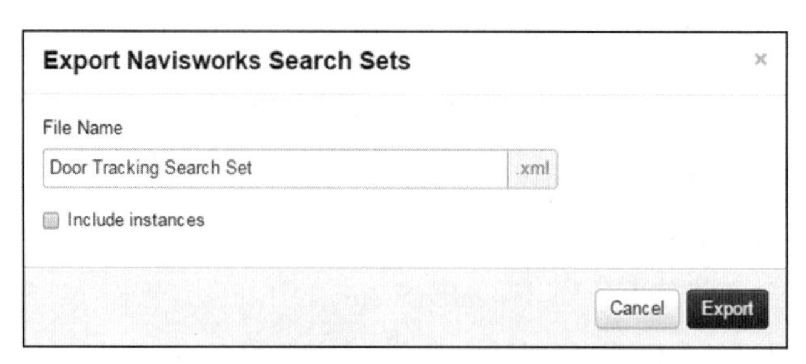

图 6.22 保存搜索集

将搜索集导入 Navisworks

在继续练习之前，下载并安装欧特克（Autodesk）Navisworks 的 NWC 文件导出功能供 Revit 使用：www.autodesk.com/products/navisworks/autodesk-navisworks-nwc-export-utility

1. 返回 Door Tracking.rvt 的三维视图。

2. 在顶部命令栏中选择“插件”→“外部工具”→“Navisworks 2015”，导出 NWC 文件（图 6.23）。

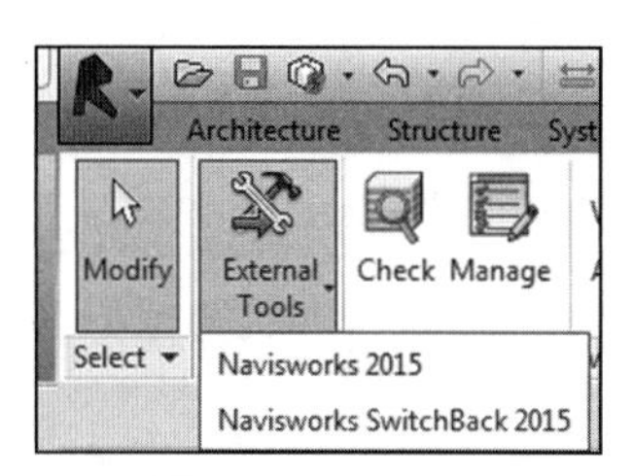

图 6.23 NWC 导出

3. 保存 NWC 文件。

4. 打开 Navisworks Manage。

5. 用命令栏左上角的“附加”按钮打开 NWC 文件。

6. 在“主页”栏上选择“集”→“管理集”，打开“集”窗口（图 6.24）。

7. 右击“集”窗口并选择“导入搜索集”。

289

8. 导入 Door Tracking Search Set.xml 文件。

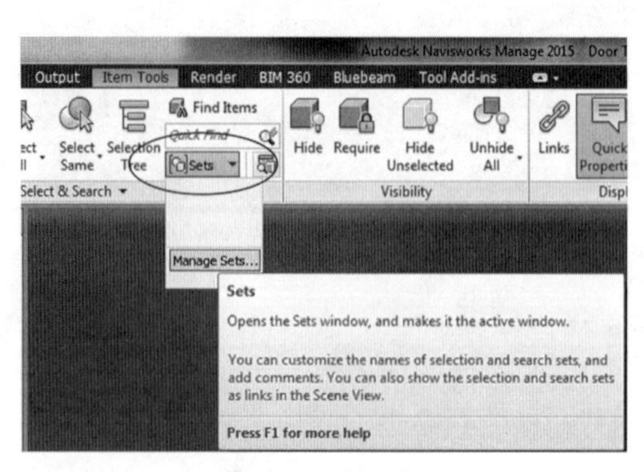

图 6.24 管理集

您会注意到搜索集是按类型而不是按实例排序的。这是在导出搜索集之前通过在 Assemble 中反选“包含实例”框实现的（图 6.25）。

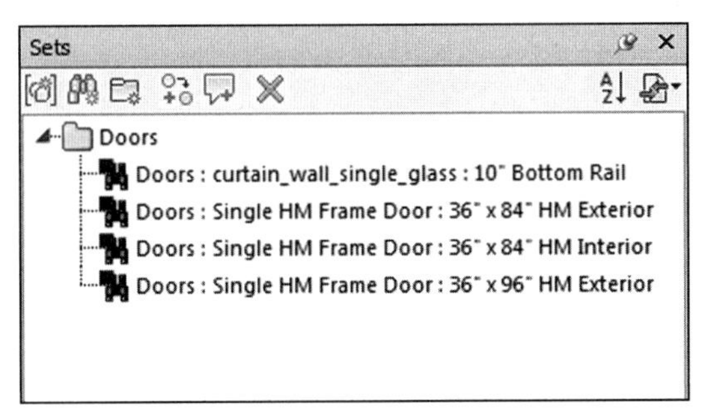

图 6.25 Navisworks Manage 中的集窗口

9. 在“主页”栏上，设置“属性”窗口为可见。

10. 右击模型中的任何门，并选择“为首个对象设置选择分辨率”。 290

11. 选择一扇门。

12. 在“属性窗口”中，选择“元素”栏。

注意从 Revit 中提取了的所有与门有关的信息，包括“标记”和称为“所属房间”的有趣的字段。这是填写开门方向的字段，并可让现场施工人员在项目中追踪门的位置（图 6.26）。

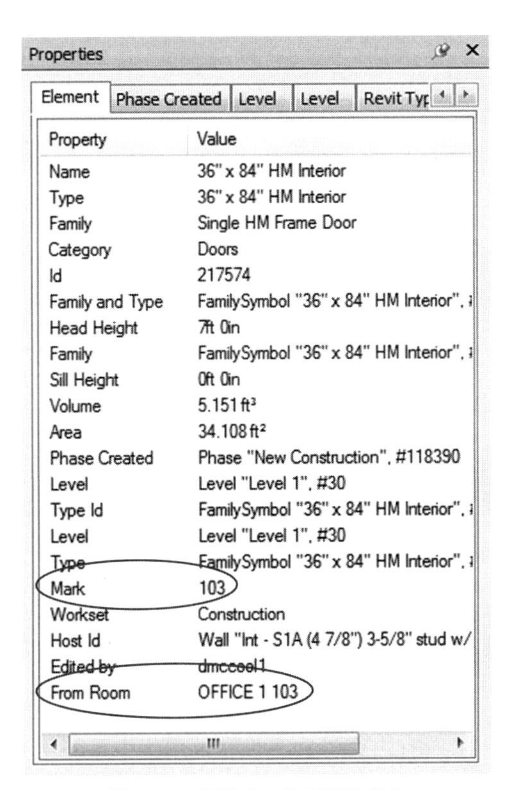

图 6.26 属性窗口的元素选项卡

搜索集可以用于Navisworks中的许多感官类型任务，包括碰撞检查、进度、动画以及用“外观概况”工具对模型的颜色进行编码。此外，它们还有一个更直观的功能：自动将设备映射到BIM 360 Field用于移动应用，完成材料追踪、问题清单和调试等任务。

291

BIM 360 Field

BIM 360 Field是欧特克的工地管理软件。它是基于云端的方案，并兼有桌面和移动应用。它能让现场施工人员在现场用移动设备追踪和控制质量、安全、调试、问题清单、材料/设备和图档。

将设备映射到BIM 360 Field中

目前有两种将设备映射到BIM 360 Field中的方法，它们都需要应用到BIM 360 Glue软件。一种方法是在Glue中手动创建设备集。右击任何一个对象，并选择“创建设备集”。这就像类型搜索集，将该类型的所有实例分组为一种设备。例如，可以在360 Glue中点击机械泵，创建一个设备集，然后将所有相似的泵都归入这个集。更为直观、更好控制的方法是从已将设备按搜索集或选择集隔离的Navisworks Manage中直接上传模型。

提示：在继续练习之前，确保下载并在Navisworks Manage和Navisworks Simulate中安装了欧特克（Autodesk）BIM 360插件。https://b4.autodesk.com/addins/addins.html

1. 在安装BIM 360插件应用之后，就会在Navisworks Manage命令栏中看到新增一栏名为BIM 360。
2. 选中这一栏，再选择Glue将Navisworks模型上传到Glue中。
3. 打开桌面360 Glue应用，再打开上传的模型。
4. 在工具条中，选择“模型”→“更多操作”→“与现场分享”（图6.27）。
5. 打开BIM 360 Field桌面应用。
6. 点击右上角的下拉菜单，然后选择“设置”（图6.28）。

这是项目管理员的后台设置。它让管理员能够定制项目团队读取的内容，以及在移动设备与桌面应用中可以看到的内容。

7. 在工具条中找到“设备”。

292

8. 在“模型”栏中，选择“从BIM 360 Glue中添加模型”并上传您的Glue模型。
9. 在“类型”栏中，创建一个新的类型“建筑”，再创建一个新的子类“门”。
10. 在“状态”栏中，删除所有内容（这一步在试用版中可能不允许），然后添加四个状态：无状态、已交付、已安装、受损。

图 6.27　与现场分享

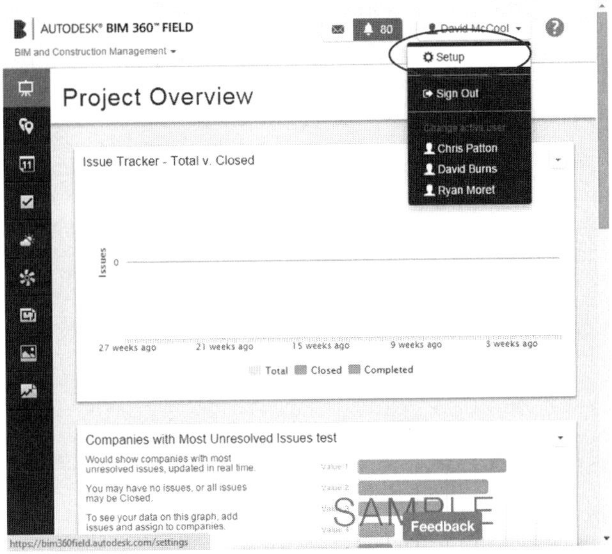

图 6.28　从下拉菜单中选择设置

11. 在“标准属性”栏中，确保选择框已选中：条形码、提交文档、保修截止日期、保修起始日期。

12. 在“定制属性”栏中，确保“制造商”已列出。若未列出，则添加为定制属性。

现在就可以映射设备了。 293

13. 回到“模型”栏，并选择“管理设备映射”（图 6.29）。

这将处理 Glue 模型，并从 Navisworks 中发现所有的搜索集。注意集的划分方式。如果我们的搜索集是以“实例”为依据的（在 Assemble 导出的选框中），那么每个实例都会出现在“管理设备映射”屏幕中。因为我们的搜索集是按“类型”的，所以它们能很好地被划分到集中（图 6.30）。 294

14. 选择所有的搜索集，然后点击“下一步”。

15. 用下拉菜单找到在第 9 步中创建的“门”类型，将这些集归为门，然后点击“下一步”。

16. 在“选择映射模式”窗口中按“高级”，再点击“下一步”。

17. 选中“显示所有类别”框，搜索“标记”；然后点击“下一步”。

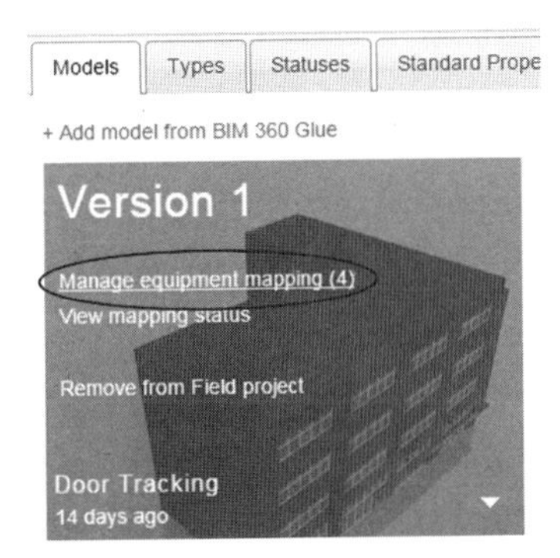

图 6.29　选择管理设备映射

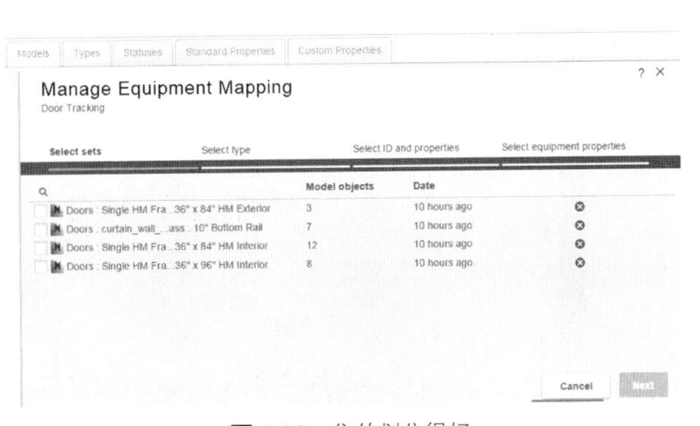

图 6.30　集的划分很好

“标记”类别与建筑师加在 Revit 门上的“标记”相同。记住，这不只是门的标签——这是房间号。在下一个窗口中，我们可以将设置的“标准属性”与 Revit 中的参数关联起来。

18. 搜索“按房间”，并把它与“描述”关联（图 6.31）。

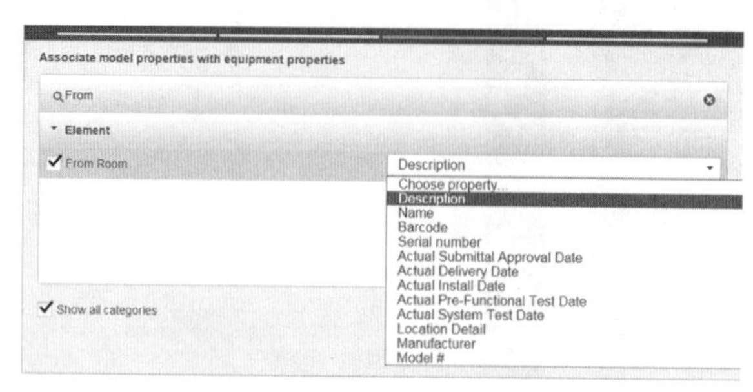

图 6.31 关联模型属性与设备

19. 搜索“标记”并与“条形码”关联。

20. 点击“下一步”。

21. 选择以下属性：状态、提交内容、制造商、保修起始日期、保修截止日期。

注：每次都要点击“选择属性”。

22. 点击“下一个集”，并重复 15—21 步。

23. 当四个集全部完成后，点击“保存映射”。

295

24. 点击左上角的 B 按钮返回 BIM 360 Field 控制板。

25. 点击左侧工具条中的“设备”图标。

26. 选择“更多操作”→“定制视图”，使之与图 6.32 中的字段匹配。

信息读取与二维码

“设备”窗口能够链接到模型中来添加 / 读取信息，并能与施工现场的移动终端进行联通共享，从而提高现场施工人员和设施管理的效率。该数据库能让您上传设施管理信息，在现

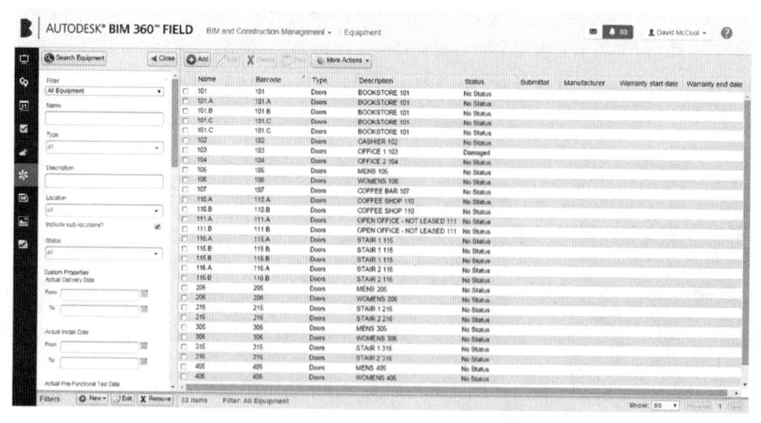

图 6.32 BIM 360 Field 中的设备数据库

场轻松检索模型，并追踪门或项目中任何上传设备的状态。让我们首先来看如何上传设施管理信息到“现场”。注意图 6.32 中的空白字段（“提交内容”与“制造商”）。 296

1. 选择“更多操作”→“全部导出”，创建 CSV 文件。

2. 展开 CSV 单元，使“提交内容”与“制造商”单元可见。

您能想出任何可以填入该字段的提交信息么？如果您创建了一个“数字图纸”室，那很可能就存在“02 Submittal”目录中；这可能存在计算机、FTP 站点或内部项目管理的实施方案中。如果文件存在 FTP 站点，那就应生成一个可以访问该提交内容的地址。例如，Box.com 就会生成一个编码，按访问权限共享文件（图 6.33）。

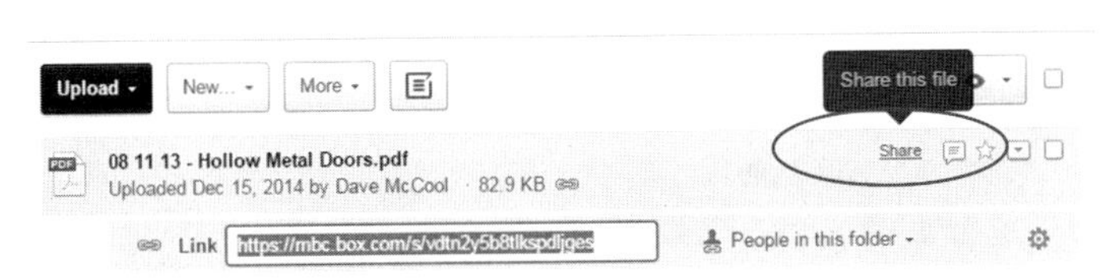

图 6.33 在 Box.com 中生成文件链接

这个链接可以复制并粘贴到 CSV 文件的“提交内容”字段。制造商信息可以用这个门制造商网站的信息填写。制造商的 URL 可以复制粘贴到“制造商”字段（图 6.34）。根据项目接近竣工的时间，保修起始和截止的日期也能在 CSV 文件中的空白字段中快速填写（图 6.34）。

G	H	I	J
Submittal	Manufacturer	Warranty start date	Warranty end date
https://mbc.box.com/	http://www.cecodoor.com/	5/1/2015	5/1/2025
https://mbc.box.com/	http://www.cecodoor.com/	5/1/2015	5/1/2025
https://mbc.box.com/	http://www.cecodoor.com/	5/1/2015	5/1/2025
https://mbc.box.com/	http://www.cecodoor.com/	5/1/2015	5/1/2025
https://mbc.box.com/	http://www.cecodoor.com/	5/1/2015	5/1/2025

图 6.34 设备 CSV 文件中的字段

3. 保存 CSV 文件。

4. 选择“更多操作”→“导入”，将新增信息导入模型。至此，BIM 360 Field 中的大多数步骤都属于感观上的；创建数据库、填写字段等。但您用这些信息还能做什么？我想让您辨识“标记”属性并与“条形码”关联是有原因的。欧特克（Autodesk）BIM 360 Field 的移动应用有条形码扫描功能，便于您在现场读取与设备关联的各种详图、清单、问题、附件、操作和任务信息（图 6.35）。 297

项目团队在现场使用 BIM 的问题之一是浏览模型。触摸屏比手写笔更容易操作模型，但在某个位置上验证安装、进行质量控制、检查设备状态或管理问题清单仍会有定位上的困难。在图 6.35 的右上角有一个“在模型中显示”链接。选中这个链接后，您就会自动达到模型中该设备的位置；在这个例子中就是 2 号办公室的 104 号门。建筑师放在 Revit 中的“标记”现在就成了在现场追踪门和浏览模型的有效方法。

图 6.35 BIM 360 Field 的移动应用

5. 在 CSV 文件的“条形码”字段中亮显所有的门标签。

298

6. 将数值复制粘贴到 QRExplore.com 这样的二维码或条形码批量生成器中，生成条码。确保在条形码中添加了“标记”，以便将它与对应的门关联起来（图 6.36）。

在质量控制过程中，这些二维码或条形码可由制造商在交付前、运至工地后或安装完成后贴在门上。它们是施工过程中在现场快速验证信息的有效工具（图 6.37）。条形码、二维码和 RFID（射频识别）标签的对比见表 6.1。目前，BIM 360 Field 与 RFID 扫描并不兼容，但未来将不再如此。

101.A

图 6.36 与正确的门关联的二维码

图 6.37 主管用 BIM Anywhere 扫描二维码进行现场质量控制（来源：IMAGE COURTESY OF MCCARTHY BUILDING COMPANIES，INC.）

条形码、二维码和 RFID 对比表　　表 6.1　　299

属性	条形码	二维码	RFID
场地连线（Line of site）	需要	需要	不需要（大多数情况）
读取范围	几英寸到几英尺	几英寸到几英尺	被动 RFID；最远 30 英尺（约 9.144 米） 主动 RFID；最远 100 英尺（约 30.48 米）
识别	大多数仅识别物体类型（不唯一）	能够单独识别每个物体（限于某个数量）	能够单独识别每个物体
读 / 写	只读	只读	读写
所用技术	光学（激光）	光学（激光）	RF（射频）
自动化	大多数条形码扫描仪需要人工操作	二维码扫描仪需要人工操作	固定扫描仪无须人工操作
更新	无法更新	无法更新	可在旧标签上写新信息
追踪	需要人工追踪	需要人工追踪	无须追踪
信息容量	很少	较少	比二维码和条形码多
耐久性	否	否	是
可靠性	污褶的标签无效	褶皱的标签可能恢复 30% 的数据	近乎完美的读取率
数据容量	少于 20 个字符，含线型符号	最多 7089 个字符	100—1000 个字符
依赖方向	是	否	否
边际成本	0.01 美元	0.05 美元	0.05—1.00 美元

来　源："Comparative Study of Barcode, QR-Code and RFID System," by Trupti Lotlikar, Rohan Kankapurkar, Anand Parekar, and Akshay Mohite, *International Journal of Computer Technology & Applications*, 4 (5): 817-821. Available at www.ijcta.com/documents/volumes/vol4issue5/ijcta2013040515.pdf.

用 360 Field 记录材料状态

当门被映射到 BIM 360 Field 中时，可以创建四种状态（无状态、已交付、已安装、已损坏）。这些状态选项可以让现场施工团队追踪各个门从交付到收尾的状态。例如，在某些项目中，分包商可以用剪刀式升降机安装高位工程。这些剪刀式升降机在将设备运至不同房间时偶尔会损坏门框。现场施工人员能够在现场巡查中发现这种问题，并立即将状态从"已安装"改为"已损坏"，以保证门在收尾前得到修理。　300

1. 下载欧特克（Autodesk）BIM 360 Field 应用到移动设备上。

2. 用欧特克（Autodesk）账户登录，并找到在 BIM 360 Glue 中创建的项目。

3. 点击右下角的"同步"按钮，将移动设备与 BIM 360 Field 同步。

4. 用"条形码扫描器"功能扫描门 101.A 的二维码（图 6.38）。

5. 滚动至页面底部，注意从 CSV 文件转移过来的设施管理细节（图 6.39）。

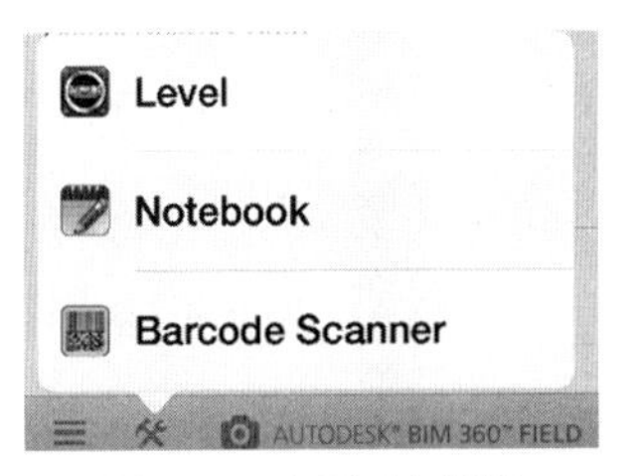

图 6.38　条形码扫描器

301

6. 返回到“状态”字段，将状态改为“已交付”。

7. 重复第 6 步，将所有门的状态都改为：无状态、已交付、已安装或已损坏。

8. 完成之后，重复第 3 步，使移动设备与 BIM 360 Field 同步。

图 6.39 设施管理细节

在模型中可视化设备状态

打开桌面 BIM 360 Field 应用，找到设备部分。以前信息不全的数据库（图 6.32）现在成了进行材料追踪和设施管理的可靠数据库，并可在施工过程和建筑生命周期中使用（图 6.40）。

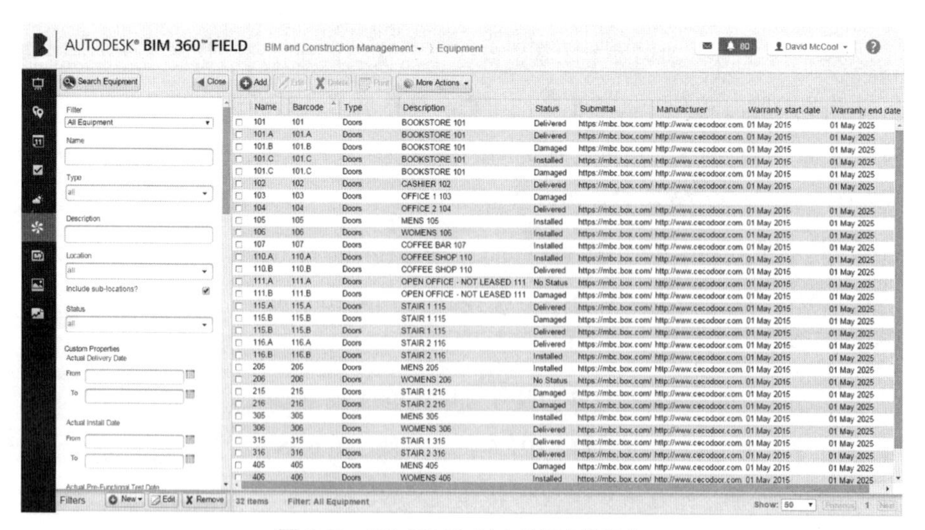

图 6.40 BIM 360 Field 中的设备数据库

现在要讨论的最后一个直观问题是如何让信息数据库返回源头：Navisworks Manage。在此练习之前，您看到了怎样使用 Navisworks Manage 的搜索集。搜索集可以同“外观概况”工具结合使用，以颜色标示对象信息。这在可施工性检查中十分方便。回想一下第 4 章中关于细节和“在冲突发生之前预先发现问题”的内容。在设计中，有两个关键领域十分特殊，即“防火安全”和“渗水”，它们都不是能够一键搞定的问题。

建筑师将信息输入模型，对墙体分级，并在平面图中对它们进行区分（无分级、有防火分级、有声学分级等）。当这些模型传递给 Navisworks 时，墙体通常都是一种颜色。“外观概况”可以对这些分级映射各种颜色，然后立即用这些参数给模型上色。例如，墙体能够自动上色：无分级的是透明白色，有防火分级的是透明红色，有声学分级的是透明绿色。通过墙体的可视化，项目团队就能快速识别“防火生命安全”的各种问题，并在协调过程中进行处理。您知道如何将它用于已创建的状态么？

302

1. 打开 Navisworks Manage。
2. 在 BIM 360 栏上，点击“打开”。
3. 登录，选择您的项目，然后点击“下一步”。
4. 用下拉菜单选择“模型”而不是“合并模型”。
5. 选择您的项目，然后点击“打开”。
6. 找到并选择项目中的任何一扇门。

您会注意到门属性中的一个小变化。在属性窗口中现在有一个 BIM 360 栏。在这一栏中，您会发现所有通过 CSV 文件上传来的信息，以及在现场移动应用中创建的状态信息（图 6.41）。

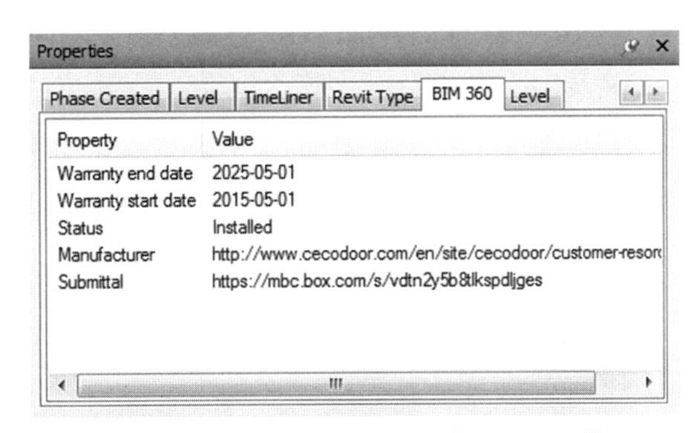

图 6.41 Navisworks Manage 中的 BIM 360 属性

该信息和墙体分级一样可以用颜色标示，体现材料和 / 或设备状态的总体情况。

提示：可用第 5 章搜索集的练习来区分不同状态，或下载并导入文件 Door Status.xml。

7. 在“视点”栏中，确保“渲染风格”→“模式”已设为“阴影”。
8. 从“主页”栏中打开“外观概况”工具。

9. 选择“按集划分”栏。

10. 点击每个集，分配一种颜色，然后点击“添加”（图 6.42）。

303

11. 点击“运行”。

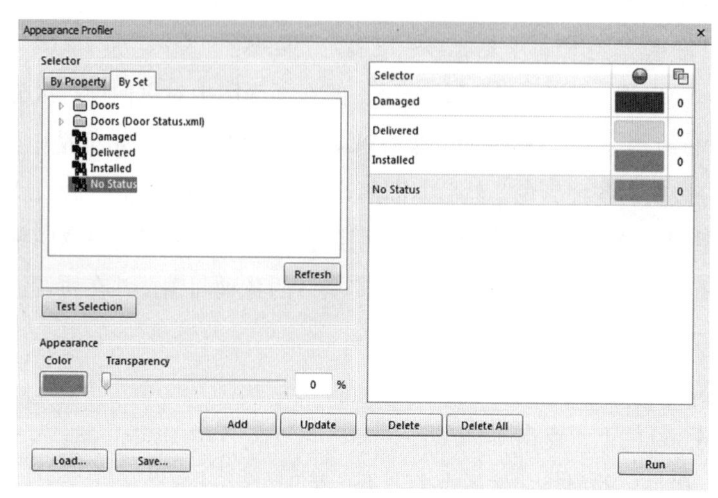

图 6.42 外观概况设置

所有的门都立刻变为所分配的颜色。在“选择树”窗口中可以亮显所有的搜索集，右击，然后通过选择“隐藏未选”选项将门区分出来。这将根据颜色给项目团队提供整个项目中所有门的状态一览（图 6.43）。

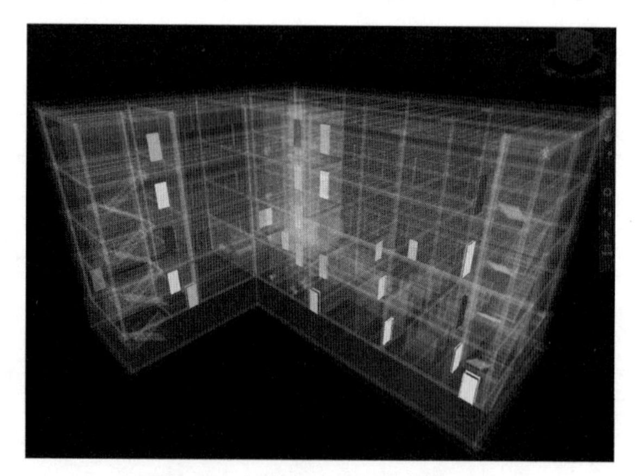

图 6.43 按颜色显示项目整体状态

304

无穷的可能性

这个练习说明了 BIM 中信息的力量。这个模型只是在设计、施工和移交过程中以多种方式利用的数据库之一。本章只接触了模型对现场施工人员价值的皮毛，希望它能让您思考在项目中利用这些信息的方式。如果您理解了软件传递信息的模式,那它就打开了无穷的可能性。让我们概括一下在这个练习中信息是如何传递的（图 6.44）。

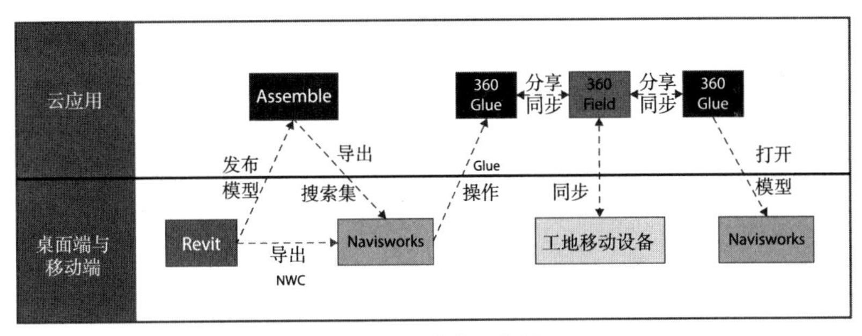

图 6.44 信息流实例

- Revit 创建了门的标签和位置；
- Assemble 被用来区分门并快速生成搜索集;这比在 Navisworks Manage 中手工操作更高效;
- 搜索集被导入 Navisworks Manage，自动将设备与 BIM 360 Field 映射；这比在 BIM 360 Glue 中逐个创建设备集更高效；
- Glue 仅用作从 Navisworks 到 Field 的转化渠道；
- BIM 360 Field 创建了便于用 CSV 文件将设备管理信息导入模型的数据库；
- Field 用门的标签信息生成了按房间号定制的条形码，并贴在门上；这样就能方便整个项目团队查找，并在现场将模型用于问题清单、质量控制和安装检查的工作上；
- Field 移动应用帮助现场施工人员在现场检查门的交付、安装和质量；
- Navisworks Manage 被用于可视化概览整个项目的状态。

积跬致远

305

如果公司要具备应用 BIM 的能力，就必须把每个施工项目都当成 BIM 创新应用的机会。我们行业最有意思的地方在于没有两个项目是完全相同的。每个都有独一无二的挑战要克服，而 BIM 会是制胜的关键。运用 BIM 工具时，现场施工人员面对这些挑战就必须勇于快速尝试并不怕失败。这是取得小成果并撬开应用障碍的唯一途径。一旦找到了成功点，就需要赞扬和推广。这会带来四个方面的效果：

提振士气:每个人都想出色地完成工作并希望得到赞赏。当有人发现使用 BIM 的新方法时,应该将它当作提升项目和激励团队的机会。要寻找向公司推广小成果的途径，无论是内部电子邮件、网站、YouTube 还是其他方式。这会让现场施工人员知道，他们所取得的成就对于公司的进步是很重要的，并且他们推动了变革。此外，它还会鼓励人们探索更多利用 BIM 工具的方法。

保持统一：施工项目就像小公司一样。他们有自己的地址、电话、员工、客户、使命和预算。有时项目会因此脱离公司的其他业务。推广各种成功案例有助于公司保持统一，并避免其他项目陷入同样的困境。尽管项目各不相同，但其中有大量共通的问题。

打破障碍：即使看到了成功，也会有怀疑和抱残守缺的人。不过，小成果发现和推广得越多，他们就可能较少抱残守缺。

积聚动势：小成果在撬动旧流程的同时将积聚动势。在《科学管理的原则》中，弗雷德里克·泰勒表示，公司范围内的应用门槛是 33%。一旦达到了 BIM 应用的比率，剩余的后进者和怀疑者就会积极参与了。他们会看到新流程带来的效益，并且再也不会熟视无睹。

本章小结

本章讨论了 BIM 及接受 BIM 之战，并说明了如何培训现场施工人员、提高图档控制的效率并为公司带来变革。您还学到了 4D 的价值以及关于 BIM 中“I”的直观思维。所有这些话题都是针对 BIM 流程的，但这绝对不是工地所能使用的仅有工具。本章还包括了 BIM 在施工监管中的基本概念，并指明了目前的解决方案及其存在的缺陷。

306

请用这些练习作为形成您独特创新理念的基础。不要把所用的方法作为答案，而只应把它们当作试验。其目标是展示许多能够将 BIM 用于现场的令人激动的方式，并开始打破应用的障碍。有太多可以提升效率的地方，绝不能继续观望。现场施工人员必须挑战现状并学会去学习。

数字图纸室已经完成，门已安装，设备信息已经上传，而业主已经准备好接收这一空间。那么现在要做什么？ BIM 技术的价值在于能够存储所有利益相关者需要的建筑生命周期数据。下一章将展示更多使用移动设备进行收尾以及为设施管理建模的方法。

第 7 章

BIM 与收尾

本章将讨论如何在建筑的设施管理阶段交付 BIM 内容。这部分还将说明为何向施工消费方交付实用而有意义的信息愈发重要。

本章内容：

设施运维的真实成本

业主与 BIM

BIM 与信息移交

维护模型

一个 BIM= 一个信息源

308

设施运维的真实成本

设计师和施工承包商需要知道，在 2011 年的设施总成本中，他们的工作加在一起仅占项目总成本的 15%（数据来源：http://buildipedia.com/aec-pros/facilities-ops-maintenance/life-cycle-view-total-cost-of-ownership-drives-behavior）。“拥有和使用建筑的长期成本”研究（Evans，Raymond；Haryott，Richard；Haste，Norman；Jones，Alan，Buildapedia，2004）发现，这个数字可能更小——项目建筑总成本平均只有 3% 用于设计和施工阶段。其余的有 85% 是运维所需的，还有 12% 是建筑维护（图 7.1）。这些维护成本体现在以下几个方面：

- 公用设施费；
- 资本成本；
- 保险成本；
- 维护与清洁；
- 设备维修与保养；
- 文档与资产管理；
- 税金；
- 持续运维开支。

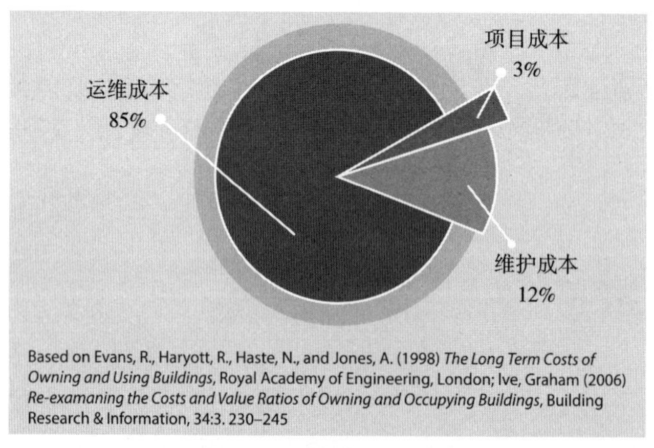

图 7.1 建筑的生命周期成本

309

此外，天然气、电力、材料和设备等资源成本，以及劳动力成本的不断增长，也给业主带来了挑战。建筑的使用者愿意投入更高的资本，要求其租赁或购置的建筑更加地可持续性。现在，用于生产制造的建筑必须为生产配置提供尽可能最大的灵活性，同时将运维成本和能耗以及污染降至最低。能否为建成环境交付高品质、灵活多用、可持续的建筑将会受到越来越严格的监督，因为它是人们生活整体的重要组成部分。很多建筑、工程、施工和运维（AECO）的专业人士并不了解建筑潜在的负面影响。那么如何改变这些统计结果呢？

- 建筑在美国消耗 40% 的总能源（来源：U. S. Green Building Council，http://www.usgbc.org/articles/green-building-facts，2015）；
- 能耗占建筑运维成本的 30%—40%（来源：Energy Star，2015，www.energystar.gov/buildings/about-us/how-can-we-help-you/build-energy-program/business-case/10-reasons-pursue-energy-star）；
- 不准确或无组织的建筑数据使员工生产率降低了 60%（来源：NMSU Research Study）；
- 按时维护每年可以节省 8%—15% 的运维费用（来源：BIM for Facility Managers，2012，www2.deloitte.com/content/dam/Deloitte/us/Documents/consumer-business/us-avitran-thl-smartermro-072612.pdf）

一些行业成规认为，建筑运维成本无法预见，需要保留大量无法使用的设施数据文档。您必须突破这种观念！您必须将 BIM 应用推广到设施运维中，在建筑的全生命周期中节约更多的成本。但不幸的是，很多承包商都不清楚设施运维的成本，也并不知道运维中的问题源自项目竣工时所交付模型的信息质量。

过去，建造商往往把交付项目收尾文档作为竣工时不可避免的麻烦。它成了需要交给客户来兑现合同的信息“勾选框”。但对于设施经理，在很大程度上要依赖竣工信息去了解已建好的设施，通过准确了解安装的设备来决定工作的最佳方式。笔者从进行维护的设施经理那里听到了无数可怕的事例，比如更换空气过滤器。根据竣工信息，他们去掉了顶棚或关闭了部分设施，结果发现设备在一个完全不同的位置，甚至根本不存在。试想一名船长用“差不多”或“大概准确”的地图信息去导航会怎样。因为地图的绘制不够详细准确，用不了多久，船就会搁浅或撞到地图未标出的礁石上。我敢打赌，倘若绘图人知道他们的地图将如何使用，就一定会给出更好的成果。斯蒂芬·佩蒂（Stephen R. Pettee）充分说明了高质量竣工数据的动态问题，并在美国施工管理协会（CMAA）白皮书《竣工——问题与对策》中做了详细论述（来源：https://cmaanet.org/files/as-built.pdf）。 310

那么施工经理应如何能更好地提供项目收尾信息，以满足新的业主需求呢？成功的信息移交开始于项目规划阶段（见第 2 章，“项目规划”），但仍有一些问题会降低信息移交的质量，包括工作疲劳、规划不当、预期不明、变更文档不准以及员工不足。这一问题是全世界设施业主挥之不去的痛。涉及竣工信息质量的一个主要问题在于使用的技术和格式不利于所需信息的产生。

现在先让我们体会一下设施经理的职责。如果可以选择，您会用静态但不准确的二维数据进行作业和更新，还是用准确的、可更新的三维模型找到所需的信息？爱因斯坦说过，“我们所面对的重大问题，在这些问题所产生的思维水平上，是无法得到解决的。”（The New Quotable Einstein，2005，Alice Calaprice）所以我们要寻找更好的移交竣工信息的方式，并引入动态和静态成果的概念。这一概念是采用交付建筑信息“静态成果”（artifact，二维信息组）

的手段，同时提供在模型形体和数据集（BIM）中更新设施信息（动态成果）的方式，以便实现更有效的设施维护。

支持组织

虚拟建设者协会（www.virtualbuilders.com）、Fiatech（www.fiatech.org）、国际设施管理协会（IFMA，www.ifma.org）和BuildingSMART联盟（www.nibs.org/?page=bsa）有各种参考资料和支撑性行业行动、工具研发项目和案例研究以及能够推动BIM与设施管理整合的行业讨论。

311

静态成果交付

那么静态成果在设施管理的语境中是什么？很多设施经理听到它的英文都会想到电影《印第安纳·琼斯》中的情节，男主角历经九死一生、排除万难才得到所需的文档（图7.2）。尽管搜索过程与电影中有相似之处，但静态成果远没有那么奇异的背景。当然，但它们也有独特的故事。这个故事由二维信息流组成，详细地讲述了如何建造一个项目。这种信息可包括规范、交付文档、变更、信息请求、记录文档及其他传统交付物。动态和静态成果交付策略承认并推动着目前将提交二维静态数据作为交付工作手段的做法，并认识到了照片、视频及其他有时间信息（代表某一时间的一个"快照"）的静态成果的实用性。

图7.2 在设施管理中需要管理的图档（来源：IMAGE COURTESY OF TUSTIN UNIFIED SCHOOL DISTRICT）

静态成果可以定义为静态的项目图档，包括纸质版文件、PDF、CAD图纸和电子邮件存档或官方信件等数字化交流记录。这些图档记录了项目建设过程中的历史信息。静态成果的关键问题在于欠缺灵活性，难以实现信息的实时更新。而且在设施的生命周期中，不能保证实时信息的有效性。那么，站在设施经理的角度，为了反映一堵墙体已经去除，要如何对所依赖的图档做出更改？

PDF 静态成果

PDF 是很了不起的，它从各方面对建筑行业的交付成果类型进行了统一化和标准化。PDF（Portable Document Format，可移植文档格式）最初是由 Adobe 公司开发的一款便于交换的电子文档格式，由 ISO 进行维护。凭借各类方便快捷的 PDF 阅览器，这种格式以其可用性和文件完整性的优势，已成为施工行业交换信息的标准模式。 312

提示：此外，PDF 文件可以用第 6 章“BIM 与施工监管”中介绍的超链接关联起来。

在施工过程中，PDF 通常都会经过一系列交换和修改，图纸中会有问题、变更或其他数据标注区域（图 7.3）。尽管功能和可用性好，但对于设施经理而言，PDF 竣工文件仍有两大缺憾：

- 一是设施经理通常不属于施工团队，对工程的了解程度也不及现场的施工人员；
- 二是图纸并不一定包含他们工作所需的信息。这是因为图档的目的是建造设施，而非设施运行维护。

记录图纸（最初为项目绘制的图纸）用于为项目建设提供足够的信息。在这些记录图纸中，竣工图纸记录了建造的成果以及项目建设的背景。对于设施经理，一个问题在于这些 PDF 图纸不是专为设施的运行维护绘制的。

用于建造和用于维护的图纸之间具有很大差别。设施经理们已经在尝试用 CAD 竣工文件拼凑出维护设施运行所需的图纸。下文将具体讨论 CAD 文件这一种设施静态成果。

目前，设备运维人员主要依赖于存储在服务器上的、纸质版的或电子存档的 PDF 文件。业主收到的 PDF 文件往往是经过修改、标记出存在问题的，已经带有不少的各类标记、注释和其他信息。而随着时间的推移，用来记录设施历史的 PDF 文件很快就会被标满。另外，使用 PDF 时，需要花费大量的时间和精力，才能找到恰当的图档来了解设备的设计 - 安装过程，最终找到完成任务所需的信息。由于不能在 PDF 原始图档上进行编辑，如移动墙体、更新设备表或显示特定位置建筑现状，因而设施管理的 PDF 图档在某种意义上一经使用便有去无回。图上会有一层又一层的圈注、说明或注释，这些都是长期积累下来的各种改动；而图纸在多次使用之后已基本无法使用。 313

CAD 静态成果

314

在过去，CAD 文件会在项目竣工时发放给设施经理。这些文件的费用由业主支付，作为项目合同要求的一部分，曾经是设计和施工团队体现建造结果的一种更好、更新的方式。在之后的设施运行中，这些图档成为电子版的存档文件。说到这里，会出现两个问题。一个是“我

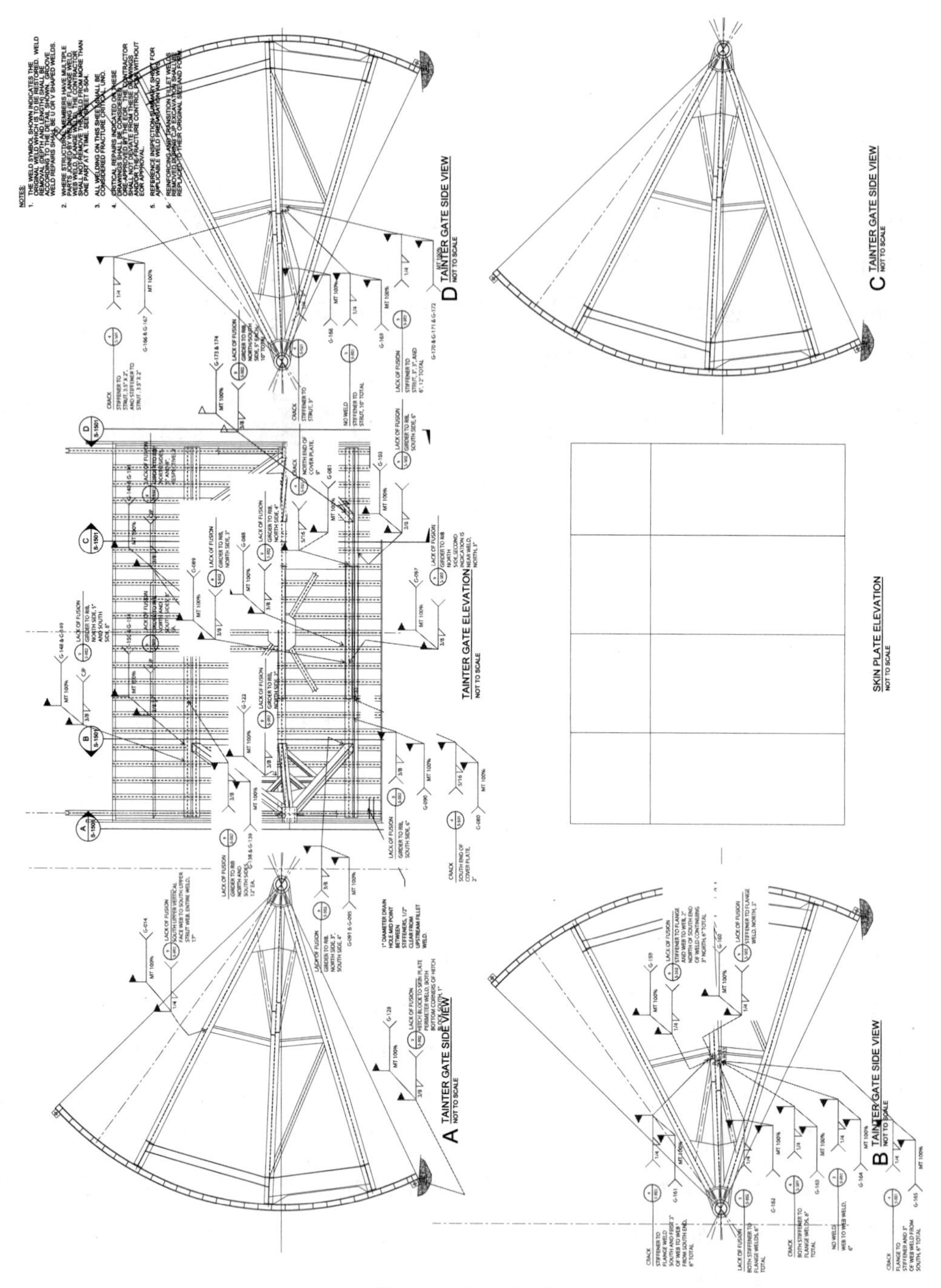

图 7.3 修改平面图纸

们不是在重蹈覆辙么？”另一个是，“为什么业主还需要 CAD 文件？”问得好！在当时，业主除了要求交付纸质文件之外，还要求交付 CAD 文件，是因为这种技术已经发展得足够成熟，可以让业主清晰地看到其中的价值。例如，CAD 可以是更新设施原图的一种手段，这就意味着业主在日后的变更和改动，可以用自己拥有并维护的 CAD 文件实现。

CAD文件在设施管理中的应用和维护也面临着诸多挑战，其中之一就是要增加新的流程和成本。这些成本来自管理CAD文件的新员工或第三方成本、必要的硬件和软件成本，以及改进固有文件更新流程的成本。除此之外，这些CAD竣工图并不能为设施经理直接使用，因为它们是为施工而非运维而绘制的。例如，计算可租空间面积与总面积的比例需要对房间进行描边或“绘制多义线”。“多义线”是包含直线和弧线的闭合线圈，用于界定房间和面积，使信息能够分配其中。所以最初的转化过程就会比较乏味，因为员工要给每个房间描边，使其能够用于运行和新式CAD设施管理系统或计算机化维护管理系统（CMMS）。

315

既然CAD文件能够更新，为什么还要认为它们是静态成果呢？简而言之，CAD往往数量庞大、关联性差，很难有效地更新数字信息库。尽管更新楼层平面没有那么痛苦，但大量其他相关图档——包括顶棚镜像图、设备表、详图、大样及其他图纸——都需要根据每次变更进行更新。根据项目情况，CAD文件很容易达到数百甚至数千张。而CAD文件是能够作为设施管理参考文件链接到上级视图的独立文件。接下来，更新CAD文件是相当费时的。在CAD中，改动不会像在BIM中那样改动一处就行，而是需要打开、更改和保存与这次改动有关的每张CAD图纸才能完成更新。CAD的另一个缺点是文件不够智能。例如，在BIM中一面墙会包含所有独特的参数属性——比如材料、高度、面积、体积等——这能帮助设施经理迅速找到所需的信息。相反，在CAD中，这些墙体是由线条表示的，而与之相关的智能属性是颜色、图层和打印线宽等信息。因此，CAD文件必须与规范信息、运行维护手册以及合同文件一并使用。

应该注意CAD所包含的信息灵活性不足。设施经理通常要负责建筑的维护、工作计划、设置和清洁以及租户管理、搬迁管理和数据管理。设施经理经常由于建筑维护的时间要求而疏于必要的CAD数字图档维护。结果，设施经理使用的CAD文件往往就是设施的平面图，而其他图纸被丢在一旁。在租户搬迁时，会进行修缮、设施更新、设备关停以及设施用途调整。数据管理是设施经理独自承担的工作。一般情况下，建筑师、工程师或总承包商不会参与设施变化的记录。

CAD在设施运行中的最后一个问题是CAD文件的准确性。在使用CAD的过程中，现场变更、微小调整及其他变化很少体现在CAD文件中。建立真实的CAD竣工数据不被当作建筑师或工程师工作的重要内容。结果，设施经理在设施生命周期之初得到的信息就很有可能是过时、不准确的。

动态成果交付

在介绍了静态成果之后，下文我们来看动态成果。与静态成果相反的是，动态成果具有流动性，易于更新，并且能同其他设施信息建立直接的联系。作为一种能够实时更新几何形状和相关联信息的手段，BIM是动态交付成果的宝贵工具。

与之前的CAD不同，BIM可持续更新设施信息，而无须查找和修订大量CAD文件。此外，

BIM更易于为设施经理实现定制化应用。例如，模型浏览过滤器能够只看需维护的对象，如机械、水暖或通信系统，这与第6章“BIM与施工监管”图6.43中门的状态颜色相似。

另一个更为动态的方面是，可以把交付的设施模型想象成智能构件的数据库，进行链接或更有效地用于维护记录的填写。通过结合静态成果的管理策略，BIM为项目建立了快速收集和更新设施生命周期信息的动态手段（图7.4）。在BIM中，设施经理能够更新墙体信息、316 顶棚或照明布局以及地板装修，而这种改动可在任一模型视图中完成。

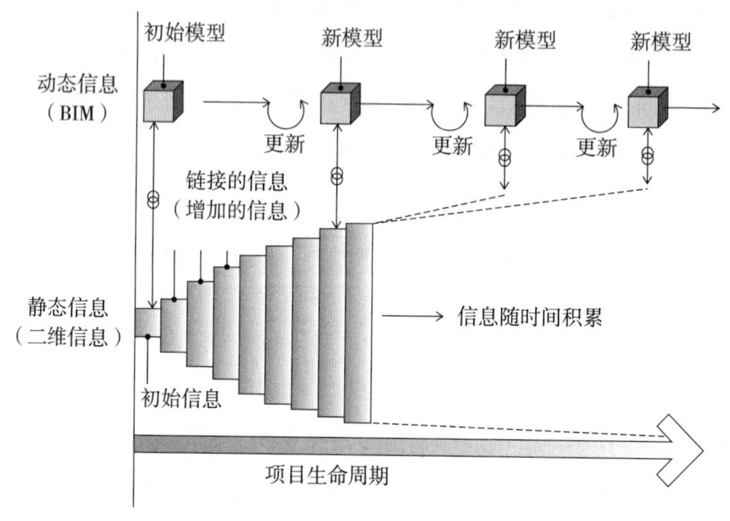

图7.4 动态与静态信息管理策略

应有尽有

我会将参数化智能模型的交付比作需要组装的盒装家具。一般来说，说明书中都会有组装桌椅所需的各个构件分解图。这个详细列表能帮助您快速决定是否能够进行组装。

BIM模型也是一样，如果抛开构件谈论模型细节或“模型精度”，并不能确保模型已经包含运维阶段所需的信息，这会使BIM在设施管理中的应用举步维艰，因为您不知道是否应有的都有了。因此，我建议设施经理要么努力在项目收尾时取得准确的记录BIM，要么在收到模型时根据自己的需要进行修正。

317

采取混合方法

静态和动态成果交付都很简单，而现状是，采用设施数据管理的混合方法更为有效。虽然确定该在模型中收集哪些信息、静态成果该有什么内容的最佳做法不是本书要展开论述的内容，但要了解表现模型的形体和尺寸的准确性是将模型有效用于设施运维所必需的。在这种方法中，模型仍是建筑的一个虚拟再现，而为项目运维所进行的调整则说明了各构件应与哪些信息进行链接。

业主与 BIM

许多业主都承认他们从静态和动态成果策略中受益匪浅。尤其是他们认识到了准确的竣工模型作为项目成果的价值——不只是三维可视化的工具，更是组织和关联到 BIM 信息数据库的方式，进而解决在项目生命周期中不断增长的静态数据量问题。在传统上，处理设施信息一直是可怕的任务。例如，提交成果中包含了设施中几乎所有产品的具体信息：不论是门的五金件、暖通空调系统还是涂料颜色；这就需要交付包罗万象的信息，而这往往令人不堪重负。

项目越大越复杂，提交成果就越多，而业主需要处理的信息也就越多。各种规格说明书是大量项目后期数据的另一个例子。规格说明书介绍了使用的产品、保修要求和安装说明。大量无链接的信息经过多次移交就会产生无组织甚至有缺失的数据。当前信息系统移交最大的一种成本是在寻找维护工作所需的信息上浪费的时间。设施经理找到与设施有关信息所需的时间与他们满足设施其他需求的能力是成比例的。用于搜索信息的每一分钟都使设施经理在进行设施维护上落后一点。在某些情况下，暖通空调、屋面和楼面系统由于不能找到保修信息而丧失保修资格。这就会带来不必要的主要系统更换，而这种更换需要关闭部分区域或整个设施；这在某些建筑中并不可行，比如医院和安保级别高的政府建筑。

虽然信息在交付时往往格式规范、秩序井然，但使用次数越多就越混乱。业主采用交付 BIM 记录模型的流程可以节省大量资金的原因如下：

- 提高员工获取信息的效率（时间）；
- 按保修标准维护设备（风险预测和开支）；
- 妥善记录调试问题（生命安全、消防、无障碍设施）；
- 限制打印浪费（成本）；
- 能够备份会损失的关键性数字和设施数据（风险预测）；
- 为避免不必要的浪费在模型中嵌入和链接信息；
- 减少因维护不当造成的运行中止；
- 提高维修响应的效率；
- 改善客户 / 住户满意度。

318

竣工 BIM 文件通常被称作“BIM 记录”文件。BIM 记录作为单一、同步、综合的建筑模型表达了项目的各种信息。完成 BIM 记录需要在设计和施工过程中进行策划和额外的模型检查。

BIM 记录文件与传统的记录图纸之间的区别在于，BIM 记录会随设施信息更新而不断变化。这就等于节省了大量信息检索和分析的时间，在对设施进行改扩建时，能为设计团队提供准确的竣工信息。那么，现在的问题就成了：既然是运维团队更好的工具，为什么业主不在项目收尾时使用 BIM 记录？谁又为它埋单？

业主的选择

那么，业主接收BIM记录有哪些选择？一般来说，请求BIM记录有两种方式。两种方式都需要应尽早讨论条件和期望的细节——在理想条件下，在制订BIM执行计划阶段即应解决项目竣工阶段的问题。此外，费用和成果的洽商最好在模型工作开始之前达成一致，甚至在施工合同中拟定上限（NTE）。

施工经理建立BIM记录。第一种选择是让施工经理为项目建立BIM记录。施工经理在管理和更新模型上有着明显的优势，因为其手下的现场施工人员和技术支持人员通常是负责项目建设的全职员工，他们也就能更方便地对模型进行编辑。他们在现场施工过程中能够实时了解改动的情况和施工的问题，所以能建立更实用的模型。施工经理可以用测量工具记录竣工状态，也能用现有的分包商或制造商模型来建立这一模型。这种方法可能存在的缺陷是，施工经理不是设施经理，也就不清楚对于设施运维人员而言什么是重要的。另外，这种请求也会与成本有关，它往往会成为由施工经理承担的一项额外工作。

319 **把BIM记录作为设计合同中的内容。**第二种建立BIM记录的方式是将其作为设计或虚拟施工专业合同的一部分。这通常意味着建筑师、设计师或第三方必须在项目策划阶段或施工监管阶段就额外的费用进行洽商。这种方法更加困难，因为负责建立施工完成模型的员工相对远离工地，也不会了解现场的工作区域和所有改动。

应用BIM记录的最终目的，是要认识到虚拟建模和施工不再是交付“设计意图”图档的老办法。事实上，BIM正在成为承包商的制造模型和准确的竣工产品。詹姆斯·贝德里克（James R. Bedrick）在《虚拟设计与施工：领先的新机遇（建筑师专业实践手册）》[Virtual Design and Construction: New Opportunities for Leadership（The Architect's Handbook of ProfessionalPractice）]（Wiley，2006）中指出，整个团队实现更好的协作并利用BIM拓展工作范围、责任和潜在收入存在着巨大的机遇。

获得竣工模型还有其他创造性的途径。随着激光扫描设备的成本不断减低，许多业主都要求对设施分阶段进行激光扫描，并在需要的时候将其转化为下游的模型。这种方法可形成准确的点云文件，能够作为长期的信息库使用，并能记录墙内、顶棚上、设备矮层、管井和其他竣工后被遮盖的区域。此外，分阶段激光扫描可以用于质量控制，检查安装过程与设计之间的误差（图7.5）。

图7.5 模型与激光扫描的叠加［来源：IMAGE COURTESY OF VIATECHNIK (WWW.VIATECHNIK. COM)］

其他能更有效地交付三维信息的工具是欧特克（Autodesk）123D Catch 和 ReCap 这样的新摄影测量技术。这种技术能利用从不同特定角度的若干张照片建立三维模型。虽然这种模型最省钱，但也是最不完善的。无人机和移动扫描仪等其他新设备会使未来生成全真 BIM 记录更加轻松。 320

BIM 记录的整合

在 BIM 记录文件中有多少信息就够了？这必须从预期的用途开始，然后制定一个策略。就像设计和施工模型有特定的用途一样，设施模型需要从预期的目标出发。通常业主或设施管理团队能说出他们的需求，并告诉您他们会用这些信息做什么，却不一定清楚要用 BIM 做什么。在这种协作方式中，BIM 团队成了值得依赖的、指明带来正确方案的顾问。

在建模的过程中可以对模型和信息进行检查，以保证交付成功。例如，设施经理若是想把 BIM 数据导入 CMMS 软件来加快数据录入，这一过程就应该尽早测试，以保证有效。通常建立 BIM 记录的工作是设施建模团队与最终用户之间的合作。

交付方法很重要

假如没有采用集成交付方法，那么交付记录 BIM 的能力就会受到限制。例如，在设计－招标－建造流程中，与运行团队合作确定需要在项目收尾时看到的信息是很少见的，原因就在于项目以成本为中心。

非常不幸的是，设计－招标－建造项目在项目收尾和记录 BIM 上，很难产生协作良好的图档，因为任何额外的工作都是有价格的。一般来说，这是因为施工经理要补偿他们赢得项目的付出。除非招标书写得完美无缺，并且设施经理在请求中倾注大量心血，否则项目收尾图档就很可能与之前的交付成果质量一样。

BIM 记录中的信息就像一组说明。比如，在组装自行车的时候，大部分说明会告诉您这个零件是什么、它有什么功能、要装到哪里去。更复杂的说明会告诉您车架是用什么合金制成的，以及轮胎的回收成分是什么。所需的信息各不相同，原因在于为了快速骑上车就需要知道零件是如何组装起来的，但并不一定需要深入了解每个零件的化学成分。不过，这种细节在建造和运行更为复杂的东西时也可能是需要的，因为这组说明可能会在细节程度和步骤上复杂得多。 321

有些业主并不需要将设施的全部信息建模，因为有些构件对于设施的有效运行不是必需的。例如，发电站维护技师需要知道外墙的类型么？也许需要也许不需要。这是每个设施的业主要同团队讨论的问题，并以此确定开展工作所需的哪些信息应该是准确和详尽的。很多业主认为最好的办法是：只要建成的就需要建模。这种策略最终会给下游的应用带来最大的空间，但需要比混合策略更大的投入。

BIM 记录需要包含对有效运行至关重要的所有信息，而无须花费不必要的时间和精力为其他信息建模。

了解发展程度（LOD）

在项目起步阶段定义LOD时，需要仔细考虑LOD对团队的意义，尤其是在设施管理方面。LOD 不仅决定模型的质量，还决定模型包含哪些信息。这里有一个问题，前文中曾经提过，笼统的说法“交付 LOD 400 的模型”并不现实，但在这里也需要评价一下 AIA 对 LOD 400 相关信息的规定。

AIA 对 LOD 400 的定义，可以被认为给设计师和承包商带来了大量工作，却几乎没有为业主创造任何价值。这个定义表明，模型将包含制造、组装和安装的信息；进而模型可以用于分析、预算、进度计划和协调。这是相当宽泛的说明。您可以把它解读为，每个门合页都有安装说明和相关的成本。推至极端，这就意味着每个螺丝都是有成本的。

请了解您采用的 LOD 定义，并说明所需的信息。不要略过 LOD 矩阵。请在附录、执行计划或 LOD 矩阵的注释栏中作好规定。

未来业主面对的挑战

322

通常一座建筑的运维成本被认为是必要的开支，而不是可以省钱的地方。另外，与污染物减排相关的高环境成本以及与住户整体健康不良相关的空置成本，是摆在今天设施业主面前的残酷事实。一项 FacilitiesNet 调查显示，2008 年超过 80% 的设施业主在为设施的绿色方案和节能作预算（来源：www.facilitiesnet.com/news/article.asp?id=10192）。设计出更高效、符合更健康的标准并维持最佳运行的高性能建筑，对今天的经济发展至关重要。把握好社会责任、环境保护和经济繁荣的三重底线的能力越来越重要，而很多业主都把省钱的方案寄托在 BIM 技术上——特别是在考虑到每年省下的小钱乘以建筑的使用年限后得出的结果时。

成立于 2014 的“整体建筑设计指南”（Whole Building Design Guide）发现，设施运维的预期成本从 2012 到 2014 年增长了大约 13%，并将在未来持续增长（来源：www.wbdg.org）。不仅能源成本在增加，市场中的建筑租户对更健康、更可持续的建筑需求也在增长。尽管这个需求不体现任何直接成本，但的确对市场产生了影响。新的可持续建筑和翻新工程大幅增加，2011 年 78% 的建筑业主表示能效是他们建设和翻新项目中设计的重点。参见文章“更多美国雇主从环境角度衡量成本节约”（More U.S. employers measuring cost savings from environmental effort），网址：http://www.fmlink.com/article.cgi?type=News&archive=false&title=Survey%3A%20More%20U.S.%20employers%20measuring%20cost%20savings%20from%20environmental%20efforts&mode=source&catid=&display=article&id=41440。

在这里还要加上其他成本，包括反应滞后、资产损失、设施管理人员和造成浪费的持续性数据转移（图 7.6）。根据约尔丹尼咨询集团（Jordani Consulting Group）戴维·约尔丹尼（David Jordani）的研究，建设行业是一个 3 万亿美元的行业，而在其生命周期中会产生 50% 的浪费（来源：http://bit.ly/1Dg15rl）。这个数字等于建筑业主的重大利益损失，并最终体现在施工项目的时间和质量以及在生命周期中的运维上。 323

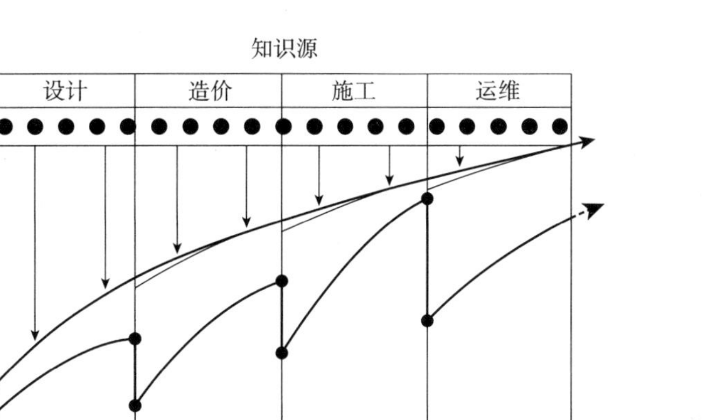

图 7.6 交接中的知识缺口

BIM 与业主的解决方案

下面是 BIM 用于设施运维管理中创造价值的例子。这些领域中有的比其他更完善，但将模型用于运维的实例还很多。

- 建筑规划研究；
- 空间功能；
- 安保区分析；
- 面积计算；
- 体积计算；
- 工程设计性能标准；
- 规格；
- 调查信息；
- 变更过程（预测与实际）；
- 详图和成果提交；
- 采购文件；
- 过程照片 / 扫描；
- 山墙照片 / 扫描；
- 电子图示；
- 保修信息；
- 成本信息；
- 采购请求；
- 工作请求；
- 工作预算；
- 住户组织；
- 座位安排；
- 网络图示；
- 危险品标识；
- 运行维护手册；
- 检查报告；
- 调试报告；

324

- 分析报告与模拟；
- 资产管理和追踪；
- 灾后恢复方案。

实际情况是，设施管理团队正在应用 BIM 寻求更加精益化的方案。无论是节省的信息检索时间、降低的反应时间、减少的优先维护工作、更好的资产管理，还是其他测算指标，很多业主都根据自身需求找到了使用 BIM 的最佳方式。

最新的技术通过 RFID 标签为元素与数据库的链接带来了新的定义。正如前文提到的，RFID 标签是贴在资产上可长期使用的小型识别签，通过靠近物体的扫描仪就能对设备进行识别。RFID 技术以嵌在信用卡中的智能通（smart pass）芯片广为人知。当扫描卡片时，用户的信息就能直接传到信用卡公司，收取用户交易的费用。

随着近年来技术的发展，RFID 标签得以用于施工和设施管理领域。相较于条形码，RFID 标签在资产管理中具有独特的价值:RFID 标签虽小,却是用厚塑料制成的。条形码通常是贴纸，一旦弄脏或划伤后就会失效。RFID 标签几乎可以附着在建筑中的任何资产上，并能够通过扫描从可编辑的数据库中读取特定设备的所有信息。许多软件程序都可以用于资产追踪，并为用户输入和定制各类信息提供开放的数据库平台。

在 BIM 中，RFID 标签用 XML 格式文件将外部数据库同 BIM 文件联系在一起。这样，扫描一个 RFID 标签就能读取构件的信息，同时让软件在模型中找到它。门窗、五金件、暖通空调设备、家具等都可以扫描，而且信息可以实时发给用户。但目前还没有软件能与所有的建模软件连接在一起，所以现在这纯粹是种设想。不过，这也没有那么遥不可及，因为像 Vela Systems 这样的公司已经开始用这些标签识别工地上的施工构件和其他建材了。

将 BIM 与数据库连接的其他方式包括直接输入元素属性信息，这在第六章中已经说明。这可以通过使用软件的默认字段或建立能够显示构件额外信息的定制字段来实现。一般来说，这种方法非常耗时；不过，这也让人们无须再为获取信息将模型构件与外部数据库链接在一起了。不论哪种方案，其重要性在于利用 BIM 保存所需的信息，并成为设施经理在建筑全生命周期中长久可用的工具。

325

我相信，BIM 的进一步发展正在以积极的姿态涉足于设施管理领域。BIM，作为最初仅面向设计师开发的工具，已经转变为施工行业正在应用的工具，并将最终成为设施运维的一种有效手段。未来，很多软件销售商都会以其 CMMS 或设施管理软件使用 BIM 作为卖点；尽管目前部分软件已经做到了这一点，但对于建筑消费方——业主来说，这一领域还有很大的改善空间。

BIM 与信息移交

静态和动态成果始于设计阶段中的数据收集，经过施工阶段，最终将信息交给业主，用于有效的运行维护。当施工接近尾声时，往往有两方面因素对施工交付至关重要，却往往被忽视：调试和问题清单。

在项目的收尾阶段，有些任务在完成过程中往往会得不到应有的重视程度，其中之一就是调试。加利福尼亚州调试合作会（California Commissioning Collaborative）给施工调试的定义如下：

> 建筑进行调试的过程，即意味着对其质量进行大量测试并确认。调试从设计开始一直延续到施工、入住和运维。调试要保证新建筑按照业主的意图进行运行维护，且建设人员已准备好系统和设备的运行维护。
>
> （来源：California Commissioning Collaborative）

该过程是质量控制的重要环节。没有什么比系统安装完毕后发现无法正常运行更让人沮丧的事了。这表明，项目中蕴藏着巨大风险，而调试作为一种控制措施，就是为了避免这种情况而采取的。通常这种过程是人工操作的，需要使用电子表格和文件来监督安装，并更新设备各个部件的检测情况。这种过程需要多方参与，对于在设计阶段确定的、对启动过程至关重要的系统还要进行性能检测和诊断（图 7.7）。

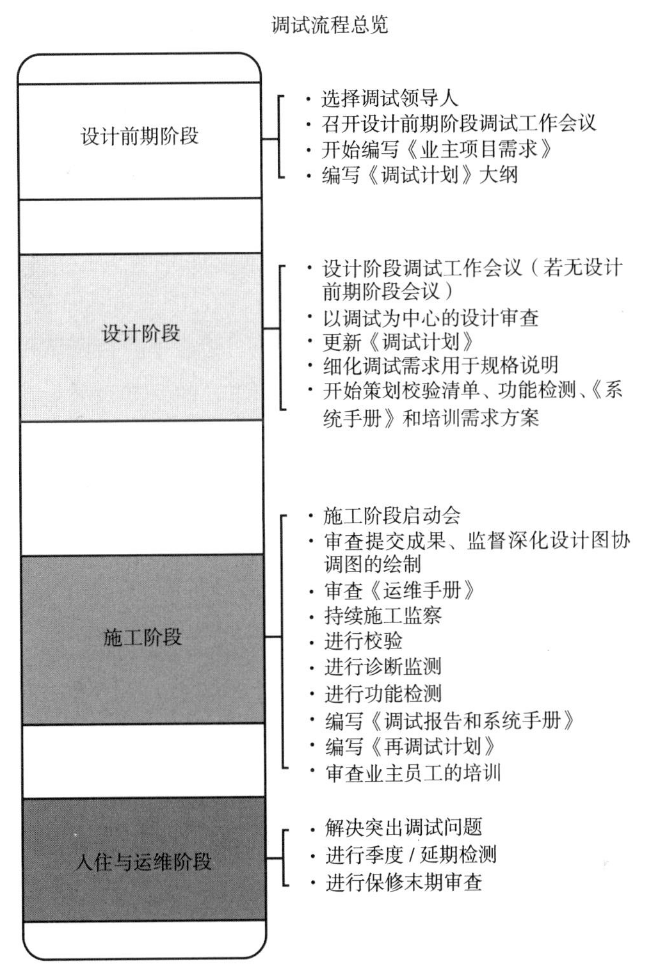

图 7.7 调试流程（来源：IMAGE © CALIFORNIA COMMISSIONING COLLABORATIVE）

近年来，由于BIM具有监测问题状态、清单和系统安装进度等功能，为调试机构带来了巨大的附加价值。此外，现在还能嵌入欧特克（Autodesk）BIM 360 Field等工具（图7.8），使这一人工过程自动化；并用BIM的可视化组件将系统或特别需要注意的模型组件分离出来。这种功能意味着完成的修改将得到关注并可实时追踪。最终，这一修改过程可以进行记录或整合到Navisworks等模型中，而这与利用静态和模型数据来描述项目建设过程的静态和动态策略是紧密结合的。

327

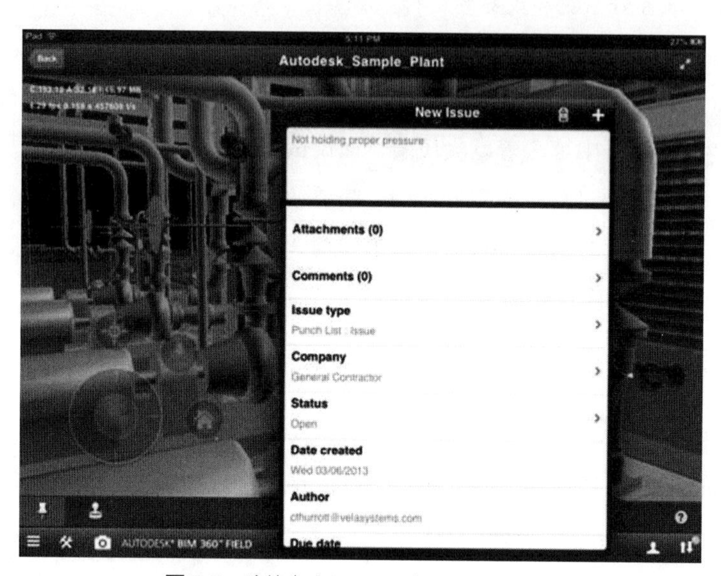

图7.8 欧特克（Autodesk）BIM 360 Field

在项目施工收尾阶段，另一项重要的工作内容是问题清单。与调试相似，传统上问题清单一直是以打印图纸、电子表格等低技术手段发布和填写的，其目的是在现场解决与施工质量有关的问题。有时候问题清单是通过在微软Excel中创建以房间或区域编号命名的电子表格进行管理的。负责创建问题清单的施工经理、建筑师或设计师会对项目进行巡查，记下发现问题的地方，然后复制多份并在进度会上发给各分包商。当分包商解决了问题之后，施工经理就把该条目标为已完成，并将填写完毕的清单交给总包商。当建筑师完成下一次巡查后，就会在电子表格中把条目列为已完成或不可验收。不过，在建筑师第二次巡查现场的时候，新的问题就会出现。或者，假如项目是一栋30层的高层建筑，而问题清单要一层层走完才能填写，那么数据量就会过大，标记也会混乱不堪。如果手绘草图和注释是填写问题清单的手段，那么需要修改的具体位置就会布满圈注。

BIM在优化问题清单流程中能够发挥极大的作用，通过在BIM 360 Field、Latista Field或Bentley Navigator中将问题清单信息嵌入模型可使流程大大简化（图7.9）。借助平板电脑，施工管理人员现在可以在各房间巡查，提供问题清单条目的详细信息并在模型中添加标记，再将它们发给各方进行校对，然后追踪未清项的解决状态。

328

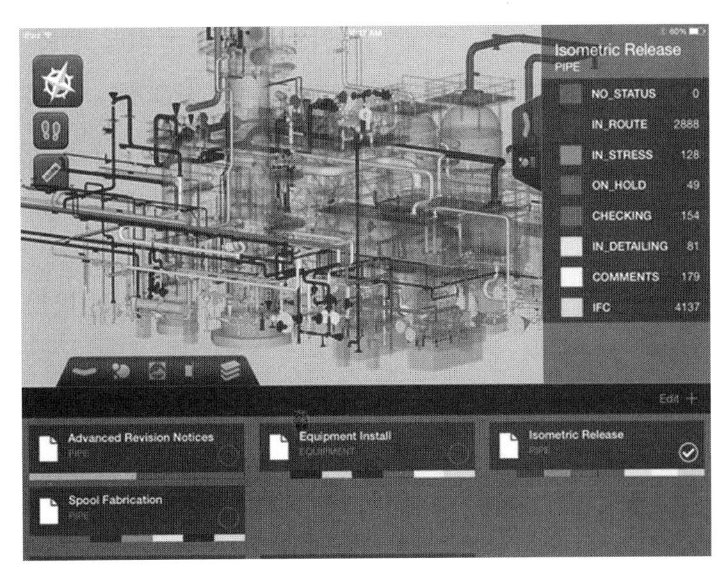

图 7.9 Bentley Navigator

有些承包商更喜欢用复合模型组织和发布问题项。像欧特克（Autodesk）BIM 360 Field 和 ConstructSim 这样的程序可以用来直接在 BIM 模型上进行标记和注释（图 7.10）。这种协调问题清单的方法非常有效，并可依赖软件自动化生成序列注释和查看具体评论的功能。指定问题状态的功能让您可以追踪问题直至收尾。此外，检视工具也可以追踪问题解决情况直至项目收尾。BIM 360 Field 在现场信息请求（RFI）或质量控制上尤为有效，因为团队对软件有一个基本认识之后，就可使用熟悉的界面整理项目的最后问题。施工现场情况需要一定程度的定制，这在第 6 章已有介绍，所以 BIM 管理员或欧特克代表应该为初始设置和建立模板提供协助。模板一旦建立就能在每个项目上重复使用。

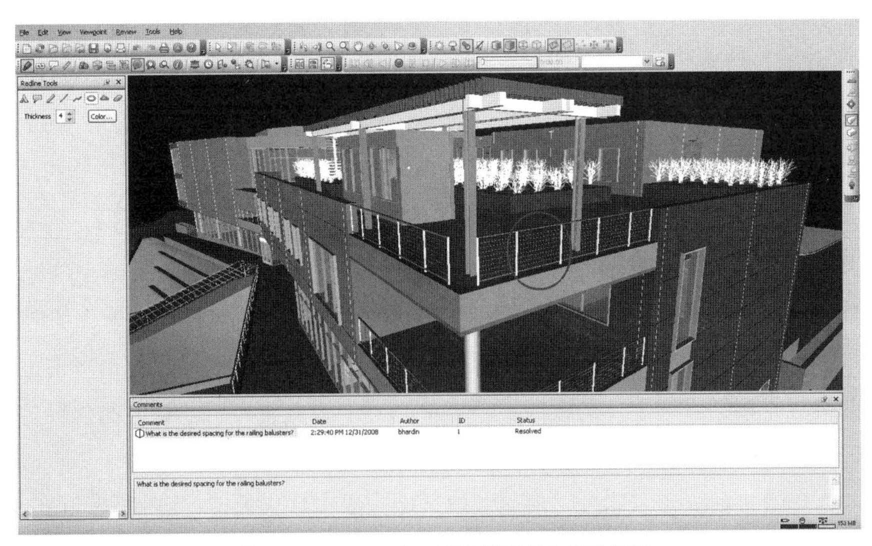

图 7.10 Navisworks 用于问题清单协调的实例

329 在收尾中仅使用模型的缺点在于，仅为了进行评论、链接或关联，对象就必须进行建模。这是静态和动态成果策略可行的另一个原因。诸如“房间重新粉刷”或“清理楼梯间垃圾”等问题清单任务更容易用清单管理，而BIM可以用于确定任务的具体位置，因为在模型中就有它们的位置，从而排除了位置或对象不清的问题。

自本书上一版以来，基于BIM模型的收尾工具已有了长足发展。移动硬件的使用大幅增长，通过使用面向具体任务的应用程序将智能模型对象与清单联系在一起，使得施工管理人员的工作效率显著提高。

维护模型

正如同设计和施工阶段，对于设施经理而言，BIM文件的价值在于其准确性和实时更新的能力。设施经理要像维护实际的建筑设施一样，对设施的BIM文件中的内容加以维护。当一旦构件被更换、修理或拆除，这些变化也要体现在BIM文件中。BIM工具需要通过更新与设施保持一致，保证准确性不降低，从而使BIM文件不致成为对用户无益的资源。如果BIM文件不保持更新和关联，就会增加下次找到准确信息的难度。没有BIM的话，设施经理就要参照二维图纸或自己检查设施。对于大型设施来说，这种低效性是显而易见的，并会体现在设施经理的维护工作和压力上。

330 让我们去面对这个问题——BIM文件的实用性只会与用户的期望相当。因此，BIM和CAD应用程序要依靠设施经理在建筑的全生命周期中更新文件。根据设施经理的BIM培训水平，更新的任务可能会需要软件销售商或外部技术顾问等的外部协助。不过，在这些成本之外，维护设施数据的重担还要落在设施经理的肩上。假如设施会频繁扩建，设施经理就必须尽可能保持图纸和文档准确，供未来的扩建和改造使用。这就会减少设计团队和承包商在重新为项目建模前对设施进行审查所需的时间和资源。图档的质量基本上会直接转化为节约或开支。在公司转向BIM、承包商应用BIM技术的过程中，BIM技术在交接中的价值会逐渐增加。

尽管互用性看上去是个问题，但它也同样是个机遇。BIM行业的目标之一就是对数据转换进行标准化，不受CAD思维方式影响，开发BIM与设施管理集成软件。虽然我预计未来几年在BIM软件和计算机辅助设施管理（CAFM）软件开发方面将有大幅度飞跃，为了应用全原生格式的BIM文件以及附属信息还需要在流程方面有所创新。

整个行业不仅应该关注如何将BIM数据库用于房间或空间验证，还要关注如何将BIM用于预防性维护、楼宇自动化系统、构件信息管理和能耗分析。虽然信息数据库很重要，设施经理面对的挑战是根据设施逐年的改造更新BIM信息。设施管理行业最大的挑战是如何使用数据、管理数据和在维护设施的过程中调整数据。

目前的各种流程似乎并不高效，那么我们怎样才能用新技术进行改变呢？BIM就是正确的出路么？BIM作为一种软件和流程会得到改进，而设施经理终将从这种资源中受益。不过，还有未尽的工作——从建筑师开始到设施经理为止——在建筑的生命周期中始终记录数据并持续更新。

设施管理 BIM 的持续维护与管理

随着 BIM 日益普及，业主对其接受度越来越高，需求也越来越迫切。BIM 应用在 2003 年增长了 3%，2005 年增长 5%，而 2006 年是 11%（根据第八次年度 FMI 业主调查）。2008 年，这个数字又增长了 25 个百分点，现在有 45% 的 BIM 用户表示他们属于中级或更高水平，而投资回报率为 300% 至 500%（来源：http://construction.ecnext.com/coms2/summary_0249-296182_ITM_analytics）。不过，根据报告："美国不动产行业中互用性不足的成本分析"，承包商和 AEC 行业并没有给下游用户（业主和设施经理）提供有链接的可用信息： 331

> 业主和运维人员最能了解信息交换与管理中的难处，因为他们会参与设施生命周期的每个阶段中。总的来说，他们把运维阶段的互用性成本视为设计和施工过程中上游工作管理的失误。竣工数据的交流维护差、沟通失误、标准化不合理以及生命周期各阶段监管不当，最终都会累积到下游的成本中。
>
> （来源："Cost Analysis of Inadequate Interoperability in the U.S. Capital FacilitiesIndustry"，NIST 2004，by Michael P. Gallaher，Alan C. O'Connor，John L. Dettbarn Jr.，and Linda T. Gilday。网址：http://fire.nist.gov/bfrlpubs/build04/PDF/b04022.pdf.）

这个问题的解决方案，关键在于施工经理汇总的信息量，而更重要的在于汇总的方式。在其中加入项目的保修、规格单（cut sheet）及其他数据的确非常重要，但情况也在变化。各种成本都在增长。结果就是，很多业主都在寻找在投资周期中节约投资并提高竞争力的方法。这就意味着承包商需要改变交付的信息和流程，让它可以为下游使用，以保持竞争力。建立竣工图档的 BIM 流程会得到改变。依靠业主去解释大量图档的时代已经结束。太多的问题已经岌岌可危，包括节约成本、节能和生命安全等。全面应用 BIM 的施工公司将能够实现技术的价值，并通过教育将其传授给业主。

前文已经讨论过，文档和 BIM 记录的成功交付，需要运维人员从项目之初就积极参与。运维人员很可能对于设施管理所使用的 CMMS 非常了解，并对文档和模型与软件对接的方式有自己的设想。而设施安装团队则会使用他们选择的软件，以便于与组织内的会计、人力资源、采购及其他部门对接。因此，要保证项目记录的方式与建筑所用的技术是兼容的。

改善沟通是 BIM 在行业中得以推广的主要动力之一。不过，为了改善沟通而使用过多的工具和格式会降低团队的生产率。在全面考查项目的时候，请考虑要使用的软件。尽早让管理人员参与会给模型协调方案和信息交换方案的实施带来更好的支持，并能帮助他们确定完成任务所需的细节和软件。 332

在设施的生命周期内有效地记录、运行和维护是一位设施经理的最终目标。在这些描述中包含了若干其他任务，因此就有很大机会更好地规定这些工作。这纯粹是经济学的内容；假如建筑通过记录、维护和保证用户满意实现了有效运行，那就会有更多可分配的利润。然后建筑业主就可以有效地用这个资本去建设其他项目，促进设计和施工行业不断发展。

很多设计师和承包商都未能意识到，建筑业主开发新项目的能力与设施性能优劣是直接相关的。认识到这一点会对下游用户的一切决策产生直接影响。建筑师应当实现效率最大化，进行可持续设计，并展望建筑的未来；同时与业主合作，不仅明确建筑在今天的内涵，还要考虑建筑30年、40年甚至50年后的发展。同样地，施工经理也需要思考项目的记录、运行和维护手册，与设施经理在整个施工项目过程中沟通协作，并在设施移交前说明各种复杂的细节。继而，设施经理必须有效地管理BIM，并用它实现设施的最佳运维；同时保护在建筑中生活或工作的人的健康和安全，维护喷淋、警报等生命安全设备。

培训

BIM能提高设施经理的效率，但这在BIM设施管理领域还有很长的路要走。只有在经过了培训并获得了一些经验之后，设施经理才能用BIM记录作为管理设施的工具，其精准程度前所未有。像CAD技术已经在大学和技术学院普及了教育,因此它已经成为行业标准。相反地，设施经理之前并没有任何BIM软件培训经验，在收到BIM记录时会全然不知所措。

基于以上所述，培训会议应在施工过程初期尽早举行，原因如下：

- 首先，在竣工之前，设施经理对BIM记录文件就已经有了一定程度的了解，确保设施的顺利交付，以作为后续运维工作的良好开端；
- 其次，设施经理可对建筑的设计提供更有价值的信息，并能告知施工团队在项目竣工阶段哪些信息在交付中最有价值；
- 最后，设施经理在每个新项目中都要接受培训。其实，这也是我们每个人学习BIM的必经之路：通过培训获得应用的知识，再从应用实践中获得经验。

333

也就是说，经过培训、具备良好BIM素养的设施经理，是文档准确性和开展运维工作的重要保证，为业主创造巨大价值。设施经理的价值还能够延伸到其他的初级员工，而无需为其增加额外的培训成本。尽管对全体员工的培训依然必不可少，但如果有一位BIM经验丰富的设施经理，那他就能在新培训的初级员工遇到问题时提供帮助。对于设施管理团队的培训实施工程，与对建筑师事务所或工程建设公司的培训保持一致

虽然BIM标准化仍有很大的发展空间（例如，在各种软件系统或某些版本之间的XML格式交换），但BIM在某种程度上终结了关于线条、图层和打印线宽的旧话题。当然，设置可以修改，但CAD标准与CAD中的BIM标准之间在标准化格式上的根本差别在于，CAD是以线条为基础的流程，而BIM是以数据丰富的对象为基础的流程。标准化的任务依然艰巨，特别是整个行业的标准化。但要迈出的第一步是统一BIM基本语言的定义，然后行业才能前进。

模型的维护

要维护模型，设施经理就需要分析哪些系统能够保证有效性。例如，假如设施经理在管理一个小型带状购物中心，那就可能只需要一个本地软件授权，并且不需要复杂的数据库来管理设施。而假如这个设施是有 1200 床位的城市医院，那么就需要各种信息系统来保证设施经理的成功。这种情况就需要多个本地软件授权、一台服务器、复杂的设施管理软件以及其他支撑这些系统运行的基础设施。

设施经理的实施阶段在理论或实践上与施工单位、建筑师事务所或专项工程公司没有什么不同。支撑模型维护工作的要点如下：

1. 估算投资成本；
2. 制订实施方案；
3. 选择一位经理或让一位现有的经理主导 BIM 工作；
4. 通过培训为用户提供支持；
5. 组建经理的支撑团队；
6. 坚持学习，为行业作出贡献，并制定流程；
7. 分析实施情况；
8. 关注未来发展的趋势和动向。

在制定好支撑计划，设施经理接受了一些培训，设施进入运行和维护状态之后，下一步就需要制定模型编辑的工作流程了。通常，最好的方法是指定一位“模型负责人”，通过模型的更新和维护反映最新的状况。尽管这个人不一定是唯一熟悉特定设施的员工，但这种方法简化了更新的工作，尤其是有些设施分布在多个地方需要多个模型负责人，情况会非常复杂。当然，有时模型是由第三方作为协助资源对模型进行存储和更新的。 334

一般来讲，设施经理对其采用的流程有着全面的理解，并通常用 CAD 或自己手工绘制的图纸作为辅助信息。未来，我们设想静态信息能够在 BIM 维护流程中更新的，并在项目生命周期中保持与（动态）模型信息的紧密关联。这也是 BIM 能带来精益和高效的地方。

最后，设施经理会成为建筑业主以及整个行业更高效的重要因素。正如 BIM 在施工领域通过业内对话得以持续发展一样，将 BIM 引入设施管理领域并促进这一行业内的讨论将推动这种工具的应用和发展。

一个 BIM= 一个信息源

BIM 中的信息是直观可视的，直接由数据库中读取出来的。在建筑的运维过程中，将可视化模型同电子表格或其他数据源链接在一起的理念是至关重要的。在 BIM 行业内，很多专家用户将模型视为“实际情况的唯一来源”或项目“总数据库”。不论哪种看法，理念都是一样的。借助表现实际构件的虚拟模型，就能将信息不仅仅用于设施和维护工作。

建筑运维的未来将依托于软件或基于网络的程序来发展，比如ONUMA策划系统（OPS）和M-SIX的VEO应用程序，他们致力于建立平台服务于自由格式交换和汇编模型关联数据，已经卓有成效。这些平台使模型能够“形成闭环”并给未来的设计和设备采购决策提供有用的数据。设想作为BIM用户，施工行业正陷于困境之中。而已有的BIM工具在完整的模型应用流程中相互独立，例如建模的Revit、检视模型的Navigator、进行预算的Vico等，因而在各个独立程序之间统一模型数据这一基本理念在我们行业许久未能实现。

无数的文章和演讲中都表示，BIM最重要的方面在于“I”（信息）。很多用户都认为这是指数据的完整性和质量，这当然很重要，但在更高层次上需要支持跨平台系统信息应用的工具。虽然这一理念不仅限于互用性，对于施工行业又是新事物，但它十分重要。如果要使用不同的BIM工具并发挥各自的最大效用，那么存储数据的平台就是未来成功的决定因素。我通常称之为BIM的“信息主干”（图7.11）。这个信息主干存储的是模型数据及其他汇总信息，并可用于导入其他系统或在关于趋势和性能的大数据分析中作为独立数据点。然后就能以此通过多种方式作出更好的决策。例如，假如设施管理的BIM工具给出的信息显示在过去五年中更换了某种特定类型屋顶设备（RTU）的大量部件，那就可以在设计下一个项目时通过查看之前的性能指标进行价值决策，判断是否应当选择另一种RTU。

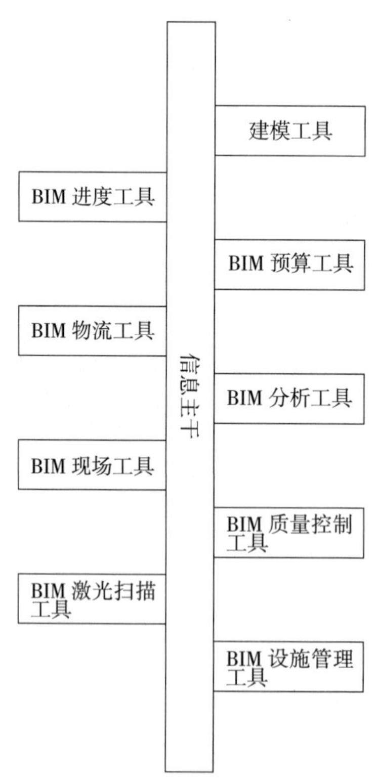

图7.11 信息主干图示

另一个例子是比较将在某些楼层运行的机械制冷系统的设计 BIM 信息，在将其输入能耗或设备工具后会显示系统的运行状况。然后它就能提供设备运行信息，看到哪些运行良好、哪些不好。设施经理在验证设计和施工假设、印证实际价值上具有重要作用。 336

当然，在这些数据的收集中，如果没有专用软件，系统开放自由的信息交换是不可能的。正是出于开源编程或互用性理念，促使美国建筑科学研究院（NIBS）及其他组织实现软件相互沟通，让软件公司允许用户定制、提取数据、使用插件和开发程序。这对数据传递的推动力是独一无二的，而我们的行业已经从中受益。我还不清楚是否有朝一日我们能让整个行业使用的所有工具都建立在同样语言的基础上，但只要我们可以从这些系统中汇集和整理数据就能证明其中的价值。例如，网站是以针对用户需求的各种工具建成的。网站可以是简单的纯文字格式，也可以是在 Linux、HTML5、PHP 甚至 Adobe Dreamweaver 这样的拖放设计工具等不同平台上开发出来的丰富网络内容。这些语言的独特之处在于，无论采用哪种编码进行开发，只要打开互联网浏览器就能阅读所有内容。为什么会这样？这是当然因为以共同的网络语言为基础，而我相信支持互用性的努力对于 BIM 未来的发展绝对是至关重要的。

“早知道要它，我就会把规格书写得更好了！”

在 BIM 项目中工作往往意味着对其他团队成员的了解要像对自己的专业一样熟悉。我最初参与的一个 BIM 项目的客户是政府业主集团，合同要求所有的设计、施工以及项目收尾成果都必须“采用 BIM”。项目进展很顺利，设计和工程团队在模型共享上均十分配合。总的来看，项目进展非常顺利……直到项目收尾。

在项目竣工前一个月，我们第一次意识到业主希望我们提交一个项目 BIM 记录。除了正式的施工记录（信息请求、建筑设计概要 ASD、建筑师补充说明 ASI 等），我们几乎没有按照业主先进的 BIM 标准将信息与模型关联起来——而帮助制定这个标准的就是我们！因此，我们开始工作，将各种规格说明书、PDF 和其他信息同 BIM 文件链接在一起。

在制作最终成果时，我们都意识到了之前建立的记录有多么差，而且还会将它交给运行经理。尽管这与业主从其他项目上得到的标准信息并没有什么不同，我们却发现交付的成果需要弥补重大的信息缺陷——这让一位建筑师在补充可移动隔墙保修信息时作出了如下回应：“假如当初知道要在项目末尾制作这些，我就会把规格说明书写得更好了！” 337

我们从中吸取了经验：大量信息并不意味着好的信息。提供好的信息才能让下游用户成功。

那么为什么这一切如此重要？简言之，我们现在的设计和施工模型有太多假设。除非用设计 – 建造 – 运行 – 维护（DBOM）模型工作，否则就不能对设计、建造阶段完成的工作作出评价。这对我们的行业潜在有巨大的影响。我要鼓励您让设施经理和业主观察结果，并验证 /

否定各种假设。这将能使运维人员进行更好的设施维护，让设计师在设计工作中采用经过验证的更佳决策。

本章小结

将BIM作为设施经理的一种资源,将有效减少获取和添加信息的时间。BIM作为一种工具,其价值仍取决于输入信息的准确性和使用者的熟练程度。因此，管理设施的流程以及对施工和设计团队在项目竣工前的成果预期都会变化。业主通过培训，将能够要求给员工配备更多的资源，用最好的工具完成工作。这些业主也会开始聘用AEC行业人士，以更好地管理与其设施相关的信息，而那些不能在项目收尾时交付这种成果的承包商将失去竞争力。BIM作为三维可视化的统一信息源是非常有效的，并将在其发展过程中通过运维人员的使用得到进一步完善和改进。此外,静态和动态成果的最佳实践改善了设施运维人员的成效和信息管理工作。

338

目前，BIM记录的交付是针对每个具体施工项目的。尽管有大量建立BIM记录的导则[比如GSA的《空间策划验证的BIM指南》(BIM Guide for Spatial Program Validation)和《BIM指南总览》(BIM Guide Overview)以及地产开放标准联盟(Open Standards Consortium for Real Estate)等文件]，我的体会却是每个项目的交付都不尽相同。这倒不一定是因为缺少标准或互用性，而是由于设施管理领域与BIM技术之间刚刚开始建立关系。业主的相关知识层次、员工的能力和设施类型等因素都会影响项目末期的交付以及维护人员的安排。其关键在于了解预期成果，对业主进行BIM培训，根据需要创建BIM记录,并在整个施工过程中执行BIM应用策略、拓展BIM应用方式。

第 8 章

BIM 的未来

本章将展望 BIM 的未来：它能走到何处以及它在走向何方。本章将展示 BIM 在未来几年将成为什么，并对它未来的使用者以及它将给设计和施工行业带来的变化做出推断。

本章内容：

BIM 将成为什么?

BIM 与教育

BIM 与新施工经理

BIM 与新团队

BIM 与新流程

340 ## BIM将成为什么？

BIM已经成为施工行业创新的催化剂。BIM在两大方面促进了转变：

- 一是BIM在施工中的应用，模型及相关信息的使用为更好的工作方式创造了机遇；
- 二是走出施工的“常规模式”。讨论会、建筑黑客马拉松（hack-a-thon）、宣讲及各种设想以讨论“我们为何要采取这种方式”的核心问题给旧工具和流程带来了新的可能。

如今出现的“技术复兴”是BIM进入设计和施工领域的带动效应。虽然BIM仍是改进建筑的核心动力，我们未来的工具和进步会与传统或非传统意义上的BIM工具有关。同时我们还需要将模型相关数据与施工流程联系起来的应用和软件。这个领域就像一片沃土，新的工具和流程不断改进并正在改变我们所熟悉的施工现状。

本书上一版中关于BIM的诸多预言都已实现。这些预言包括：

BIM将超越二维CAD的应用：因为新工具有智能和参数化特征，CAD将无法适应设计和施工的新节奏。

当有效使用时，模型会成为追踪实际施工状态的虚拟副本：软硬件的改进会不断缩小虚拟表现与实际工程之间的差距。

过去的流程和岗位将进一步融合甚至消失：BIM在现实世界中的应用会成为一个重点。低成本激光扫描仪、摄影测量、预制和软件API等发展已经让BIM成为更加实用的施工工具，同时切实合作与协作的进步消除了传统的岗位。

一个耐人寻味的趋势是将实时信息与新技术引入建造师的日常工作中。谷歌眼镜、可穿戴技术和激光扫描无人机将对我们的行业产生怎样的影响？这些机遇是激动人心的，而那些试验与验证的应用案例或许是最具吸引力的。我鼓励您不断尝试并考虑各种想法。施工在BIM应用和技术方面取得了长足进展，但在很多方面我们才刚刚赶上其他行业。让我们的行业快速回归过去的地位是您作为创新型施工团队一员当仁不让的使命。

行业趋势

341 我们的行业现在已经同看似无穷无尽的信息连在了一起，而只需数秒就能完成读取；假如您不去选择支持其应用的技术，这个行业就会与您擦肩而过。智能参数化建模的价值与二维解决方案中的浪费相比是巨大的，业主、设计－建造者和IPD团队对此绝不可忽视。BIM最有前途的地方在于它不是CAD，它不是制图，它也不是纸上表示建筑轮廓的线条。这个模型“就是”建筑本身。

整合的虚拟设计和施工模型将继续演变，以更有效地满足团队在设计、施工及其他工作中的需求。本书已经指出，目前的情况需要混合使用三维视图与二维制图信息来制作施工图档，而这将持续一段时间。不过，随着BIM技术的不断成熟和应用经验的不断分享，模型的使用和细节也会变化。模型细化的过程会在施工前期继续深入，然后作为准确的施工工具进入现场，并在入住后作为全生命周期管理的有效工具。

建立可直接用于施工的模型的能力将稳步提升。事实上，为何要建立“表现性”或“设计意图”模型，以及它们是否有任何价值等问题会一直存在。目前用 BIM 工作需要多种工具，而从理论上讲，让全体团队成员在之前的模型上继续深化往往是不可能的。不过，本书已经提出了在过渡期促进这种模型发展的一些策略。像欧特克这样的公司已经开发了在云端寄存模型的功能，从而进一步推动模型分享策略。一些公司在使用基于服务器和虚拟桌面环境（VDE）并提供单一模型工作策略的方案。这样，完全根据参数信息建造建筑就会成为现实，就像依据模型和施工的自动化建造越来越多的建筑构件，乃至整个建筑终会成为现实一样。请扫描图 8.1 中的二维码来看看实现这种潜能离我们还有多远。

图 8.1 “三维打印机在 24 小时中打印了 10 栋房屋”
（https://www.youtube.com/watch?v=SObzNdyRTBs）

BIM 与预制

342

不难相信，建造技术会一直发展到使用计算机数控（CNC）和自动化制造的阶段。复杂、定制的建筑物需要很高的准确性，而更简单建筑的建造者则在追求更高的利润和更好的协调过程。这两种类型的建造者都有机会从 BIM 作为施工和预制工具的优势中受益。在未来，很多施工经理都会成为“装配师”，负责组装建筑的各个部件，就像在工地完成三维拼图，从而提高技术水平和利润。不过，未来仍需精通技术的专业人士来承担这项工作。

图 8.2 显示的是使用 Revit 模型的两种拓展功能直接制造墙体的过程：StrucSoft Solutions

图 8.2 用 Revit 制造墙体（来源：PHOTO COURTESY OF AMERICAN BUILDING INNOVATION LP）

的金属木框架（MWF）设计和万曼（Weinmann）的电脑数控（CNC）程序。尽管需要两个拓展功能实现与万曼设备的沟通，建模却只要一种媒介，即Revit。最令人着迷的是其能够实现的细节、准确性和复杂程度。请扫描二维码（图8.3）或直接观看由美国建造创新公司（American Building Innovation）制作的YouTube视频了解整个过程。

343

图8.3 美国建造创新公司视频（https://www.youtube.com/watch?v=VDWr2R_WKrQ）

当然，没有什么是完美的，即便一个团队建立了“完美的”模型，在建筑施工的整个过程中还是会出现问题。BIM的目标是减少这些问题的出现。利用流程（BIM实施方案）和信息交换方案提高团队成员之间的交流对于项目的成功是至关重要的。我们对于行业整体的观点（在很多方面也是撰写本书的目的）是这一行业需要认识到旧流程已经不适于今天的世界，更不会适应未来。即便旧流程在某种程度上还是有用的，它们往往也不能发挥最大的效率。在看到BIM对建筑设计和施工双方的效用之后，就很难不去坚定地推动BIM技术在施工中的应用和发展了。

BIM已经来临。全世界的施工公司都在用它处理复杂的问题，并提高设计团队的能力。虽然无法保证使用BIM能让团队避免信息请求，并让项目每次都零错误、不超预算、提前完成，但BIM已经证明它会使各个团队更加亲密。当新的流程、交付方法和团队合作协议的进步超越了本书中的内容时，其机遇将是无法想象的。

新的流程与岗位

新的流程对设计和施工方颇具吸引力。从承包商的角度看，BIM代表着降低风险的机会。这样，承包商的“不可预见费”就会减少，保险费就会降低，建筑施工的效率会更高、质量会更好。运用“按模型施工”的理念，承包商就可以使本不可靠的位置更加稳定。

344

此外，建筑师从设计意图转向更详细、准确的模型并成为“信息建筑师”，就有机会获得更关切的地位。协作创建可用于施工模型的建筑师与承包商有着如何承担法律责任的问题，这里有两种主要的观点：

承包商的责任：第一个观点是设计专业人员应该继续使用长期以来的流程，而把解读图档的责任交给承包商。本书中的很多统计结果表明这种流程的图档质量不高，而且会增加成本。

建筑师/设计师的责任：第二个观点是，建筑专业继续把更多的责任强加在承包商身上，却自己不承担任何责任的做法存在严重的风险。有人认为，建筑和工程设计专业会面临某种程度的灭绝，因为他们不愿意为设计做主，而是规避一切风险，并转嫁给分包商、制造商和承包商去实现他们的设计。这种担忧从继续聘用建筑师和工程师作为给总包商工作的虚拟施工团队成员来看显然是不无道理的。提供内部设计和施工 BIM 服务的一站式构件制造单位（如 Jacobs、Parsons Brinckerhoff 和 CH2M HILL）在很多业主看来都是合理的，因为这种流程已经简化，并且项目的责任是属于团队的，这就进一步消除了各专业之间的界限。

提示：不仅总包商雇用了更多 BIM 专业人员，金属板材、机械、电气、管道和钢结构制造厂等也在雇用 BIM 专家，以满足不断增长的 BIM 需求。

施工行业已经开始承认，需要建立新的团队和责任划分才能发挥 BIM 的全部潜能。现在有更多的机会去影响项目费用的构成。环境分析、规范检查和材料使用的审核都会比以前更快。尽管这些服务能够带来更好的项目，也应仔细考虑和提炼它们，因为团队可能淹没在分析中，并失去项目的效率。另一方面，拥有新成果的创新团队可以从为业主和项目带来价值的新服务中得到补偿。

在未来，更多的团队会意识到合作伙伴带来的诸多效益。BIM 已经改变了施工行业的面貌。对于 CAD，提高能力、减少失误和未来发展等方面的讨论力度远不及我们从 BIM 中看到的。简言之，这种热情现在已被 BIM 流程得以应用的现实和诸多细节主宰。尽管这不可能一蹴而就，但软件的进步和流程的改进，以及从战略上改变建筑设计和施工方式的新的项目交付和团队组建理念都已出现。

345

互用性

软件销售商和开发者听取了设计和施工行业希望提高 BIM 与其他工具互用性的要求。在过去，互用性问题需要用很多软件和变通方法来解决，这花费了额外的时间，而且还可能得不到软件更新。像 OPEN BIM 网络、英国建筑规范协会（NBS）和 buildingSMART 国际协会同许多致力于让产品更便于每个人使用的软件公司一道，推动了这一领域的积极变化。

我们行业的未来将坚持更加整合的道路，但这种整合的结果仍未确定：

- 有人认为，总包商会继续兼并和收购设计公司，以达到简化工作和提高利润的目的；
- 其他人认为，项目同盟会继续赢得市场份额，并在设计和施工行业更受欢迎。

最重要的是，我们的行业将持续改变传统的岗位和流程。

这种改变的结果就是，各个系统、企业资源计划（ERP）的流程和传输率都需要保证跨程序的有效性。buildingSMART 这样的组织会支持这些关键性的工作。在未来，我们将看到更多使用开放标准的成功案例，比如 buildingSMART IFC 方案。例如，英国皇家建筑师学会（RIBA）在 2012 年启动的英国 BIM 对象库就是以这些开放标准为基础的。上传到对象库的所有模型都遵循了《NBS BIM 对象标准》，该标准“旨在让施工专业人员、制造商和其他 BIM 元素开发者协助创建可在通用数据环境（CDE）中使用的 BIM 对象”。通过建立通用语言，这些对象就可以用来从模型中自动生成规格参数，实现多语言翻译、统一化分析、跨软件的互用以及全生命周期管理。

采购的决策将以各种技术同其他 BIM 系统之间的互用效果为基础。在各种功能整合到新的和/或现有软件平台的过程中，我们将会看到可用软件工具相对数量的稳定。销售商通过云端按需求实现互用的努力将减少软件互用的障碍。此外，各系统之间协同运行的差别会得到改善。采购多种施工管理软件的相关付费会更加灵活，包括信贷、收费服务（pay-to-play）、虚拟桌面和云端网络授权等多种选择。

346

虚拟巡视的未来

2009 年我访问了德国图宾根的马克斯·普朗克研究所，了解他们在虚拟现实方面的研究。该研究所坐落在俯瞰着小镇的山上；小镇保存完好，还有卵石铺就的街道和半木构的房屋。小镇的朴素其实是一种假象，世界上许多最复杂、最先进的研究都在马克斯·普朗克研究所；自 1948 年以来该研究所已有 18 位诺贝尔奖得主。

就在我访问的前一年，这家研究所与慕尼黑工业大学、罗马大学和苏黎世瑞士联邦理工学院合作，建造了世界上最复杂的跑步机来研究心理物理学。这可不是普通的跑步机；它重达 11 吨，造价超过 300 万美元。在我访问时，它是世界上仅有的两个全向跑步机之一，能通过虚拟现实形成的人工刺激让研究人员研究大脑的功能，比如让测试者感到走在空中 100 英尺的木板上，以形成假的恐惧感并刺激肾上腺素。当我得知另一架跑步机属于美国政府并用于军事训练时，觉得毫不意外。

这架跑步机叫电脑步行器（Cyberwalk），放在一间大屋子里。它位于一个舞台状平台的下方，平台面上有一个大约 12 英尺见方的洞口，露出了下面的跑步机行走面。与电脑步行器互动需要穿上三件设备（见下图）：背带、头盔和虚拟现实界面。背带是为了安全，头盔通过传感器和摄像头传送人在房间里的位置，而虚拟现实界面用于创造虚拟世界。

（来源：PHOTO BY MEGAN MCCOOL）

当行走时，这架 11 吨的机器会在脚下转动，保证人处在这个 12 英尺见方的表面中心。这架巨大机器的运行以及对人转向的反应之平稳令人惊叹。（请扫描下图中的二维码或访问 https://www.youtube.com/watch?v=oRK9IeCfYfE 观看我（Dave）在电脑步行器上行走的视频。）这太神奇了！各种假设情况涌现在我的脑海中。假如能让业主在建筑建成前行走其中会怎样？假如能让施工团队通过虚拟行走进行安装，而不是整天坐在桌前会怎样？假如业主能用它提高项目的知名度并吸引捐款会怎样？假如主管能虚拟巡视工地并制订交互式物流方案而非 PDF 会怎样？ 347

我离开德国去寻找将 BIM 与我所体验到的技术进行整合的方法。我知道用不了多久这个行业就会开始对虚拟现实和 BIM 进行探索。"BIM 洞穴"和逼真巡视已经有应用，但大部分都非常笨重，让业主头晕目眩要找垃圾桶（呕吐）。

直到 2012 年我碰到一个 Kickstarter 项目才让我意识到它已近在眼前。一个 18 岁的青年帕尔默·勒基（Palmer Luckey）建立了一个称作 Rift 的虚拟现实界面。在了解它会给逼真沉浸带来的前景后，我相信这是解决行业的关键突破；但显然我不是唯一看到这一点的人。这个项目赢得了 9000 多名支持者，并筹得了 200 多万美元。两年后，也就是 2014 年，Oculus Rift 虚拟现实眼镜以超过 20 亿美元的价格卖给了 Facebook 创始人兼 CEO 马克·扎克伯格。帕尔默·勒基再也不用担心研发预算了。

不过，实现我在马克斯·普朗克研究所体验到的逼真沉浸依然存在障碍。使用 Oculus Rift 的同时要能行走，而我知道购买 300 万美元的跑步机不是办法。我在发现 Oculus Rift 之后没过多久就看到了另一个 Kickstarter 项目：Virtuix 表示造出了供个人使用的平价全向跑步机。它被巧妙地命名为 Omni（全方位）。这个项目和 Rift 一样超过了自己的目标，筹集了 100 多万美元。它在此类产品中独占鳌头，从下图中就能看到它的效果（请扫描二维码观看 Virtuix Omni 的运行）。 348

Virtuix Omni 预计重量是 75 磅，价格是 500 美元（根据网站 www.virtuix.com）；这比重 11 吨、300 万美元的大家伙还是轻便、便宜了"一点儿"。不可思议的是，在我参观后不到 5 年时间，一种新的方案就让最高水平的"电脑行走器"看上去像古董了。Oculus Rift 和 Omni 代表着技术进步的速度和日益追求更快、更小、更好的发展趋势。这些技术突破给 BIM 和视觉交互打开了无限的可能性。它看上去有点像科幻，但我们的确处在互用性 349

（来源：IMAGE COURTESY OF VIRTUIX）

的时代：无人机可以四处飞行、能激光扫描图宾根的卵石街道、将模型上传到 Oculus Rift 并用 Virtuix Omni 漫步于这优美的街道中。如果将同样的模式用在施工项目上，就会给工地巡视带来全新的含义。这种技术能让业主在建筑建成之前进行逼真巡视。潜在的捐款人将能够体验到业主的愿景。它能让详图设计师进行虚拟施工，就像过去在现场一样，这会降低由久坐引发的心脏病和糖尿病风险。它会将 BIM 带向新的层次，并使设计和施工流程更加清晰。想象这种技术带来的可能性是令人激动的——而这只是一个开始。

BIM 与教育

对于很多施工专业人员，BIM 培训是从学校开始的。教育，特别是大学，是挑战行业成规、试验新媒介和探索可能性的理想环境。教授建筑学、工程设计和施工管理的学校担负着向学生展示他们在毕业时将要面对的技术和工作流程的巨大责任和挑战。这些机构必须意识到，传授批判性思维并鼓励创新性是与当前在 BIM 课程中讲授软件和技术同样重要的。学生决定在哪方面进修主要是根据以下因素考虑的：

- 学院或相关机构通常是以学校拥有的技术水平而受关注的。假如大学对行业及其动态的声音充耳不闻，那就会体现在学校的声誉以及毕业生身上。因此，大学体制必须着眼于当下的问题和技术，因为这些将是学生毕业后在行业中要面对的问题。
- 各机构都有走向最前沿的能力。让学生接触新技术几乎没有任何风险。探索新的软件和不同的流程应该在这一层面完成，因为它促使学生学习并形成自己的观点和方法。这将使他们在毕业后就能行动起来。这种教育或许不会给建筑或施工行业带来关于所有 BIM 工具的全面认识，但它应当包括关于这种软件的功能和使用方法的基本知识。 350

- 大学能够节省公司的培训成本。尽管这不一定是各大学的目标，因为有很多不同的 BIM 软件；但接受过新软件和新技术培训的学生是受市场欢迎的。

从根本上看，BIM 用于协作环境以及设计流程的初期是最理想的。学校需要创造这种协作的环境，使毕业生能更好地走向校门外的世界。这将让学生更好地理解施工团队的工作方法，并懂得几乎没有哪个专业是独立工作的。在某种意义上，学校必须逐个考核学生；不过，建立以团队为中心、争取成功的小组将使专业人员能够亲手实践，并有机会尝试跨专业的小组。

建立建筑师、工程师和施工专业学生的跨专业团队，并模拟真实的工作环境，是大学独特的优势。每个专业都有不同的视角和学习过程的目标。理解了每一方对于团队的重要性才能打好协作的基础，并建立毕业后对行业预期的参考框架。此外，各学校都能够利用施工系之外的资源，比如计算机科学、生物技术、商学及其他系，从而进行整合并相互学习。

BIM 软件十分复杂，而理解某一种工具所有的优缺点往往需要数年。此外，这些工具又在不断更新，由此形成了教育中的“移动目标”。鉴于这一点，让学生能够基本理解 BIM 工具如何工作，以及它们可以用在何处是非常重要的。如果他们有兴趣就要鼓励“深究”，但要避免碎片式的“小鸡啄米”培训。虽然某些学生会在毕业后继续学习其他软件，但学校的 BIM 概念教学是很重要的。

通常学生会从课程所选的软件开始学起，并通过自学达到更高阶段。这是千禧一代（GenY）的独特之处。这一代人只需使用软件、点击图标和在界面中工作就能学会。这种对技术得心应手的能力，比如使用互联网、玩电子游戏和利用计算机解决高级问题，必然会继承到未来几代人身上。

在本质上，教师不应产生 BIM 工具太难、太多样的错误观念，更不应因此而不愿在研究和理解软件上花时间。教师和学校接受一定程度的 BIM 技术，并向学生介绍这些程序和概念是至关重要的。这会给学生增加一层新的知识，并提高他们在市场上的整体竞争力。 351

学校应当从整体上考查 BIM 及其在施工行业中的应用。BIM 在新工作方式的特定领域中具有重要作用，比如建筑师的设计 app、工程师的分析计算功能，以及施工管理学生的模型管理理论。现在设计和施工中存在的很多就业机会都是以 BIM 技术为中心的。对建筑师的要求是用 BIM 设计出能够收集雨水、减少能耗，并在整个生命周期中更生态友好的可持续建筑。

对工程师的要求是用 BIM 计算复杂的计算流体力学（CDF）方程，找到效率最高、浪费最少的钢材类型，并通过分析建筑信息评估性能。承包商正在变成信息管理员，其工地专业技能已超出施工管理的范围。对于被转化为能提供更好的预算、进度、性能和关联信息的数据，其管理将决定未来承包商的成功。这些都是现代 AEC 行业在现实世界中的要素，而学校在给学生传递这一信息上有着巨大机遇。

BIM 与新施工经理

在未来 BIM，最大的机遇在于专业人员能够发现更多有实用价值的应用。经验丰富的业主会寻找能使用 BIM 满足其要求的设计、施工公司。因为受过教育的业主会根据资历授予项目，团队的选择对于这些公司的成功是至关重要的。这些能够使用 BIM 的公司依靠的是聘来组建团队以交付成果的专业人员。在启动 BIM 流程时，不仅选择正确的初级员工是关键的，而且这些团队成员也是未来实现改进的人。希望一声令下就能让 BIM 为一切服务并不现实，而是需要时间去完善的。

我们的行业必须继续向前，决定 BIM 技术如何提高营利能力，而途径就是寻找有能力的初级员工，用多种多样的技术创造基于流程的成果。对于可衡量的成果也无须再同 CAD 进行对比；相反，这些初级员工应该开始比较各种由 BIM 实现的项目。BIM 的情况已经得到了印证。当完成直接对比后，我们就会看到 BIM 在特有的流程和技术改进方面同类比较的结果。

352 在完成直接分析后，我们将更清楚地看到能有效工作的地方，以及技术需要发展的领域和方向。对工作程序的制定和规定的关注，将使我们获得新的优势：让大家分享信息以及从相关进程和明确节点上总结出经验。此外，企业家会开发必要的软件、拓展资源和交流，以满足行业在这一方向上的需求。对于空白领域，施工公司可以开发自己的工具来实现他们的目标。构建创新者创造改进新应用程序的生态环境对于 BIM 在我们行业的成功是至关重要的，这也是在教育、研究和实施这种新技术激动人心的时代撰写本书的动力。

那么，这些能使用 BIM 技术的人是谁？他们从哪里来？而同样重要的问题是，现在是谁填补了这一行业需求？

目前，施工行业正在聘用接受过专门培训或之前有 BIM 经验的建筑师、工程师和技术专业人员。对技术创新者的需求会增长，而这一领域的竞争会越来越激烈。虽然这些资源不会是“BIM 专用”人员，但发展的趋势是聘用专攻技术和流程改进的人员。

未来使用更先进工具的几代人将会继续改进 BIM。这些未来的建筑师、工程师和施工经理将跨越传统的行业界限，并致力于成功的项目交付。事实上，利用技术获取信息并通过团队合作完成任务正是他们的天职。下一代人期望的是便捷的获取信息：他们中超过 97% 都有电脑，一半以上用博客在同行之间传播信息。在施工行业中，这些新的专业人员处在一种更大的相互依赖关系中，他们需要导师用现实世界中的经验指导他们直观、熟练地使用软件工具。

这些专业人员会给软件和技术带来新层次的理解和运用，而这或许是团队高级成员所不具备的。此外，他们会集中利用所有资源去交付项目。在本书中，我们已经探讨了虚拟施工经理，或叫 BIM 经理。这个之前并不存在的领域正快速拓展，让今天的现场工程师、项目经理和主管都接受 BIM 培训，从而在 BIM 管理上进一步改善流程并促进创新。

BIM 经理的定义

“BIM 经理 / 总监、虚拟施工经理、VDC 协调员”等名称贯穿本书始终。在很多情况下，这一岗位负责的是虚拟施工、分析和管理模型。这一岗位的职责在各公司是不同的，但以下是对 BIM 经理工作要求中反复出现的内容：

- 负责 BIM 团队的整体工作和质量；
- 确保有合适的人员满足每个 BIM 项目的需求；
- 招聘合格的建模人员，并为 BIM 招聘工作提供管理支持；
- 参与选择要跟踪的 BIM 项目；
- 参加投标前会议，考察现场，收集完成建模任务所需的数据；
- 熟悉行业标准和术语，列出过去项目的经验和实例，并以此协助回应招标请求；
- 为项目投标或方案编制概念和详细建模预算，并与运营经理共同审核；
- 监督和管理 BIM 开支，并与高级管理层共同审核；
- 在指派项目的高级销售宣讲中扮演重要角色；
- 为进行中的项目或投标组织建模团队；
- 确保协调好他人的责任和任务并顺利完成；
- 在整个施工前期过程中指导模型的建立 / 合并；
- 为预算团队提供模型审核与信息请求模型文件的支持；
- 在推动、组织和参与项目启动会议、设计会议、施工前期会议和项目例行会议上发挥领导作用；
- 根据需要帮助客户、设计团队、分包商和内部团队成员树立对 BIM 的信赖和信心；
- 维护并拓展各种合作伙伴关系；
- 制定 BIM 政策与程序，并确保其在项目中的实施和遵守；
- 在设计管理和完成模型方面提供指导；
- 进行详细的模型审核以确保达到项目预期；
- 确保与项目和模型信息有关的问题在设计团队中得到妥善的记录和处理；
- 确保落实监测和追踪变更的措施，并为内部团队、设计团队和分包商提供信息；
- 积极同高级管理层确定风险因素；
- 根据需要在整个项目中通过建立施工分期模型支持施工；
- 通过项目现场应用建模和物流协调来支持施工；
- 根据需要鼓励探索创新性、在技术上有创意的模型展示方式；
- 努力实现 BIM 项目客户 100% 的满意。

这一岗位在今天是很重要的，但是当第 6 章“BIM 与施工监管”中讨论的传统多数派

353

354

开始接受BIM时，这些岗位就会被吸收到公司和项目团队中。未来，BIM将成为“新的”常规业务，BIM专有的头衔将会减少。施工管理公司将开始寻找首席技术官和技术经理，作为建筑师、工程师、承包商和设施管理员之间的沟通者，以更好地理解他们的需求、相互依赖关系和管理大数据的方法。此外，这一岗位还将负责了解各种行业趋势，保持追踪新技术，并找出和解决组织内部的不足。他们将成为公司整体工作和营销策略的关键。

BIM与新团队

BIM促使行业中出现了新的团队。凭借更加整合、以项目驱动的团队，BIM将推动行业改进工作的方式。BIM作为一种技术能够改变我们的行业以及其他行业的未来，比如地理信息系统（GIS）、会计、项目管理、应急措施、全球定位系统（GPS）以及环保应用等。更智能的模型的出现意味着更多的信息。当这些额外的信息能更有效地分享并与其他系统链接时，就会节省额外的资源并减少重复性工作。

随着BIM的发展，下列设想将会成为现实：

- 在赶往建筑火灾现场的路上，消防员能从城市的数据库中打开建筑三维模型，在下车前就找到灭火器、截流阀和紧急出口的位置；
- 规范审查人员能够通过使用软件（如Solibri）确定所需的净空、高度、等级和附属条件，从而进行更准确的规范审查；
- 政府机关可以用三维信息在GIS系统中标出区划和相邻建筑高度，并模拟自然灾害管理、袭击和能源中断等；
- 环保部门可以模拟建筑的能耗、吸热和碳排放；
- 政府组织和军队可以用BIM、射频识别（RFID）和三维地图管理资产和人员设备，并可对临时基地从建设到运营的一切情况进行模拟。

355

最终，BIM是设计和施工专业之外诸多其他利益相关者都能使用的工具。BIM会成为比之前的技术更好的资源，其原因在于各种系统的模拟和制造、与其他软件的链接和在实际施工前排除未知因素的机遇（图8.4）。由于BIM在很多方面依然被限定在施工行业中，未来其他群体也会寻找使用BIM的目标，并从这个统一、同步的信息数据库中受益。

356

增加的数据流需要专门管理信息的人员进行管理。这种更高的数据控制会以虚拟设计和施工团队的形式出现。随着新员工不断在世界各组织中崛起，运用这种技术的舒适程度和提高个人工效的手段将带来更精益、更专注的团队。在动工前使用软件施工、测试、模拟和分析的专业人员的价值会使行业标准得到提升和改变。同样，随着更多工具拥有互用性，并且行业明确了各种流程和信息的需求，这些工具的复杂程度和实用性将会提高。这个新的团队

图 8.4 用 BIM 和预制模型建成的罗纳德·麦克唐纳（Ronald McDonald）住宅（来源：IMAGE COURTESY OF MCCOWNGORDON）

将从行业的 BIM 经验中受益，并将负责向联合团队中的项目利益相关者和业主进行整体交付，同时清楚所需的信息及其用途和重要性。

这已经以多种方式出现在设计和施工专业中。设计 – 建造公司目前能够更快、更有效地交付项目，因为他们所有的工作都在统一的部署下。BIM 团队未来很可能会实现实时协作建模，就像今天微软 Office 365、谷歌 Docs 和 Bluebeam Studio 创建文档一样。我们的目标就在眼前，而未来将开发多种技术消除 BIM 目前的缺陷。更重要的是，新的团队将以新的视角在信息的推动下促进 BIM 技术的发展。

BIM 与新流程

本书自始至终都在讨论流程。建立 BIM 流程往往要取决于目前可用的软件。同时，设计与施工流程的变更必须越来越好，这样付出的时间才值得。流程的变化、技术的应用以及人员行为的增加都需要花时间开发。

正如 CAD 技术和 CAD 思维的转变并非一夜之间完成的，在将 BIM 整合到公司的漫长过程中有很多障碍。实施策略很可能需要数年才能完全实现，员工很难找到，而 BIM 的应用需要新的流程。此外，新的技术和工具会不断进入市场，并进一步改变流程和思维，甚至超出我们今天的 BIM。然而，在与其他可能的结果对比时，这些挑战恰恰证明了 BIM 的优势。有时 BIM 会由于新引入的信息和工具令人生畏。这并不意味着在实施的道路上还有允许落后的空间，那将无法在今天的施工市场中保持竞争力。BIM将占领市场份额，而它的使用者将由受过教育的业主和专业同行选出，并得到设施经理的支持。

357 当结合可用的软件系统和阶段性任务制定流程时，会给未来的发展建立一个路线图以及学习的工具。BIM不是设计和施工行业技术发展的万能灵药。如果BIM要取得成功，它必须成为信息交换的通道,并改变设计和施工的工作方式。在这一点上,BIM已经成为无价的工具,它开启了关于新的交付方法和协作方式的对话，并质疑了我们行业现有的流程，以便找到实现信息流的更佳途径。

未来的机遇

BIM在持续增添新的应用和功能。过去十年中BIM应用程序不断增长，尽管很难相信还有更多的工具会进入市场，但不要忘记旧工具也会因此被淘汰。例如，某些今天存在的工具是自动化规范审查、碰撞检测、模型打印、模拟、激光扫描、依据模型现场放线、预算以及可持续性分析软件——所有的都是在相对较短的时间框架中形成的。那么接下来会是什么？

我们的行业将出现一种全数字化的施工项目交付手段。它无须图纸，从地方政府的“电子许可”到直接按下载的BIM构件完成订购和制造的承包商，一切全凭完善的BIM文件。

本书和美国建筑创新公司的视频（图8.3）都已表明，利用模型进行预制的机会一直在提高。这不只是一个机会，而是人口增长、自然资源枯竭、快节奏交付方式、熟练员工短缺和劳动力安全等因素影响施工行业的必然结果。BIM通过预制解决了所有这些问题。在看过美国建筑创新公司的视频后，请扫描图8.5中的二维码（或访问https://www.youtube.com/watch?v=YILAxkiYcxw）观看FPInnovations的Forintek部门制作的视频；然后扫描图8.6中的二维码（或访问https://www.youtube.com/watch?v=tJ735VaOIqY）观看Theometrics制作的TheoBOT原型动画。358

图8.5 “现场建造住宅与预制墙板住宅施工”视频

图8.6 TheoBOT

制造市场中开始建立带有规格和生命周期信息的参数化构件也存在诸多机遇。这些构件能自动根据相应的规范和功能链接到其他构件上。未来SMART外皮系统能根据相邻材料的产品数据自动生成理想的防水构造，窗户自带的规格信息会在未达到自然采光水平时提示设计师。这种BIM自动化将使设计和准确性达到新的层次。尽管它们的实现需要制造商的投资，但许多制造商无疑会将这视为暂时在竞争中获得优势的机会（直到他们创造出自己的优势）。此外，制造商将能够限制打印宣传册和图录的用纸量，在设计行业中树立自己的形象和志向，并提供推广其产品的资源。像英国 BIM 对象库这种与制造商相关联的第三方网站也会更受欢迎。

在未来，我们将看到更多的软件将多种分析和测试工具组合为一种产品，就像 M-SIX 的 VEO。这将快速推进设计和施工团队的工作。未来还需要能同时检验可施工性、模型完整性和碰撞检查的多分析检测台（MAT），这在一定程度上是因为有了进入市场的其他工具，以及简化施工前检测 BIM 流程的需求。MAT 将能够同时检测模型的日照和吸热、需求峰值时的系统性能以及建筑设计的 CFD。

鉴于 BIM 工具的数量和成本，将这些资源组合到一个平台上会十分必要。在未来，我们将能通过网络把模型发送到一系列相关联的 MAT，并在大量工具检测完毕后将其返回。尽管像 Assemble 和 Sefaira 这样的公司目前已提供了这种服务，但许多其他公司和检测软件都会效仿，并采用设计团队能够接入的线上检测台策略。最终，这将让设计师和建造商在诸多方面作出更好的决策。 359

未来的关系

在《建筑如何学习：建成后的情况》（How Buildings Learn: What Happens After They're Built，Penguin，1995）一书中，斯图尔特·布兰德（Stewart Brand）描述了建筑发展并逐步改进和变化，从而带来更好的建筑和用途的方式。最初只有单一用途的设计的发展过程会是耐人寻味的。例如，工厂变成仓库，然后成为艺术家的阁楼，又变成首层为店面的公寓楼。建筑可以相当复杂，并随时间变化，从医院到工厂，再到实验室。此外，业主的需求、施工材料、施工技术和可用的资源也都在不断变化。

建造设施和改造其模型都需要对规范、施工方法、安全、材料、设计、用途、施工进度和全生命周期思维有深入的理解。虽然不无可能，但要求建筑师具有施工和现场经验，统筹设备、分包商、供应商、监理和安全，同时维持项目进度是极不现实的。而承包商也不可能理解规范、设计逻辑、功能策划、无障碍问题、材料属性和防火配件等内容，并在施工前对设施进行成功的设计和记录。因此，我们的行业现在和未来都需要协作。不过，未来将更加需要灵活的团队，进一步化解共同工作的界限，突破诸多技术整合应用的限制。

综合了各方知识基础就可以开始制定成功交付项目的方案。BIM 是提高这种协作的平台，能在项目推进过程中让各专业相互学习，并更快地得到有用的项目信息。Flux 作为谷歌首家推出创意实验室的公司，吸收了这种建立由数据驱动的设计平台的开源智能理念。这与 Quid 的联合创始人肖恩·古尔利（Sean Gourley）所谓的“增强智能”十分相似。它让计算机完成烦琐的工作，使团队能够集中在更大的战略和创新上。它还能根据地球、人类和建筑的关系优化设计流程。

想象一下，阳光、风、土、植物、气候和降水等地球数据都可以为我们所用。还有资金、 360

舒适度和空间利用的人类数据。最后是建筑数据类：可用面积、相邻建筑、材料、权属、区划和规范。其中的关键是找到数据的相互关系，以实现设计选择的自动化，并以一个团队用集体的知识作出更快、更精明的决策。人脑无法快速处理所有的相互关系，我们要用更多的时间人工整理信息，而这就意味着我们几乎没有时间创新。这种以计算机处理能力强化团队关系的新流程是一个令人着迷的想法，并会带来前所未有的创新设想。正如Flux团队成员、工程师埃琳·麦科纳希（Erin McConahey）在GreenBuild 2014大会上激昂的宣言，"一切皆计算"。

BIM的未来既激动人心又充满挑战。如今的机遇让分离流程中的间隙越来越小。这会从新的教育标准开始，一直体现到管理项目、辅导、营销、订购、管理和量化结果的新方式上。我们用BIM工作的体会是，机遇多于缺陷，可能大于责任。在施工中，没有什么是不变的，一切都在变化。

最终，这个行业所需的灵活性需要体现在专业人员使用的技术和流程上。此外，行业中的专业人员对它的成功是至关重要的。获得与分享经验和做法对于BIM应用流程的发展十分关键。对所需的工具和要解决的问题有实际认识的行业人士，将继续探索有发展需求的空白领域和新方法，进而开发所需的软件。BIM已被证明是对施工行业极有价值的工具，并将在未来几年成为最令人激动的发展方向之一。

虚拟建设者认证

您或许在全书中已经注意到了BIM在应用、成功和创新上的共通主题：一切为人。我们的世界面临着环境、信息和人类的挑战。预防全球变暖和应对人口激增的重担落在这一代人的肩上。如果您已坚持读到了这一部分，那么就一定要将同样的执着和信念分享给他人：BIM能显著改变我们在这些问题上的境况。我们相信BIM的能力和力量不仅可以改变施工行业，还会改善建成环境的品质。那么BIM应用创造出的更美好世界是怎样的？

- 建筑从设计上就是节能的，施工以高品质完成，对环境的影响更小；
- 更多的信息将带来更好的决策，无论是材料的选择、安全方案、施工类型还是预计的运行成本。每个人都会从更好、更实用的信息中受益；
- 创新是旅行，不是目的。BIM为我们提供了认识和改进施工方式的手段。在未来，有远见的业主将会推动创造性的团队重新打造我们的行业。

361

我们都希望改变世界。虚拟建设者（Virtual Builders）的创立就是为了帮助以开源方式将这些机遇变成现实，以促进发展和创新。它的目标是化解业主、建筑师、工程师和承包商之间的隔阂，建立以开放、自觉、热情和一致为理念的团队和公司。这是一个致力于用BIM和技术影响设计和施工行业的组织。

开放：并不是像AIA、AGC、LCI、DBIA、欧特克、Bentley、Trimble或USGBC这样具体的组织或销售商，而是倡导他们共同的理念，并支持分享信息的开源手段

推广：传授由技术实现的流程的最佳实践

热情：对技术、持续性改进和庆祝团队成员成功充满热情

一致：为行业建立交付项目 BIM 服务的绩效标准

BIM 涉及我们行业的方方面面。要想合作建造品质更好、可持续、高性能建筑的途径之一，就是通过像虚拟建设者这样组织的认证。我们鼓励您参与其中；获得虚拟建设者的认证就意味着您在实现虚拟建设者目标方面做出了成绩。了解更多信息请访问网站 www.VirtualBuilders.com（图 8.7）。

图 8.7 虚拟建设者（来源：COURTESY OF VIRTUAL BUILDERS）

362

本章小结

施工行业正在经历重塑，我们现在正处于这一代人从未企及的改革巅峰。专业头衔与背景的壁垒正在一点点瓦解，而协作、信息共享和创新的新领域正在形成。这再也不是在角落办公室里办公的项目经理的问题，而是融入网络整合团队的问题。曾经属于个人的智力现在落到了最快捷的会用搜索引擎人的指尖上。在这次改革中生存下来的人将是理解了好的“流程”，用“技术”武装了自己，并接受了这种新文化“行为”的适者。

索引

注：本索引中加粗的页码表示某一主题的重点讨论。斜体页码表示插图。所标页码皆为英文版页码，即中文版边码。

数字

3D BIM，15，**50–52**
3D printers 3D 打印机，30–31，116
4D BIM. see model-based scheduling 4D BIM 见：基于模型的进度计划
5D BIM. see model-based estimating 5D BIM 见：基于模型的预算

A

accuracy，installation 准确度，安装，234
activity tracking，construction 工作追踪，施工，**234**，*235*
  addenda 附录
  BIM. see BIM addenda 见：BIM 附录
  definition of 定义，**65**
AE（architectural and engineering）models AE（建筑与工程设计）模型，52，55
AGC（Associated General Contractors of America）AGC（美国总包商协会），*64*，65
AIA（American Institute of Architects）AIA（美国建筑师协会），*64*，65，66
Alberti，Leon Battista 阿尔伯蒂，莱昂·巴蒂斯塔，**46**
analysis 分析
  building codes for 建筑规范，**179**，*179*
  building rating systems for 建筑评级体系，**177–178**，*178*
  concrete CO_2 emissions 混凝土 CO_2 排放，**179–180**
  data 数据，**27–29**
  model-based 基于模型的，74–75
  multiple 多重，358
  Sefaira，*182–187*，**182–188**
  software 软件，175–176
  sustainability 可持续性，**180–181**，*181*
animation，scheduling 动画，进度计划，*221–226*，**221–226**
Apple Watch 苹果智能手表，*22*
AR（augmented reality）simulations AR（增强现实）模拟，**115**，*115*
architect-controlled record models 建筑师控制的记录模型，264
architects 建筑师
  in ConsensusDocs 301 在 ConsensusDocs 301 中 65
  DB delivery method DB 交付方法，59–60
  new responsibilities 的新责任，344

use of BIM by 使用 BIM，351
architectural and engineering（AE）models 建筑与工程设计（AE）模型，52，55
Architecture 2030 建筑 2030 组织，176–177
artifact deliverables 静态成果交付
CAD files CAD 文件，314–315
constant deliverables and 动态成果交付，315–316
hybrid approach to 混合方法，*316*，317
overview of 概述，310–311，*311*
PDFs PDF 文件，311–312，*313*
As-builts—Problems & Proposed Solutions（Pettee）《竣工——问题与对策》（佩蒂），310
Assemble Systems，intuition and Assemble Systems 软件，直觉与，286–287，*287–288*
Assemble tools，for cost trending Assemble 工具，成本趋势，172–175，*173–175*
Associated General Contractors of America（AGC）美国总包商协会（AGC），*64*，65
attention span statistics 注意力时长统计，*41*
augmented intelligence 增强智能，359
augmented reality（AR）simulations 增强现实（AR）模拟，115，*115*
Autodesk BIM 360 Field 欧特克 BIM 360 Field
barcodes/QR codes in 条形码/二维码，297–298，*298*
commissioning 调试，326，*327*
equipment database in 设备数据库，*301*
features of 特点，291
mapping equipment to 映射设备至，291–295，*292–295*
mobile application 移动应用，*297*
to status material 对于状态材料，299–301，*300*
uploading information into 上传信息至，295–297，*296*
visualizing equipment in 设备可视化，301–303，*302–303*
Autodesk BIM 360 Glue 欧特克 BIM 360 Glue
email invitation 电子邮件邀请函，*159*
real-time clash alert 实时碰撞警报，27，*28*
sharing models 共享模型，291–292，*292*
uploading models to 上传模型至，159–160，*160–163*
Autodesk Communication Specification 欧特克通信规范，75–77，79，83
Autodesk Navisworks 欧特克 Navisworks
clash detection in 碰撞检查，*205–207*，205–208
Comments tool in 评注工具，243–246，*244–246*
default units in 默认单位，219
features of 特点，198
field information via 现场信息，242–243
importing search sets into 导入搜索组至，288–290，*288–290*
NWD/NWF file formats NWD/NWF 文件格式，198，217，219
opening files in 打开文件，219
overview of 总述，196–198，*197*
punch list coordination in 问题清单协调，328，*329*
Redline Tags in 红线标签，248–249，*248–249*
Redlining tool in 红线工具，246–247，*247–248*
schedule simulation in 进度模拟，221–226，*221–226*
scheduling software and 进度软件与，217–221，*218–220*
search set exercise 搜索组练习，199–205，*200–204*
sequencing clash analysis in 工序冲突分析，211–213，*212–213*
Autodesk Navisworks Manage 欧特克 Navisworks Manage，*301–303*，301–303
Autodesk Revit 欧特克 Revit
CO_2 emissions and CO_2 排放与，179–180
creating doors in 门的创建，284–286，*285–286*
for estimations 预算，164–169，*165–169*
export formats 导出格式，80–81，*81*
fabrication in 制造，342，*342–343*
schedule discrepancies in 进度误差，170–171，*171*
showing design intent 表达设计意图，*61*
AutoMark 2.0，272

B

Ballard, Glen 巴拉德，格伦，125
barcodes 条形码，297–298，*298–299*，*299*
Batch Link, for digital plan room 批链接，数字图纸室，272
behaviors, in successful BIM 行为，成功 BIM 的，7–8
Bentley Navigator, punch lists in Bentley Navigator，问题清单，327，*328*
Big BIM, little bim（Jernigan）《大 BIM，小 bim》（杰尼根），8
Big Data analysis 大数据分析，27–29
BIM（building information modeling）BIM（建筑信息建模）
analyzing data in 分析数据，27–29
battle for 之战，258–261，*259*，*261*
as catalyst 作为催化剂，340
in closeout procedures 收尾程序，38–39
in CMAR delivery method CMAR 交付方法，55–56
constructability and 可施工性与，*25–26*，25–27
in construction 施工的，192–193. 另见：施工
construction management and 施工管理与，15
controlling schedules with 控制进度的，33–34，*34*
cost controls 成本控制，34–35，*35*
cost estimation 成本预算，23–24，*23–24*
current adoption cycle of 目前的采用周期，12
in DBB delivery method DBB 交付方法的，50–52，*51*
design for prefabrication 预制设计的，29–31，*30*
developing intuition in 培养直觉，284
education and 教育与，350–351
enabling behaviors in 培养行为，7–8
equipment tracking with 设备追踪，38
facilities management and 设施管理与，39–40，*40*
factors effecting use of 影响使用的因素，12，*13*
future of. see future of BIM 未来. 见：BIM 的未来
growth trends of 增长趋势，*9*
improving world situation 改善世界形势，360–361
increased adoption of 采用的增长，*10*，*16*
increasing benefits of 增加的效益，12，*14*
as informational database 作为信息数据库，15
keys to speaking 发言的关键，97
knowledge management and 知识管理与，*41*，41–42
leadership buy-in 领导认可，42–43
logistics in 物流，*22*，22–23
managing changes 管理变更，35–36
managing punch lists 管理问题清单，39，*39*
planning for success of 成功策划，19
prefabrication and 预制与，*342–343*，342–343
primary uses of 主要用途，69–75
processes in 流程，4–5，356–357
project pursuit and 项目追踪与，16–19，*18*
results/savings of 结果 / 节省，43，*44*
scheduling and 进度计划与，20–22，*21*
successful platform of 成功平台，*4*
team engagement in 团队参与，16，*17*
technologies in 技术，5–7
training. see training 培训. 见：培训
unification of model data for 模型数据统一，334–337
value of 价值，2–4，8–9
widespread impact of 广泛影响，354–356
BIM addenda BIM 附录
agency documents 机构文件，65–66
comparison of 对比，*64*
development of 编写，63–64
optimum approach to 最佳方法，65
summary of 概要，66–67
unique intent of 特有意图，67
BIM and Integrated Design（Deutsch）《BIM 与整合设计》（德乌施），83，148
BIM execution plan BIM 执行计划
communication in 沟通，77–79，*78–79*
defining expectations in 定义预期，83–85
history of 历史，75–77，*76*
information exchange plan in 信息交换方案，81–83，*82*
organizing 组织，85–88
overview of 概述，75
software and 软件与，79–81，*80–82*

summary of 总结，89
BIM file maintenance BIM 文件维护，329–330
BIM guides BIM 指南，108
BIM Handbook: A Guide to Building Information Modeling for Owners, Managers, Designers, Engineers and Contractors《BIM 手册：业主、经理、设计师、工程师和承包商建筑信息建模导则》，209
BIM kickoff meeting BIM 启动会
bad start to 不好的开始，137
collecting right people for 召集正确的人，136–137
communication/expectation bias at 沟通 / 预期偏差，139
creating visions at 建立愿景，138–139
BIM manager BIM 经理
creating record BIM files 创建记录 BIM 文件，318
evolving role of 角色演变，43
future role of 未来角色，351–352
job requirements of 工作要求，352–354
BIM–washing BIM 洗脑，93，*93*，99
Bluebeam Revu eXtreme. see digital plan room Bluebeam Revu eXtreme 软件 见：数字图纸室
Bricklaying System（Gilbreth）《砌砖系统》（吉尔布雷思），128
Brilliant: The Evolution of Artificial Light（Brox）《灿烂：人工照明的发展》（布罗克斯），176
Brooks Act《布鲁克斯法案》（1972），47
building codes and sustainability 建筑规范与可持续性，*179*，179
building information modeling. see BIM（building information modeling）建筑信息建模 . 见：BIM（建筑信息建模）
building rating systems 建筑评级系统，177–178，*178*
Building the Empire State（Willis）《建造帝国大厦》（威利斯），126
buildingSMART alliance buildingSMART 联盟，345

C

CAD（computer–aided design）files CAD（计算机辅助设计）文件，314–315，340
California Commissioning Collaborative 加州调试合作会，325
change（s）变更
cost of 成本，*51*，51
management of 管理，35–36
resistance to 阻力，258–261
clash detection 碰撞检查
exercise in 练习，*205–207*，205–208
limitations of 局限，4–5
macro to micro focus 宏观到微观的关注点，*197*，197–198，208
model coordination and 模型协调与，196
Navisworks and Navisworks 与，196–198，*197*
search set exercise in 搜索组练习，199–205，*200–204*
sequencing conflict in 工序冲突，211–213，*212–213*
clearance objects 空隙对象，*26*
client alignment 瞄准客户
importance of 重要性，117–118
in marketing BIM 营销 BIM，104–105，*106*
closeout 收尾 . 见：项目收尾
cloud–based model collaboration 云端模型协同
benefits of 益处，27，208
coordinating construction and 协调施工与，31，32
cost estimation via 成本预算，24
CMAR（Construction Manager at Risk）delivery method CMAR（风险型施工管理）交付方法
advantages/challenges of 优势 / 挑战，54–55
BIM in 中的 BIM，55–56
process of 流程，52–54，*53*
collaboration 协作
BIM–related savings and BIM 相关的节省与，*44*
with DB delivery method 用 DB 交付方法，58–59
education fostering 的培养教育，350
Empire State Building and 帝国大厦与，126
IPD method promoting IPD 方法推进，62
via web meetings 网络会议的，236
co–location, for conflict resolution 同地工作，解决

冲突的，27
color coding systems 色彩编码系统
in construction 施工，228
project status by 项目状态，301–303，*303*
Comments，field information in 评注，现场信息，243–246，*244–246*
The Commercial Real Estate Revolution（Miller，Strombom，Iammarino & Black）《商业地产革命》（米勒，斯特伦布姆，亚马里诺 & 布莱克），2，20，55，134
commissioning 调试
definition/value of 定义 / 价值，325
features of 特点，326–327，*327*
process of 流程，*326*
communication 沟通
jobsite offices and 现场办公室与，255
at kickoff 启动时的，139
between people 人与人的，77–79，*78–79*
software systems and 软件系统与，79–81，*80–81*
comparison，of BIM-enabled projects 对比，使用 BIM 的项目，351–352
composite modeling 复合建模，198–199
computer monitor，for conference room 计算机显示器，会议室的，253
computer-aided design（CAD）files 计算机辅助设计（CAD）文件，314–315，340
concrete CO_2 emissions，calculating 混凝土 CO_2 排放，计算，179–180
conference room features 会议室的特点，252–254，*253*
conflict detection/resolution 冲突检测 / 解决，*26*，26–27
conflict resolution path 冲突解决的路线，*197*
ConsensusDocs 301 共识文件 301，*64*，65
constant deliverables 动态成果交付，315，315–317，*316*
constructability 可施工性，*25–26*，25–27
constructability review 可施工性审查
Autodesk BIM 360 Glue 欧特克 BIM 360 Glue，159–160，*159–163*
details leveraged in 用到的细部，153–158，*154–157*
overview of 概述，149–150，*150*
plans leveraged in 用到的平面，150–153，*151–153*
constructible models，in DB delivery 可施工模型，DB 交付，60–62
construction 施工
activity tracking in 任务追踪，234，*235*
better field information for 更好的现场信息，238–239
BIM，BIM 的 192–193
changes in 变更，95
color coding systems in 色彩编码系统，228
design and 设计与，139–140，*140*
fabrication and 制造与，208–211，*210*
feedback loops in 反馈闭环，226–227
field information in 现场信息，243–246，*244–246*
future trends in 未来趋势，340–341，*341*
installation management in 安装管理，228–229
installation verification in 安装检验，232–233，*233*
managing field issues in 现场问题管理，235–236
managing field issues in 模型协调与，194
safety in 安全，236–238，*237–238*
schedules for 进度，213–217，*214–215*
sequence simulation for 工序模拟，221–226，*221–226*
site coordination and 现场协调与，*194*，194–196
time predictability in 时间的可预见性，*281*
virtual walk-throughs and 虚拟巡视与，346–349
construction management 施工管理
BIM and BIM 与，15
BIM manager role in BIM 经理角色，43
changes and 变更与，35–36
coordination activities in 协调工作，31
equipment tracking in 设备追踪，37–38
future role of 未来角色，351–352
history of BIM in 的 BIM 历史，9–11，*10*，*11*，*13–14*
knowledge management in 知识管理，40–42，*41*
leadership buy-in of BIM 领导 BIM 能力的认可，42–43

managing facilities 管理设施，39–40，*40*
materials and 材料与，37
project pursuit in 项目追踪，16–19，*18*
resolving punch lists 解决问题清单，39
scheduling in 进度计划，20–22，*21*
utilizing mobile devices in 使用移动设备，*32*，32–33
value of technology in 技术的价值，2–4，9
Construction Manager at Risk method. see CMAR 风险型施工管理 . 见：CMAR（风险型施工管理）交付方法
construction–ready models 用于施工的模型，343–345
contact sheets 联系表，*79*
contractors 承包商
BIM adoption by 采用 BIM，10–11，*10–11*，351
responsibilities of 责任，344
contracts 合同 . 另见：BIM 附录
design 设计，319–320
in planning 策划的，19–20
controlled environment，for prefabrication 受控环境，预制的，29
coordination 协调
in construction 施工，31
model–based 基于模型，69–71，*70–71*
site 现场，*194*，194–196
Core Collaboration Team 核心协作团队，79，83
core deliverables，in marketing BIM 核心交付，BIM 营销，105–107，*107*
Cost Analysis of Inadequate Interoperability in the U.S. Capital Facilities Industry（Gallaher，O'Connor，Dettbarn & Gilday）《美国不动产行业中互用性不足的成本分析》（加拉赫，奥康纳，德特巴恩 & 吉尔迪），331
costs 成本
analyzing qualitative 定性分析，74–75
BIM–derived estimates of 源于 BIM 的预算，*23–24*，23–24
controlling 控制，34–35，*35*
of facilities operations 设施运行的，*308*，308–310
of mobile–enabled construction 应用移动技术的施工，33
model–based estimates of 基于模型的预算 . 见：基于模型的预算
of project changes 项目变更，*51*，51
sharing history of 记录共享，171–172，*172*
CPM（Critical Path Method）scheduling CPM（关键路径法）进度计划
ineffectiveness of 无效，33
model–based scheduling and 基于模型的进度计划与，282–283
predictability in 可预见性，281–282
cross–platform integration 跨平台整合，7
customer–centric service 以顾客为中心的服务
importance of 重要性，117–118
in marketing BIM BIM 营销的，104–105，*106*
customized solution development 定制方案开发，6–7
Cyberwalk omnidirectional treadmill 电脑步行器全向跑步机，346–347

D

data analysis，in BIM 数据分析，BIM，27–29. 另见：分析
daylighting analysis 日照分析，184，*186*
DB（Design–Build）delivery method DB（设计 – 建造）交付方法
advantages/challenges of 优势 / 挑战，60
BIM in 中的 BIM，60–62，*61*
E–BIMWD addendum for E–BIMWD 附录，65–66
process/features of 流程 / 特点，*56*，56–60，*59*
DBB（Design–Bid–Build）delivery method DBB（设计 – 招标 – 建造）交付方法
dvantages/challenges of 优势 / 挑战，50
BIM in BIM 中的，50–52，*51*
process/features of 流程 / 特点，47–50，*48*
for record BIM files 记录 BIM 文件，320
DBIA（Design–Build Institute of America）（美国设计 – 建造协会），*64*，65–66
DD（Design Development）phase（初步设计）阶段
incremental information for 增加的信息，140–142，*141–142*

timing of information in 信息的及时性，143–145，*144*
default settings 默认设置
custom settings vs. 定制设置，206
in Navisworks Navisworks 的，219，222，*222*
Defining BIM—What Do Owners Really Want?（Reed）《定义 BIM—业主真正想要的是什么？》（里德），119
delivery methods 交付方法
comparison of 对比，*58*
Construction Manager at Risk 风险型施工管理，52–56
definition of 定义，46
Design-Bid-Build 设计－找标－建造，47–52，*48*，*51*
Design-Build 设计－建造，*56*，56–61，*59*，*61*
development of 发展，46–47
expected change in use of 预期的使用变化，*57*，95
Integrated Project Delivery 集成项目交付，*62*，62–63
for record BIM files 记录 BIM 文件，320
team selection and 团队选择与，96
dependencies，DSM Matrix and 依赖关系，DSM 矩阵与，145–148，*146–148*
design 设计
contracts 合同，319–320
estimating during 估算，171–175，*172–175*
future developments in 未来发展，358–359
prioritizing information for 信息优先排序，145–148，*146–148*
scheduling 进度计划，139–145，*140–142*，*144*
time predictability in 时间的可预见性，*281*
Design Development phase 初步设计阶段 . 见 DD（初步设计）阶段
Design Development Quality Management Phase Checklist《初步设计质量管理阶段清单》（AIA），141
Design Management Guide for the Design-Build Environment（Pankow Foundation）《设计－建造环境设计管理导则》（潘科夫基金会），149
Design Structure Matrix 设计结构矩阵 . 见：DSM（设计结构矩阵）
Design-Bid-Build delivery method 设计－招标－建造交付方法 . 见：DBB（设计－招标－建造）交付方法
Design-Build delivery method 设计－建造交付方法 . 见：DB（设计－建造）交付方法
Design-Build Institute of America E-BIMWD 美国设计－建造协会 E-BIMWD，*64*，65–66
Detailed Analysis Plan 详细分析方案，83
details in constructability review 可施工性审查细节，153–158，*154–157*
developing tool，BIM as 开发工具，BIM 作为，99–101
digital documents，in construction 数字图档，施工，32
digital plan room 数字图纸室
extracting files in 文件提取，274–275，*275*
hyperlinking documents in 图档超链接，275–276，*276*
hyperlinking RFIs in 信息请求超链接，*277–278*，277–278
page labels for 页面标签，272–274，*273–274*
slip-sheeting in 图档换存，278–279，*279–280*
tool belt for 工具带，272
direct replacement strategy in selecting technologies 选择技术的直接替换策略，7
document control 图档控制
2D information and 2D 信息与，270–272，*271*
digital plan room 数字图纸室 . 见：数字图纸室
document coordination 图档协调，69–71
documents，artifact deliverables as 图档，静态成果，310–311，*311*
doors，creating 门，创建
Assemble Systems 与，286–287，*287–288*
importing search sets for 导入搜索组，288–290
intuition in 直觉，284–286，*285–286*
material status for 材料状态，299–301，*300*
summary of process 流程概要，*304*，304
uploading information/barcodes for 上传信息 / 条形码，295–298，*296–298*
visualizing equipment status for 可视化设备状态，301–303，*301–303*
Draft Day（movie）《选秀日》（电影），94–95

drones，for safer construction 无人机，更安全施工，*237–238*

DSM（Design Structure Matrix）（设计结构矩阵）

dependency sequence and 依赖关系序列与，*147–148*

elements/mapping in 元素 / 映射，*146*

utilizing 使用，145–148

Dubler，Craig 达布勒，克雷格，84，139，259

E

E–BIMWD documents（DBIA）E–BIMWD 文件（DBIA），*64*，65–66

education，future of BIM and 教育，BIM 的未来与，349–351

EERE（Office of Energy Efficiency & Renewable Energy）（能效与可再生能源办公室），180

efficiency in scheduling 进度计划的效率，215

Empire State Building 帝国大厦

builders of 建造者，125

collaboration and 协作，126

innovations and 创新与，126–129，*127–128*

planning/prefabrication of 策划 / 预制，129–132，*130–131*

Empire State Building: The Making of a Landmark（Tauranac）《帝国大厦：地标的创造》（陶拉纳克），125

enabling behaviors，in successful BIM 使能行为，成功的 BIM，7–8

energy analysis. see also: sustainability 能耗分析 . 另见：可持续性

Sefaira，*182–187*，182–188

team input into 团队输入的信息，84–85

engineered–to–order（ETO）components 按订单制造（ETO）构件，209

Engineering Drawing: Practice and Theory，2nd Edition（Carter & Thompson）《工程制图：实践与理论》第二版（卡特 & 汤普森），135–136

Entering the Brave，*New World*（Larson & Golden）《走进华丽的新世界》（拉森 & 戈尔登），63

environmental delays 环境延迟，29

equipment 设备

mapping to BIM 360 Field 映射到 BIM 360 Field，291–295，*292–295*

tracking 追踪，37–38

estimating 预算

Assemble Systems 的 Assemble Systems，286–287，*287–288*

during design 设计中的，171–175，*172–175*

discrepancies in 差异，170–171，*171*

model–based 基于模型的，164–169，*164–169*

traditional methods 传统方法，163–164

ETO（engineered–to–order）components（按订单制造）构件，209

Evans，Richard L. 埃文斯，理查德 L.，176

expectation bias 预期偏差，83，139

expectations 预期，83–85

extracting files by label 按标签提取文件，274–275，*275*

F

fabrication with BIM 用 BIM 制造，208–211，*210*

facilities management 设施管理，39–40，*40*

artifact deliverables in 静态成果交付，310–311，*311*，*313*，314–315

benefits of BIM in BIM 效益，323–325

BIM training for BIM 培训，332–333

defining LOD in 定义 LOD，321

details 细节，*300*，300

hybrid approach to 混合方法，315–317

information management for 信息管理，*316*

life cycle logistics in 生命周期物流，330–332

maintaining BIM files in BIM 文件维护，329–330

model maintenance in 模型维护，333–334

model–based 基于模型的，*73*，73–74

uploading information for 上传信息，295–297，*296–297*

facility operating costs 设施运行成本，*308*，308–310

fast delivery，via DB delivery method 快速交付，DB 交付方法，58

feedback loops 反馈闭环，226–227

field issue management 现场问题管理

better information for 更佳信息，238–239

overview of 概述，235-236，291
field personnel，BIM training for 现场施工人员，BIM 培训，261-262，*263*
field-controlled record models 工地控制的记录模型，264-265
file extraction by label 按标签提取文件，274-275，*275*
file links 文件链接
generating 生成，296，*296*
for video embedding 嵌入视频，*250-251*，250-252
file naming conventions 文件命名规则，87-88
five-dimensional BIM 五维 BIM. 见：基于模型的预算
flat-panel television，for conference room，平板电视，会议室的，253
flow-line schedule 流线进度，282，*283*
folder structure 文件夹结构，86-87
Ford，Henry 福特，亨利，124，128，132
four-dimensional BIM 四维 BIM. 见：基于模型的进度计划
Friedman，Thomas L. 弗里德曼，托马斯 L.，258
Fuller，George A. 富勒，乔治，126
future of BIM BIM 的未来
BIM teamwork and BIM 团队合作与，354-356，*355*
construction manager role in 施工经理角色，351-354
education and 教育与，349-351
industry trends and 行业趋势与，340-341，*341*
interoperability in 互用性，345
new process in 新流程，356-357
opportunities in 机遇，97，*357-358*，357-359
past predictions and 过去的预测与，340
prefabrication and 预制与，*342-343*，342-343
relationships in 关系，359-360
roles/responsibilities in 角色 / 责任，343-345
virtual walk-throughs and 虚拟巡视与，346-349，*346-349*
future owner challenges 未来业主面对的挑战，322，*323*

G

G201/G202 documents G201/G202 文件，66
Gantt bar scheduling method 甘特图进度法，*21*，34
Gates，Bill 盖茨，比尔，240
GBXML（Green Building XML Schema），communication via GBXML（绿色建筑 XML 模式），沟通，80
glazing，energy analysis of 玻璃窗，能耗分析，182-184，*183-184*
Gleason，Duane 格利森，杜安，171
Glue application Glue 应用程序 . 见：欧特克 BIM 360 Glue
GMP（guaranteed maximum price），CMAR delivery and GMP（最大保证价格），CMAR 交付与，53
Goals and Use/Objectives chart 目标与用途 / 目的图，76，*76*
Golden，Kate 戈尔登，凯特，63
Gourley，Sean 古尔利，肖恩，359
Green BIM（Krygiel & Nies）《绿色 BIM》（克雷盖尔 & 尼斯），181
guides，for BIM planning 指南，BIM 规划，19

H

hard bid jobs，integrated projects vs. 报价投标，整合项目与，96
hardhat barcoding 安全帽条码，37-38
Hardin，Sy 哈丁，西，67
Hoffer，Eric 霍弗，埃里克，7
How Buildings Learn: What Happens After They're Built（Brand），《建筑如何学习：建成后的情况》（布兰德），359
Howell，Greg 豪厄尔，格雷格，125
hyperlinked documents 超链接文档，275-276，*276*
hyperlinked RFIs 超链接信息请求，277-278，*277-278*

I

iMRI（intraoperative magnetic resonance imaging）installation iMRI（术中磁共振成像）安装，265-270
incremental dilemma 递增的困境，143-145
increments，design 增量，设计
DD checklist for 初步设计清单，*142*
information for 信息，140-142

schedule 进度，*141*
timing of information for 信息的及时性，143–145，*144*
in-field videos 现场视频，236
information 信息
amount/compilation of 数量 / 汇编，331–332
chaos 混乱，*144*
Comments for 评论，243–246，*244–246*
delivery of needed 交付所需的，336–337
early exchange of 早期交换，17
future processing of 未来处理，359–360
increased sharing of 分享的增长，15
potential methods for 潜在方法，242，*243*
for record BIM files 记录 BIM 文件，320–321
Redline Tags for 红线标签，248–249，*248–249*
Redlining tool for 红线工具，246–247，*247–248*
required for DD 初步设计所需的，140–142，*141–142*
risk of too much 过量的风险，15
timing of 时间安排，143–145，*144*
traditional relaying of 传统交接，239–240
information analytics 信息分析学，27–29
information backbone 信息主干，335，*335*
information exchange plan 信息交换方案
adoption of 采用，332
in BIM execution plan BIM 执行计划，81–83，*82*
informational database，BIM as 信息数据库，BIM 作为，15
information-centric innovations 以信息为中心的创新
innovation 创新，94
at AEC Hackathon AEC 黑客松，100，*100*
BIM as tool for BIM 作为工具，99–101
challenge of 挑战，101
creating change 创造变化，5
Empire State Building and 帝国大厦与，126–129，*127–128*
growing need for 增长的需求，352
importance of 重要性，18–19
The Innovation Paradox（Phillips）《创新的悖论》（菲利普斯），260
installation 安装
accuracy in 准确性，234
coordination 协调，69–71
management 管理，228–229
installation verification 检验安装
in construction 施工，*210*
laser scanning for 激光扫描，265–270
methods for 方法，232–233，*233*
instance properties 实体属性，*166–167*，167
Integrated Practice in Architecture（Elvin）《建筑的整合实践》（埃尔文），2，254
Integrated Project Delivery method 集成项目交付方法 . 见：IPD（集成项目交付）方法
integrated projects 整合项目
BIM for fabrication as BIM 制造，210
George A. Fuller Company and 乔治富勒公司与，126
hard bid jobs vs. 报价投标与，96
integrated teams 整合团队
in BIM construction management BIM 施工管理的，2–3
in DB delivery method DB 交付方法，61–62
importance of 重要性，95–96
interoperability 互用性
future role of 未来角色，345
of model data 模型数据的，334–337
of technologies 技术的，10，12
interrelationships，data 相互关系，数据的，359–360
intraoperative magnetic resonance imaging（iMRI）installation 术中磁共振成像（iMRI）安装，265–270
intuition in BIM BIM 直觉
Assemble Systems and Assemble Systems 与，286–287，*287–288*
creating doors and 创建门与 . 见：门，创建
development of 培养，284
mapping equipment and 映射设备与，291–295，*292–295*
in visualizing equipment status 设备状态可视化，*301–303*，301–303
inventory management 库存管理，37

IPD（Integrated Project Delivery）method advantages/challenges of IPD（集成项目交付）方法
advantages/challenges of 优势 / 挑战，62–63
BIM in 中的 BIM，63
process/features of 流程 / 特点，*62*，62

J

Jackson，Barbara J. 杰克逊，芭芭拉 J.，46–47
JIT（just–in–time）approach to material management 材料管理的 JIT（准时生产）法，37
job trailer 工作拖车
as communication hub 作为沟通中心，255
conference room in 会议室，252–254，*253*
plans/specifications hub in 图纸 / 规范中心，254
as server 作为服务器，254–255
setting up 设置，255–256
Jordani，David 约尔丹尼，戴维，322
JVs（joint ventures）（合资企业），8

K

kaizen，in creating change 改善，创造变化的，5
kickoff meeting 启动会 . 见：BIM 启动会
knowledge gap，bridging 知识缺口，弥补，261，*261*
knowledge management platforms 知识管理平台，40–42，*41*

L

labels，page 标签，页面
creating 创建，272–274，*273–274*
extracting files by 提取文件，274–275，*275*
large computer monitor，for conference room 大型计算机显示器，会议室的，253
Larson，Dwight 拉森，德怀特，63
laser scanning 激光扫描
BIM overlay and BIM 叠加与，*35*
installation verification with 检验安装，232–233，*233*，265–270
phased for quality control 分阶段质量控制，*319*
lateral brace frame 横向支撑框架，*70*
LBS（location–based scheduling）LBS（基于位置的进度计划）
features of 特征，282，*283*
lean practices and 精益实践与，229–231
model–based scheduling and 基于模型的进度计划与，282–283
LCI（Lean Construction Institute）LCI（精益建造协会），125
Leading Change（Kotter）《引领变革》（科特尔），138
lean practices 精益实践
Empire State Building and 帝国大厦与 . 见帝国大厦
features of 特点，*124*，124–125
LBS and LBS 与，229–231
LED/LCD flat–panel screen，for conference room LED/LCD 平板屏幕，会议室的，253
LEED（Leadership in Energy and Environmental Design）（能源与环境设计先锋），*178*，178
Leroy Lettering tool 勒鲁瓦书写工具，134–135，*135*
life–cycle building costs 生命周期建筑成本，73，*73*
life–cycle information for doors 门的生命周期信息，*76*
line–of–balance schedule view 平衡线进度视图，*21*
Links tool 链接工具，*250–251*，250–252
location–based scheduling 基于位置的进度计划 . 见：LBS（基于位置的进度计划）
LOD（level of development）LOD（详细程度）
analysis and 分析，74–75
BIM addenda BIM 附录，64，*64*
coordination and 协调，69–70
cost estimation and 成本预算与，72
dangers of undefined 未定义危险，70–71
definition of 定义，68
facilities management and 设施管理与，73–74，321
level descriptions 层次描述，68–69，*70*
matrix 矩阵，*71*
scheduling 进度计划，72，148–149，*149*
logistics 物流
BIM and BIM 与，22–23
for facilities management 设施管理的，330–332
The Long Term Costs of Owning and Using Buildings（Evans，Haryott，Haste & Jones）《拥有和使用建筑的长期成本》（埃文斯，哈尔约特，黑斯特

& 琼斯），*308*
Looking at Type: The Fundamentals（Martin）《观察类型：基本原理》（马丁 Martin），284
Luckey，Palmer 勒基，帕尔默，347

M

MacLeamy curve 麦克利米曲线，51，*51*，141
manufacturing industry 制造业，36，358
marketing BIM BIM 营销
client alignment in 瞄准客户，104–105，*106*，117–118
core deliverables in 核心交付，105–107，*107*
demonstrating value 展示价值，98–99
evolution of 演变，92–94，*93*
guidelines/tips for 指导原则 / 窍门，118–120
innovative proposals in 创新性提案，118
key factors in 关键因素，97–98
showing results 展示结果，102，*103*
stage of adoption and 采用阶段，99–101，*100–101*
summary of 总结，121
team selection in 团队选择，94–96
material management 材料管理
overview of 概述，37
process of 流程，228–229，231–232
Vico Office 的 Vico Office，*232*
MATs（multiple analysis test beds），future implemention（多分析检测台），未来实施，358–359
Max Planck Institute 马克斯・普朗克研究所，346–347
Mazria，Ed 马兹里亚，埃德，176
McConahey，Erin 麦科纳希，埃琳，360
media richness theory 媒体丰富度理论，78
memorandum of understanding（MOU）谅解备忘录，20
metrics，justifying ROI 指标，证明投资回报，102，*103*
Microsoft Word 微软 Word，79–80，*80*
Miller Act《米勒法案》（1935），47
mobile-enabled construction 在施工中使用移动设备
benefits of 益处，*32*，32–33
controlling schedules with 控制进度，33–34
model coordination review 模型协调审查，*25*
model links，managing field issues 模型链接，管理现场问题，236
model maintenance 模型维护，333–334
model origin 模型原点，86
model storage 模型存储，86
model-based analysis 基于模型的分析，74–75
model-based coordination 基于模型的协调，69–71，*70–71*
model-based estimating 基于模型的预算
discrepancies in 差异，170–171，*171*
evolution of 演变，*164*
overview of 概述，72
process of 流程，164–169，*165–169*
model-based facilities management 基于模型的设施管理，*73*，73–74
model-based scheduling 基于模型的进度计划
overview of 概述，21–23，72
simulations 模拟，*116*，116–117，*118*
value of 价值，*281*，281–283，*283*
modeling 建模
advanced training 高级培训，263–265
basic training 基本培训，263
composite 复合，198–199
models 模型
evolution of 演变，341
fabrication of 制造，208–209
record 记录，263–265
uploading to Glue 上传至 Glue，159–160，*159–163*
Moore，Rex 穆尔，雷克斯，229–231
MOU（memorandum of understanding）（谅解备忘录），20
multiple analysis test beds（MATs），future implementation 多分析检测台（MATs），未来实施，358–359
Musk，Elon 马斯克，埃隆，35

N

Navisworks. 见：欧特克 Navisworks
Navisworks Manage，301–303，*301–303*

O

P

use of BIM in BIM 应用，134–136，*135*

predictability，in construction 可预见性，施工，*281*，281–282

prefabrication 预制

with BIM 使用 BIM 的，29–31，*342–343*，342–343

for Empire State Building 帝国大厦的，129–132，*130–131*

leveraging models for 利用模型的，357，*357*

"The Stack" project "堆叠楼" 项目，*30*

preinstallation meetings 安装前期会议，137

The Principles of Scientific Management（Taylor）《科学管理的原则》（泰勒），282，305

process first strategy in selecting technologies 选择技术时的流程优先策略，6–7

processes 流程

future 未来的，356–357

in successful BIM 成功 BIM 的，4–5，*5*

professionals，value of 专业人员，的价值，360

Profitable Partnering for Lean Construction（Cain）《精益建造的营利合作》（凯恩），31

project closeout 项目收尾

artifact/constant deliverables in 静态 / 动态成果交付，329

commissioning in 调试，325–327，*326–327*

overview of 概述，39–40

punch lists in 问题清单，327–329，*328–329*

project construction feasibility 项目施工可行性，149–150

project visualization 项目管理进度，20–22

project pursuit 项目追踪

augmented reality simulations 增强现实模拟，*115*，115

images，in RFP response 图像，投标邀请函回复，110，*111–112*

virtual reality simulations 虚拟现实模拟，113–114

project schedule，team selection and 项目进度，团队选择，96

project visualization 项目可视化，16，*18*

proven tool，BIM as 经检验的工具，BIM 作为，99–101

Pull Plan software Pull Plan 软件，*34*，234，*235*

punch lists 问题清单

BIM and BIM 与，327–329，*329*

managing 管理，39

model callout 模型标注，*39*

purpose of 目的，327

in technology comparison 技术对比，*103*

Q

QR codes 二维码

BIM 360 Field and BIM 360 Field 与，297–298，*298*

comparison of 对比，*299*

potential of 潜力，*341*

R

radio–frequency identification tags 射频识别标签 . 见：RFID（射频识别）标签

Raskob，John 拉斯科布，约翰，125

rating systems，building 分级系统，建筑的，177–178，*178*

Real Time Analysis 实时分析，182，*183*

record BIM files 记录 BIM 文件

creating 创建，318

features of 特点，318

integrating 整合，320–321

part of design contract 设计合同的一部分，319–320

record models 记录模型

architect–controlled 建筑师控制，264

creating 创建，263–264

field–controlled 现场控制的，264–265

third party–controlled 第三方控制的，265

Redline Tags 红线标签，248–249，*248–249*

Redlining tool 红线工具，246–247，*247–248*

relationships，future 关系，未来，359–360

Relentless Innovation: What Works，What Doesn't—And What That Means for Your Business（Phillips）《无休止的创新：有用的、无用的以及对您业务的意义》（菲利普斯），258

remodeling facilities，future 设施模型改造，未来的，359–360

The Republic of Technology: Reflections on Our Future Community（Boorstin）《技术共和国：对我们未来专业群体的反思》（布尔斯廷），15
request for proposal response 投标邀请函回复．见：RFP（投标邀请函）回复
requests for information 信息请求．见：RFI（信息请求）
resource-loaded schedule view 加载资源的进度视图，*21*
responsibilities 责任
contractor/architect 承包商／建筑师，344
subcontractors 分包商，344–345
results，of implementing BIM 结果，实施 BIM 的，102，*103*
return on investment（ROI）投资回报（ROI），102，*107*
Revit．见：欧特克 Revit
Rex Moore's production system 雷克斯－穆尔的生产系统，229–231
RFID（radio-frequency identification）tags comparison of（射频识别）标签
comparison of 对比，*299*
in construction 施工的，195，324
in facilities management 设施管理的，324
RFI（requests for information）（信息请求）
DBB method and DBB 方法与，49–50
document control of 图档控制，270–272，*271*
hyperlinking 超链接，277–278，*277–278*
limitations of 局限，239–240
technology comparison 技术对比，102，*103*
RFP（request for proposal）response（投标邀请函）回复
BIM-derived images in BIM 生成图像，110，*111–112*
other marketing tools in 其他营销工具，116
showing BIM capabilities in 体现 BIM 的功能，108–110，*109*
simulations in 模拟，112–113，*114*
tailor-fit proposals in 针对性投标，*116*，116–117
virtual/augmented reality simulations in 虚拟／增强现实模拟，113–115，*115*
RIBA（Royal Institute of British Architects）（英国皇家建筑师学会），345
risk-reducing strategies 风险降低策略，101，*101*
ROI（return on investment）（投资回报），102，*103*

S

safety 安全
hardhat barcoding for 安全帽条码，37–38
improving with BIM 用 BIM 改善，22–23，236–238，*237–238*
Santa Maria Novella 新圣母教堂，46，*46*
schedule（s）进度
BIM and BIM 与，20–22，*21*
clash detection with 碰撞检查与，211–213，*212–213*
collaborative 协作的，34
controlling with BIM/mobile tools 用 BIM/移动工具控制，33–34，*34*
creating 建立，*172–175*，172–175
exporting to text file 导出至文本文件，171–172，*172*
simulations 模拟．见：模拟
team selection and 团队选择与，96
scheduling 进度计划．另见：基于模型的进度计划
animation 动画，221–226，*221–226*
construction 施工，213–217，*214–215*
design 设计，139–145，*140–142*，*144*
LOD，148–149，*149*
search sets 搜索组
creating/attaching 创建／附加，*223–224*，223–224
creating/saving 创建／保存，286–287，*287–288*
importing 导入，288–290，*288–290*
intuitive uses of 直观应用，290
Navisworks exercise with Navisworks 练习，199–205，*200–204*
security cameras 监控摄像头，195–196
Sefaira，for sustainability analysis Sefaira，可持续性分析的，*182–187*，182–188
selection bias 选择偏好，83
The Selection of Communication Media as an Executive Skill（Lengel & Daft）《作为执行

技能的通信媒介选择》（伦格尔与达夫特），77–79
selection sets 选择组，199
sequenced clash detection 工序冲突检查，211–213，*212–213*
sequencing simulations 工序模拟
in construction scheduling 施工进度计划的，216–217
Navisworks creating Navisworks 创建，*221–226*，221–226
server，job trailer as 服务器，工作拖车作为，254–255
The 7 Habits of Highly Effective People（Covey）《高效人士的七个习惯》（柯维），138
Shreve，Lamb 与 Harmon 施里夫，兰姆 & 哈蒙，126
Simpson，Scott 辛普森，斯科特，7
simulations 模拟
clash detection with 冲突检查，211–213，*212–213*
in RFP response RFP 回复的，112–113，*114*
sequencing 工序，216–217，*221–226*，221–226
virtual/augmented reality 虚拟 / 增强现实，113–115，*115*
site coordination 工地协调，*194*，194–196
site logistics 工地物流
BIM and BIM 与，*22*，22–23
plans 方案，188，*188–190*，*194*，194–195
Skyscrapers and the Men Who Build Them（Starrett）《摩天楼及其建造者》（斯塔雷特），129，135
slip-sheeting，digital 换存图档，数字，278–279，*279–280*
smart PDFs 智能 PDFs，116
SmartMarket reports SmartMarket 报告，33
BIM use BIM 使用，*150*
lean practices 精益实践，124–125
Project Delivery Systems 项目交付系统，56
Smith，Al 史密斯，阿尔，125
software systems 软件系统
communication via 沟通，79–81，*80–81*
construction scheduling 施工进度计划，217–221，*218–220*
information via 信息，336
integration/consolidation 整合 / 合并，345
learning about 了解，350
new BIM process and 新 BIM 流程与，356–358
The Spirit of Kaizen: Creating Lasting Excellence One Small Step at a Time（Maurer）《改善的精神：积跬致远，卓越恒久》（莫勒），5
The Stack project 堆叠楼项目，*30*
Starrett Brothers & Eken 斯塔雷特兄弟 & 埃肯公司
collaboration of 协作，126
Empire State Building and 帝国大厦与，125
innovations of 创新，126–129
planning/prefabrication of 策划 / 预制，129–132
Sterner，Carl 斯特纳，卡尔，188
Steward，Don 斯图尔德，唐，145
storage，model 存储，模型，86
subcontractors 分包商
BIM performance and BIM 效能与，260
CAD fabrication model by CAD 制造模型，*61*
new responsibilities of 新责任，344–345
sustainability 可持续性
analysis of 分析，180–181，*181*
building codes and 建筑规范与，*179*，179
building rating systems and 建筑分级系统与，177–178，*178*
Sefaira analysis of Sefaira 分析，*182–187*，182–188
swap out method in selecting technologies 选择技术时的换出方法，6

T

tablet devices，in construction 平板设备，施工的，*32*，32
takeoff，model-based estimating as 工程量，基于模型的预算作为，72
Taylor，Frederick Winslow 泰勒，弗雷德里克·温斯洛，281–282
team engagement 团队参与，16，*17*
team integration 团队整合
in BIM construction management BIM 施工管理的，2–3
in DB delivery method DB 交付方法的，61–62
importance of 重要性，95–96

team selection 团队选择
future importance of 未来的重要性，351，354–356
for marketing BIM BIM 营销的，94–96
technical expertise 技术专业能力，96
technology 技术
adopting new 采用新的，132–134，*133*
client's requirements 客户的需求，96
in construction management 施工管理的，2–4
contractors adopting 承包商采用，*10–11*，10–12，*13*
innovators 创新者，352
selecting proper 选择合适的，17–18
in successful BIM 成功 BIM 的，5–7
wearable 可穿戴的，*22*
templates，in BIM planning 模板，BIM 规划的，19
third party–controlled record models 第三方控制的记录模型，265
three–dimensional BIM 三维 BIM，15，50–52
three–dimensional printers 三维打印机，30–31，116
three–dimensional tools 三维工具，15
three–legged stool of BIM BIM 的三足凳，*4*
time predictability in construction 施工中的时间可预见性，*281*
To Sell Is Human（Pink）《推销是人性》（平克），117
Today and Tomorrow（Ford）《今天与明天》（福特），124，128，132
tool belt，for digital plan room 工具带，数字图纸室的，272
tools，for BIM planning 工具，BIM 规划的，19–20
touch–screen LED TV，in conference room 触摸屏 LED TV，会议室的，253
The Toyota Way（Liker）《丰田之道》（莱克尔），133–134
TPS（Toyota Production System）（丰田生产系统），133–134
training 培训
advanced 高级，263–264
basic 基本，263
facility managers 设施经理，332–333
field personnel 现场施工人员，261–262，*263*
uses of BIM BIM 的用途，265
trending，cost 趋势，成本的，172–175，*173–175*
Triumph of the Lean Production System（Krafcik）《精益生产系统的胜利》（克拉夫奇克），124
trust，DB delivery method and 信任，DB 交付方法与，58–59，*59*
2010 Buildings Energy Data Book（Dept. of Energy）《2010 建筑能耗数据》（能源部），176，*177*
The 2030 Challenge 2030 年挑战，176–177
type properties，in Revit schedules 类型属性，Revit 表，165–167，*166–167*

U

Umstot，David 乌姆斯托特，戴维，104–105，108
USGBC（United States Green Building Council）（美国绿色建筑委员会），*178*，178

V

value，demonstrable 价值，可论证的，98–99
VDC（virtual design and construction）BIM VDC（虚拟设计与施工）BIM，209–210，*210*
VDE（virtual desktop environment）solutions VDE（虚拟桌面环境）方案，341
video embedding，links for 嵌入视频，链接，*250–251*，250–252
Virtual Builders certification 虚拟建造商认证，360–361，*361*
virtual construction manager 虚拟施工监理．见：BIM 经理
Virtual Design and Construction: New Opportunities for Leadership（Bedrick）《虚拟设计与施工：领先的新机遇》（贝德里克），319
virtual modeling 虚拟建模，68–69
virtual walk–throughs 虚拟巡视，346–349，*346–349*
Virtuix Omni omnidirectional treadmill 全向跑步机，*348*，348–349
visions，creating 愿景，建立，138–139
VR（virtual reality）simulations VR（虚拟现实）模拟，

113–115，*115*

W

waterproofing details in design 设计中的防水构造，153–158，*154–157*
WBS（work breakdown structure）WBS（工作分解结构），230
The World Is Flat: A Brief History of the Twenty-first Century（Friedman）《世界是平的：21 世纪简史》（弗里德曼），159，*258*
worry-free owners，in DB delivery method 无忧业主，DB 交付方法中的，57–5

译后记

作为"十二五"国家科技支撑计划课题"面向服务的建筑施工集成系统研究与应用"负责人，在始于2012年的课题研究过程中，笔者发现由John Wiley & Sons出版社出版、布拉德·哈丁所著的《BIM与施工管理》第一版（2009年4月出版）是一本深入讲述BIM在施工领域应用的不可多得的名著，非常值得课题研究参考。

为了把美国施工领域的BIM最佳实践介绍给中国，提升中国BIM在施工领域的应用水平，课题组于2015年1月与中国建筑工业出版社联系开始翻译此书。在刚刚完成初稿的时候，John Wiley & Sons出版社于2015年5月出版了本书第二版。第二版由布拉德·哈丁和戴夫·麦库尔合著，在第一版基础上吸收了美国2009年至2015年期间取得的BIM在施工领域应用的研究和实践成果，有近70%的内容与第一版不同。增加的内容包括BIM最新进展（包括方法、工作流程和教程）和在施工领域如何有效、广泛利用这些新技术潜在能力的思想、方法，组建用于高效协调的信息流；创建"数字工地"，使用移动技术连接BIM与施工现场；简化流程，加强质量控制，增强追踪能力；综合应用BIM的最佳实践，交付整体科技创新施工项目。我们毫不犹豫地停止了第一版的翻译工作，开始了第二版翻译。

在课题研究中，借鉴本书介绍的实践方法，结合课题研究成果，我们研发了PKPM-BIM施工综合管理平台，开展了国家会展中心（天津）、武汉绿地中心、绿地杭州奥体双塔、云南润城第二大道等项目的BIM应用。通过本书学习，使我们的BIM研究、应用水平得到整体提升。

本书的翻译工作得到了中国图学学会理事长孙家广院士、中国建筑工程总公司毛志兵总工程师、中国建筑科学研究院许杰峰副院长的指导和支持；得到了上海建工集团股份有限公司龚剑总工程师、浙江省建工集团吴飞董事长和金睿总工程师、云南建投集团沈家文总工程师和王剑飞主任、天津轨道集团房地产开发事业总部孟凡贵副总经理、中建三局二公司刘波总工程师等领导和专家的支持和鼓励。在此谨向他们表示衷心的感谢！

中国建筑工业出版社老社长刘慈慰先生、董苏华编审在从第一版翻译开始直到第二版付梓的整个过程中，对本书翻译、校审工作倾注了大量心血，在此向他们致以衷心的感谢！

本书致谢、作者简介、引言、第1章、第2章由中国建筑科学研究院王静翻译；第3章、第4章由中国建筑科学研究院刘辰翻译；第5章由中国建筑科学研究院董建峰翻译；第6章、

第 7 章、第 8 章、索引、封底由清华大学建筑学院尚晋翻译。全书由董建峰校审，尚晋对第 1 章至第 5 章提出了校审意见。

尽管经过多次修改，但由于译者对美国 AEC 实践理解深度不够，书中难免存在不当之处，真诚希望同行和读者不吝指教。译者联系方式：wangjing@cabrtech.com。

王静

2017 年 10 月 8 日